MI6対KGB

КГБ против
МИ-6
ОХОТНИКИ ЗА
ШПИОНАМИ

英露インテリジェンス抗争秘史

佐藤 優 監訳

レム・クラシリニコフ 著　松澤一直 訳

東京堂出版

本書を、誠実で信頼の置ける友人でもある我が妻、ニネーリ・フョードロヴナに捧げる

はじめに

　読者の閲覧に供されるこの著作は、いま流行《はや》りのテーマを取り上げた相も変わらぬ回想録の一つであるとか、あるいは、特別なテーマについての学術論文であるなどという見方には馴染まない。その種のものではない所以《ゆえん》は、言葉の真の意味での個人的回想が含まれていない点、また諜報機関の生成の歴史の再構築や、その活動の全面的分析などは筆者の眼中にない点にある。本書はむしろ、物語と名づけられてしかるべきものだ。本書の筆者が人生行路の途上で目撃し、参加することにもなった、ロシアの防諜（カウンター・インテリジェンス）機関と、世界で最も古く、最も強力な英国のインテリジェンス機関の一つとの間で行われた、闘いの物語なのだ。

　筆者は、ＫＧＢ（ソ連邦国家保安委員会）で防諜を担当する第二総局で数年間働いたことがある。課せられた任務は、ＳＩＳ〔英国秘密情報部。通称ＭＩ６〕の要員や駐在武官らが、在モスクワ英国大使館を隠れ蓑《みの》にして行う諜報活動を監視することだった。したがって、この物語の中では、ソ連時代に引き続き現在のロシア国内においても、英国諜報機関の最前線部隊の役割を果たしているＳＩＳのモスクワ支局に、何度もスポットライトが当てられることになる。

　筆者は本書を執筆するに際し、はるか昔から近年に至るまでの英国情報機関の歴史を参照する必要に迫られた。歴史をひもとけば、ＳＩＳの実体を探るのに不可欠な資料に出会えるからだ。たとえば、現在のＳＩＳの活動の中には過去の活動の「残滓《ざんし》」があるのを発見できたのも歴史探訪の成果だった。いずれにしても、ＳＩＳの活動を、実生活に生じる具体的な出来事と分離することは不可能だ。また諜報活動は歴史的文脈でとらえた時に、よりわかりやすく、より明白なものになる。総じて、いかなる国のものであろうとも、特務機関の活動と時代、時代の歴史的環境との関係を看過するのは許されるべきことではない。

その一方で、現代のダイナミックな社会においては、諜報機関と防諜機関双方の活動は、数多くの要因――それらは各国固有のものであり、また文字通り瞬く間に変化するものである――の影響を受けていることも忘れてはならない。

ＳＩＳ自体は、しばしばマスコミによる狙い撃ちの対象にされるし、その活動は文学作品や学術研究論文、映画、演劇、ラジオやテレビの番組のメインテーマとされている。しかしそれらのうちの大部分の基盤となっているのは、イデオロギーという名のベールを被せられた芸術的虚構だ。すなわち、現実とはかけ離れた観点から解釈することによって作り上げられた、まがい物なのだ。

英国では、ＳＩＳの構造と活動の実態をテーマとしてとり上げることが長年にわたって完全に禁ぜられていた。遵法精神に富んだ、規律遵守を是とするジャーナリストたちは、概してこの禁令を厳格に守ってきた。したがって外国、特にソ連におけるＳＩＳの活動に関する情報が開示されるのは、極めて稀なことだった。

近年、英国のマスコミが、以前は非公開であったこのテーマに言及するという思い切った行動に出るケースが時折見られるようになった。厳格なタブーが解禁されつつあるように見える。筆者が思うに、その原因は、自ら情報公開することの意義を特務機関自身が突然自覚したからでもないし、また、市場経済下では広告宣伝活動が多大な利点をもたらすことに気づいたからでもない。単に、既に存在が露呈しているものを、これ以上隠し通すことができなくなったからに過ぎないからだ。ＳＩＳが情報収集や破壊活動を行っていることは広く知れ渡ってきている。その機関の外国における活動についてはもちろんのこと、それが国家組織の一部として存在しているという事実そのものをも必死になって国内で隠し通そうとした時代は、既に過ぎ去ったと言える（ＳＩＳのロンドン本部の所在地や諜報組織のトップの名前さえ、最高機密扱いであった）。

ＳＩＳが自国社会の階級的利害を守っていること、自己の同盟者を（常時ではないが）庇《かば》っていること、自己が所有する鋭い矢のすべてを自分の敵に向けていることは明々白々である。こうした状況下では、国民に許されている個性を発揮する権利も具体性を欠いたものとなり、時には英国自身の真の目的や利益までもが「全世界的、全人類的な価値」の枠内に押し込められてしまい、饒舌な論議の対象としてしか扱われなくなる。

聞き慣れた決まり文句と、人を誘き寄せる驚きの種を用いずに、英国の諜報機関について語るのは簡単ではない、と筆者も時には感じたことがある。簡単ではない理由としては、何かが筆者の関心の対象から抜け落ちたり、あるいは筆者が気づかないままだったりもするため、物語に穴が開く可能性も挙げられる。なぜなら時の移ろいは避けがたいし、「記憶＝常に信頼の置ける古文書保管所」という公式は成立し得ないからだ。とは言うものの、筆者は、この保管所に保存されているものを利用せざるを得なかった（いまだに「機密」という文字のスタンプが押されている保存物は、利用の対象外とせざるを得なかったが）。資料を漁る過程で、利用をためらう「恥部」に出会うこともあった。そういう際には想像力や、明々白々の虚偽や、「ためになる嘘」※という名の「イチジクの葉」を用いて「恥部」を覆うか、あるいは一切語らずにおくか、迷うことがあったのも事実だ。

想像力や嘘はともかく、推測という手段には筆者は助けを借りた。選んだ推測が論理的根拠を持っており、若干の類似の説により補強されている場合に限ってだが（そしてもちろん、そうすることので

※このロシア語表現は「嘘が誰かの、何かのためになる」という意味であり、聖書からの引用である。

きる権利を悪用せずに、だ)。本書において筆者は、ソ連の領域内におけるSISの活動の特殊性について私見を述べるとともに、双方の特務機関の何人かのメンバー、すなわち英国とソ連の諜報員と防諜員、そして筆者の運命の推移に重大な影響を与えたソ連諜報機関の卓越した活動家、キム・フィルビーとジョージ・ブレイクを読者に紹介したい。

また、本書には、防諜機関によって摘発されたSISのエージェントたち、裁判の結果実刑を科せられたソ連・ロシアの国民たち、また犯した罪に対する罰則から逃れることに成功した者たちについて語るためのページが、当然のことながら用意されている。

特務機関全体および個々の作戦の成功(失敗もだが)を決定づけるのは、それに関わった人間たちである。彼らはほとんど常時身を隠しており、滅多なことではスポットライトを浴びることはない。これが公平なことかどうかは別の問題だが、いずれにせよ特務機関に勤務する者は自分が匿名によってのみ存在できる人間であることを十二分に認識している。

「霧に霞むアルビオン〔グレート・ブリテン島の古代の名称〕」の諜報機関を過小評価したり、ましていわんや無視すべきことではない。それは無分別な行為であるし、職務上アルビオンの特務機関と衝突せざるを得ない者にとっては特に危険な行為となる。SISから受ける打撃は時おり極めて強烈なものとなる。ソ連の特務機関の要員がその威力のほどを思い知らされたこともあった。

SISの優れた点を、その弱点とともに承知しておく必要がある。多くの物事は現在に至るまでの間に変化したにもかかわらず、敵に対する揺るぎのない、熟慮された接し方に変化が見られないのは、SISの優れた点の一つだ。

ロシアの防諜機関は、法の定めるところにより、国と社会全体、および国民一人ひとりを別個に防御する義務を負っている。と同時に、国民一人ひとりは自己の安全が守られていることの見返りとして自ら祖国の国益を徹底して守るとともに、国内で定められている法秩序を遵守し、法律と習慣に敬意を払って接することを義務づけられている。「自らを誇りとする国」の看板を掲げているならば、国益保護の概念と国民の利益保護の概念を併せ持つ、明確な国家安全保障ドクトリンを確立させていなくてはならないからだ。

防諜機関は敵の諜報機関が準備している活動を暴き出し、未然に防ぐ使命を帯びているし、必要とあらば然るべき手段を講じて、実行に移された活動を妨害しなくてはならない。ロシアの複数の国家保安機関※の紋章が、過去においても現在においても剣と盾の組み合わせ、すなわち攻撃と防御のシンボルを用いてデザインされているのは、それなりの理由があってのことなのだ。

外国の特務機関によるロシアを目標にした諜報活動や破壊活動は、ロシアへの軍事侵略の準備行動と必ず一致するというわけではない。ロシアの軍事力、防衛力は広く知られているので、軍事侵略を試みようとする者の出現はあり得ないからだ。しかしながら、敵の諜報機関による破壊活動はあり得る。これは国益にとって重大な脅威となるので軽視してはならない。その際、暗号解読などにより敵の侵略の意図を暴くことに力を入れる必要はない。なすべきは、侵略を断固として阻止することだ。この重大な課題の取り扱いを任されているのが、国の機関の一つである防諜機関なのだ。

筆者の前著『ソフィア河岸通りから来た淑女たちと紳士たち』の題名は、ＳＩＳの「マントをまと

※ 過去のＫＧＢと現在のＦＳＢ（ロシア連邦保安庁）とＳＶＲ（ロシア連邦対外諜報庁）。

い短剣を帯びた騎士たち」[※1]が活動拠点とする住所と関連がある。[※2]SISのモスクワ支局には、在ソ連英国大使館が親切にも「屋根（文字通りの意味と転義の両方）」を提供しているからだ。題名の後半の部分の意味は明瞭であろう。SISでは男性だけでなく女性も働いており、「人類の弱い方の半分」（本書59頁訳注参照）とはとても呼べないほどの活躍を見せている。

さて、この一文を終えるにあたって、筆者自身の義務を果たしておこう。それは、本書の出版を可能にしてくれたすべての方々に心より感謝申し上げることである。

ソ連および現ロシアの国家保安組織の要員の方々にも謝意を表しておきたい。英国の特務機関との闘いにおいて彼らが果たした苦労を伴う仕事のお蔭で、SISの活動の多くの面が明らかになったからである。

本書の原稿の校正に際し貴重なアドバイスと援助を提供してくれた、以下に記す友人たち、同僚たちにもお礼を申し上げる次第である。

ユーリー・アレクサンドロヴィッチ・ドゥシキン、ニコライ・ヴァシーリエヴィッナ・ステクロフ、ユーリー・ハンギレーエヴィッチ・トートロフ、アリベルト・アレクセーエヴィッチ・ミローノフ、そして筆者の家族全員の友人であるクラーラ・イヴァーノヴナ・サモシェンコ。

辛抱強さと繊細な感覚を活用して全面的に援助してくれた我が妻ニネーリ・フョードロヴナには、特別の謝意を表したい。

※1 英語の表現「Knights of cloak and dagger」のロシア語訳で、スパイの意味。外套は姿を隠すのに便利だし盾の代わりにもなる。短剣は銃と違って音を出さない武器なので暗殺者やスパイが好んだとされている。

※2 モスクワのソフィア河岸通りは、英国大使館のある場所。つまり著者は、英国諜報機関のロシアにおける拠点は英国大使館そのものであるということを言いたいのではないかと推定される。

『ＭＩ６対ＫＧＢ　英露インテリジェンス抗争秘史』――目次

凡例

・本書で扱う「ＭＩ６」とは、英国秘密情報部（Secret Intelligence Service, SIS）の通称である。ＳＩＳという名称は、主に一九二〇年以降に使われるようになった。それをふまえ、日本語版においては、基本的に一九二〇年以前の事柄については「インテリジェンス・サービス」または「ＭＩ１ｃ」、それ以降は「ＳＩＳ」の表記とする。

・本書が扱う時代は、主に一九二〇〜一九九〇年代であるが、中心となるのは、著者が当事者として現場で関わった東西冷戦の時代である。そのため本書中には「西独」「西ベルリン」「東独」「東ベルリン」「ソ連」といった、現在は存在しない名称が出てくるが、日本語版における表記は、基本的には原書に従いそのまま旧名称を使用している。

・また同様に、本書で扱っている事例は、すべて執筆当時（一九九〇年代後半）においてのものである。巻末付録「インテリジェンス基本用語集」についても、当時の事実に基いて書かれている。

・本文中、※を付したものには、同ページの最後の欄外に「訳注」を掲載した。なお短い訳注については、本文中に挿入し〔　〕で括って示している。

・本文中、「注」と番号のルビを付したものには、巻末に「原注」を掲載している。

編集部

I部

1

ロンドン。SISの本営「センチュリー・ハウス」

陰から姿を現わした諜報機関／「エコロジー部門」という看板の裏に潜むもの／謎の男ミスターC

英国の首都ロンドンは、英国の玄関に位置するショーウィンドーの役を担っている。テムズ川の両岸に広がるグレーター・ロンドン（大ロンドン）は、面積と人口では世界のいくつかの巨大都市に及ばないが、行政地区としてはヨーロッパ最大のものである。

テムズ川の気まぐれのせいで街は二つの地区に分かれている。毎日何十隻もの遠洋または近海用の貨物船や客船が川を上り下りしてロンドン港にやってくる。「世界の港」など数多くの別名で呼ばれる英国のこの看板都市は、かつては大英帝国の首都であり、現在は世界の金融とビジネスのセンターの役目を果たしている。（注1）

◆ロンドンで異彩を放つ建物群「センチュリー・ハウス」

テムズ川岸近くの、ロンドンのまさに中心をなす場所に、この街に似つかわしくないガラスとコンクリートで造られた二〇階建ての建物が空に向かって高慢な顔を曝《さら》している。

この建物の名を「センチュリー・ハウス」という。後に、テムズ川の間近に古代の階段ピラミッドを彷彿とさせる、重々しさの点ではセンチュリー・ハウスを凌駕する施設がSISのために建てられることになる。

古色蒼然たる、灰白色に染まった（鳩が多いため）ロンドンは、宮殿建築様式の建物の壮大さと比類のなさ、そして大英博物館やナショナル・ギャラリー、英国民主主義のシンボルであるハイドパーク、トラファルガー広場にあるネルソン提督の記念碑、陰気なロンドン・タワー、荘厳な聖ペテロ教会といった史跡や文化遺産の数の多さで強烈な印象を与える街だ。そんなロンドンにおいてＳＩＳの建造物群は異彩を放っている。上記以外の名所、たとえばホワイトホール、ウエストミンスター、ダウニング街、シティ、フリート街、スコットランド・ヤードなどの名称は、ずっと以前からその場所に存在する英国の機関や官庁の同義語とされ、英国流生活様式のシンボルにもなっている。さらには英国式君主制を具象化した王宮、ヨーロッパでも世界でも一番古い議会、強力で狡猾な外交を展開する省庁である外務省、世界の高利貸業者たちの拠点である金融とビジネスのセンター街、新聞雑誌記者たちの帝国、犯罪者たちの脅威の源である警察の中枢機関など、見どころはたくさんある。

◆英国諜報機関の頭脳中枢

かくしてＳＩＳの本部は、「センチュリー・ハウス（世紀の家）」というエキゾチックな名前で呼ばれることになった。今ではロンドンっ子たち全員が（彼らだけではないが）、ランベス区のヴォクスホール橋の傍らに新築された、正面に「エコロジー部門」という看板を掲げた建物の持ち主が誰かを知っている。この「ポリシネルの秘密(注2)」はとっくの昔に明らかにされていた。それにもかかわらず、最近まではセンチュリー・ハウスの写真を撮ることは特別許可をもらわない限り認められていなかったし、ＳＩＳの建物自体の警戒も厳重を極めたものだった。

このセンチュリー・ハウスのみがＳＩＳの施設というわけではない。ＳＩＳの建物はロンドン市内だけでなく、郊外にも散在している。しかしＳＩＳの頭脳中枢の役割を果たしているのはセンチュリー・ハウスだ。ここは英国諜報機関の主要オフィスであり、首脳部と作戦担当の主要セクションが同居している場所でもある。ＳＩＳの長官である「謎の男ミスターＣ（「Ｃ」はボスを意味する「Chief」という単語の頭文字）」の執務室もここにある。以前は、この人物の本名は部外者の耳に入るのを恐れ、彼の部下たちでさえあえて口にしなかった。ここでは手の込んだ諜報作戦の計画と脚本が練られ、それを実現するための人員と必要な小道具類が選び出される。またここからは、ＳＩＳの海外支局（ステーション）と英国国内で活動している支部に向けて実行すべき命令や指示が出され、そして海外支局が入手した情報がここに集められ、政府の諸機関が分析を行い、実現の可能性が確かめられるという仕組みになっている。センチュリー・ハウスが整理した資料は、その都度首相に届けられる。ＳＩＳの本部は、職員たちにとっては功労に報いる勲章や褒美を受け取るのを待ちわびる場所であると同時に、失敗や手抜かりに対しては厳しく責任を問われる場所でもある。ＳＩＳから追放されるケースもある。

モスクワ支局勤務の紳士淑女たちのすべての活動に関する指示も、まさにここから発せられる。ＳＩＳとの密接な関係維持に関心を抱く英国の同盟国の諜報機関にとって、センチュリー・ハウスは中継ぎの役割を果たす存在となっている。それら諸外国の常駐代表はロンドンに居を構えており、彼らは本国からやって来る特使たちと共にＳＩＳの本部で英国の伝統的諜報術を極めるために学び、一般的・具体的な問題に関するアドバイスを受け、作戦遂行の技術を身につけることができる。

しかし、もてなし好きのホストを演ずるＳＩＳの職員たちに、私心がまったくないというわけではない。ホスト側は、客人に教えたことが双方の共通の敵を叩くために使われること、また客人が独自に得た情報は、正式な協力関係の枠組みの中であろうと、あるいは別の方法によってであろうと、必ず自分たちの手に入ることを熟知している。諜報機関の最重要オフィスとしての現在のセンチュリー・ハウスは、その存在が非合法なものであった頃とは今や違ったものになっている。

ＳＩＳが保持する秘密は採り上げてはならないテーマとされてきたが、その理由はと言えば、そうすることが伝統だったからだ。英国国民が従っている他の多くの慣行や規則と同様に、時の洗礼を受けた伝統なのである。言うなれば、流しの溜まり水で顔を洗う（節約のために！）とか、自動車は道の左側を走らせるとかいった習慣と同じだ。英国では他人の生活に干渉すべきでないとされているが、これは、何か起ころうとも用心深く守られているイギリス人の国民性の特徴と言える。もっとも、他人の生活への干渉に関しては諜報機関内ではまったく別の解釈がなされているが……。

英国の国民性がどうであろうと、ＳＩＳ（あるいはカムフラージュのためにしばしばＭＩ６と呼ばれる）は秘密の機関なのだ。諜報活動を行っている以上、そうでなくてはならない。

多くの人々が関心を寄せ、敬意を表しているＳＩＳは、アメリカ、アジア、アフリカ、オーストラリアを含む世界のすべての地域に領地を有しており、領地内では太陽が沈むことはなかったと言われていたかつての大英帝国の勃興と衰退の歴史と密接に結びついていたという意味で、今や世界の歴史の分かち難い一部を構成するまでになった。

2

英国の秘密情報機関。その歴史と現在

見えない糸／過去の最強スパイ、フランシス・ウォルシンガムとジョン・サーロー／歴史の現代への寄与／諜報活動に従事した著名な作家、詩人たち／特務機関の「汚れなき手」

英国の諜報機関がたどってきた長く曲りくねった道は、英国という国の歴史や、その勝利と敗北と密接な関係を持っているが、これは極めて自然なことだ。なぜならば諜報機関は国の制度の不可分の一部であり、いつの時代にもなくてはならない存在であり、国の支配層にとっては最も重要な道具だからだ。

英国の諜報機関は、いわゆる諜報活動という職業についての特別な訓練を受けた者により構成される集団としては、世界で最古のものとされている。そんな彼らが繰り出す壊滅的な打撃を、身をもって体験した国の数は多い。しかし卓越した諜報機関であろうとも、すべての災厄、危険から自国を防ぐことはもちろん不可能である。英国の諜報機関も、かつての輝きと帝国としての偉大さを失いつつあった自国を支えきることはできなかったのだ。

英国の諜報機関はしばしば美化され、その活動は諸外国や諸民族の運命に決定的な影響を与え得るものとして称揚されてきた。英国の歴史に名を残した人々、たとえばエリザベス一世の重臣であったフランシス・ウォルシンガム、オリバー・クロムウェルの下でスパイ組織のトップを勤めたジョン・サーロー、そしてトーマス・ロレンス（別名アラビアのロレンス。第一次世界大戦時に中東地域で政治家、軍人、スパイとして活躍）は国民的英雄に祭り上げられた。彼らが諜報機関の形成や英国の敵に対する秘密作戦実行の面で少なからぬ貢献をしたことは、紛れもない事実である。しかしながら彼らすべては、英国の諜報機関の歴史に数多く刻まれている事実、すなわち、芝居がかった出来事のもたらした流血の跡、陰謀と煽動の連鎖といったものと無縁ではあり得なかった。オスマン帝国との戦いにアラブ民族を引き込んだロレンスは、確かに前線において多大な成功を収めた。しかし「アラブ民族の友」という伝説は、彼が実際は残酷で狡猾な、アラブ嫌いな植民地支配者だったとの記録が明らかにされると、雲散霧消する。一九三〇年代に彼はヒトラーの熱狂的な崇拝者となり、モズレーの率いる英国のファシスト党と関わりを持つようになった。

◆ウォルシンガムとサーローについて

ウォルシンガムとサーローは、英国の秘密機関の最初のリーダーとして当該機関の形成と発展に際立った貢献をした人物だが、この二人に筆者は格段の注目を払わなくてはならないと感じている。フランシス・ウォルシンガムは、英国におけるエージェントを使っての諜報活動の事実上の創始者として、また郵便物を検閲して暗号化されているものは解読するという開封検閲の組織者として、歴史にその名が刻まれている。実際のところ、ウォルシンガムの所轄官庁が行ったのは、敵の実力、計画、意図に関する情報の収集を目的とする諜報活動を外国で行うだけではなく、エージェントを使ったり、警察のやり方をそっくりまねたりして秘密活動を自国内でも行っていたのだ。つまり実際には、諜報機関、防諜機関、警察、それぞれの仕事をミックスした活動を行っていたと言える。当時英国内では、宮廷が支持する新教との闘いを旗印にカトリック党の名を掲げた組織が表面に出てきたが、国内のこの反対勢力を押さえ込んだ彼の手法は、まさに上記のものだった。もっとも、スコットフンドの女王メアリー・スチュアートを当てにした英国のカトリック教会が、カトリックの国スペインの同盟者として我が物顔で振舞っていたので、ウォルシンガムとしても下記のような強硬手段をとらざるを得なかったのだろう。

情報と自白を入手するために、ウォルシンガムの所轄官庁は予防拘禁と囚人に対する残虐な拷問を盛んに用いた。その後も、大英帝国の形成の歴史全般を通じて、奴隷を鎮圧するために、情け容赦ない処置が講ぜられることになる。この島国の住民は、古代ローマ人と同じく「野蛮人」とみなした他民族に対する横柄な態度を長いこと保ち続けた。英国出身の紳士が自分たちの敵を征圧するのに用いる手段は、数多くの「演習場」で磨きをかけられる仕組みになっていた。

◆英国諜報機関の用いた残忍な手法

それらのうちの最初の一つになったのは、聖パトリキウスゆかりの地、「苦しみ多き」アイルランドであった。その結果、「白い手袋をはめた紳士たち」によって加えられた傷の跡が地球の各地でいまだにみられることになった。その傷は、「緑の島」すなわちアイルランドの生き残りの住人たち、インドの民兵の子孫、中国の義和団の乱の英雄や犠牲者の孫やひ孫たち、マレーシアで蜂起した人たちの子どもや孫、ケニアのマウマウ団のゲリラや、ギリシャとキプロス島の反乱者の子どもや孫たちの心の中に今に至るも痛みを呼び起こしている。現在も苦しんでいる痛ましい犠牲者たちのリストの終わりは見えない。

英国の特務機関と軍隊は、現代文明の時代が始まっても残酷な懲罰と縁を切ろうとはしなかった。逮捕、裁判なしの投獄、取り調べ、気に入らない者たちを物理的に抹殺するための非人間的手段による拷問と射殺は、英国のイニシアチブにより開始されたロシアへの武力干渉の際も、それまでと同じく盛んに利用された。民族解放運動の大波が英国に打ち寄せた時、「ジェントルマンたち」は「飴と鞭」政策を再度思い出したが、鞭はひどい痛さを生じさせるものだった。ケニア、ザンビアなど大英帝国のメンバーだった諸国の国民的リーダーたちは、予防拘禁の対象にされた。殺人と虐待は、特務機関と懲罰機関が毎日のように行う実務となった。SISが背信行為や買収、狡猾な欺瞞とは縁のない、「汚れなき手」で仕事を行おうと努めていた「気高い」存在だったというのは、真実ではなかった。英国流の民主主義はやはり植民地では浸透しなかったのだ。

懲罰機関の新式の武器の効果を試すための材料にされたのは、他でもない、自分たちの権利を守ろうとする市民たちだった。新式の武器、それはデモ隊を追い払うための放水砲であり、参加者の中で特に騒がしくしている者たちを捕まえるための特殊な網（古代ローマのレーティアーリウスたち[※1]が使用したものに似ている）であり、催涙ガス、神経ガス散布装置であり、ゴム弾、プラスチック弾であり、スタンガンであった。アルスター[※2]（北アイルランド）の「演習所」で実験に供されたこれらの新兵器は、後には他の国々の懲罰機関も装備することになった。そして現在、新たに登場した脅しの兵器（今度はミサイル）の犠牲者となったのは、イラクとユーゴスラヴィアの住人たちである。人間に対するこうした残虐さは英国で培われてきた動物、とりわけ家畜愛護の精神に相反するものであり、理解にまったく窮すると言わざるを得ない。著名なイギリス人作家ジョン・ボイトン・プリーストリーは、イギリス人の国民性として残虐さを挙げてはいるが……。

※1 剣闘士の一種。網と三つ股の槍で闘った。
※2 アイルランド島北東部に位置する地域。英国の管轄下にあるが住民の多くはプロテスタント系であり、北アイルランド独立運動の中心地の一つ。

◆エージェントを用いた諜報活動

それはそれとして、英国の秘密機関創成史に話を戻すことにしよう。面白くて、ためになる事柄を少なからず知ることができるはずだ。中でもとりわけ興味深いのは、現代の専門家たちにより採用された諜報活動の方法や手段の中にはずっと昔に開発されたものが含まれていることだ。その一つは、敵陣にスパイを潜入させるという方法だ。力を蓄えつつあった英国と、フェリペ二世の時代にはヨーロッパ最強の軍隊を擁していた封建制度下のスペインが死闘を繰り広げていた頃、スパイ工作の達人として知られていたウォルシンガムは、敵を探知する効果的な方法を考案した。彼は配下のエージェントたちをヨーロッパ諸国の首都とスペインの複数の港町に潜り込ませた。こうすることにより英国側はスペイン側の軍事作戦を探知し、英国の島々への侵攻を企てていた「無敵艦隊」所属の船団の準備状態を監視することができるようになった。

ウォルシンガムによる最大の仕事（事実上は挑発行為）は、全国民にとって災難のレベルまで格上げされた通称「バビントン陰謀事件※」を、彼が統括する官庁が暴いたことである。彼のこの働きのおかげで英国を統治していた君主側は自己の立場を固めると同時に、反対勢力であるカトリック教会一派とウォルシンガムが憎しみを込めて「英国国王の座を狙う者」(注3)と命名したメアリー・スチュアート自身をも一掃することに成功した。

ウォルシンガムが統括した官庁は、英国流の諜報活動への体系的な取り組みの先鞭をつけたと言っても過言ではないはずだ。少なくとも、エージェントを選出し利用する方法と手段を情報活動の一環として取り込んだという点においては、異論は出ないだろう。

※一五八六年に英国で発覚したエリザベス一世暗殺計画。首謀者の名がアンソニー・バビンドン。

ウォルシンガムにとって、イタリアのパドヴァ市にあった当時の一流大学の一つで学びながら、数年間を北イタリアで過ごしたことが役立ったのは明らかだ。かの地で中世の権力者たちの企てた陰謀や異端審問についての知識を蓄え、イエズス会士たちと知り合いになり、そしてニッコロ・マキャヴェッリの古典的著作である『君主論』を習得できたからである（この本は道徳問題に関し歪めた解釈を施したものでありながら、異端審問に関する知識を蓄えるのに役立つということで政治家と諜報員にとっての参考書として確立されていた）。またウォルシンガムはパリ駐在の英国大使だった時、サン・バルテルミの虐殺と名づけられた事件を目撃したが、その結果、彼のプロテスタント流の世界観は著しく強化され、カトリック教徒に対する彼の憎悪は増幅される結果となった。

ウォルシンガムが統括するエージェント組織は、国内の反対勢力の計画の探知とその実行阻止、ヨーロッパにおけるスペインの立場の弱化、スペインの同盟者である教皇領ローマとドイツ皇室の監視、「無敵艦隊」の英国侵攻準備状態の監視などさまざまな課題を遂行するために、定員の補充がなされた。エージェントはアメリカに向かうスペイン商船の監視が命ぜられた（その結果得られた情報は、海上交通路上でスペイン人たちを捕獲していた英国の海賊船に伝達された）。採用されたエージェントの顔触れが、イエズス会が運営する学校を出た従順な修道僧から始まって、隠れ場所であるカトリック教会に戻って来たイギリス人貴族、裕福なイタリア人、港の役人、旅回りのフランス人商人、パリ出身の決闘好きの男、ドイツの大学生に至るまでと種々雑多であったのは理解できる。フランシス・ウォルシンガムが統括する官庁に属する「マントと短剣」を身につけたスパイ集団の顔ぶれは、チェルニャークが自著の中で述べているように、実際に前述のごときものであり得たのだ。ウォルシンガムがペテン師や前科者や社会からの落伍者など、当時のヨーロッパ諸都市に数多くいた者たちをスパイ活動に参加させることを厭わなかったからだ。双子のエージェントというものも流行っていた。これはウォルシンガムの発明品ではなかったが、スパイ術の達人だった彼は、敵側を騙すために積極的に利用した。

彼の組織の官庁が新しい方法として採用して有名になったのは、特別に作成された星占い用天体配置図（ホロスコープ）を占星術師であるエージェントを通して流布させることだった。これは今の世の中なら「情報操作」（ディスインフォメーション）と名づけられてしかるべきやり方である。ウォルシンガムは虚報そのものを使う方法も利用した。配下のエージェントの一人を通じて「テムズ川は水位が低いので無敵艦隊の通行には適さない」という虚報をスペイン人たちに送り届けたのが、その一例である。

◆「目的は手段を正当化する」——多岐にわたる諜報活動の手段

SISの首脳たち、特に一九五〇～一九六〇年にかけて副長官だったジョージ・ヤングは、エリザベス女王時代の英国の秘密機関の活動は「手の自由（判断、選択、行動の自由という意）」を「保つ」ためには不可欠だったとして正当化していた。イエズス会士たちの信念である「目的は手段を正当化する」の変化形であるこの原則は、実は、過去においてのみならず現在においても、英国の特務機関内に君臨しているのだ。

同じ時期、英国の秘密機関は、モスクワ公国の君主イワン四世（雷帝）のもとに、自己のエージェントであるホロスコープ作りの専門家ボメリウス※を送り込んだ。星占い、魔術、錬金術は英国の秘密機関が盛んに用いた手段だった。

※一五三〇～一五七九年。ドイツのウエストファリア出身のプロの占星術師。公式にはイワン雷帝に仕えた宮廷医。

諜報機関に大金を投ずる余裕を持ち合わせていなかったエリザベス一世の治世下では、諜報活動実施にあたりエージェントへの報酬として慎ましい（時にはしみったれた）額の資金を充当する、という原則がやむを得ず適用されるようになった。

現役のエージェントたちに支払われる、お世辞にも多額とは言えない給料に対する補償として、年金や宮廷職などが提供された。現金の提供、買収、犯した罪に対する刑の免除は、エージェントをリクルートするに際して用いられる主なる手法だった。実を言えば、これらの手法はその後もずっと英国の諜報機関特有のものとして存在したし、現代においても多くのケースで重要視されている。英国の秘密機関の初期のリーダーたちは、中世の統治者、聖職者、哲学者が信奉した「目的は手段を正当化する」という原則を指針としたが、ＳＩＳはそれをそっくり受け継いだかに見える。

◆外交活動と諜報活動は表裏の関係

英国諜報機関の歴史をひもとくに際しては、もう一人のスパイ術の達人に言及せざるを得ないだろう。その名はジョン・サーローである。英国の護国卿オリバー・クロムウェルに仕えた、無任所大臣にして諜報機関の長であった男である。

クロムウェルとサーローの時代、諜報機関は既に政府の機関として正式に認められていた。ジョン・サーローは、諜報機関の長としての活動の内容と成果のスケールの点においてはフランシス・ウォルシンガムにおそらくは及ばなかったと思われる。しかし行政手腕に関しては勝っていた。そして全体として見るならば、彼は後のＳＩＳの組織と指導者にとっては重要な意味を持つことになる遺産を残したのだ。特務機関の重要性を充分に理解していたクロムウェルは、彼が権限を手にする以前に、割り当てられていた額をはるかに凌駕する資金を組織に提供した。その使い方はサーローに任されたが、彼は見事な腕前で義務を遂行した。

　ジョン・サーロー指揮下の官庁が監視の主対象としたのは、英国国内と国外の亡命先で地下活動を行っていた王党派だった。王党派の組織に潜入するためにクロムウェル配下の諜報機関は、多くのヨーロッパの国々にエージェント網を張り巡らした。王党派制圧が成功したのは事実であり、そのための大役を果たしたのはサーロー指揮下の諜報機関だったことも間違いはない。

　しかし筆者が思うに、サーローが秘密機関の発展に寄与したのは、前述の活動によってではなく、また打倒された英国王朝の復活を阻止するために（ついでに述べておくが、オリバー・クロムウェルの死後、スチュアート家は失った王位を再度手中にし、ウエストミンスター寺院内に設置されていた偉大なる護国卿の遺体を屈辱的な方法で死刑に処した）、彼が実行した具体的な諜報活動によってでもなかった。彼の主たる功績は、その時代に英国の諜報機関が諸外国に駐在している自国の外交官たちを大々的に利用するようになったことであろう。外交官たちから受け取った情報は、別のルートで諜報機関が外国に送り込んだエージェントからの情報で補強された。既に遠い昔となった一七世紀に導入されたこの「新しい試み」は、情報活動を外交活動という名の「屋根」（カヴァー・偽装）で覆うことを主眼としたものだった。それ以来ＳＩＳは、外交活動を隠れ蓑にした諜報活動と、自己が興味を持つ秘密へ接近するための自己流の諜報活動を組み合わせた方法を捨て去ることなく現在も用いている。

　読者の中には、筆者が諜報機関の古代史にあまりにも多大な関心を抱きすぎているのでは、と疑問を持たれた方もいるかもしれない。この問いに対する答えは、極めて明快だ。筆者は充分に自覚した上でそうしている。インテリジェンス活動という特殊な分野においても、現在をよりよく理解し評価するためには、過去を知るに如《し》くはなしということを忘れないでいるからだ。歴史探訪の旅に出ずに済ますことは可能だ。しかし、そうしなければ現代版の情報活動の形式や方法の起源への理解は浅いものになってしまう。我々が好むと好まざるとにかかわらず、連続性は歴史の構成要素として常に存在しているのであり、過去と現在の一定の類似性は突き止められるものなのだ。

保守主義は英国そのものや英国国民の大多数の特質であるが、同様に、英国情報機関の特質でもある。国の如何を問わず、諜報活動も外交活動も国という機械のメカニズムの一部であり、同じメダルの二つの面だ。しかし一七世紀そしてそれ以降の英国におけるスパイ活動と、純粋な外交活動とを区別するのは難しく、時にはまったく不可能である。二つの役割を一人が演じるとなれば、なおさらのことだ。英国の大使が諜報員の役割を果たしたり、諜報機関の要員が秘密の外交任務を遂行したりするのは珍しいことではなかった。軍事や政治の分野で同盟や連合を組織したり、自らの敵の敵を支援したり、敵の支配階級に属する有力者たちを自分たちのシンパにするといった目的を達成するために、諜報機関の要員と外交官が用いた手法は、相似たものになった。一方は秘密情報を入手すること、他方は国の指導者たちが立てた政策を実現すること——このように、諜報機関の要員と外交官に与えられた目的に違いはあっても、それを実現するための手段や方法は、秘密エージェントのリクルート、買収、寝返りの勧め、公的書簡あるいは私信の検閲など同一のものだった。

植民地で大英帝国の体制を存続させるために行われた次のような活動は、参考資料として貴重なものとなった。すなわち、英国に従順な現地人たちから成る警察隊の創設、旧植民地の治安部門へのイギリス人顧問の派遣、現地政府の諸機関、マスコミ、および商工業界に潜入させるエージェントのリクルート、独立を企てる現地人たちの組織にエージェントを潜入させることなどだ。

◆海外における諜報活動の起点「地区センター」の役割

さて、ここまでで我々は、歴史上に存在した過去と現在の相似現象の具体例を見てきた。しかしまだ一つある。それは、フランシス・ウォルシンガムやジョン・サーローが、諜報活動のために西ヨーロッパのいくつかの都市に創設した、地区センターといわれるものだ。現代の海外支局（ステーション）や作戦基地の原型とされているこの地区センターは、あからさまな活動拠点が設置できない地域では、絶好の隠れ蓑になった。

一七世紀の西ヨーロッパでスパイ活動や国際的陰謀の中心地となったのは、アムステルダムだった。SISの先駆者であるMI1cが同市の便宜性に目をつけ、カイザー指揮下のドイツと「冷たい戦争」を戦うための要塞として利用するために、事務所が商社の建物の中に設置された。アムステルダムでは多数の諜報機関の要員たちがエージェントをリクルートし、ドイツに潜入させる前の教育を行い、外国のジャーナリストたちの言動に注目し、ドイツの脱走兵の取り調べを行うなどしていた。アムステルダムの他に地区センターがあったのは、ベイルートやアテネだった。

地区センターは諜報機関の仕事の重要な支えとなった。諜報機関の要員たちは公的機関の職員の身分を隠れ蓑とすることがあったが、彼らが合法的に足を踏み入れることが禁止されている地域、または潜入が難しい地域で諜報活動を行うとき、地区センターが橋頭堡として利用できたからだ。

◆諜報活動に携わった人たち

英国の秘密機関の要員やエージェントの中には、大英帝国の繁栄と世界制覇のための闘いに分相応の貢献をし、平和時においても帝国の利益の擁護に力を尽くすなどした有名人が少なからずいた。たとえば後に政治家や世界的に有名な作家、詩人、高名な学者やジャーナリストになった人々がそうである。

シェイクスピアの同時代人である劇作家のクリストファー・マーロウは、ウォルシンガム指揮下の諜報機関と関係があった。また、あまり知られていないことだが、後に世界的名声をもたらすことになる『ガリバー旅行記』の作者ジョナサン・スウィフトは、在ハーグの英国大使館で書記官としての地味な外交官生活を始めたが、当初の任務は諜報機関の手助けをすることだった。英国の詩人マシュー・プライアーも、諜報機関で働いたことがあり、スウィフトと同じく在ハーグの公使館で英国入国者の旅券の処理に従事していた。大使館内のビザ発給や旅券検査の職は、ＳＩＳの要員にとってつい最近までお気に入りの隠れ蓑だった。

一八世紀の最も優れた諜報機関要員の一人は、『ロビンソン・クルーソー』の作者である英国の作家ダニエル・デフォーだった。彼は国内および国外に有料で働く者たちにより構成された広大なエージェント網を持っていた。シチリア王国駐在英国大使の妻でありネルソン提督の愛人であったエマ・ハミルトンも諜報機関の依頼を遂行していた。ただし、筆者としては、彼女の名はネルソン提督の愛人としてだけでなく、「ウィスキーを飲んだ女性」として読者の記憶に残ることを願っている。いずれにせよ女性は英国の情報機関の活動において重要な役割を果たしてきたし、現在も果たしているということは指摘しておきたい。

ノーベル賞作家ラドヤード・キップリング、そしてサマセット・モームも、英国の諜報機関に協力していたとされている。さらに、ボーイ・スカウトの国際組織の創立者ロバート・ベーデン＝パウエルは、一九世紀と二〇世紀の継ぎ目に当たる時期に諜報活動に携わるようになったとされ、画家や猟師を装って各国を旅して軍事施設を視察したりした。

作家兼諜報機関の要員の長大な名簿には、我々と時代をまったく同じにする人たちも載っている。ジェームズ・ボンドの生みの親である作家イアン・フレミングがその一例だ。グレアム・グリーンの小説『ハバナの男』は、英国の諜報機関を鮮やかに風刺した傑作だが、彼の他の作品にも諜報機関を題材にしたものが少なからずある。

英国の情報機関の活動は、緊迫した紛争や軍事衝突の勃発によって常に活性化し、その結果新鮮な力、それも労働能力や才能ある人々の急募を余儀なくさせられてきた。それゆえ第二次世界大戦時には、相当数の学者たちが諜報機関のメンバーとして補充された。英国特務機関の成果は、これら才能豊かな学者、技師、歴史研究家、社会学者、大学出身者の努力に負うところが大きかったのである。

ロンドンにはさまざまな種類の博物館が数多くあるが、そのうちの一つがマダム・タッソー蠟人形博物館だ。ここには英国や諸外国の、政治家、映画スター、君主、サッカー選手、著名な市民、悪人、英雄、罪人などが、後世に残すために蠟人形の姿で陳列されている。同館には、直接または間接的に秘密機関に関わった人々の像のための場所も設けられている。館主が資格ありと認めた人物全員の像を一度に展示できるだけのスペースはないので、像の配置はローテーションに従って随時変えざるを得ない。地下の保管場所にしまいこまれたままになっている像もある。しかし蠟人形が館から撤去されたとしても、秘密機関の創成とそれに続く活動に関わった人々の名は歴史に刻まれ、永遠に残ることになる。

3

遠い昔のことをもう少し。任務遂行中の秘密機関

英国の歴史の中で諜報機関が果たした役割／秘密機関と大英帝国の創成／国の統治者たちと諜報機関

英国は郵便制度発祥の地だ。そして、特務機関による郵便物窃取の発祥の地でもあり、信書の開封検閲を実行した最初の国でもある。

既に中世の時点で、英国の諜報機関は、郵便物の開封検閲は情報入手の手段として大いに有望だとみなしていた。公信と私信の窃取は諜報機関の日常業務として定着し、エージェントの仕事の一つとされていた。郵便物の窃取と処理の方法は、常時その精度が高められていった。特殊訓練を受けた職員とエージェントが、特別な知識と経験が要求される仕事を担った。特殊な装置や材料も不可欠だった。受取人の手元に届けられる過程での郵便物の窃取や、あるいは監視対象の人物に知られることなく郵便物を窃取する実務を担当したのは、リクルートされた郵便局員、配達人、奉公人、秘書だった。外国の外交官、政府高官、君主一族の男性メンバーに、女性エージェントを接近させる方法も用いられた。

一八世紀から一九世紀にかけての英国諜報機関の目的は、英国内に設置された外国代表部とその本国政府との間の事実上の連絡ルートすべてを監視下に置くことだった。こうした状況はその後もずっと続いた。諜報機関が防諜そのものの機能も果たすことになった結果、窃取の対象の範囲は、さらに

自国の外交官の郵便物にまで広げられた。

別の形の監視方法も適用された。それは、他国の諜報機関の行動に英国の秘密機関の行動を当てはめて推測することだった。英国の秘密機関が利用した買収と名誉毀損の効果は絶大で、そのことは有名すぎるほど有名だったので、この方法を外国の諜報機関も実行しているのではと推測して監視の重点を絞るのだ。

◆「秘密部門」設立――暗号解読の専門組織の誕生

外国の郵便物の窃取はさらに盛んに行われ、ついには英国国内に郵便物の暗号化と解読を専門に行う特別の部門が外務省の傘下に設置されるまでに至った。「秘密部門」また時には「外国課」と呼ばれたものはまさにそうした組織であり、独創力に富んだ個人営業の手工業者の役割を引き受けた形になっていた。この組織内には一定の分業制が機能しており、暗号解読、翻訳、手紙開封、印判作成、筆跡偽造等の専門官、あぶり出しインクを扱う化学分野の専門家などに分かれていた。この「秘密部門」は現在、英国政府通信本部（ＧＣＨＱ）の名で登録されている暗号解読部門の先駆者的存在だった。

科学の進歩に伴い、この組織の機能は大幅に拡張され、現在では暗号理論の研究と、国の機関の要請に応じて行うコードと暗号の設計だけではなく、情報収集と外国（非友好国、同盟国、中立国をひっくるめた）の通信傍受のためにシギント※を行っている。英国の情報筋が認めたところによると、政府通信本部は職員の数、入手する「生産物」の量において、英国の特務機関の中で最大のものとされている。

※ 一般の電話、ファクシミリ、インターネットなどの回線や無線にアクセスして信号情報を傍受し分析すること。

◆政府暗号学校の成果

第二次世界大戦時、特にその初期の段階で英国は対ドイツ戦で敗北を喫し、英国の諜報機関は戦時体制に適応するのに苦労した。「政府暗号学校」（英国の暗号解読機関は当時こう称されていた）の有能な暗号解読専門家たちが、自分たちの作った電子計算機を使ってドイツのコード「エニグマ」の解読に成功したのは、まさにこの時期だった。「ウルトラ（エニグマ解読工作につけられたコードネーム）」は、ナチス・ドイツの軍事行動と破壊活動に立ち向かう戦いで重大な役割を果たしただけでなく、失敗と不運が原因で解体の危機に曝されていたSISにとって、本物の救いの女神となった。

SISのリーダーであるスチュアート・メンジーズは、自分の直接の部下ではない暗号解読専門家たちの見事な仕事を利用して、「ウルトラ」のデータを実用化する作業を自分のところでやるという、まさにとてつもない考えを思いついた。

最近まで英国は電子暗号機の生産を独占しており、世界各国に輸出していたため、それを利用している国の暗号を解読する可能性を現実に手中にしていた。このことは英国の特務機関にとって少なからぬ助けとなったはずだ。

GCHQの現在の名目上の首脳部は、外務省に属している。その一方で暗号解読部門は、事実上英国の首相の手中にある。しかし総対的に見れば、SISと国防省は解読された資料の主要入手者だが、そのためもあって暗号解読部門が最も緊密な協同作業の相手としているのは、SISである。

GCHQは郵便物の窃取作業をするのに必要な自前の拠点網をもっていたが、それは英国本土、ジブラルタル、オマーン、西独〔当時。以下同〕、アセンション島、キプロス島、トルコ、ボツワナを含む広大なものだった。もっとも、これら窃取拠点のうち英国領内にあったいくつか（たとえば香港）は閉鎖するか、または状況に相応しい隠れ蓑を着せざるをえなかった。それらの一つはソ連とイランの国境沿いのマシュハドにあったものだが、イラン国内の民衆暴動の際に攻撃され、職員四人が殺害されたために自動的に閉鎖された。

◆諜報機関の中央集権化

暗号解読部門の「耳」の役を担うシギント実行部門の下部組織は、入念に隠蔽された状態で英国の諸機関のいくつかの在外代表部内に置かれている。同様の下部組織はモスクワの英国大使館内にもある。

英国の現在の暗号解読部門の根は、歴史の深部まで達している。だから英国の特務機関の全システムの形成と発達に影響を及ぼしたのは、遠い昔とつい最近の両方だと言うことができるのだ。

軍隊の諜報機関においては、全能の海軍省の一部門である海軍諜報部が長いこと幅を利かせていた。英国におけるヒューミント※活動担当の主要機関であるＳＩＳは、最初から独立した機関ではなかった。当初は軍部に属していたのだ。戦争遂行の必要性、特に戦後の植民地および従属国鎮圧の必要性に応じるため、軍事ないし半軍事の性格を有する秘密活動機関として、特別空挺作戦部隊が第二次世界大戦中に既に創設されていた。諜報機関の活動を最適なものにするために、諜報機関は中央集権化を強いられた。現代においてこの中央集権化は、英国首相の統率下にある合同情報委員会という形で実現している。

このように中央集権化は事実上不可避であったが、そこへ至る道は険しいものだった。国の機関形成に携わる官僚組織の複雑さ、国の支配層に属するエリート間に存在するグループ的利益と政治的利

※ 標的国に送り込んだ情報要員やその他の人間を媒介として機密情報を入手すること。

益を巡ってのあからさまな確執が妨げとなったし、それに加えて英国の伝統的な保守主義（ただし否定的影響を常に与えるわけではない！）が「古くからの秩序を傷つけまいとする努力」を覚醒させてしまい、中央集権化という新しい動きの足を引っ張ったからだった。

ウインストン・チャーチルの遠縁の祖先に当たるマールボロー公爵、イギリス人の偶像であるアーサー・ウェルズリー元帥などの著名な軍司令官たちは、独立した諜報部門を自分の配下に置いていた。また、多くの官庁や一部の有力者たちは、自らが直接的な関心を寄せているものを対象にした諜報活動を、それぞれ別個に行っていた。諜報機関の活動の中央集権化が実現したのは、当然のことながら、下記のような数々の全国民的問題が発生したからだった。

たとえば世界覇権を巡ってのスペインやオランダとの角逐、北アメリカの植民地の独立を巡る戦い、革命時代およびナポレオン時代のフランスとの衝突などである。スペイン人やフランス人は全員敵であり、スパイか破壊工作員のどちらかだと思え、というプロパガンダも一役買っていた。後年も同じ趣旨のプロパガンダが用いられたが、その時敵視されたのはドイツ人とロシア人だった。ずっと昔から今に至るまで、英国では「恒久的な友人も、恒久的な敵も存在しない。存在するのは恒久的な利害関係のみである」という諺が幅を利かしているが、無理もない。

軍事紛争や大規模な作戦行動において英国が勝利を収めても敗北を喫しても、英国諜報機関の活動の効果の大小とはまったく関係がない。最終的には双方の兵力の差、両国国内の政治的状況、そして双方の経済力によって決まるからだ。だからといって英国の支配層が敵の陣営に存在する矛盾と弱点を利用する際に見せる機敏さと融通性を、過小評価すべきではない。この点に関しては英国の外交活動と諜報活動の優秀さを正当に評価しなくてはならない。

英国の政策と情報活動の実体が露になった明白な例として挙げられるのは、アメリカ合衆国の独立を巡っての戦争である。国家予算の一〇分の一に相当する額が諜報活動に費やされたし、北アメリカの状況や武装蜂起者たちの所在地と移動に関する大量の情報は、スパイたちにより途切れることなく伝達された。また、英国の諜報機関は一部のアメリカ人司令官たちを寝返るよう説き伏せたり、一連の有力政治家たちの名誉を毀損したり、買収したりすることに成功していた。だからアメリカを失った原因を諜報活動のせいだけにすることはできない。ジョージ三世および蜂起者たちとの戦いで敗北を喫した将軍たちを罵倒し、無能だとして彼らに汚名を着せても、意味はない。英国が北アメリカの植民地を失ったのは、別の諸原因があったからだった。そのうちで最大の影響を与えたのは、英国からの移民たちの中で主として独立心に目覚めた者たちの間に、革命的機運が盛り上がったことだった。

◆熾烈化する英仏の情報戦とその結末

フランスとの熾烈な情報戦は、英国秘密機関にとってはおなじみのものだったが、英仏の対立はフランス大革命により、強い緊迫の色合いを帯びることになった。海軍諜報部が強化され、常時活動するスパイ機関として形成されたのは、まさに一八世紀後半が始まろうとしていた時のことだった。英国が世界の主要海洋国に姿を変え、ほどなくして英国海軍が並ぶもののない存在になり、「海洋はアルビオンのものになった」(注4)と言われるようになったのは偶然ではなかった。

しかしながら仮想敵に対する思い上がりからくる軽蔑の念と自己の優越に対する自信が、時と共に海軍省と海軍情報部の指導者たちを揶揄する種に化してしまったのも事実だ。

外務省の諜報機関の動きは活発になり、英国に敵意を抱く軍事・政治同盟を破壊したり、自分の敵に対抗する同盟を組織したりするといった、お気に入りの方法を大々的に利用するようになった。また、大いに普及してきたのが、英国からもらった金銭のお返しに自国の兵士たちの血を差し出す国に助成金を支給する、という方法だった。国民会議の決定により逮捕されていたルイ一六世とその妻のマリー・アントワネットが脱走を試みたが失敗したとか、外国の軍隊がフランスに侵入するのと時を同じくして、フランス各地で王党派の力を借りた暴動を起こす計画があったなどという情報も流すようになった。さらに英国諜報機関のエージェントたちは、フランス公安委員会の会議についての機密資料を入手する手段を整えたり、フランス共和国の財政および経済状況の不安定化を狙ってフランス国外で製造された偽札をフランスに持ち込んだりするなど、その能力を存分に発揮していた。ナポレオン支配下のフランスとの敵対関係は、事実上、覇権とサバイバルを賭けた闘いという新たな段階を迎えることになった。

ナポレオン・ボナパルト自身が暗殺の主要ターゲットにされた。数回あった暗殺の試みはすべて失敗に終わったが、この陰謀は英国諜報機関が参加して企てられたものだった。

ある資料によると、ナポレオン支配下のフランスと手を組んだことを理由にロシア皇帝パーヴェル一世を倒そうとする陰謀があったが、その準備工作にはペテルブルク駐在の英国大使が関与していたとされている。

英国とフランスの諜報機関同士の情報戦は、勝敗の結着がつかない状況下で続けられていた。双方とも、自分たちが利用できるすべての手段を用いた。たとえば情報の収集にエージェントを利用することや、敵に虚報を摑ませることから始まって、陰謀と政治的謀殺の準備に至るまで、あらゆることが行われていた。この敵対関係の結末がどうなったかは、知られている。ナポレオンの退位計画作成の音頭を取った国の名も知られている。一方で英国の支配層は、自国が滅亡の瀬戸際にあることを明確に認識していた。この認識が政治的戦略に一定の性格を付与することになる。それは、英国がヨーロッパでの大規模な軍事紛争への直接参加は避けるというものだった。その結果が、英国政府が一九世紀に実行し、その後も実現させようと努めた「栄光ある孤立」政策であった。まさにこの政策が、英国をして仲裁者の役割を演じせしめることになったのだ。

英国は自国の海軍力の増強に賭けることにした。そうすれば国の威力も保持できるし、小規模な自国の陸軍部隊を使うだけで比較的楽に植民地戦争に勝てると計算したからだった。こういった全般的な政治的戦略に基づいて、英国政府が自国の課報機関に与える課題も決められることになったのである。

英国課報機関の指導者たち（および権力側にあるエリート層全体）の思考様式は長期にわたって独断に囚われたものであったが、その独断なるものは、自国は威力を有する、負けることのない国であり、そして人の褌《ふんどし》で相撲をとる能力に恵まれた国であると彼らが信じていたために生まれたものだった。

4 課報機関の迷路

英国諜報機関の奸策／諜報機関の「無知蒙昧な世界」／MI1cがMI6に変身／SISとMI5の好奇心は何をもたらすか？／政府通信本部とミリタリー・インテリジェンス（MI）／特殊空挺部隊とスコットランド・ヤード

英国特務機関の構造を解き明かすのは容易ではない。まさに「迷路」としか言いようがないほど複雑なものだからだ。自己の謀議の内容を敵に察知されることを防ぎ、また極秘の存在である政府機関を好奇の眼差しから確実に遮るためにわざと複雑なものにしているとしか思えない。

しかし英国はそもそも、伝統と長きにわたり神聖化されてきた習慣を揺ぎなく守ってきた、世界で最も保守的な国の一つでもあるのだ。したがって諜報機関および防諜機関の構造も、保守気質の影響を受けたものにならざるを得なかったのであろう。

ただし、過ぎし昔への強い愛着から「迷路」が原型のまま放置されてきたわけではないことは、事実が証明している。才能豊かな開拓者たちが考案した新たな「味つけ」が、「迷路」に施されてきたのだ。こうしたことが可能なのは、オスカー・ワイルドや、バーナード・ショウに代表されるパラドックス型思考が英国社会で受け入れられているからだ！

外見からは無秩序に見えるSISは、「すべてが棚ごとにきちんと仕分けされている」と言われるほど整然としているCIAやFBIと比較した時に、その差が際立つ。それは英国の特務機関が、パラドックス的なものである英国の現実そのものを反映した存在だからこそ、出た差なのだ。

さまざまな時期における英国の諜報機関と防諜機関の実態についての筆者の考察が、読者にとって特務機関という名の迷宮の中で順路を知るのに役立つアリアドネーの糸※になれば、と筆者は願う次第である！

◆第二次世界大戦直後のSISの構造

新たなる歴史の展開と共に、英国の特務機関は以前のものとは大きく異なる課題の遂行を課せられるようになった。霧に霞むアルビオンの置かれている状況は著しく変化したのだ。競争相手たちが早足で追いつこうとしており、「栄光ある孤立」を目指す統治方式には別れを告げざるを得なくなった。

二〇世紀の始まりと共に、英国の支配層はカイザー支配下のドイツとの衝突が不可避であることを感じはじめていた。その結果、軍事ブロック結成政策が復活し、三国協商（フランスおよびロシアとの軍事・政治同盟）が締結され、特務機関の強化が特に注目されることになった。しかしその一方で構造の簡易化や重複する機構の一掃などの問題は一顧だにされなくなった。

それから何年も経って、第二次世界大戦終了直後に特務機関の骨組みとして採用されたものは、現在と基本的には同じで、次のような機関で構成されていた。

・ヒューミント担当の主要機関であるＳＩＳ
・国防省（軍部の情報収集担当部門が傘下に入っている）の軍事諜報部
・防諜機関と警察

※ アリアドネーはクレタ王の娘。ミノタウロス退治のテセウスに糸玉を与えてラビリンス（迷路・迷宮）から脱出する手助けをしたというギリシャ神話。そこから難問解決への導きを「アリアドネーの糸」ということから。

・暗号解読部門と信号諜報活動――GCHQ

しかしこのリストは役に立たない。なぜなら現在の英国の特務機関はこれだけではないし、特務機関と政治機関の複雑な絡み合いを理解する鍵にもならないからだ。緊急時に際立つこれら機関の仕事の整然さと効率のよさ、そして連携の見事さは目についた。しかし、行動の不一致や秘められたライバル意識が顔を見せるのも珍しいことではなかった。簡単に言えば、すべての官僚組織に共通のさまざまな特徴を、これら諸機関も抱えていたということだ。

◆保安局の創設と諜報部門MI1cの活動

一九〇九年、保安局が創設された。基盤になったのは、外務省およびインド省の一部として分裂していた諜報機関と防諜機関だった。この保安局の諜報部門が「MI1c」と呼ばれることになったが、一九三〇年代には現在のSISであるMI6が取って代わった。

また保安局の内務担当セクションは、後のMI5（防諜機関）の原型となった。第一次世界大戦前までは「MI1c」は予算が限定された比較的小規模ながらまとまりのある機関だった。そのリーダーは、海軍大佐マンスフィールド・スミス＝カミングだった。足が不自由なため本部の館内を子ども用の自転車で移動したり、金縁メガネを愛用したり、部下に渡す指令を書くのに緑色のインクを用いたりする、変わり者として知られていた。

英国情報筋の資料によると、「MI1c」は外国のしかるべき地区に自己の職員と特別訓練を施したエージェントを送り込む方法を用いて、外国での諜報活動を実行していた。しかし自己の組織が形成されるや否や、ロシアを含むヨーロッパの数ヵ国に少人数からなる海外支局の設置を始めた。

英国は一九一四～一九一八年の第一次世界大戦に参加した他の国々と同様、大陸に何百万人もの兵士を送り込まざるを得ない状況や、国内の全産業の持てる能力を戦争遂行のために総動員しなくてはならない事態が生ずることを予見できなかった。英国の諜報機関は将来戦場となり得る場所の調査を戦争勃発直前にようやく始めたが、効果的なエージェント網を設置することはできなかった。

海軍情報部はドイツ艦隊の監視に熱を入れていたが、ドイツの港と海岸線防御施設の研究では遅れを取っていた。

第一次世界大戦時の活動の効率の点では、「MI1c」は防諜機関MI5には敵わなかったであろう。なにしろ後者はドイツ諜報機関が英国国内に送り込んだほとんどすべてのスパイたち（二〇〜五〇名とされていた）を摘発し、壊滅させたからだ。英国の陣営内に存在したドイツの「目と耳」を粉砕したMI5の功績は賞賛に値するものだった。ドイツは破壊されたエージェント網を英国国内に再建しようと試みたが、これもMI5の要員たちにより阻止された。

◆欧州に張り巡らされた英国のエージェント網

第一次世界大戦により、英国の特務機関は極度の水ぶくれ状態となった。ドイツ軍に占領されたベルギー、北フランスの都市や農村地帯、鉄道の駅には、細かく枝分かれしたエージェント網がMI1cにより設置され、住民や外国人の中からリクルートされた数百人のエージェントたちが諜報活動や破壊工作の遂行に邁進していた。このエージェント網は、それぞれがMI1c海外支局の要員に率いられたいくつかの班で構成されていた。諜報機関本部との連絡は専門の連絡係を通すか、あるいは風船または伝書鳩を使って行われた。後に無線技術が発達すると、無線交信が用いられるようになった。暗号化された情報を含んだ手の込んだ告知を新聞紙上に掲載する、といった連絡方法が利用されるケースもあった。交信内容を暗号化かコード化することは、交信する際の必須条件とされていた。

エージェントは情報の重要な収集源だった。英国の諜報機関は、情報収集のために自らの手が届くすべての手段と可能性を利用するよう求められていた。情報収集用航空機の利用、捕虜の尋問、書簡の検閲、敵国の定期刊行物の分析、電話の盗聴など、何でもありだった。

これらの活動と関連して特に触れておくべきことは、暗号解読部門の役割である。暗号解読の重要性を理解するためには、ドイツの外務大臣だったツィンメルマンの出した電報の件を思い出せば十分なはずだ。駐メキシコと駐アメリカのドイツ大使に宛てたものだが、内容は「ドイツが勝利した場合、アメリカに略奪されたメキシコの土地をドイツが返却するという条件をつけて、アメリカが参戦した際にはドイツの味方としてアメリカと戦うことをメキシコに承諾させよ」という指令だった。解読された電文が公表されると、最大級の政治的スキャンダルが勃発したが、それと共にドイツの野望に危惧を抱いたアメリカが、三国協商の味方としてドイツ相手の戦いに参加する決意を固める時期が早められることにもなった。

ドイツの外交用コードが英国の暗号解読部門によって解読された経緯の公式記録は、ウインストン・チャーチルが自著『世界の危機』の中で引用している。それによると、解読に役立ったドイツの暗号表は一九一四年八月にバルチック海で沈没したドイツの巡洋艦「マグデブルグ号」の船体内でロシアの船乗りたちが発見した後に、イギリス人たちに渡されたことになっている。ロシア人の自尊心を満足させる説ではあるが、全面的に信じることはできない。なぜならドイツの暗号表は機関ごとに異なっており、海軍の暗号表が外務省の暗号電報の解読に役立ったとは考えがたいからだ。

別の説も複数存在する。そのうちの一つは、解読に使われた暗号表はベルリンで英国のエージェントによって盗まれたものだったとしている。どちらにせよ確実なのは、英国の暗号解読技術は、今後一度ならず証明されることになるが、高度に発達したものだったということだ。

◆ソ連邦誕生。国際情勢の変化とSISの活動への影響

第一次世界大戦後、英国の特務機関は新しい課題の遂行を強いられることになった。新しい状況に適応せざるを得なくなったからだ。その状況とは、ユーラシア大陸に人類史上初めての社会主義国家が出現したことだった。その結果、英国およびその他戦勝国の勝利の喜びにヒビが生じることになった。さらにヴェルサイユ体制に源を発した、容易には解決できぬ諸問題が世界に押しつけられることになった上、戦勝国の敗戦国に対する優位を保証するためのしっかりした形ができ上がる前にヴェルサイユ体制は成長してしまい、国際紛争の種を撒き散らしたのだ。あるいは、ヴェルサイユ体制は世界中、特にヨーロッパ中に仕掛けられた狡猾な仕組みの罠の生みの親になったという表現でもよい。ともかく、こうして世界の情勢が不安定になった時期、英国はロシアとの対峙や、植民地での民族解放運動との否応なしの戦いに気を取られ、別の方向から迫ってくる危険が目に入らない状態に陥り、英国の諜報機関はソ連との対決に重点を置いた英国政府の無分別な政策が原因で、活動の自由をしばしば奪われることとなった。

英国は過去には助けとなった「栄光ある孤立」政策に立ち戻ろうとし、その一方で世界の再分割の結果、自分のものとなった植民地という名の遺産の取り扱いに苦しんだ。そしてソ連邦が世界の舞台に登場したことに、強い苛立ちを覚えていた。戦争がもたらした巨大な損害が影響を与えないはずはなかった。英国は、国富の少なくとも三分の一を戦争で失ったのだ。戦争中に極度に悪化した生活水準の向上を要求する労働者たちの運動が国中で展開され、国内の情況は安定を欠いたものになっていた。

軍隊および特務機関、特に諜報機関の下部組織の削減を余儀なくされた英国政府は、警察組織と国内の治安を担当する特殊部隊の保存に努めざるを得なかった。国の指導者層、すなわち政治的扇動と

妥協の名人たちは、国内外の複雑な状況から抜け出す道を血まなこになって探しはじめた。しかし戦勝国グループ自らが仕掛けた延期地雷〔設置後一定の時間が経つと爆発する地雷〕が爆発するのは、時間の問題だった。

一九三〇年半ばまで、英国の指導者層はウインストン・チャーチルが次のように表現した立場を堅持していた。「国家資金の支出案は以下の事態を想定して検討しなくてはならない。すなわち、英国が大規模な戦争に参加せざるを得なくなる状況は、今後一〇年間発生しない。したがって、そうした戦争に参加するための遠征部隊も一切必要としなくなる」(注5)。しかしながらチャーチルのこの想定は、五年後には根拠を欠いたものになってしまった。

こうした状況は、諜報機関の職員たちの勤労意欲に当然のことながら影響を与えた。とりわけ厳重な監視が必要とされる地域での彼らの活動が不活発になり、それに伴って危機勃発の兆候が顕著になりはじめた。

英国は自らがメンバーである他国との連合や同盟の組織立てに着手したが、これは既に経験済みの「人の褌で相撲をとる」政策を再度実行することを意味した。SISはこの目的を遂行するために努力した。諜報機関は英国自身がヴェルサイユ条約の「犠牲者」になるのを防ぐという難題の解決を求められた。英国政府は結局、報いを受けることになった。諜報機関には政府の失策を正す力がなかったからだ。諜報機関にできたのは、政治家たちが採択した諸々の政策が、いかなる状況を生み出すことになるかを彼らに説明することだけだった。

両世界大戦に挟まれた時期に行われたSISの活動の中には、特筆すべきものは一つもない。

英国政治の秘密の暴露が禁止されていた五〇年にわたる検閲時代が過ぎ去った現在でも、SISは情報公開の風潮とは無縁のままだ。特務機関の秘密は部分的にのみ公表されることになっている。

政府や諜報機関、防諜機関の指導者たちにとってその方が得だからである。その一方でSISとその前身であるMI1cに盛大な賛美の言葉が贈られることはなかった。その代わりに、第一次世界大戦中の英国諜報機関の驚異的な成功は、華麗に彩られた神話や伝説として喧伝された。確かに第一次世界大戦中には、一定の成功と成果は実際にあった。しかし、英国の諜報機関の活動が停滞していた後年の活動結果をも成功とみなすのは「違法行為」の誇りを免れないであろう。

◆成果なき諜報活動

英国海軍の諜報部門についての専門家を自認していたドナルド・マクラクランは、第一次世界大戦後英国諜報機関が消極的になったのは敵がいなかったからだ、と説明している。さらに彼は自著『英国諜報機関の秘密』の中で次のように述べている。「諜報活動に常時資金を割り当てるべきか、諜報活動をより完全なものにするために努力を費やす必要はあるのか、といった問題を平和時に解決するのは、どの国の、どの時代の政府にとっても非常に難しい」。また、「諜報機関が果たす戦略的役割についての軍人たちの理解は、まるまる一世代期間〔約三〇年間〕にわたたって少しも深まっていない」とも述べている。

ボリシェヴィズムに対する怒りで目が眩み、ソ連邦との戦いの作戦計画に夢中になっていたロンドンの為政者たちは、ファシストが政権を手中にしたドイツとイタリアから、そして軍国主義に染まった日本から迫りつつある危険に気づくのが遅すぎた。前述のマクラクランの診断では、一九一八年から一九三九年にかけて生じた劇的な出来事、たとえば「イタリアによるアビシニア（現在のエチオピア）占領、スペインの内乱、ドイツによるオーストリア併合、そして屈辱的なミュンヘン協定」も「英国にとっては、多少不愉快な気持ちにさせられる些細な出来事のいくつかに過ぎなかったのだ」。

「当時誰が予見できただろうか」と彼は疑問を投げかけている。「英国軍がヨーロッパから追い出されることを？　日本の海軍機がコロンボを爆撃※することを？」

とにかく、英国の諜報機関は敵になり得る国を正確に、しかるべき時に特定することができなかったのだ。そして英国の政治家たちに至っては、ドイツ、イタリア、日本を中心とする枢軸国の初の攻撃目標がどこであるかということに、関心を向けることさえしなかった。第二次世界大戦に対する英国の準備不足は、目に余るものがあった。

筆者は、第二次世界大戦中のＳＩＳの活動は、成功例も失敗例も教訓とするに充分足り得るものであることは認めるが、内容を詳述するつもりはない。しかし英国特務機関が犯した最も重大な失敗は、戦争の初期段階において西ヨーロッパ諸国でＳＩＳのエージェント網が摘発されたことだったという事実には言及しておきたい。

ヴァルター・シェレンベルグ指揮下のナチス・ドイツの秘密機関は、アムステルダム市内の商社の建物内に居を構えていたＳＩＳの地区センターに狙いを定めて監視した結果、ヨーロッパ諸国で活動している英国諜報機関のエージェントたちの大部分の存在を、開戦前に突き止めることに成功したのだ。その結果、オーストリア、チェコスロヴァキア、ポーランド、ベルギー、オランダ、フランス、デンマーク、ノルウェーが占領された後、これらの国内のＳＩＳのエージェント網は根絶された。ソ連諜報機関の内命を受けてＳＩＳで働いていたキム・フィルビーの証言によれば、戦争が始まる頃には「バルカン山脈と英国海峡の間の地域には英国のエージェントは一人もいなかった」。しかし戦争の最盛時には、ＳＩＳは広い範囲で活発になっていたレジスタンス運動に便乗した形での諜報活動をヨ

※第二次世界大戦中の一九四二年、日本海軍は英国領セイロンのコロンボを空爆、英国海軍に被害をもたらした。

ーロッパ中で展開していた。一九四〇年にはチャーチルの命令により特殊作戦執行部が創設され、敵の軍事施設での破壊工作が積極的に行われるようになった。ノルウェー、チェコスロヴァキア、オランダ、フランス国内のドイツ軍占領地域においてSISが行った大胆な課報・破壊活動は、よく知られている。

◆SISの組織について

SISは英国の特務機関の中で最も名が知られている。呼び名はいろいろある。インテリジェンス・サービス、MI6、単にシークレット・サービスなどだ。この機関の主要な任務は、エージェントを使って、あるいは技術的手段を用いて秘密情報を収集することだ。扱う分野は、政治、軍事、経済、科学など多岐にわたっている。自国や世界各国の世論に主としてマスコミを通じて影響を与えることを目的にした、ポジティブ・インテリジェンス（積極諜報）も任せられている。

他の多くの特務機関のリーダーたちと同様に、SISの長官も首相によって任命され、首相の代理人の役も務める。SISは名目上、外務省に所属し、長官自身も名目上の肩書きは外務次官だが、首相の直接の指揮下にある。英国では政権を担う政党が交代すると、国家権力を担うメンバーのほとんど全員が自動的に交代するので、通常はSISの新しいリーダーも新任の首相によって任命される。

SISは五つの部門から構成されている。人事管理部門、実行すべき課題の設定部門（SISが得た情報の利用者である他の機関から要請された課題も含む）、情報資料準備部門、地域監査部門（地域は下記のように分別されている。西ヨーロッパ、東部ブロックすなわちヨーロッパの旧社会主義国家とソ連邦、極東、東南アジア、中東、アフリカとラテンアメリカ）、防諜および保安部門（外国特務機関の調査、監視と自国の安全保障を担当）。そのほかSISの管轄下に入っているものとしては、特別支援部門（諜報機関の下部組織が必要とする技術的手段の準備）、SISと諸外国の外務省および国防省との連絡を担当するグループ、アメリカを含む他国の特務機関との連絡を担当するグループがある。

アメリカの中央情報局〔CIA〕、連邦調査局〔FBI〕、国家安全保障局〔NSA〕（暗号解読部門とシギント担当部門）とSISとの協力関係は極めて緊密である。アメリカと英国の協力関係の具体的内容は、両国の「特別な関係」の枠内で両政府間で締結された特殊な取り決めによって規定されている。カナダ、オーストラリア、ニュージーランドの特務機関との間にも緊密な関係が築かれている。こうしたつながりは、SISの助力で実現したものであり、これら諸国の職員たちの多くが英国で研修を受けている。SISとの間で諜報活動および破壊工作の分野で実務的な協力関係を樹立している国は、他にも少なからずある。オランダ、デンマーク、スカンジナヴィア諸国、スイス、イスラエルなどである。

SISの本部および海外支局の職員の数は、国家機密である。一九九〇年代当初、この機密を知るのに成功したとされる英国のジャーナリストによると、職員の総数は約三〇〇〇人。そのうち本部勤務者の数は、約一二〇〇人とのことだった。

◆政府通信本部（GCHQ）――暗号解読とシギントを担当

ロンドンから一二九キロ離れたチェルトナムに、英国の特務機関の中で最大規模の一つであり、暗号解読とシギントを担当する政府通信本部（GCHQ）の建物がある。諸外国が使用している暗号とコードの解読の分野において、この機関が成果を挙げてきたことは一般にも知られているが、設立のベースとなったのは、第二次世界大戦時にドイツとイタリアの暗号解読に従事した政府暗号学校だった。

SISと同じく外務省の機構に含まれており、そのトップは外務次官の肩書きを持っているが、実際は首相に直属する独立組織である。首相はこの機関の主たる利用者の立場にある。地方に分散されたGCHQの下部部門（英国の軍事基地に置かれたものも含める）は、国防省の機構に属している。

GCHQは国内外に無線電子工学の成果を利用した通信傍受網を展開しており、傍受拠点は西独、ジブラルタル、トルコ、オマーン、キプロス島、アセンション島（南太西洋）に設置されていた。高度の通信技術を装備した傍受拠点は、いくつかの国に設置された英国外務省の代表部内でも機能している。諸拠点が入手した外国政府の交信内容の解読は、チェルトナムで勤務している専門家たちに託される。一万一〇〇〇人に及ぶGCHQの職員たちが行っているのは、暗号技術の応用や英国の政府機関や軍事機関が用いる特別通信手段の確保だけではない。これらの機関で使用されている通信システムに外国の諜報機関が侵入できないようにする義務も負っている。

こうした分野のすべてにおいて、GCHQは、SISおよび英国の防諜機関と最大級の緊密度を有する協力関係を構築している。そのために一九六〇年には、外国の暗号を扱う合同委員会がGCHQ、SIS、MI5の三機関によって結成され、GCHQの要望に基づき外国の暗号を獲物と想定した「狩猟」が、国内ではMI5によって、国外ではSISによって行われている。「狩猟」に用いられる手段にはさまざまなものがある。SISは外国公館の暗号係や暗号に関する資料にアプローチできる者をリクルートすることに重点を置いている。MI5はリクルートも行うが、暗号機が発する音波の振動を探知できる特別な機器も利用している。一方GCHQでは捕らえられた「獲物」（傍受した暗号文）に「白状させる」（解読する）という仕組みの協同作業が行われている。

英国情報筋の資料によると、暗号解読作業の対象にされた国々のリストは膨大なものとなっている。このことを世界に知らしめたのは、防諜機関長官の助手役を勤めていたピーター・ライトだった。彼は上役からないがしろにされた腹いせに、秘密を暴露する行動に出たのだ。対象にされた「犠牲者たち」のリストに載せられていたのは、ソ連邦と東欧の社会主義諸国は当然のこととして、他にはエジプト、ギリシャ、インドネシア、アルゼンチン、西独、フランスが含まれていた。

◆MI5との関係

英国の特務機関の中でも、MI5は合法性と秩序を重んじる機関として知られていた。この機関に与えられた課題は、国内の安全の保障、外国特務機関による諜報・破壊活動の阻止、国内の反政府政党および団体の監視、テロリストたちの無害化である。MI5の職員数はおおよそ四〇〇〇～五〇〇〇人。女性も少なくはない。事実、最近までMI5の長官だったのは「人類の素晴らしき半分」(女性のこと)※の代表者ステラ・リミントンだった。防諜機関であるMI5は内務省に所属し、長官は内務次官も兼任する。MI5の地方支部は連合王国のすべての州に存在し、海外支局はかつての大英帝国の構成員だった国々のいくつかに設置されている。MI5はカナダ、オーストラリア、ニュージーランドの保安機関と緊密な関係を維持しており、両者間では広範な情報のやりとりが行われ、協同作業が実施されている。FBIとの積極的な協力関係も整えられている。

SISが英国国内での外国公館を対象にした活動(たとえば秘密捜索や盗聴機器設置、諜報活動の対象となっている公館職員の尾行など)を実行する際、MI5の助けを求めるのは珍しいことではない。一九六〇～七〇年代に経験豊富な職員と設備の不足に悩まされたSISが、友好関係にある特務機関と協同で特殊技術を要する活動を実施する際にMI5が力を貸した例もある。盗聴装置をオタワ(カナ

※ 英語の better half は配偶者、特に妻を意味し、それをロシア語に訳した表現はグリボエードフ作の『智恵の悲しみ』の中でも妻の意味で用いられている。本書では人類を男性と女性に分け、「人類の弱い方の半分」(7頁)とか「素晴らしき半分」などの表現で女性を抽象化している。

ダ）のソ連大使館、オーストラリアのソ連代表部、ボン（西独の首都）のソ連の外交代表部に仕掛ける作戦にMI5の要員たちが参加したのも、同じくその一例である。

ここで言っておかなくてはならないのは、MI5とSISの友好的な協力関係が、時として角突き合わせる競り合いや、にらみ合いに取って代わられることがあるという事実だ。

◆SISと軍の諜報部、その他の機関

諜報活動を取り上げたからには、軍の諜報部について一言も触れないわけにはいかない。英国の在外公館には駐在武官と呼ばれる専門家たちが勤務しているが、彼らはミリタリー・インテリジェンス（MI）〔軍事情報の収集と分析を行う軍の機関〕の下部組織の要員という存在であり、SISの海外支局と緊密な関係を保ちつつ活動している。

軍の諜報部と国防省に所属している特殊空挺部隊（SAS）を抜きにしては、英国特務機関のリストは完全なものとは言えないだろう。英国では、エリート機関とされているSASはSISと協力し合いながら諜報・破壊活動に関わる任務の遂行に努めている。SASの下部組織は連隊とか戦隊といった軍隊用の名称で呼ばれており、マレー、ケニア、南ローデシア、ボルネオ〔旧英国領の北ボルネオ。現マレーシア〕、カリマンタン〔旧オランダ領。現インドネシア〕、ヴェトナム（アメリカ軍の一部として）での蜂起者たちの鎮圧と、アルスター〔北アイルランド〕におけるアイルランド共和国軍の活動の鎮圧に積極的に参加した経歴を持っている。

英国の特務機関がつくり出した不可思議な迷宮の中では、他の機関に遭遇することもある。たとえば、内閣所属の特別保安部、税務機関および郵便行政担当機関所属の防諜部門と特殊部門、スコットランド・ヤードと大ロンドンの警察の特殊部門、政治警察と刑事警察の役割を果たしている組織、そ

の他戦略的施設の安全確保や、テロリストおよび過激派組織（右派も左派も）との闘い、あるいは市民暴動の鎮圧などを担当している部門などである。

一九一七年、英国の秘密機関の活動内容を根底から変えた事件が起こった。ロシアで十月社会主義革命が成功したのだ。ロシアは世界的大国となったが、それがいまだ赤ん坊だった時に英国の統治者たちは「揺りかごの中で絞殺」するか、少なくとも立ち歩きができないようにしようと考えた。しかし「絞め殺されなかった幼児」は成長し、力を蓄えた。幼児は大英帝国にとって冗談では済まされない脅威となったと英国政府は理解した。だからこそ、英国の特務機関はソビエト・ロシアとその遺産継承者であるソビエト連邦に、ロバート・スティーヴンソンの小説（『宝島』）の登場人物のセリフを借りるならば、「黒い目印を渡した」のだ※。

※ 小説『宝島』で描かれている、海賊が掟を破ったり仲間を裏切ったりした者に渡した有罪宣告書。円形の紙片で片側は黒く塗られ、反対側には説明が書かれている。

5

「揺りかごの中の幼児を絞殺する」

ソ連に向かって進軍する一四ヵ国の先頭に立つこと／SISは活動を開始

　一九一七年一一月末、三国協商参加国による最高会議が急きょパリで開催された。議題となったのは、血まみれの戦闘が長期間続くことが予想される、カイザー支配下のドイツを相手にした戦争ではなかった。この会議は、ソ連壊滅計画を検討するためのものだったのだ。ソ連国内に生じた出来事が近い将来、世界的な改革をもたらすであろうことを予感した英国の支配層は、ソビエト・ロシアの誕生に猛然と反発した。なぜなら、その改革は広大な植民地を有する英国（ドイツに勝利すればドイツ所有の植民地はもとより、既に衰退したオスマントルコの中東の領地も新たに英国のものになるとみられていた）に損失を与えるものとなるのは、目に見えていたからだ。

　三国協商側の計算では、ロシアの社会主義政権を打倒するための唯一の手段は、軍事干渉であり、その主要目的は、ロシア国内の反革命勢力の動きを促進させることだった。干渉策の擁護者であり、まとめ役の一人であったウインストン・チャーチルの大量の格言のコレクションに「エレガントな」ものが一つ加えられたのは、その騒ぎの最中のことである。それは「揺りかごの中の幼児を絞殺する」という表現だった。彼が念頭に置いていた幼児は、誕生間もないソ連だ。ソ連体制を破壊すればロシア自体が崩壊し、英国は自己の影響圏を大幅に広げられる――。このように英国政府がみなしていたため、チャーチルはなるべく早くソ連を葬り去ることを上記の表現を用いて訴え、要求したのだ。

◆ソ連打倒に向けての各国の軍事干渉

干渉の具体的計画の立案に際しては、ロシアに正規の外交ルートおよび非正規のルートを通じて送り込まれていた英国の諜報員たちと緊密な関係を保っていた在ペトログラードと在モスクワの英国政府公式代表部に主役級の役が割り当てられた。その役とは、軍事干渉を勧める執拗な提案を英国政府に文字通り浴びせかけることだった。

最初に声をあげたのは、大使のジョージ・ブキャナンだった。「ボリシェヴィキ政権が最も安定している」旨を首相に用心深く示唆したのだ。彼に同調したのは、ペトログラードで勤務中の駐在武官ノックスだった。「この地上のいかなる力をもってしても、ロシアの兵士たちに戦いを強いることはできない。ソ連では誰が政権を取ろうと国民の大多数の意志に反する政治を行うための力を結集することは不可能だ」。

ノックスのこの結論は、外国が軍事干渉してもソ連は抵抗できない旨を意味したものだった。折りも折、パラドックス好きのブキャナンは、次のような電報を英国政府宛てに送っていた。「これまでの我が方の犠牲を考慮すれば、将来を保証しない平和条約を急いで締結することはできない。ロシアをできる限り長く戦争状態に留めておくことが最も重大な意味を持つのではないかと、私には思える」。しかしデイヴィッド・ロイド＝ジョージ、ウインストン・チャーチル、ジョージ・カーゾン、アーサー・バルフォアなど、ソ連を憎悪している者たちが牛耳っている軍時内閣は、上記のような後押しがなくても当初からソ連に軍事干渉を仕掛ける気になっていたのだ（注6）。

一九一七年一二月二三日、英国とフランスは、ロシア国内における両国の勢力圏、介入軍の活動地区、旧帝政ロシアの軍事機関への資金援助などを取り決めた共同軍事介入に関する正式協定をパリで締結した。さらに両国はロシア国内の地方政府およびその軍隊の指導と援助のために、エージェントや将校らを派遣する件についても合意した。英国の勢力圏に入ったのはソ連の西南部、南コーカサス、中央アジアとコサックの支配領域だった。ただし英国が占領地に樹立した政権の関係者、そして、もちろん、合意された地区のはるか域外でも英国諜報機関の要員が活動していたことは、言うまでもない。

軍事介入の理由づけのために虚報や欺瞞を用いる必要はなかった。「ドイツがロシアを支配下に置くのを防ぐため」「ロシア国民を飢餓から救うため」「権利と秩序の回復のため」などといった「説得力のある」口実は、ドイツから遠く離れた極東地方やシベリアに米英日が介入する際に特に顕著に使われた。

ずっと後になって（一九四〇年、いわゆる「まやかし戦争※」の最中に）フランス駐屯英国軍参謀長のパウネル将軍は、自らが考案した「独創的な」ドイツ攻略案を英国の指導者たちに提案した。それは、しっかり防備されている「ジークフリート線」（一九三〇年代後半にドイツがフランスとの国境地帯に築いた要塞線）を回避し、（なんと！）コーカサス地方を越えてドイツ軍を攻撃するというものだった！

一九一八〜一九二〇年の英国は、ドイツとの戦争状態が続いている状況下で、三国協商の計画の自国が関わる部分を熱心に（すなわち資金を惜しまずに）遂行していた。血まみれになった英国介入部隊のたどった道の道標、反革命側に対する資金援助や防諜機関の活動などがその証拠として歴史に残さ

※英仏がドイツに宣戦布告した一九三九年九月から、ドイツ軍がフランスに侵攻するまでの一九四〇年五月の間、英仏軍とドイツ軍はヨーロッパ西部で対峙しながらも、ごく小規模な戦闘や海上での戦闘を除いては陸上では戦火を交えなかった不可思議な現象をいう。

れている。

ムルマンスク、アルハンゲリスク、そしてロシア北西部の広大な土地の占拠、コトラスでのコルチャーク提督指揮の部隊との合体の試み、マルソン将軍とダンスターヴィル将軍の部隊によるアゼルバイジャンとトルクメニスタンへの侵攻、バクーで起きた二六人のコミッサールの悲劇[※1]、英国軍のオデッサ、バトゥミ、ニコラーエフ、ヘルソン、セヴァストーポリ、ノヴォシビルスク、ウラジオストク、リガ、タリン、リバーヴァ[※2]上陸、ティフリス強奪、英国の軍艦によるバルチック艦隊の基地クロンシュタット攻撃――。以上が、英国軍が直接行った介入活動のリストである。

英国の軍事介入は、ソビエト政権の支持者たちに対する制裁、独裁体制の確立[※3]、占領地での大量強奪、略奪した貴重品の英国への持ち出しなどの行為を伴ったものであったことは、強調しておかなくてはならない。

※1 アゼルバイジャンの中心都市バクーに一九一八年に創設されたバクー・コミューン（ソビエト型の政府）の執行機関のリーダー格の者たちを主とする二六人のコミッサール（人民委員。現在の大臣にあたる）が、トルコ・アゼルバイジャン連合軍にバクー市を引き渡した罪で一九一八年九月二〇日、トルキスタン政府（一九一七年一一月二七日～一九一八年二月二二日まで、現在ではウズベキスタン、カザフスタン、キルギスの領域となっている地域を支配していた）により死刑に処せられた事件。一九一八年に起こった革命側による反革命運動の過酷な弾圧とも関係があった。
※2 ラトヴィア共和国の都市リエパヤの、一九一七年までの旧名称。
※3 前述の英国が直接介入した事項から判断すると、英国は自らが独裁者のごとく勝手気ままに振舞っていたようであるので筆者はこのように表現したと考えられる。

◆多岐にわたる英国による介入

英国の活動は、前述した介入がらみのものだけではなかった。英国はチェコスロヴァキア人たちの反乱の事実上の主たる教唆者であったし、三国協商軍の最初と二回目のロシア侵攻や、ロシアの最高執政官コルチャーク提督(注7)指揮の軍隊とデニーキン将軍指揮下の義勇兵団によるソビエト共和国に対する熾烈な攻撃をお膳立てし、ユデーニッチ将軍指揮下の北西軍によるペトログラード進撃の準備などの活動も行っていたのだ。また、コサックの将軍クラスノフ、アタマン〔コサック共同体のリーダー〕のカレージン、セミョーノフ、ドゥートフ、ミレル将軍に巨額の援助をしたし、反革命側に属するパートナーには重火器と軽火器、弾薬、装備、資金をあり余るほど供給していた。

一九一九年には英国のみ(他の三国協商のメンバーとアメリカ、日本を除く)でコルチャーク提督に対して、二〇万人の将兵たちを武装させることができるほどの資金を提供した。それよりもすごいのは、デニーキンの部隊に供給した物的援助だった。具体的にはライフル銃一七万五〇〇〇丁、大砲七〇〇門、機関銃五〇〇〇丁、薬包四億個、弾丸二〇〇万発以上、戦車一二台、飛行機一二四機という量だった。デニーキン将軍のもとにはアドバイザーとして二〇〇〇人を超える英国軍将校が派遣された。ユデーニッチに供給された武器と装備も相当なものだった(ヴォルコフ・F著『ホワイトホールとダウニング街の秘密』)。

ロシアの国家安全保障安部の活動報告や現在秘密扱いを解除されている英国公文書館所蔵の記録によると、英国諜報機関と活動を共にしていたペトログラードとモスクワの英国在外公館および軍事使節団は、軍事介入の扇動者であるのみならず、ソ連を標的にした秘密破壊工作の組織者でもあったことは動かしがたい事実である。我が国は下記の者たちのお陰で、数多くの陰謀、暴動、反革命運動を経験することができたのだ。大使のジョージ・ブキャナン、モスクワ勤務の政治担当エージェントであったブルース・ロックハート、駐在武官のアルフレッド・ノックス、駐在海軍武官のフランシス・クロミー大尉である。そのうちの何人かとは、われわれは今後また本書の中で出会うことになる。

◆ロシア北西部におけるMI1cの行動

それはさておき、目下のところはロシアの北西地域における諜報要員たちの行動に目を向けるべきであろう。なぜならば同地域における軍事介入進展時の彼らによる破壊活動は異彩を放つものだったからだ。(注8) その例の一つは、君主制主義者である白軍将校たちと反革命集団「復興連合」所属の白軍兵士たちを、ムルマンスクとアルハンゲリスクに侵入させたことだ。目的は、英国軍の上陸に時を合わせて上記の市内で起こす暴動の実行部隊の基になる戦闘集団の組成だった。彼らは金と食料の提供を受け、諜報機関の秘密アジトを住居として与えられた。

こうして陰謀実行のための基地が作られ、諜報機関に必要なエージェントの候補者たちも確保された。その中にはムルマンスクとアルハンゲリスクに住みついた者の中で革命に反感を持つ（帝政時代に勤務していた）元将校たち、年老いたインテリや商人階級なども含まれていた。リクルートされたエージェントたちは情報収集のためソ連のさまざまな施設に派遣されることになったが、第一目標は、軍隊の駐屯地だった。

MI1c〔後のSIS〕はロシアの専門家たちの中でも最優秀の者たちを戦闘に投入した。ポール・デュークス、シドニー・ライリー、ジョージ・ヒルといった経験豊富な技能の高い要員たちがロシアに送り込まれた。いわゆる「主任エージェントたち」も動員された。

領事部職員トムソンの名でアルハンゲリスクに送り込まれた元ロシア帝国海軍中佐ゲオルギー・チャプリンも、そのうちの一人だった。彼は着任すると英国諜報機関が市内に設置した諜報エージェント網の指揮権を手中に収め、同時に自身もリクルートの仕事に没頭した。

◆主任エージェント制とは

「主任エージェント制」は、世界におけるＳＩＳの諜報活動にとって重要な役割を果たすことを見越して作られたものだった。主任エージェントになれる資格は原則として、ＳＩＳの支局が活動している国の国民であることだった。中東諸国および北アフリカ諸国で資格を得たのはアラビア人であったが、多くの場合イスラム教徒ではなく、キリスト教徒だった。また、ラテンアメリカおよびアジア諸国においては、しかるべき国の民族共同体の出身者であり、なおかつ自己の社会的地位と政治的見解が英国において通用することを目標にしている者たちが選ばれた。彼らが英国に全身を捧げることを躊躇しなかった要因は、何はさておき、主任エージェントたちが英国の有名教育機関で学んだということ、親類縁者が英国内にいること、そして英国の経済・産業・商業部門の有力な会社とコネを持っていることだった。

主任エージェントが地元民であるということは諜報活動の実行、リクルートの対象になる候補者の事前調査とリクルートの実施、地元の諸機関との接触などのためには極めて好都合だった。こういった利点があるがゆえ、主任エージェントはしばしば諜報機関の正規職員に採用された。

なおＳＩＳは、厳重な防諜体制が敷かれている国（国家保安機関が他国諜報機関の海外支局の緻密な調査および他国の外交担当官庁や他の機関の代表部の入念な監視を行う仕組みができ上がっている国）においては、主任エージェントを使わなかったという事実は指摘するに価する。

◆ＳＩＳによる対ソ連ヒューミントの特徴――活動の準備から実行まで

ソ連を標的にした英国特務機関によるヒューミントのもう一つの特徴は、鉄道・海川の港・食料と兵器の貯蔵倉庫を狙った破壊活動や、ソ連の活動分子を狙ったテロ行為がエージェントによって準備され、実行に移されたことだ。介入軍の上陸を可能にするための条件の整備もエージェントに任されていた。これはエージェントが情報収集をないがしろにしていたことを意味するのではない。彼らは上記の課題を優先的に扱うことを義務づけられていたのだ。

どんな状況下で行動することになろうとも、秘密を保持できる能力こそが英国諜報部が一度たりとも手放したことのない強みだった。前述のエージェントの使い方にもそれが反映されているといえる。

エージェントとの連絡手段や、諜報員およびエージェントが使用するスパイ道具は、もちろん、現在使われているものとは大いに異なっていた。しかし革命期のロシアで、しかも軍事介入が進行中の状況下でも、英国諜報機関は作戦実施に関わる秘密の保持は格別に重要だとみなしていたため、当時利用可能だったすべての手段と方法を用いてそれを実現しようとした。秘密保持に関するエージェント向けの指示には特段の注意が払われたし、貴重な情報源との連絡は密使を通じるか、暗号とコードの助けを借りるなどして行われていた。表玄関と裏口のある秘密アジトが幅広く利用されたのも、上記の理由からだった。

◆ＳＩＳがソ連の目を逃れ得た理由とは

ここで当然の疑問が湧く。武力を用いた陰謀の準備、あるいは広域をカバーするエージェント網の設置に伴う英国特務機関の動きがソ連の諸機関の視野に入らなかったのはなぜだろうか？　そして、入っていたのならば、なぜ阻止しようとしなかったのか？　さらには、ソ連にとっての裏切り者である北方小型船隊総司令官ヴィコルスト提督および帝政時代の提督でありアルハンゲリスクの警備隊長でもあったパターホフと英国の諜報員やエージェントとの接触の事実が、全ロシア非常委員会地方支部の関心の的になるのを逃れ得たのはなぜだったのか?

これらの疑問に対するかなりの正確度を有する回答になり得るのは、ＳＩＳ特有の厳重な秘密保持体制の存在である。その体制は、エージェントを利用する諜報活動を実施するに際しても、そしてまた北ドヴィナ川に乗り入れた英国の艦船から英国軍部隊が上陸するのに時を合わせて行われた陰謀工作と実行に際しても堅持される、まさに鉄則と呼ばれるにふさわしい存在だったのだ。それだからこそ、秘密はソ連側に漏れなかった。

結成途上にあった反革命者からなる武装グループ、いわゆる「五人組」は複数存在したが、グループ間にはつながりがなく、どれかのグループが摘発された場合でも地下組織の他の参加者たちが明るみに出ることはなかった。これも鉄則厳守の成果だ。

しかし鉄則以外の客観的条件が秘密保持に役立ったのも事実だ。たとえば陰謀グループが秘密を一定の段階まで保持するのに役立ったのは、陰謀の主要参加者である反革命側白軍の将校たちが軍人として秘密の取り扱いについて一定の修養を積んでいたことと、秘密暴露は規律違反だと承知していたことだった。そして彼らの知識と経験を利用せざるを得なかったソ連の諸機関が、彼らに一定の信頼を置いており、「自分たちはロシア革命に奉仕することを義務としている」などという彼らの虚言を信じてしまったことだった。

そして英国の作戦を成功させたもう一つの、そして当時の状況下では決定的とも言える原因となったのは、アルハンゲリスク市にあるソ連の防諜組織である「非常委員会」の下部組織の仕事が効果を挙げていなかったことだ。この組織は、一九一八年、英国特務機関が指揮をとる反革命地下グループの活動が最盛期を迎えていたころに形成されたものだった。しかるべき活動経験がなく、それゆえに陰謀を見破り、その主たる参加者たちを見つけ出すことができなかった、と言うより、実際にはそうするための能力を持ち合わせていなかったのだ。

外国からの攻撃が差し迫っている時、非常委員会が実施した不審者たちの大規模な狩り立て、捜索、逮捕、拘留などは必要不可欠だったとはいえ、効果的な方策ではなかった。非常委員会には、裏づけが取れた容疑の対象をしっかり捜査する時間も、あるいはスパイや陰謀参加者の中へ潜入するための二重スパイ作戦を実行する時間もなかった。英国特務機関のような鋭敏な敵との闘いでの成功を本気で期待するなら、それ相応の方法を用いるしかないのは当然であり、事実、当時のソ連の国家保安機関は、英国の諜報機関による諜報・破壊活動に対峙するためには積極的抵抗が必要である、とする真っ当な結論を既に出していたのだ。

だからこそ、反革命・サボタージュ取締全ロシア非常委員会（一九二三年以降は、ソ連邦人民委員会議付属統合国家政治保安部）そして後年には、国家保安省（一九五四年以降は、国家保安委員会）が挙げた実績の中には、ＳＩＳへの潜入や自国のエージェントたちを替え玉にして実行される二重スパイ作戦などの輝かしい成果を挙げた諜報活動、防諜活動が含まれていたのだ。

そうしたコンビネーション・プレイの最初のものの一つが、ロックハートが指揮をとって全ロ非常委員会が実行した作戦だった。それは、ソ連が反革命白軍と三国協商干渉軍双方が発する砲火の環のただ中に置かれていた敵対関係の初期段階に実行に移された。当時の戦局は敵のスパイ行為、破壊行為を鎮圧するために極端な方策の実行を余儀なくさせるものだった。これは当然の現象だった。「戦争は所詮戦争なのだ[※]」。

公正なゲームを行うためのルールについて論議するのがお好きな方々にちょうどよい機会なので、前述の金言を引用してみた。

英国国内では、「英国の敵がルールを無条件で守ることにより成立するのが、「公正なゲームである」という文言が常に人々の口の端に上る。しかしその際人々は、自国の政治家、軍人、警官、さまざまな懲罰者たちが自国のこれまでの歴史の中で血なまぐさい犯罪を犯し、弾圧を行い、敵を殺害し、拷問にかけてきたという事実を、しばしば忘却の彼方に追いやっているのだ。

※この格言の意味は「戦争は勝たなくては意味がない。だから敵に対する哀れみや同情や慈悲は禁物だ」。

6 「ロックハートの陰謀」から「トレスト」と「シンジカート」へ

ロシア在住の英国のエージェントが指揮を執った「大使たちの陰謀」／シドニー・ライリーとポール・デュークス／ロシア防諜機関の宝物となった二つの作戦――「トレスト」と「シンジカート」

この章で語られるのは、ソ連にとって危急存亡の年であった一九一八年に、英国の課報機関が企てた「ロックハートの陰謀」と呼ばれる、反革命運動についてである。運動自体は、ソ連の指導層にとっても、全ロ非常委員会〔正式名称は「反革命・サボタージュ取締全ロシア非常委員会」〕にとっても、予期せぬものではなかったが、運動の規模の大きさおよび一部の国々の代表部と使節団の関係者たちが運動に直接的に参加していたことは、想定外だった。諸外国による軍事介入と内戦の嵐が吹き荒れる中で誕生したばかりの社会主義共和国にとっては、ソ連政権打倒のためには強引な手法を用いるのを厭わない英国課報機関が、連盟国と共に組織した大規模な反革命運動は、滅亡をもたらしかねない危険な存在だった。かくして全ロ非常委員会は、「ロックハートの陰謀」を殲滅《せんめつ》すべく、断固たる措置を講じることとなった。

◆三国協商参加国による陰謀

ロックハートは駐ロシア「政治担当官[※1]」に任じられていたが、彼の代理役のリンドリーの他に、海軍武官クロミー、MI1cのロシア支局員ボイス、本部から派遣された諜報機関要員ライリー中尉などの助けを借りていた。上記の者たちは、英国を含む三国協商参加諸国の在外公館が他都市に移転した際にも、ペトログラード〔現サンクトペテルブルク〕とモスクワに残った。そして同じくモスクワに残ったアメリカ合衆国総領事、アメリカ軍事使節団長、フランス軍事使節団指揮官と共に、コルチャークなどの旧帝政ロシアの将軍たち、反革命運動に参加したチェコスロヴァキア軍団、「ナショナル・センター[※2]」などの反革命組織、さらにはサーヴィンコフ[※3]が結成した「自由・祖国擁護同盟」と連絡を取り合っていた。

その結果、三国協商から提供される資金で仕組まれた多数の陰謀や暴動の兆しが、中央ロシアの地で見えはじめた。しかし、地方都市での反革命運動は成功に至らず、英国諜報機関はモスクワ市内での直接的破壊活動に的を絞らざるを得なくなった。

◆ソ連防諜機関の反撃――ロックハートとライリーの運命は

その一方で、その頃までにはソ連の防諜機関は、ロックハートとライリーに率いられたグループの

※1 当時ソ連は英国により国家として承認されていなかった、つまり外交関係がなかったので、英国の「外交使節」というロシア語は存在しなかった。
※2 一九一八～一九二〇年、ソ連国内に存在した反ボリシェヴィズム集団。
※3 一八七九～一九二五。ロシア社会革命党（エスエル）の革命家。ロープシンの名で小説家としても活動。作品に『蒼ざめた馬』ほか。

動きを余裕を持って監視できるようになっていた。

監視の最重要目的は、情報を得るために要員たちをロックハート指揮下のグループに潜り込ませることだったが、一九一八年の夏、全ロ非常委員会はこの大胆な作戦を実行したのだ。クレムリンの警護をしていた三人のラトヴィア人が、民族自決主義者を装って英国の諜報機関に接触した。ソ連の指導層に致命傷を負わせることに執着していた英国側は、彼らを絶好のエージェントとみなして高額の報酬で雇い入れた。そうこうするうちに、実施された反革命計画の最終段階で、事の成否を決めるに等しい重要な役割を与えられたのが、MI1cの要員シドニー・ライリーだったのだ。

革命側重要人物の暗殺やレーニンの暗殺未遂などの事件が勃発した上に、ロックハートのグループによる破壊工作も頻発するようになったため、内戦が激化した。こうした事態に対処することを迫られた全ロ非常委員会には、失敗を許されない決定的な手段を講ずる以外の選択肢は残されていなかった。

その手始めとなったのが、一九一八年の夏の終わりに行われた英国とフランスの代表部、およびエージェントたちとの会合に使われていたロックハートの住居の家宅捜査であり、約四〇人の反革命運動家の逮捕だった。また、一九一八年の一一月から一二月にかけては帝政時代の将校や税官吏だった者たち総計二三人が最高革命裁判所で反革命運動参加の罪で裁かれたが、これも全ロ非常委員会が講じた手段がもたらした成果だった。この時ロックハートとライリーは欠席裁判で判決を言い渡され、前者は国外に追放されたが、後者はうまく逮捕から逃れ行方をくらませた。両者に科せられたのは執行猶予付きの刑だったので、ソビエト社会主義共和国連邦の領域内で発見され逮捕された場合には刑が執行されることになっていた。ロックハートは運試しを試みることはせず、ソ連を訪れることは二度となかった。

ライリーの運命は、別の道をたどることになった。一九二五年、不法に国境を越えた罪でソ連当局に逮捕され、以前最高革命裁判所が科した罰が執行されることになった。第一級のスパイだったこの男の諜報および破壊活動は、統合国家政治保安部が「トレスト」と名づけた創意に富んだ複雑な作戦を用いた結果、幕を下ろすことになった。

◆西側で繰り広げられた「歴史の偽造」活動

ソ連の国家保安機関により「ロックハートの陰謀」が暴かれ、ロックハートとボイスおよびその他の外国人関係者たちがロシアから追放されると、西側諸国（特に英国）ではロックハートのグループはソ連政権の気まぐれの犠牲者になったのであり、実際は無実だとする大げさな宣伝活動が展開された。しかししばらくすると、さまざまなドラマチックな出来事の参加者たち自身が真相を語りはじめるようになった。そのうちの一人は、ロックハートだった。彼はロシア国内で自らが企てた陰謀の正当性について疑問を抱くようになり、ついには「ロシア国内の反革命運動の中核をなしていたのは、ロシアに駐在していた英国の使節団だったことは紛れもない事実だ」と告白したのだ。

ライリーの同僚であり、同じくＭＩ１ｃの正規職員だったジョージ・ヒルは、ロシアの内戦終了後に英国で発行された著書『偉大なる任務』の中で、驚くほどの率直さで次のように述べている。「ボリシェヴィキたちの非難は正当なものである。クーデターが計画されていたのは事実だ」。興味深いことに、当時のヒルは、ＭＩ１ｃの内部では勇気ある大胆な諜報員として既に有名だったのだ。彼は革命軍事会議議長のトロツキーとも親しくしていた。ソ連がドイツとの対立を深めるよう彼が画策した際にもソ連の諜報機関が持っている情報を入手するためにトロツキーとのコネを利用した旨が、回想録に書かれている。ちなみにヒルは、第二次世界大戦時に英国の諜報機関とロシアの特務機関を結ぶ連絡将校の任務を帯びて再びモスクワに姿を現した。

歴史の偽造に携わっている者たちは現在も存在するが、彼らは疑いようのない事実を否定するという作業を行っているのだ。彼らは、自説を正当化する際、用いる資料の入手に工夫を凝らすものだ。そうした方法の見本となっているのが、ケンブリッジ大学の教授クリストファー・アンドリューが一九九〇年に刊行した、嵩張った著書である。(注9)彼が共著者として選んだのは、KGB第一総局（諜報担当）の元要員であり、一九八五年にSISによって秘かにソ連国外に連れ出され、英国諜報機関のエージェントになった、オレグ・ゴルディエフスキーだった。両名が共同で独自の解釈を出来事に施す際に使った資料の入手先は、英国の御用新聞や御用雑誌だった。しかもその内容は、英国の諜報機関を利する類のものだったのだ。三国協商の軍事干渉に関して二人が捏造した部分は、三国協商の目的は「気高い、私心の混じらないものだった」と主張する西側歴史学者たちの説を鵜呑みにした結果生まれたものだ。両人は、反ソビエト勢力による反革命運動も、内戦も、三国協商によって扇動されたものではなく自然に発生したのだと主張しているが、これも捏造である。

ソビエト政権打倒を狙った勢力が「真剣に」に努力していれば目的は達成されたはずだ、という自説を証明しようとする二人の試みは、笑いを誘う以外の何ものでもない。両人は、一九一七～一八年頃の全ロ非常委員会は、英国の諜報機関より本質的に劣っており、しかも反革命勢力および外国の特務機関との闘いを組織立てるには自前の経験が足りず、それゆえ革命前の帝政時代の秘密警察(注10)に対抗した経験のある自組織の要員たちの能力に頼らざるをえなかった、と述べているが、これは歴史的事実だ。しかし、これに続く記述の中では、「赤色テロ」は全ロ非常委員会の要員たちの「悪意」の産物だなどと、証拠も挙げずに断言しているのだ。

さらに教授は、フィンランド湾沿岸に二、三個師団を上陸させれば三国協商側はソビエト政権を片づけることができたはずだ、などという「推論」を持ち出しており、一四の国々で構成され、充分に装備を整えた三国通商側の軍隊が、実際には四方八方から誕生間もないソビエト・ロシアに侵入したことをまったく無視している。革命が達成されたペトログラードへの侵入路確保のため、英国の軍艦と飛行機がクロンシュタット港に停泊していたバルチック艦隊を攻撃したのも、三国協商の扇動により引き起こされたロシア国内の内戦も存在しなかったと言いたげな口ぶりだ。教授殿、および彼にぴったりと寄り添っているＳＩＳのスパイ殿の御両名には、歴史上の事実についての知識を増やし、記憶に留めることをお薦めした。

両名は「全ロ非常委員会は、反革命側の陰謀を叩き潰すことによって自己の業績を上げるために陰謀が盛大になることを望んでいた」などという厚かましい嘘を平気でついているし、「ロックハートの陰謀」についての両人の見解は、矛盾の塊だと言わざるを得ない代物だ。たとえば「一九一八年七月の時点での、西側外交官たち、および諜報員たちの活動は表面的なものであり、ソ連に危険を及ぼす類のものではなかった」と言ったかと思えば、「ロックハートは、ソビエト政権を転覆させることを目的とした陰謀に熱中していた」などと正反対のことを持ち出したりする。ロックハートは「精神が不安定な、女性に言い寄るしか能がない人間」だったと宣告する一方で、「誕生間もないソ連に強烈な憎しみを抱き、強大な反革命勢力とつながりを持つ陰謀家だった」と評したりもしている。

こうした評価の底にあるのは、ルールに従わずに英国諜報機関と「ゲーム」をした、全ロ非常委員会の活動に対する根本的な怒りの念だ。具体的に言うなら、全ロ非常委員会の要員を英国のエージェント網に潜り込ませるという方法を用いたことに対し、両人はジェルジンスキー※に腹を立てているの

※一八七七～一九二六。ヴェーチェーカー（反革命・サボタージュ取締全ロシア非常委員会）の創設者。

だ。ＳＩＳのエージェントだったゴルディエフスキーは、一九七四年にコペンハーゲンでＳＩＳによってリクルートされた時、彼自身がどんな役を演じていたかを「度忘れ」したようだ。

それはそれとして、ＳＩＳの怒りだったら筆者には理解できる。英国の課報機関は、ソ連の防諜機関の強大な武器である二重スパイ作戦の威力を、その後も一度ならず痛感させられたからだ。

◆ソ連による巧妙な対英防諜作戦とは

英国の諜報機関のような強敵を「防戦一方」で倒すことは不可能だ。ソビエト・ロシアにとって苦難に満ちた時代には「防戦一方」でさえ実現不可能だったのだから、二重スパイのような作戦を用いて当然だ。

全ロ非常委員会の二重スパイ作戦が成功した理由の筆頭に挙げられるのは、現実の敵を相手にしたことである。英国の諜報機関を扇動して陰謀をつくらせようとしたのではなく、既に存在する実際の陰謀を的にした作戦を実行したからなのだ。全ロ非常委員会が採用したこの防諜作戦は、（時間不足だったにもかかわらず）緻密に計画され、実行者を念入りに選び、補強してから根気よく段階を踏んで、巧妙な方法で実行に移された。防諜要員は、お上品に振舞う必要はない。彼らがなすべきなのは、敵の諜報機関の破壊活動に対してお返しをするという、泥まみれの仕事だ。要するに、ソビエト体制を崩壊させるためには汚い手段を用いることを厭わない、英国諜報機関の無遠慮な活動に対する、お返しをするということなのだ。『ＫＧＢ。その裏面史』と題した本の中で、ロックハート・グループの主要メンバーの一人であり、ＭＩ１ｃの要員であったシドニー・ライリーは、戯画化され、「夢想家」「山師」「女たらし」「愛人探しに夢中な男」といった芳しくない看板を背負わされている。そうなったのは、ソビエト・ロシアの防諜要員たちにやすやすと手玉に取られた上に、最終的には統合国家政治保安部が仕かけた罠に陥ったライリーは、許してはならぬ者とされているからだ。

◆傑出したスパイ、シドニー・ライリー

コード番号ST1を持つMI1cの要員であったシドニー・ライリーの名は、ロシアを相手に英国の諜報機関が仕かけた一連の重大な作戦と密接に結びついている。たとえば「ロックハートの陰謀」、「ナショナル・センター」、ボリス・サーヴィンコフが指揮した「軍事・テロ組織」などの活動に彼は手を染めていたし、元臨時政府首相のアレクサンドル・ケレンスキーを英国の船に乗せて秘かにロシアから連れ出した件にも関わっていた。

偽の書類を携行し、さまざまな人物（「成功した外国人ビジネスマン」「レバノン系ギリシャ人」「セルヴィアの将校」「捜査官のコンスタンチーノフ」）を装って活動したシドニー・ライリーを「地下活動専門の諜報員」と呼んでも、現在ではまったく差し支えないはずだ。

「裕福なユダヤ商人一族の出身でロシア皇帝一族の血をひくジークムンド・ローゼンブルム」が本名だとされるこの男は、英国が革命に成功したソビエト・ロシアと戦っていた頃の、MI1cの長官マンスフィールド・スミス＝カミングに仕えた将校たちの中でも優秀な部類の一人とされていた。実際、彼は諜報員として非凡な資質を有していた。当時としては高度な専門的知識、大胆さと勇気、そしてこれも重要なのだが、個人的魅力も備えていた。さらに加えて、ロシア国内の状況に関する豊富な知識を持ち、非の打ちどころのないロシア語の使い手でもあった。

国家という名の機械が古くなって稼働しなくなり、内戦や三国協商の軍事干渉が起こり、荒廃、大混乱、不安が我が者顔で闊歩している状況下のロシアで、シドニー・ライリーは水を得た魚のような思いを味わっていた。

彼がリクルートの対象として選んだのは、主としてロシア革命で一掃された階級に属していた者たちだったが、これが幸いして、かなり広い地域をカバーするエージェント網を張り巡らすことに成功した。英国諜報機関にリクルートされた者たちは男も女も、ソビエト政権を憎悪しており、その崩壊を心待ちにしていたが、それと同時にライリーが気前よく提供する英国政府の金で、何不自由なく暮らすことを望んでもいた。そのうちの何人かは、新しい国に再生された国家機関に就職した。

シドニー・ライリーの活動の評価は、「誰が誰を負かしたか」という質問の答えを出せば決まる類のものではないはずだ。諜報機関の仕事というものは、成功と失敗で織り成されているし、敗北は敵の強さを証明する証拠ではないからだ。

大英帝国の威力を後ろ盾にしたＭＩ１ｃはソビエト・ロシアにとっての強敵だったし、ライリー個人も弱い敵ではなかった。ロックハートの評価では、ライリーはロシアで活動中の英国諜報員の中で最も頭がよいとされていた。ライリーを個人的に知っていたウインストン・チャーチルも、諜報員としての彼の能力を高く評価していた。

プロ意識、知識、経験のみならず、諜報員としてのずば抜けた個人的資質も、重要な意味を持っていた当時にあって、シドニー・ライリーは、スパイ術の最高クラスの名人たちの中に名を連ねていた。彼には大胆さと理解力、人々を惹きつける力、さらには人々を説得し、危険を伴う協力関係に引き込む能力があった。一九二〇年代の現状に直面していたソビエト・ロシアの防諜要員たちにとっては、シドニー・ライリーは危険な存在になり得る、プロの諜報員だった。この点に関する彼らの評価は間違っていなかったが、非凡な敵はもう一人いた。それは、ＭＩ１ｃの非合法活動要員ポール・デュークスだった。

◆ライリーとデューククスによる諜報活動と、二人の運命

一九一九年当時のペトログラードにおけるデュークスとインテリジェンス・サービス〔MI1c。後のSIS〕のエージェントたちの活動は、ソビエト・ロシアの当局に少なからぬ不安を抱かせた。ポール・デュークスとシドニー・ライリーを親しい間柄にしたのは、両名の「職場」が同じだったからだけではなく、二人とも山師的性格を有していたからでもあった。両名は変装を用いるトリックを好み、しばしば信じ難いような外見をつくり出した。時には財をなしたブルジョアに姿を変え、必要ならばボロ衣を身につけた乞食を装った。また洒落た革製のジャケットで、革命軍の政治委員を気取ることもあった。チェーカー〔反革命・サボタージュ取締全ロシア非常委員会〕の身分証明書の偽物を手に入れた「マントと短剣を帯びた騎士」たちは、革命側の警備兵との出会いを巧みに避けつつ、ペトログラードとモスクワの街中を気の向くままに歩き回って、仕事をこなした。人に好かれる顔立ちの二人は、もう若くはない既婚夫人たちや、若い娘たちを相手にする男妾の役も見事にこなした。両人ともロシア語の達人だったが、ライリーはロシアで生まれ、長いことロシアで暮らしていたし、デュークスは帝政ロシアが英国の同盟国だった時代に、ペテルブルクで裕福な商人の家の家庭教師として数年間仕事し、ペテルブルクの高等音楽院で学んだ経歴を持っていた。

まさにその頃のデュークスに目をとめたのが、ロシアの事情に通暁した才能ある若者を必要としていた英国諜報機関だったのだ。そして、野心満々のシドニー・ライリーとポール・デュークスが「歴史の創造者」になるという夢を抱ける機会が、ついに訪れたのだ。ライリーはソビエト政権を崩壊させ、レーニンを暗殺する考えに取りつかれていた。デュークスはペトログラード占拠計画の立案者として歴史に名を残すことを渇望していた。

しかし、二人の間には決定的な差があった。シドニー・ライリーはユダヤ人一家の出で、英国に帰

化した人間だったが、デュークスは生まれながらのイギリス人だったことだ。この状況は、デュークスの運命にプラスの影響を与えることになる。彼は火炎に包まれたロシアからの脱出に成功し、大英帝国の勲章受章者になる。一方ライリーは不運に見舞われた。ソビエト・ロシアの防諜機関の手に落ちてしまうのだ。デュークスは諜報員の危険な仕事を捨てて、平穏な作家の道に進んだ。彼の自伝的著作『エージェントST25の告解』の中で、ロシアの歴史の激変時に、運命に操られてロシアに居合わせたMI1cの諜報員の、楽とは言えない仕事について縷々《るる》述べている。しかし彼は後年ロシアの専門家として働くことになる。英国の外務大臣ケルゾン卿が、ロシア関係のアドバイザーとして彼を手元に置くことにしたからだ。話を元に戻そう。

◆一九一八年、ペトログラードにおけるMI1cの活動

一九一八年、ST25〔デュークス〕はペトログラードに到着した。フィンランドとの国境を密かに越えての入国だった。変装の名人だったデュークスは「マンチェスターから来た商人」とか、ただの「ミシェル」とか「ホジ」あるいは「パンチューシカ」だと名乗ったりもしたが、もっと見栄えのする名前、たとえば「ミハイル・イヴァーノヴィチ・イヴァノフ」だとか「セルゲイ・イリイッチ」だとして自己紹介することもあった。チェーカー・ペトログラード代表部勤務の「イオシフ・アフィレンコ」だとして身分を明かすこともあった。まさにこの名義の書類を利用して、彼は国境を越えたのだ。偽の身分証明書を手に入れるのは、もちろん造作もなかった。

そうこうしているうちに、ペトログラード地区の情勢は危険なものになりつつあった。前線が猛烈な勢いで迫ってきていた。ユデーニッチ将軍指揮下の北西軍は、ガッチナ、パヴロフスク、ツァールスコエ・セローなどを占領した。「ペトログラードが革命政権の手中にあるのは数えるほどの日々しか

残っていない」と嬉しそうに報道したのは、一九一九年一〇月発行のロンドンの「オブザーバー」紙だった。ソビエト・ロシアにとって不安に満ちた日々が続いていた時期、チェーカーのペトログラード代表部は、ペトログラード地区の革命側軍隊の動静やその作戦計画、地下で反革命側が準備中の新しい政府などについての情報をユデーニッチ将軍に提供していた、ポール・デュークス指揮下のインテリジェンス・サービス〔MI1c〕のエージェント網に、痛烈な打撃を与えるのに成功した。具体的には、ペトログラードを防衛している第七軍の首脳陣や、街の重要施設占拠を準備中の反革命側の武装義勇隊員たち、反革命側「政府」のメンバーたちを含む英国諜報機関のスパイの摘発に成功したのだ。上記のスパイの中には以下の者たちが含まれていた。

・**ウラジーミル・エリマーロヴィッチ・リュンデクヴィスト** 第七軍参謀長、元ロシア帝国軍大佐
・**アレクサンドル・バンカウ** 第七軍政治部員
・**エロフェーエフ** 別名ヴィリ・デ・ヴァリ、同じく第七軍政治部員
・**ボリス・ベルグ** オラニエンバウム駐屯空挺師団長
・**アレクサンドル・ガヴロシェンコ** チェーカーのペトログラード支部要員、元ロシア帝国海軍諜報機関要員
・**イリヤ・ロマーノヴィッチ・キュルツ** 元軍諜報機関要員、連絡部門勤務。彼の住居はエージェントたちとの極秘の会合に利用されていたし、彼はポール・デュークスのグループのためにエージェントをリクルートする役も務めていた。

インテリジェンス・サービスは、配下に武装義勇隊員たちのグループを持っていた。そのうちの一つの指揮を執っていたのは、元ロシア帝国軍将校で、今は反革命側部隊の中隊長に任じられていたヴィクトル・ペトロフだった。彼の部下たちの任務は、チェーカーのペトログラード代表部の建物を占

拠し、職員たちを殺害することだった。「主任エージェント」はポール・デュークスの愛人ナジェージダ・ヴォリフソン〔別名マリーヤ・イヴァーノヴナ〕だった。彼女の任務はデュークスの仕事、すなわちエージェントのリクルート、エージェント・グループの指導、エージェント・グループのメンバーたちとの連絡網の構築などの作業を全面的に支援することだった。

ロンドンにある本部との連絡は、不法なルートを通じて行われた。インテリジェンス・サービスの拠点はストックホルムとヘルシンキに設置されており、高速モーターボートが夜間にカレリア地峡に来航し、ネヴァ河の河口に侵入した。モーターボートで運搬されたのは、連絡用エージェントやエージェントが用いる装備、エージェント宛ての指示や情報が記載された文書類だった。モーターボート隊の隊長は、MI1cの要員であるオーガスタス・エイガー〔コードネームST34〕だった。ポール・デュークス個人および彼のエージェント・グループとの連絡活動には、ヘルシンキ在住の英国諜報機関支局の職員たちが積極的に手を貸した。彼らは連絡係たちの国境越えも手伝った。

インテリジェンス・サービス内にはペトログラード技術大学教授のアレクサンドル・ブイコフを首相とする「内閣」が既に形成されていた。ただし、これは地下活動をしている反革命グループを元気づけるために英国諜報機関が仕組んだ、ずる賢い手段の一つに過ぎなかった可能性もある。

チェーカーのペトログラード代表部には、ポール・デュークス指揮下のインテリジェンス・サービスのエージェント網の摘発を目的とする、特務専従班が作られていたが、この班が実行する作戦の指揮を執ったのは、優秀な防諜専門家として知られていたエドワルド・オットーだった。彼の企てた作戦については、レニングラード〔現サンクトペテルブルク〕の作家アリフ・サパーロフが『ある陰謀の記録[注11]』と題した極めて面白い著作の中で叙述している。

◆英国の「人の褌で相撲をとる」戦術

そうこうしているうちに、一九一九年の後半から、英国がソビエト・ロシアとの戦いに用いる戦術に変化が見られるようになった。あからさまな軍事介入を止めて、ソビエト・ロシア内部の反革命組織、中でもコルチャーク、デニーキン、ユデーニッチ、ウランゲリら帝政ロシア時代の将軍たちが率いる反革命軍に対して大規模な援助を行い、ポーランド、フィンランド、ルーマニア、環バルト海諸国をそそのかしてソビエト・ロシアに刃向かわせる作戦へと舵を切ったのだ。しかし、一九一九年の秋と冬に、英国軍は、クリミアとオデッサおよび他の黒海諸港から撤退せざるを得なくなり、それに引き続いて外カフカス地方、アルハンゲリスク、ムルマンスクからも革命側により駆除された。一九一九年の一一月までには、英国の干渉部隊はソ連から完全に退却せざるを得なくなり、英国の首脳陣は、ソビエト・ロシアに直接介入することの将来性の無さのみならず、戦闘に参加している自国兵士たちの士気喪失と、自国内での騒動勃発の危険性を認識させられたのだ(注12)。その結果、自己の戦略に忠実な英国が選んだのは、「人の褌で相撲をとる」ことだった。「反革命側軍隊には最後の一兵が戦死するまで」「ポーランド、フィンランド、ルーマニア、チェコスロヴァキアにはそれぞれの国民の最後の一人が倒れるまで」戦ってもらおうという魂胆だった。

この他にも英国政府は一計を案じていた。それは、次のような計算に基づいたものだった。すなわち、内戦と軍事介入に間もなく終止符が打たれるのは確実だから、英国としては、そうしたものからはすぐにでも手を引き、反革命組織に軍備と資金を提供し、アドバイザーとしての激励の言葉を贈るだけに留め、憎むべきソビエト体制の自然崩壊を待つ、というものだった。

◆MI1cの戦術転換――ライリー、ボイス、そしてサーヴィンコフ

軍事介入が失敗に終わってからは、英国はソビエト・ロシアと戦うための別の形を積極的に探し求めていくことになり、反ソ活動の主役は英国諜報機関に任されることになった。そのため、当該機関自身の戦術も転換を迫られた。この時期に広く利用されたのは、ソビエト・ロシア当局により弾圧されたソビエト・ロシア国内の反革命運動から脱落した者たちだった。英国首脳部の計画は、ソビエト・ロシアを衰退させ、「防疫線」によりソビエト・ロシアを世界から孤立させ、モスクワからの革命思想の流出をブロックするという計算に立脚したものだった。

ソビエト・ロシアの特務機関と英国諜報機関の対立が、この段階まで進んだ時点で、ロックハート・グループの中の、既にお馴染みのシドニー・ライリーとアーネスト・ボイスの両人の姿に、我々は再び接することになる。一九一八年のライリーは「ツイていた」。彼は、オランダの商船で、秘かに、ペトログラードから国外に運び出され、逮捕を免れたのだ。ライリーの友人であるエルネスト・ボイスは、ロシア通として、英国諜報機関のヘルシンキ支局勤務となった。当時のフィンランドは、ソビエト・ロシアを標的とした英国特務機関の主要作戦の基地となることが決まっていたのだ。インテリジェンス・サービスのヘルシンキ支局は、対ソビエト・ロシア作戦の実行に充てられる資金全額の大半を受け取っていた。ライリーとボイスの二人は、英国諜報機関の活動およびソビエト・ロシア防諜機関による「トレスト」と「シンジカート」と名づけられた作戦の実施という二つの動きに伴って生じたさまざまな出来事の渦に巻き込まれる。

これらの動きのもう一人の人物は、ボリス・サーヴィンコフだった。ソビエト・ロシアから逃亡後のライリーは、反革命ロシア移民グループの主要活動メンバーの一人であるサーヴィンコフと連絡を取り続けていた。ポーランドを基地にして定期的にベラルーシの土地を襲って破壊活動とテロ攻撃を行っていた反革命武装集団の指揮をサーヴィンコフが執っていたので、彼との連絡を絶やさぬことはライリーにとってそれなりの意味を持っていたのだ。ある資料によると、ライリーはこれらの襲撃に自ら参加していたとされている。ライリーとサーヴィンコフの会合はワルシャワ、パリ、ロンドンで行われた。英国諜報機関にとってはサーヴィンコフを自らのエージェント集団に正式に招じ入れる必要はなかった。彼は既に英国側と密接な関係を保っており、ソビエト・ロシアとの戦いの作戦実行に際しての主要な役割も与えられていたし、資金もアドバイスも情報も充分に提供されていたからだ。

◆ソビエト・ロシアの作戦の勝利

ソビエト・ロシアの防諜機関の作戦「トレスト」と「シンジカート」の目的は、ソビエト・ロシア国内の社会主義構造の破壊を英国および諸外国の諜報機関と連携して企んでいる、反革命亡命者組織を粉砕することだった。「シンジカート」作戦（第二段階での作戦名は「シンジカート2」）の計画では、ボリス・サーヴィンコフの組織「自由・祖国擁護同盟」に潜入することを目的としており、「トレスト」作戦では、亡命した君主主義者たちの組織である「最高君主制会議」と「ロシア全軍連合」に潜入することを狙っていた。両作戦で「餌」として用いられたのは、実在を装った反ソビエト・ロシアの地下組織だった。つまり、この組織の代表者たちを装っていたのは、実は全ロ非常委員会のメンバーおよびその代行者たちだったのだ。

結果的には、ソビエト・ロシアの防諜機関は与えられた課題を見事に遂行した。すなわち、敵側がエージェントをロシアに送り込むのに使用する複数のルートを遮断し、多数のエージェントと実在の反革命地下組織のメンバーたちを暴き出し、彼らと英国、ポーランド、フランス、フィンランドなど諸外国諜報機関との関係を公にすることに成功したのだ。

また「自由・祖国擁護同盟」のリーダーであるサーヴィンコフと、後にはシドニー・ライリーをロシアに誘き寄せて逮捕することにも成功した。両人は当然の罰を受けたが、ライリーには一九一八年の欠席裁判で既に科せられていた刑が執行された。英国で公開された情報によれば、ライリーは既に一九二〇年代には諜報機関とは縁が切れており、「自由な身の芸術家」として活動していたとされている。しかし、少なくとも一九二二年までは彼がＭＩ１ｃの本雇いの要員であったことは疑う余地がない。その上、数多くの情報筋の証言によれば、逮捕直前まで彼はウインストン・チャーチルとの連絡を絶やさずにいたし、ＭＩ１ｃのリーダーであるマンスフィールド・スミス＝カミングとは、側近として連絡を取っていたとされている。

ただし、ソビエト・ロシアへ不法侵入した時のライリーは、十中八九まで英国諜報機関に登録された正規の要員ではなかったはずだ（もし正規の要員だったら、ソビエト・ロシアへの潜入などという危険な行為は許可されなかったはずだ）。彼は、英国諜報機関にリクルートされたエージェントか、もしくは諜報機関の委任を受けた者として行動したのであろう。英国の諜報機関が定員から外された者たちを作戦に参加させた例は、数多く知られている。英国の批評家たちがライリーを毒々しい言葉で批判し、それに反してポール・デュークスを誉めそやす理由が、明らかになってきたようだ。前者は、ソビエト・ロシア政権に降参するという「英国国籍の人間にあるまじき振る舞い」をし、すなわち、事実上インテリジェンス・サービスを裏切り、全ロ非常委員会の一室で懺悔文を書かされ、ソビエト・ロシア政権に奉仕することを申し出ることまでした。一方後者は、「純血種」のイギリス人であり、仕事を失敗させたり、自ら失敗したりしたが、過酷な戦いを生き延びてロンドンに戻ってからも、ボリシェヴィズムとの闘いを続けた紳士だったという理由づけにより、両者の評価が大きく分かれたものと思われる。

英国産スーパー・スパイのシドニー・ライリーの人間像は、彼を悪魔的な特性の持主、国際的な山師、二〇世紀のカリオストロであるとみなす者たちによって作り出された数多くの伝説と神話を尾びれとしてつけられたものになっていった。彼の虚像を基にした「英国のスパイ」という表現はずっと以前からソ連の歴史に登場していた。モーリス・ドリュオンが小説の中で用いた『呪われた王たち』という存在がフランスの歴史と今や切り離せなくなったのと同じ現象だ。※

ソ連では「英国のスパイ」という表現は、実際に英国の諜報員だった者に対してのみならず、時の政府のご機嫌を損ねた自国民に対する「悪口」として用いられてきた。

たとえばベリヤは「英国のスパイ」だったと宣告された。彼を断罪する材料は他にいくつでもあったのに、無理矢理スパイ罪を適用したのだ。一九三七〜一九三八年には「英国のスパイ」という表現がソ連で盛んに用いられた。過去に起こった英国による軍事干渉や挑発行為をいまだに忘れることのできない人々、つまり英国に恨みを抱いている人々の面前で「誰かの」権威を失墜させたい場合に、その「誰か」を「英国のスパイ」だと名指すと効果が得られたからだ。

◆「トレスト」「シンジカート」作戦に関わった人たち

「トレスト」および「シンジカート」と名づけられた作戦は、チェキストたち（「チェーカー」すなわち「反革命・サボタージュ取締全ロシア非常委員会」のメンバー）が行った作戦の中の最高傑作となった。ソ連の国家保安機関が実行したこれら作戦は、その規模の大きさ、目的、その戦術と戦略のどれを取っても驚嘆せざるを得ないものであったが、それを分析するに際しては当時の具体的状況を考慮しなくては

※ 二〇世紀のフランスの作家。一四世紀初頭に処刑されたテンプル騎士団の総長が処刑時に教皇やフランス王を呪う言葉を発したとされている。ドリュオンの小説の中に書かれている呪いの言葉は彼の創作とされているにもかかわらず、本物だとして引用されることがある。

ならないのはもちろんだ。と同時に、未成熟だったソ連の防諜機関の相手となったのは、当時最強だった英国の諜報機関および他諸国の特務機関の庇護と支持を受けて活動していた、広域をカバーする地下組織網だったという事実も、考慮しないわけにはゆかない。

上記の二作戦については、公開されたもの、未公開のものを含め、チェキストによる数多くの記録が作成されたし、少なからぬ数の文学作品や評論が発表され、素晴らしい映画やテレビドラマも制作された。

両作戦の立案と実行に携わったのは、以下に記す人々である。

反革命・サボタージュ取締全ロシア非常委員会、国家政治保安部（ゲーペーウー）、ソ連邦人民委員会議付属統合国家政治保安部の初代の長官F・E・ジェルジンスキーと次官のV・R・メンジンスキー、統合国家政治保安部の防諜部部長アルトゥーゾフ、同部部員のピリャル、プジツキー、スティルネ、スィロエシキン、ランゴヴォイ。

サーヴィンコフをモスクワに来させることに成功したのは、統合国家政治保安部の工作員アンドレイ・パヴロヴィッチ・フョードロフだった。彼はソ連邦内で活動中と偽った地下組織「自由民主主義者」の主唱者の一人を装ってサーヴィンコフに接近、信頼を得た後に当該組織のリーダーになることを条件にモスクワに行くことを提案し、承諾させたのだ。

サーヴィンコフの組織に潜入した防諜要員がもたらした情報に基づき、テロ行為実行を義務として課されていた者たちを含むサーヴィンコフのエージェントたちが摘発され逮捕された。

前述のチェキストの多くは、不当に忘れ去られたか、まったく根拠がないにもかかわらず十把一からげにして罵倒されるという憂き目に遭った。また、一九三〇年代にソ連邦国家保安機関でさえも逃れられなかった非合法な弾圧の犠牲者となった者も数多くいた。

ソ連が危機に瀕していたあの時期に、創設間もないソ連国家保安機関と、世界で最古の、経験豊かな英国諜報機関の間で行われた頭脳の闘いは、後者の敗北をもって終わりを告げた。

目には見えない前線でインテリジェンス・サービスと相対し、その後もこの強敵と自己犠牲を厭わずに戦っていくことになったソ連の諜報員、防諜要員、および特務機関の戦士たちは、祖国への無私無欲の貢献に対し、そして名誉をかけて果した義務に対してソ連国民から絶大な感謝の念を捧げられたが、彼らこそそうした待遇を受けるに値する存在だったのだ。

7　二つの世界大戦の狭間で

ＳＩＳと英国政府の政治的紆余曲折／情報合戦から生じた外交関係断裂／「英国の足跡」

一九二〇年代はじめ、英国支配階級のソ連に対する態度は根本的に変化した。英国はソ連との貿易・経済関係の進展に乗り出し、一九二四年には両国間に外交関係が樹立され、西側諸国がソ連を国家として承認する流れが続いた。ソ連との関係の正常化を望む姿勢を世界に宣伝することを急いだ英国政府の政策変転は、奇異さゆえに疑問を生んだ。

――一体どうなったんだ？　英国は軍事介入の音頭をとり、血で血を洗う内戦や反革命運動や陰謀を教唆し、お膳立てをしたではないか。その英国が、資本主義諸国の先陣を切る国々の一つとしてソ連邦との和睦の道を模索しはじめ、さらにはソ連邦を国家として完全に承認しようとするなんて？

その理由を説明する際に用いられたのは、例の決まり文句だった。すなわち、一九二二年のジェノア会議がソ連にとって一応成果のあがる経緯をたどることになると予測した、ソ連の外務人民委員ゲオルギー・チチェーリンが頼りにした「英国による洗練された政治的妥協の発露」だ。

諸外国による干渉の失敗、ウランゲリ軍の全滅およびポーランドの示威行動の不首尾を含む三国協商の遠征の完全なる破綻などの軍事的要素が、多くを決定づけたのは当然である。しかしながら、英国国内で（およびヨーロッパと世界全般で）差し迫っていた経済危機と、豊かになる可能性を秘めたソ連市場への進出が遅れることの危惧の念が、政策変転の原因の多くの部分を占めていたように見える。英国の態度は商売上の実利主義の発露と言うこともできるが、より正確には、英国の強欲な支配層が己の利益を守ろうとした結果と見るべきであろう。第一次世界大戦が始まるまでは、英国はロシアとの輸出入事業の規模の点では二番目（ドイツに次いで）の位置を占めていた事実を参考までに指摘しておきたい。

◆英国国内の反ソ連主義者たち

すべてがそんな簡単なものでなかったのは、言うまでもない。ソ連に対する当時の英国の政策は、意図が異なる二つが並立していた。その一つは、熱烈な反ソビエト・ロシア、反ソ連主義者たちと結びついたもので、以下に記す人物たちが支持していた。

・ボリス・サーヴィンコフとシドニー・ライリーの両名を友人としていたチャーチル
・ロシア問題のコンサルタントとしてＭＩ１ｃのエージェントであるポール・デュークスを採用したジョージ・ケルゾン
・コルチャーク軍を最近辞して外務次官となり、一連の政治的扇動の組織化に従事することになったロッカー・ランプソン
・大部数を誇る新聞「タイムズ」「デイリー・テレグラフ」「デイリー・ニュース」で構成される新帝国の領主であり、ソ連相手の宣伝合戦で英国側を支えていたロザミア卿

その他、ソ連を病的に嫌悪する者たちの陣営には、さらに多くの人物が加わっていた。

もう一つの政策は、穏健な商工業界の意図と結びついており、ロイド＝ジョージなど労働党右派のリーダーたちが支持していた。奇妙なことに、この二つの意図は混じり合って一本の反ソ路線を形作

る結果になったが、それはソ連に対する経済封鎖、あるいは英国側に好条件が揃った場合のソ連への新たな干渉などというバリエーションを生じ得るものだった。

というわけで、機を見るに敏な政治家であったロイド＝ジョージは、チャーチルの証言によれば「歴史に登場した新たな力を無害化するために、それと協力関係を結ぶ」意図を持っていたのだが、この頃までには向こう見ずな反ソ路線からは離れ、さまざまな出来事の影響を受けたこともあって、穏健な政治家に変貌していた。

◆ソ連を標的とするさまざまな動き

英国の諜報機関の戦術にも変化が生じていた。ＳＩＳはソ連政権に公然と反旗を翻していたソ連国内の反革命組織や陰謀組織の支持を止め、いまや英国諜報機関の破壊活動の基盤となった亡命者集団を利用し、ソ連国内で秘かな諜報・破壊活動を行うようになっていた。しかし、ソ連邦を崩壊させるのが無理ならばその弱体化を図り、孤立させ、その影響力の拡大を防ぐという基本路線は、従来のものと変わらなかった。

英国の海軍諜報機関長官レジナルド・ホールは、第一次世界大戦の末期に同機関の要員たちを前にして次のように語った。「諸君に警告しておきたいことがある。これまでの戦いは確かに辛く、過酷なものであったが、我々は今後もっと無慈悲な敵を相手にしなくてはならなくなる。その敵とは、ソ連邦だ」。

『キム・フィルビー――ＫＧＢのスーパー・スパイ』と名づけた自著の中で、英国のジャーナリストであるナイトリーが証言しているところによれば、英国諜報機関の首脳部は「これまでの敵ドイツと《キリスト教の戒律を認めない》新しい敵を比較してはならない」(注13)と力説していたとのことだ。

全世界の労働者たちが連帯を確立するのに必要とする社会主義体制を強化するため、ソ連が平和時の小休止を利用することはあり得たが、それを可能な限りの手を使って阻止しようとしたのが英国の特務機関だった。

ソ連に対する英国の対処の仕方は、英国諜報機関が得意とする手段を基にしたものだった。たとえば、ソ連との戦いでは情報戦の方法と手段を用いるのが理に適っていると英国の支配者層はみなしていたこと、ソ連の在外施設に対する挑発目的の攻撃が企図されたこと、ソ連の評判を落とすための偽造文書が作成されたこと、虚偽の公表を専らとしている英国のマスメディアを活用することなどである。

◆英国で行われた反ソキャンペーンの事例

二つの世界大戦の狭間で生じた出来事を評価するに際しては、古代ローマ人が用いたほぼすべてのことに当てはまる公理「得をするのは誰か？」の世話になる必要はない。※ 明らかな事実を参照すれば充分だ。そのうちのいくつかを以下に列記してみる。

・一九二一年

「ソ連は間もなく崩壊する」との放埓な反ソキャンペーンが英国のマスコミにより解き放たれた。諜報機関を通じて大量に入ってくる資料が、英国外務省によって報道機関に渡った。当時まだ完成の域に達していなかったソ連諸機関考案のコードのうち、ある程度の部分の解読に成功した英国の暗号解

※ 紀元前一世紀、古代ローマの法律家カッシウス・ロンギヌス・ラヴィッラが言ったとされている。彼は裁判官たちに対し犯人探しをする際には「この事件で得をするのは誰か？」という観点から考えよとアドバイスしていたことによる。

読機関からも、情報が新聞社に流された。その際、解読された資料が「ソ連から非合法な手段で入手したもの」と称されることも時としてあった。

「黒色のプロパガンダ」は反ソヒステリーを煽り立てた。前述のジョージ・ケルゾンは、ペトログラードとモスクワで暴動が勃発した、レーニンが逃亡した、クレムリンに白旗が翻っている、蜂起した者たちがペトログラードを占拠した、などという噂が出回っていることを、英国外務省からの報告の形で発表した。クロンシュタットの反乱[※1]についても英国政府の発表はこんな調子のものだった。他の例を挙げれば、次のようなものがあった。

「中央アジアにおける英国諜報員たちと英国軍人たちの活発な活動」「黒海におけるソ連船舶に対する攻撃」「ソ連とトルコ、イラン、アフガニスタンとの間の協定を挫折させるために英国外務省と諜報機関筋が実行した陰謀と挑発行為」

・**一九二二年**

ジェノア会議[※2]に出席したソ連代表団に対するテロ行為の準備。ソ連の情報筋によると、当時の主要テロリストであったサーヴィンコフを含む亡命者組織の代表者たちがテロを実行するために、わざわざジェノアにやって来た。この出来事の背景となったのは、ロシアが提案した平和維持プログラムに関して英国の報道機関が発した節度をわきまえない罵詈雑言だった。

・**一九二三年**

いわゆる「ロシア共産党（ボリシェヴィキ）中央委員会政治局通達」のがさつな偽物を、ロザミア卿

※1　一九二一年三月にボリシェヴィキ政府の政策に不満を抱くクロンシュタット市の警備隊とバルチック艦隊所属戦艦の乗組員たちが武装蜂起した事件。

※2　一九二二年に第一次世界大戦後の経済・財政問題を討議するためにイタリアのジェノアで開かれた国際会議。

の新聞社が「タイムズ」紙で発表。これは後に登場することになった「コミンテルンからの手紙」の前触れとも言える代物だった。この偽の「通達」には、「ソ連による英国の内政に対する干渉」をテーマにしたお粗末な捏造が含まれていた。

・英国の外務大臣「ケルゾンの最後通牒」

この中ではソ連がインド、イラン、アフガニスタンで「反英国プロパガンダ」をあたかも行っているがごとき内容の英国諜報機関による中傷が大々的に利用された。この最後通牒により、バレンツ海における一二海里のロシアの経済水域内で、※英国のトロール船が漁を行う不法な権利を有することが宣言された。ポール・デュークスが率いるスパイ団のメンバーだとして有罪判決を受けたイギリス人ディヴィソンに対する補償要求も、英国から提起された。この「最後通牒」は、ソ連との通商・経済関係を絶つことによりソ連を怯えさせることを目的にした、露骨な恐喝そのものだった。

・ヴォロフスキー殺害事件

ローザンヌ（スイス）で行われた国際会議にソ連代表団団長として出席した、駐ローマソ連代表部全権代表のヴォロフスキーが、無残にも殺害された。ソ連の消息筋によれば、この殺人の計画は、実行の謝礼金を出した外国の諜報機関によって立案されたものであった。実行犯は、反革命派のコンラジとポルーニンだった。ヴォロフスキーは、当時英国のみならずヨーロッパ諸国内で反ソ運動が荒れ狂っており、その事実により刺激された反革命亡命者組織の活動も活発になったという状況下で殺害されたのだ。こうした状況が、ハーグとローザンヌにおいてのソ連代表団に対する迫害という形で具

※ 一二海里は領海、経済水域なら二〇〇海里では。したがって「一二海里の経済水域」という原語の表現は間違いと推定される。

体化されたのは、止むを得ないことだった。殺人犯たちはスイス警察により逮捕されたが、いかなる刑罰も科せられなかった。

・一九二四年

例のロザミア卿が所有する「デイリー・メール」紙に、いわゆる「コミンテルンからの手紙」(ジノーヴィエフの手紙)が掲載された。これは、スコットランド・ヤードが摘発したとされる、英国内の「共産党による陰謀」についての相変わらずの偽造文書だった。「ベルリンから入ってきた」とされたこの情報を新聞社に渡したのは、またもや英国外務省だった。コミンテルンから英国共産党宛てに出された英国政府転覆命令が記載されているとされた「ジノーヴィエフの手紙」は、特別に偽造されたものであり、英ソ両国間の政治・通商関係を断絶させるための条件を整える目的で英国の新聞を通じて流布されたとする当時の噂は事実であったことがのちに完全に証明された。

・一九二六年

ソ連が英国の内政に「干渉している」証拠となる「文書」が、英国共産党の建物の家宅捜査であたかも見つかったかのような表現がなされている、英国外務省の「白書」の公表。そしてこの文書をテーマにしたロザミア卿の新聞「デイリー・テレグラフ」と「デイリー・メール」による、例のごとき中傷。

・一九二七年

在ロンドンのソ連邦全権代表部に対する挑発的攻撃の準備。

独裁者である張作霖将軍指揮下の諜報機関によって行われた、在北京ソ連邦全権代表部建物内での略奪行為。これは、駐北京英国大使マイルズ・ランプソンの助言、より正確には直接の指示に基づき実行されたものであった。ソ連邦全権代表部襲撃には中国に駐屯していた英国の軍人が参加した。東清鉄道および極東銀行の建物、駐在武官の事務所や数人の外交官の住居も家宅捜査の対象にされた。略奪者たちは中国でのソ連邦軍部諜報機関の活動を記した書類を押収したが、この政治的挑発行為を立案した者たちにとっては極めて不十分な成果だった。それゆえ北京で押収したとされる文書が偽造された。それは、英国を敵対視するソ連の「活動」に関するものだった。そして英国外務省はこの偽造文書に基づいた「コミンテルンの文書」および「ソ連邦政府の文書」という派手な題名をつけた定例の「白書」を作成した。さらに英国外務省は、これらの資料に基づいてソ連向けの外交文書を作成した。

かくして北京での出来事は、ほどなくしてロンドンで起こることになる出来事の本稽古の趣を呈したものとなり、「英国が関わったことを示す跡」がはっきりと残されることになった。

内務大臣ジョインソン＝ヒックスの命令により（首相スタンリー・ボールドウィンと外務大臣オーステイン・チェンバレンの承認を得て）、在ロンドンのソ連通商代表部と全ロシア協同委員会（アルコス）※の建物が襲撃された。襲撃の口実は「警察」特有のものであり、英国国防省から盗み出されたとされる秘密文書の捜索のためだとされた。襲撃と捜索の脚本は英国諜報機関により綿密に練り上げられた。警察の大部隊、防諜機関の要員、および通訳を行った白系ロシア人により構成された、挑発行為の特別教育を受け鍛え上げられた総勢およそ二〇〇人の専門家が襲撃に参加した。

結果的には企ては完全に失敗し、英国の現体制の打倒を準備している機構が存在している証拠は一

※ 一九二〇年に英国の法律に基づいてロンドンに開設された、ソ連の私企業の名前。ソ連と英国の間の商取引に従事した。

切見つからなかったにもかかわらず、「タイムズ」紙は再度「センセーショナルな摘発」を急きょ報道した。ジョインソン＝ヒックス自身は「作戦の失敗」を大いに嘆いたが、前述の挑発行為自体は自己の任務を達成した形となり、結果としてボールドウィンが率いる保守派政府は、ソ連との国交断絶に英国を導いた。ボールドウィン、チェンバレン、ジョインソン＝ヒックスは、議会でソ連に対する怒りに任せた猛烈な攻撃演説《ピリッピカ》(注14)を飽くことなく行い、そうした活動の一環として暗号解読機関がキャッチしたロンドンに存在するソ連諸機関の電報を「アルコスで押収した文書」として読み上げたりした。

北京とロンドンにおける襲撃には、ワルシャワにおける銃声が呼応した。駐ポーランドソ連邦全権代表ヴォイコフが殺害されたのだ。ソ連消息筋の資料によれば、犯人は旧ロシア帝国軍人のコヴェルダという男であり、同人は英国の諜報機関と関係を持ち、生活の面倒を見てもらっていた。

◆「産業党」および「メトロ・ヴィッカース」の件

第一次世界大戦の結果、そして連合国の軍事干渉および内戦の結果、ロシアの国民経済は事実上完全に破壊され、産業施設と運輸施設は稼働しなくなった。無秩序と破壊がソ連からの人々の大量流出を招く。ソ連政権に対する敵意を隠さずに武装闘争に参加した者たちのみならず、熟練した技能を有する労働者や科学・芸術分野の知識人といった中立層の国民も亡命病に冒されるようになった。亡命者たちは結果的に国外の反ソ組織のメンバーの増員につながり、英国諜報機関を含む諸外国の特務機関にとっては、ソ連を標的にした陰謀加担者の絶好の供給源となった。

英国の指導者層は他の反ソ諸国と連合し、既知のごとく、ソ連の経済および軍事の分野における潜在能力の芽を摘み、新しい社会体系、経済体系が世界の桧舞台に登場するのを妨げようとした。

一方、ロシアで進行中の内政の変化は、客観的に見て明らかに反ソ勢力を利するものだった。新経済政策〔ネップ〕施行後、レーニンの死後、そして最悪の経済危機から国を脱却させようとしてソ連政府が止むを得ず採った方策が実行に移された後、ソ連国内の反対派は活動を活発化させた。スターリンの周りに集結した党機関および国家機関によって反対派の弱体化と、最終的にはその壊滅を目的とする報復手段が講じられたのは、当然だった。一九二〇年代末から一九三〇年代はじめにかけて両者間の争いは犯罪訴追の形をとりはじめ、「産業党」「メンシェヴィキ連邦協議会」、そしていわゆる「メトロ・ヴィッカース」(注15)の件は訴訟に持ち込まれた。

　ロシアおよび英国を含む西側諸国には、これらの訴訟とその原因となった出来事に関しては実にさまざまな、時にはまったく相反する見解が存在した。たとえば「産業党」の行動およびソ連内に居住していた「メトロ・ヴィッカース」社の職員たちの行動は、一九三三年の公判資料に基づいて、英国の諜報機関と結びついていた地下組織の行為と同類であるとの判決が下された。しかし当事者の一方であった英国が、この公判をソ連の統合国家政治保安部の恣意の産物として呈示しようと主張したのは当然だった。この間英国の新聞は、ソ連で囚人たちが閉じ込められている監獄の環境の劣悪さについて馬鹿騒ぎを起こしたが、実際は「メトロ・ヴィッカース社」の件で下された判決は充分に軽いものだったのだ。逮捕された六人のイギリス人技師のうちの一人は無罪、三人は国外追放、残りの二人は二年と三年の禁固刑を宣告されたが、間もなく国外追放に変更された。幾人かは法廷で罪状を認めたし、彼らに対するソ連側の扱いは「正当なものだった」とソ連から追放された後に表明した者たちもいた。

「産業党」の件について言うならば、ソ連の特務機関の歴史についての現代の研究者の間では、受刑者たちが有罪だったのか否かについての見解は、今に至るも統一されていない。

　ある研究者は、亡命したロシア人大資本家たちの組織だった「ロシア商工業および金融連合」が

「産業党」のスポンサーであったので両者にはつながりがあったことを指摘した。実刑判決を受けた者たちは最近名誉回復を遂げたとはいえ、やはりスパイ行為に関わっていたに違いないとみなしている。他の研究者は「産業党」の件の捜査が法的に誤ったものであることを強調し、この件に用いられた資料はすべて偽造されたものだと主張している。このテーマについての論争は続いている。論争の結着がつかない理由は明解だ。ソ連という国の歴史の中で、そして世界の歴史の中で重要な意味を持ったあの時代について現在なされている評価が、統一されていないからなのだ。

筆者が思うに、「産業党」と「メトロ・ヴィッカース社」が裁判沙汰になった理由は、ただ一つだ。スターリンが自己の権威を強固にしようとしたからである。彼の過度のスパイ恐怖症とか、あるいは統合国家政治保安部の恣意の産物とかを理由とする根拠は存在しないし、そもそも理由の内容自体が、はっきり言って幼稚すぎる。

◆英ソ関係の冷却化が諜報活動に与えた影響

一九二〇年代から一九三〇年代のはじめにかけて、ソ連と英国の関係には劇的な変化が生じたことを忘れてはならない。一九二四年に復活した両国の関係は、一度ならず断絶の瀬戸際まで追い詰められながらも辛うじて持ち堪えてきた。しかし、一九二七〜一九二九年には断絶は現実のものとなった。英国は既にこの時期、西側諸国の助力を得てソ連に対抗するための国際協力あるいは連合のシステム作りを行っており、一定の成果を上げていた。ソ連との戦争およびソ連国内の反革命運動の勃発は現実味を帯びたものになりはじめていたからだ。

連合国の軍事干渉が失敗に終わり、ソ連の内戦が終結した後の最初の数年間で、英国の諜報機関はソ連国内に潜伏させていたエージェントの数をかなり減らさざるを得ない羽目に陥った。反革命・サボタージュ取締全ロシア非常委員会やソ連邦人民会議付属統合国家保安部によって摘発されたり、自らソ連国外に逃走する者が続出したりしたからである。ソ連と英国との外交関係は、既知のごとく、長期間断絶したままだった。その結果、英国の諜報機関はソ連国内にある自国の公式代表部を、エージェントを使っての活動に利用する可能性を失ってしまった。

しかし、英国がソ連を標的にした諜報活動から完全に手を引いたというわけではまったくなかった。英国の諜報機関は、活動継続の可能性を主としてソ連国外に求めた。数多く存在する亡命者組織や、ソ連と商取引をしている企業を利用するという方法に頼ったのだ。

英国消息筋の資料によれば、一九三〇年代にモスクワの英国大使館に居を構えていたSISの海外支局は極めて規模の小さいもので、活動要員一名と女性秘書一名のみで構成されていた。この規模は数年間そのままだった。

一九三〇年代には最古参の諜報員のうちの一人がモスクワにいた。その名は、ハロルド・ギブソン。要員の数は少数で、しかもソ連の国家保安機関の厳しい監視下に置かれていたにもかかわらず、SISはソ連国内に自前のエージェント網を張り巡らせる試みを止めようとはしなかった。といっても、効果的なエージェント活動を組織立てることは結局失敗に終わった。失敗に終わらせるのに決定的とは言えないまでも、かなり大きな役割を果たしたのは、ソ連の諜報機関と防諜機関の協同作戦と、MI5とSISに潜入し、ソ連の諜報機関にとっての情報源になっていた者たちの援助だった。

◆一九三〇年以降の両国の諜報活動について

前述の出来事が生じてから多くの年月が経過した頃、ソ連の国家保安機関は、ソ連を標的にしたSISのエージェント網についての信頼に値する情報を入手した。エージェントたちのリストには、革命以前に英国諜報機関によりリクルートされた者やソ連旅行をした者（第二次世界大戦後SISはそうした者たちを「合法的な旅行者」と呼ぶようになった）、さらには英国諜報機関の術語では「現場在住のエージェント」と名づけられる者（すなわちソ連在住のソ連国民でソ連の国家機関や産業界、科学その他の分野である程度の地位を占めている者）の名が列記されていた。SISの夢想の産物である「死せる魂」※たちや、ソ連の防諜機関により摘発されたことのある危険なスパイ、そして現役のエージェントも含まれていた。

残念なことに、一九三〇年代後半およびそれに続く若干の期間におけるソ連の国家保安に携わった諸機関の活動は極めて異常なものであった。そのため、ソ連そのものが少なからぬ損害を蒙ったばかりでなく、敵であった西側諸国にソ連の諜報機関、防諜機関の行為を十把一からげにして誹謗し、重大な法律違反を犯していると非難する口実を与えてしまった。ソ連邦および現ロシア連邦の特務機関を、かつて西側諸国がしたように、非難の目で見ることにこだわる政治家やジャーナリストがロシアには存在している。そうした連中は、西側諸国の特務機関がロシアに対して行った諜報活動・破壊活動は騎士道精神に基づく崇高なる行為だったとする論陣を時折張るが、これは無理からぬことだ。一

※一八四二年に出版されたロシアの作家ゴーゴリの作品の題名。「死せる魂」とは、既に死亡しているが次回の人口調査が行われ新しい納税義務者名簿が作成されるまでは人頭税徴収の対象として「生きている者」として扱われた農奴を意味する。日本語の題名『死せる魂』の「魂」というロシア語には「農奴」という意味があったため、作品の内容からすれば「死せる農奴」の方が適訳と思われる。ただしゴーゴリの作品が発表された当時には「魂は不滅なのだから死んだ魂などというものはあり得ない」と批判されたという事実もあった。「死んだ魂（農奴）」という概念は、ゴーゴリの作品が世に出るまではロシア社会に存在しなかったとする説もある。本文中の「（SISの）死せる魂」とは、「（SISが）でっちあげた実在しない人物」を指し、「夢想の産物」という形容句がつけられているので「こんな人物がいてくれたら助かるのに、とSISが考えていた人物」と解釈が可能。

方、ソ連時代の我が国の生活を特徴づけていたものすべてを何が何でも拒否したいがゆえに、ソ連の特務機関とその敵との抗争の歴史をしばしば別物に変えてしまう我がままな者たちが存在することも、事実だ。

8 SISとミュンヘン

首相ネヴィル・チェンバレンはミュンヘンから「紙切れ一枚」を持ち帰った／クリブデン集団――英国の「第五列」／諜報機関からの警報・英国国内のミュンヘン協定反対派／「ケンブリッジの五人組」

一九三八年の秋の日、ロンドンのクロイドン空港では心配そうな様子の人々がネヴィル・チェンバレン首相を待ち構えていた。首相は出迎えた人々に一枚の紙を見せながら、自信たっぷりに言い放った。「私はあなたたちのために平和を持ってきました。英国国民とドイツ国民が戦争することは決してありません」。

英国、フランス、ドイツ、イタリアの間で調印されたミュンヘン協定についてのチェンバレンの声明は、群集の発する熱狂的な賞賛の声の嵐に包まれた。ヒトラー側の外務大臣リッベントロップは後になって四ヵ国による宣言書を皮肉って「一枚の紙切れ」と名づけた。英国とフランスを一方とし、ヒトラーのドイツと、ムッソリーニのイタリアを他方とするミュンヘン協定は、全人類に計り知れない災難をもたらした第二次世界大戦に導く道路のゲートを上げてしまったが、戦争という名の苦い汁を最初に味わう破目に陥ったのは「調停者たち」自身だった。「ミュンヘン」は英国の「調停」政策の同義語となり、「調停」は英国の支配層が押し進める狡猾な政策を具現化したものとなった。

◆なぜ英国はナチス・ドイツの脅威を事前に察知できなかったのか

分析と予測の名人として名声を博していたイギリス人が、ドイツ軍国主義復活の裏に隠された重大な危険が英国自身にもたらされることを理解できなかったと考えるのは、無邪気にすぎる。イギリス人は自らがしかけた裏表のある策が成功するとの妄想の虜となっていたのだ。その結果、ドイツ人は英国とその連合国相手の戦争を開始し、ドイツ空軍が投下する爆弾がロンドンに降り注ぐことになった。ウインストン・チャーチルは、あらわになった状況を彼特有の格言調で次のように読み解いてみせた。「英国とフランスは、戦争と不名誉のどちらを取るかの選択を迫られた。両者は不名誉を選択したのだが、受け取ったのは戦争だったというだけのことさ」。

ここで疑問がいくつか生じる。すべて理にかなったものだ。第二次世界大戦前夜の出来事は、英国の特務機関の効率の悪さを証明する材料になり得るのではないだろうか？　英国の諜報機関と外務省が、枢軸国の急激な軍国主義化に気づかなかったのはなぜなのか？　ヴェルサイユ体制の解体を目指して枢軸国が政治面・軍事面で進行させていた具体的な施策について、何も知らなかったとでもいうだろうか？

ソ連の情報源と現在は機密扱いを解かれた英国の資料コレクション（これについてはヴォルコフが自著『ホワイトホールとダウニング街の秘密』の中で詳細に述べている）の助けを借りると、英国の権力者層をミュンヘン協定調印に狩り立てた動機が解明できる。

ナチ党のリーダーとしてのアドルフ・ヒトラーの人間像は、「ビアホール一揆※」の勃発やファシズ

※　ヒトラーとルーデンドルフが率いる国家社会主義労働者党が一九二三年一一月九日にミュンヘンで政権を奪取しようとして失敗した事件。事件が発生したのがビアホールだったのでこの名で呼ばれることが多い。

ムの思想宣言書である『我が闘争』が公表された頃から英国諜報機関の注意を引いていた。一九三三年に年老いたドイツの大統領ヒンデンブルグ元帥がヒトラーを国の首相に任命してからはSISのヒトラー研究に拍車がかけられ、さまざまな情報源から得た資料を基にして彼の心理学的分析が行われはじめた。その結果、SISの分析官たちは、彼が狂気に取りつかれた、恐ろしい、狡猾な、何を仕出かすかわからない敵であり、軍事紛争の開始や大英帝国の破壊、ファシズムによる全世界制覇などの計画を胸に秘めている人物だとの結論を出していた。

しかし、英国諜報機関の上層部の一部や一般要員の中には、ドイツ国内に秩序を打ち立てようとしているヒトラーとナチ党員たちのエネルギッシュな活動に魅了されている者もいた。ヒトラー個人が熱狂的な反共産主義者であることに感嘆した者もいた。英国の支配者層は公的には反共産主義に賛同していたし、ソ連との間に戦争が始まった場合にはナチス・ドイツを砦として利用できることを前もって計算に入れていたので、ドイツと仲良くしておくことに積極的だったのは当然と言えば当然だった。またアングロ・サクソン人が北方人種※に属することを認める「偉大なるドイツ」の総統の声明は、イギリス人の耳に快く響いたし、英国の植民地政策を彼が絶賛したこともイギリス人が彼に好意を寄せるきっかけとなったとも言える。

◆次第に明らかになるドイツの野望

しかしドイツ相手の戦争が始まると、状況は変わった。SISやチャーチルが音頭を取って創設し

※ さまざまな人種の中で北方人種が最も優秀であるとの「学説」が存在した時期があった。その説によれば、北方人種に属するのはフィンランド、スウェーデン、ノルウェー、ドイツ、イギリス人など。

た軍事活動および破壊活動実行組織（特別作戦指揮機関）の内部では、ヒトラー自身とナチ党の高官たちの殺害計画が練られ、ファシズム体制を破壊しドイツの総統を亡き者にする準備をしていた反ナチス勢力に援助が与えられるようになった。ただし、そういう状況が現実のものとなったのは、英国がダンケルクの屈辱※や、自国の都市へのドイツ空軍の無慈悲な攻撃、ドイツ軍潜水艦による自国貿易路の封鎖を経験した後であった。

手持ちの軍備の量もその増強もヴェルサイユ条約によって制限されているドイツが、重大な違反を犯している、との情報を英国の特務機関は一九二〇年代末から握っていたこと、そしてＳＩＳと軍の諜報機関は国の最高指導部にこの事実を一度ならず通報していたことは、数多くの資料により証明されている。

一九三五年、ドイツでは徴兵制に関する法律がこれみよがしに制定され、軍備増強に関する他の制限も外された。一九三六年末までにはドイツは常備軍の将兵の数を七〇万人まで増やし、戦車一五〇〇台と戦闘機四五〇〇機を有するに至った。軍事目的のために四〇〇〇以上の飛行場が整備され、戦略的に重要な高速道路はフランス、ベルギー、オランダとの国境まで延長され、西方国境地帯に防御施設が建設された。また潜水艦を含む軍艦の建造が集中的に行われた。

一九三五〜三六年にはドイツはヴェルサイユ条約で定められた数の二五倍から三〇倍もの数の部隊を所有していた！　これらの問題についての英国諜報機関の報告は、憂慮と不安に彩られたものだった。

※　一九四〇年五月二六日〜六月四日にドイツ軍と英仏軍の間で行われた戦闘。ドイツ軍にフランスのダンケルクまで追い詰められた英仏軍将兵三六万人は脱出に成功したが、三万人が捕虜になった。

しかしながら前述の活動と平行して、あたかも秘密でもあるかのように装ってはいるが、実際には「枢軸」諸国に設置された英国の諜報機関支局や大使館のメンバーのみならず、誰の目にも明々白々な活動が、ドイツにより実施されていたのだ。

たとえば、公式には国際連盟の管理下にあったザールラント州に対するドイツの「王権の回復」であり、ナチ党員たちが勝手に実行したにもかかわらずヴェルサイユ条約締結国から反対の声が一切出なかったラインラント非武装化の廃止であった。「調停」策がたどり着いた次なる段階となったのは、スペインの内戦に適用された中立という名の恥ずべき政策だった。しかし中立とはまさに名ばかりであり、実際はフランコ体制支持を故意に隠した政策だった。

こうした恥辱的な歴史の流れの中で重要段階は（以下に示す出来事はそれらが実際に起きた期日の順序を無視して並べてある）、日出ずる国（日本）による中国侵入およびソ連を相手にした極東地方での力試し（一九三九年のノモンハン事件のことか）、イタリアによるアビッシニヤ（エチオピア）とアルバニアの占領、英国とフランスにより認可されたドイツのオーストリア併合、ドイツによるリトアニアのメーメル（クライペダ）の略奪であった。そして裏切り行為の「輝かしい」結末となったのが、チェコスロヴァキアのドイツへの引き渡しとミュンヘンでの降伏だったのだ。

◆SISが事態を見誤った三つの理由

SISと軍の諜報機関は特務機関の名に背くことなく、ドイツの国内情勢と戦争の準備状況を入念に監視していた。ドイツ軍の状況や戦争計画に関する最も重要な情報は、ブレッチリー・パークにある「政府暗号学校」からもたらされた。その情報は、ドイツ国内およびドイツの連合国と衛星国内で活動しているSISのエージェント網が得た情報を補足するものとなった。一九四〇年、ブレッチリー・パークの専門家たちはドイツ空軍のコードの解読に成功し、後には、ドイツ国防軍が暗号化機械「エニグマ」の中で用いていたコードの解読にも成功した。英国の暗号専門家たちの努力と才能は、最高度の評価に値するものだった。ドイツのコードが解読されたことによって、英国の特務機関が第三帝国※の極秘情報を入手する可能性は著しく高まった。

戦争中、英国の指導者たちは、東部戦線でのドイツ軍の作戦に関する解読済みの情報の一部をソ連軍司令部に通報するという決定を行った。この行為はその裏を読んだりせずに、ありのままに評価されてしかるべきだ。

しかし英国側は情報の出所を明らかにしなかった。暗号を解読した結果得られた情報は「エージェントからの報告」だと偽ったのだ。ここでまた疑問が自ずと湧いてくる。西部戦線でドイツ軍が大規模な作戦の準備をしていることが誰にも気づかれなかったのは、なぜなのか？　ベルギー、オランダ、ノルウェーやその他のヨーロッパ諸国への侵攻の準備状況を、ドイツはどうやって敵の諜報機関の目から隠すことができたのか？

これらの疑問に対する推測に基づく回答は、いくつかある。そのうちの一つは、ドイツの暗号を解読することによって得られた情報、すなわち「極秘の情報源」から入手した情報は、ドイツの暗号は解読が可能だということを機密にしておく必要から、使用されなかったのではないかというものだ。英国の最高指導部が実際にこうした手段を講じたことは知られている。これが一つ目の回答だ。

※　一九三三年三月二四日～一九四五年五月二三日までのドイツの非公式名称。一番目の帝国は神聖ローマ帝国九六二～一八〇六年、二番目はドイツ帝国一八七一～一九一八年。

もう一つは、情報を実際に用いるために編集する際、個々の重要な要素が欠落してしまったケース、あるいは謎めいた、不明瞭なものになってしまったケースがあり得るのではないかというものだ。その結果、次のような内容になってしまう可能性がある。「当方の情報源からの通報によると、ドイツの数個兵団が、現在駐屯している地区から他の地区への配置換えを命ぜられた」。筆者が思いついたこの例は、幾分誇張したものになっているかもしれない。しかし解読機関が何をすべきかについての結論が出せないような、不明瞭な内容の情報を受け取った例は、時折ではあるが実際にあったのだ。

そして三つ目の推測は、情報を受け取った者にそれを有効に使う能力が欠如していたのではというものだ。

◆ドイツ国内の反政府運動を利用する

SISは、ドイツ国内の反政府的な風潮に大いに期待していた。特に軍隊内の反政府的動向を重視していた。ヒトラーとナチ党上層部に不満を持つ軍人が数多く存在することは、一九二〇年代中頃から察知されていたからだ。現存する資料によると、ミュンヘン一揆〔前出のビアホール一揆〕発生の前夜、「将軍たちによるクーデター」が準備されていたという。参加した将軍たちは、ベック、ハルダー(ベック参謀総長の後任)、シュテュルプナーゲル、ヘプナー、ヴィッツレーベン、さらにベルリン警察長官のヘルドルフと次官のシューレンベルクである。この陰謀の指導者の一人はアプヴェーア〔アプヴェール〕〔一九二一〜一九四四年のドイツ国防軍諜報部〕において部長カナリスの下で副部長を務めた、ハンス・オスターだった。

参加者たちは、アプヴェーアのメンバーだったギゼヴィウスおよびドイツの外交官コルトとクライストを通じてSISと連絡を取り合っていた。この陰謀の参加者たちの多くは、一九四四年八月のヒトラーとライヒ〔帝国の意〕の指導者たちに背いた新たな運動の中核を成すことになる。周知のごとく、この運動は容赦なく鎮圧され、参加者たちの大多数および準備作業に参加したとみなされた者たちは弾圧された。アプヴェーアの指揮官だったカナリス提督も死刑に処せられた。第二次世界大戦が終了して数年経った頃、西側諸国は、カナリスは英国諜報機関のエージェントだったという内容の政治宣伝を行った。事実、カナリスは陰謀の参加者たちが立案した計画[※1]を知っており、一九三八年と一九四四年には反対派の動きに理解を示していた。しかしながら彼が英国のエージェントであった可能性は、極めて小さい。ではSISの「影響力」の強さを示すかのごときこのような伝説は、どのようにして生まれたのだろうか？

この伝説は、SISの長官スチュアート・メンジーズが、英国諜報機関の特別破壊工作実行班が担当することになっていたアプヴェーア長官殺害計画の実行にゴーサインを出さなかったことと密接に結びついていた。

英国特務機関の活動の研究者たちの中には「メンジーズがこのような決定をした理由は、彼が人間としてのカナリス提督の身を気遣ったということではまったくなく、メンジーズと助手たちが抱いていた複雑な思惑、すなわち成功裏に活動を続けている英国諜報機関の妨げになり得るような行為はすべきでないという考えこそが真の理由である」と論じている者たちもいる。実は第二次世界大戦中、英国はアプヴェーアが英国国内に潜入させた何名かのドイツ側エージェントを摘発してうまく英国側に寝返らせ、その者たちを通じてドイツの諜報機関を相手にいわゆる「放送劇[※2]」を演じることに成功し

※1　ヒトラー暗殺未遂事件を指すと思われるが、もしそうなら起こったのは一九四四年七月二〇日のはずなので、著者の誤認か。
※2　寝返らせたドイツのスパイが本国に無線で送る情報に、偽の情報を混ぜることで相手を混乱させる手法。

ていたのだ。ＳＩＳの手の込んだ作戦の組み合わせを実行するに際して、元アプヴェーアのエージェントたちは、ドイツに偽情報を流している英国諜報機関の指令を事実上そのまま実行していた。ＳＩＳによるアプヴェーア欺瞞作戦は終戦まで続き、英国のために大いに役立った。

ＳＩＳの指導部は、効果を挙げ続けているこの手の込んだ作戦を頓挫させないために、慎重に行動するよう努めていた。狡猾なカナリスと彼の指揮下にあるアプヴェーアが特別命令を発したため、なおさら用心しなければならなかった。その命令とは、既に英国に入り込んでいるドイツのエージェントたちに宛てたもので、英国の諜報機関に潜入し、アプヴェーアの首脳部を含めドイツ国内には「大英帝国の友人たち」がいるという話をロンドンの本部内で広めよ、というものだった。

一九三八年の将軍たちによる陰謀計画では、チェコスロヴァキアを巡っての状況が悪化し、ヨーロッパが戦場と化す恐れが生じた場合にはヒトラーと第三帝国の頭目たちを逮捕する手はずになっていた。

軍事クーデターと言える上記陰謀の細部は、わざわざロンドンにやって来た陰謀参加者たちの代表であるエヴァルト・クライストがチャーチルおよび英国外務次官のヴァンシタートと共に検討し、その結果は首相のネヴィル・チェンバレンに報告された。実のところ、この首相こそがヒトラーに敬意を表するためにベルヒテスガーデン〔ヒトラーの山荘があった所〕に急行することにより、クーデターの試みを挫折させ、結果的にはチェコスロヴァキア問題にけりをつけた張本人だった。短い期間であったが宥和政策が実行されたため、ドイツ国内の陰謀家たちの計画は妨げられた。その結果、ヒトラーが勝利のファンファーレが鳴り響く中を無血争闘の勝利者として登場するのを許すことになってしまった。

ドイツが大規模な軍国主義化を押し進めていることをチェンバレンは諜報機関からの情報によって

知っていた――。この事実は、特筆しておく必要がある。しかしそれと同時に、彼は別の情報も得ていたのだ。それは、ドイツには複数の強大な国と戦火を交えるだけの準備は整っていないこと、ましていわんや同時に二つの戦線で戦争を行うのは無理であること、そしてヒトラー体制に反対する勢力がドイツ軍の首脳部に存在することについての情報だった。

◆ミュンヘン同盟を利用した英国の狡猾な作戦

一方、英国外務省は、ドイツがオーストリア併合に続いてチェコスロヴァキアのいくつかの地域、ベルギーのオイペンとマルメディ、リトアニアのメーメル、デンマークのシュレースヴィヒ公国とポーランドのダンツィヒ、さらには第一次世界大戦の結果奪われた植民地を要求することを予測し、敗北主義的な提案を発し続けた。外交交渉に用いられる優雅な文言を用いて外務省がチェンバレンに推奨したのは、可能な限りの譲歩をして「大規模な英独協定」締結を目指すことだった。その結果、ドイツは事実上束縛を解かれ、ヨーロッパ東部で自由に活動することを認められることとなった。英国の「ミュンヘン仲間」たちは、待っていましたとばかりに自分たちの同盟者であるチェコスロヴァキアをドイツに譲り渡し、その結果生じたヨーロッパ内の国境線の見直しにも反対しなかった。彼らの狙いは、こうした譲歩の対価として自分たちの植民地保有権を守ると共に、ドイツの攻撃の矢をソ連に向けさせるという主目的を達成することだった。

ヒトラーの病的なソ連嫌い、共産主義嫌いと彼の反ボリシェヴィズムに貫かれた雄弁術は、英国の戦略家たちを喜ばせると同時に、ドイツに対する彼らの警戒心を鈍らせることになった。「自ら騙されるのを待ち望んでいる者」を騙すのは、実際のところ、簡単なのだ。

「ミュンヘン仲間」たちをして自国の利益を裏切るよう促したのは、英国国内に存在していた強力な

「第五列」[※1]すなわちファシズム・ドイツとの協力と友好を是とする有力者たちからなる、大規模でよく組織化されたグループだった。その中核を形成していたのは、いわゆる「クリブデン・グループ」

で、しばしば「クリブデン一味」と呼ばれる者たちだった。

◆ドイツと協力関係を結ぼうとする勢力の存在

「第五列」は、世界で最初の社会主義国に対処するために英国の支配層が長年にわたり保持してきた政策を土壌として生まれ、育ったと言ってよい。その政策とは、ソ連との戦争に際しての砦として利用するため、またロシアへ遠征する十字軍に参加させるために第一次世界大戦で敗北したドイツと協力関係を結んでおくというもので、既に一九二〇年代の英国の政治は明白にその方向に舵を切っていた。

「クリブデン・グループ」、「英国ファシスト同盟」、オズワルド・モズレー[※2]は、この政策の産物であると言ってよい。

「ミュンヘン仲間」たち、すなわちドイツに対する宥和政策適用の支持者たちは、保守党と労働党という英国内で指導的役割を演じる二つの党のどちらにも存在していた。多くの政治家、軍人、実業界の代表者、新聞社の所有者らは、ドイツ国内においてヒトラーが共産主義者と社会主義者に対してとった「断固たる」措置を、公然と支持した。英国民の多くはナチズムをただただ恐れていた。しかし戦争が始まった後でさえ、英国政府のメンバーの大部分は、侵略者であるドイツとの和解を呼びかけ

※1 一九三六〜一九三九年のスペイン内戦時に使われた言葉。「列」は軍団のこと。一般的には国内の敵を意味する。
※2 英国ファシスト組織の指導者。

ていたのだ。

チャーチルの戦時内閣で外務大臣になったアンソニー・イーデンは、ドイツが英国にもたらす危険を他の多くの保守派議員たちよりもよく理解していたと思われるが、既に一九三六年に「ドイツに植民地を返すという重大な譲歩を行うことも、払うべき犠牲とみなして受け容れる用意がある」と表明していた[※1]。

クリブデン・グループと密接な関係を保っていたのは、ソ連の敵の中でも最も悪意に満ちた者の一人であった首相のネヴィル・チェンバレンをはじめ、財務大臣のジョン・サイモン、外務大臣のハリファックス、名目上は外務省に所属し外務大臣の補佐役を勤めながらSISとの連絡役でもあったロバート・ヴァンシタートである。その他、首相の側近で「チェンバレンの灰色の枢機卿[※2]」と呼ばれたホーレス・ウィルソンと航空大臣のスウィントン卿はクリブデン・グループの強い影響を受けていた。

◆クリブデン・グループとは

「クリブデン・グループ」の名前は、アメリカの女性富豪ナンシー・アスターの所有地のあった場所の名前クリブデンに由来したものだった。その後最も反動的な政治家、金融資本家、企業主、新聞の

※1 イーデンは一九三五年以降、ボールドウィンおよびチェンバレン両内閣で外務大臣として両首相の政策に基づき、対伊・対独にとって融和的な外交活動を行った。その後は、チャーチルらと共に対独・対伊強硬策を唱えるグループを形成した。
※2 ルイ一三世治世下のフランスで実権を握っていた宰相リシュリュ（一五八五～一六四二年）の腹心だったジョゼフ神父は、灰色の聖衣をまとっていたので「灰色の枢機卿」と呼ばれていた。枢機卿は、カトリック教会では教皇の最高顧問。ジョゼフ神父自身が枢機卿になったのは、死の直前。それまでは無官ながらリシュリュを後ろ盾として政治の舞台で活動した。通常は「黒幕」という意味で用いられる。

編集者などの「石頭」連中の政治的センターの名称となり、最終的にはグループ名として定着した。ナンシー・アスターの私有地で開かれたごく私的な「夕べの集い」には、ボールドウィン内閣の閣僚ウイルフォール・アシュレー、ロンドンデリー侯爵、ラブ・バトラー、リーズデイル男爵、歴史家として有名なフラー将軍、駐米英国大使ロージアン侯爵などが出席していた。彼女の家の集いに顔を出したことがあった者の中には、外務次官のアレクサンダー・カドガン、ネヴィル・ヘンダーソン駐ドイツ英国大使、「タイムズ」と「オブザーバー」の編集員ダイソン・ガーヴィン、元外交官で大臣職も務めたサミュエル・ホアー、その他の多くの英国のドイツ贔屓の政治家や実業家たちがいた。その他、英国海軍情報局の元局長バリー・ドンヴィル提督（彼は一九三九年に国家の安全を害するおそれがある者として予防拘束された）や、開戦直後に英仏軍司令部に派遣されたがドイツの諜報員との接触を疑われたウィンザー公爵のような、嫌悪すべき者たちもクリブデンの常連だった。

クリブデン・グループの拡声器、すなわち英国政府の敗北主義的政策に関する情報の漏出源となったのは、「タイムズ」をはじめとするロザミア子爵が発行するすべての新聞だった。

駐英ドイツ大使ヨアヒム・リッベントロップは、レディ・アスターのサロンにしばしば立ち寄った。こうしたことや「ミュンヘン仲間」やクリブデン・グループのメンバーらが頻繁にベルリンを訪れていたことは、ヨーロッパの安全問題に取り組む英国政府の姿勢についてのドイツ首脳部の知識を増量させるという結果を生んだ。と同時に、英国の政治家が影響を受けやすいこと、反共・反ソ連に夢中になって判断力を失っていること、ドイツとの武力対決は望んでいないことをヒトラーがますます確信するという効果も生まれた。

◆英国の狡猾きわまる対外政策

ドイツのソ連侵攻目前の一九四一年の五月〔侵攻したのは一九四一年六月二二日〕、ナチ党党首ヒトラーの代理役を務めるドイツナンバー2の地位にあったルドルフ・ヘスは、スコットランドに向かってのドラマチックな飛行を企てた。この「珍事」はナチ党の首脳部がくわだてた偽りの偶然の産物でもなかったし、ヘスの精神が一時的な変調に見舞われた結果でもなかったのだ。

今や明らかなことだが、ヘスは英国と単独講和条約を結び、ロシアと戦うための統一戦線を築くために英国のドイツ贔屓の者たちやクリブデン・グループと連絡を取ろうとしていたのだ。

しかしチャーチルの命令により、ヘスは、彼に接触しようとして特使まで用意したクリブデン・グループから隔離されたのみならず、SISからさえも遠ざけられてしまう!! ルドルフ・ヘスにまつわるエピソードは、ロンドンでもベルリンでもモスクワでも、長い間特別の注目を浴び続けることになった。もっとも、その理由は一律ではなかった。ソ連というナチス・ドイツとの戦いの同盟者を手に入れつつあった英国の外務省は、ヘスが英国に飛んできたのは英国がヒトラーとの単独講和条約の締結を望んでいるからではない、ということをロシアの指導者層に理解させようと努めた。結局、英国はヘスを他のドイツの戦犯たちと共にニュールンベルグ国際軍事法廷に引き渡さざるを得なくなる。そして審理が始まる前も、審理の途中でも、ナチス・ドイツの頭目たちに裁判によらない制裁が加えられる可能性について調べるべく、ソ連代表団の団員たちに慎重に探りを入れていた。

英国の支配層の幾人かが公開裁判に賛意を表さなかったのはなぜだったのか？ ニュールンベルグ裁判で審理する過程において、ミュンヘン会談で英国が犯した裏切り行為がみっともない事実として発覚する可能性があったからではないのか？ その上、英国がヘスの尋問調書の公開をあれほどの執拗さで拒んだのはなぜだったのか？ まだある。英国政府は、戦争が俗に言う「ドアをノックしている時」でもヒトラーと合意する計画を放棄しなかった理由、また戦争中もドイツと合意しようとする試みを続けた理由は何だったのか？

◆裏切りと背信行為の象徴、ミュンヘン会談

ミュンヘン会談は、裏切りと背信行為の象徴として歴史上に確固たる位置を占めることとなった。そしてドイツの征服欲を最高度まで強化した刺激剤として、人類の記憶に残ることになる。政治家たちがミュンヘン会談における自分たちの行動は仲裁を目指していた、と如何に言い繕っても、また政治家たちへの奉仕に身を捧げている腰巾着どもが、第二次世界大戦勃発の原因をミュンヘン会談ではなく、主としてソ連の行動に関連する別の要因を表に出して如何に力説しようとも、ミュンヘン会談の真の評価を意識から消し去るのは不可能だ。

現在西側においては、ミュンヘン会談はポピュラーなテーマではない。表立って論議されると具合の悪い思いをする者たちがいるからだ。会談のお膳立て役を引き受けた英国の政治家たちにとっては、また会談ときっぱり縁を切れなかった者たちにとっては、特に具合が悪いに違いない。調停者を名乗りながら実際は友人や同盟者を裏切るために用いる戦略と戦術を信奉しているロシアのある者たちにとっても、具合の悪いものになっている。

一九三八年のミュンヘン会談を連想させずにはおかない事象は、いろいろある。例をあげると、ユーゴスラヴィアに対する侵略戦争（ではあるが、今のところNATO自身は傷を負っていない）を許すことになったNATOの「和解」政策がそうである。また、ミュンヘン会談の結果を産んだのは、チェンバレンが率いた保守党内閣の政治的無知と弱気な背信行為だったことは間違いないが、現在（一九九〇年代後半）のトニー・ブレアの労働党内閣も、背信的な政策で重大な政治的結果をもたらしている点

ではチェンバレンの政府に負けてはいない。これも連想の種になる。

しかし、連想ゲームはこれだけでは終わらない。ミュンヘン会談は英国の政治的指導層が自己の意図を優先するあまり、特務機関の情報を無視したことの明々白々な証拠となった。チェンバレンがミュンヘンでの取引で英国を危険から遠ざけようとしたのは、ソ連の指導層が、ドイツがロシアに侵入する危険性を脇へ押しやろうとしたのにどこか似ている、と感じる読者もいるかもしれない。しかし、筆者は外見の相似性ほどはかないものは他にないと確信している。ソ連にとっては、ドイツや他の枢軸国による不可避の侵略に対する準備を整えるために時間を稼ぐ必要があった。そのため、ソ連はファシズム諸国連合に対抗するべく軍事同盟条約を締結し、ヨーロッパに集団安全保障システムを確立するよう英国とフランスに働きかけると同時に、ソ連自身の国境を西に広げることに※努力を傾注したのだ。ソ連は、説得だけを行っていたわけではない。日本との関係ではハルハ河流域において日本の軍国主義者たちに鉄槌を下し〔ノモンハン事件のこと〕、「枢軸国」の一つの頭を冷やすこともやっていた。ソ連がドイツをそそのかして他の国を攻撃させようとしたことなど、一切なかったのは言うまでもない。

しかし、認めるのは非常に辛いことだが、ソ連の指導者層が自国の諜報機関の活動がもたらした情報を正当に評価しなかったことも事実なのだ。そしてこの現象はずっと後の一九八〇年代末にも生じることとなった。

ミュンヘンで用いられたファシズムの存在と侵略を黙認する狡猾な政策は、英国国内で大規模な反発を招いた。この時のインテリ層と労働組合員たちの抗議活動は、彼らが政府の行為の受け容れを拒

※ソ連によるポーランドの東半分の征服とフィンランドやバルト三国の併合を意味すると思われる。

否していたこと、そして世界の運命と安全について心底から危惧の念を抱いていたことの現われであったとみなすべきであろう。貴族階級の出身者たちを含むインテリ層の代表者たちの中には、自主的な選択を行った者たちもいた。彼らはファシズムに対抗できる現実的な力を持っているのはソ連だけだと判断し、ソ連の諜報機関と秘かに協働することを決意したのだ。

「ケンブリッジの五人組《ファイヴ》※1」は現在世界中で知られている。そのうちの四人、エイドリアン・ラッセル・（キム）・フィルビー、ガイ・バージェス、アンソニー・ブラント、ジョン・ケアンクロスは、SIS、MI5、暗号解読機関GCHQ〔英国政府通信本部〕に潜入し、ドナルド・マクリーンとガイ・バージェスは一時期外務省で重要なポストに就いていた。この「素晴らしい五人組※2」および英国国内で活動していたソ連諜報員たちは、「秘密戦」（インテリジェンス戦争）の最前線で自らが達成した偉業により、その名を不滅なものとした。

「ケンブリッジの五人組」は、さまざまな理由により諸外国およびロシア国内で出版された数多くの著作物の主人公となった。筆者は、キム・フィルビーが既にモスクワに住んでいた頃から長年にわたって彼と付き合う機会に恵まれたので、彼の才能と魅力を十二分に実感することができた。このことは後述する。

かくしてミュンヘン会談は、歴史上の事実となった。仮定法に頼りがちな政治学者たちと現代のノ

※1　一九三〇年代にケンブリッジ大学で共産主義を信奉するようになり、ソ連の諜報員によってリクルートされソ連のスパイとなった五人の英国人。暴露後、全員ソ連に亡命。

※2　これは、黒澤明の『七人の侍』（一九五四年公開）を基にした一九六〇年公開のアメリカ映画"The Magnificent Seven"（邦題は『荒野の七人』）を念頭に置いていることは間違いない。「素晴しい（五人組）」は Magnificent の訳語。

ストラダムスたちは、もしチェンバレンとダラディエ〔ミュンヘン会談の時の仏首相〕がミュンヘンでの取引に応じず、それぞれがチェコスロヴァキアの保証人という本来の立場を守っていたら何が起こったかを、占うことはできよう。

しかし、下記の事態が発生したであろうことは、彼らに占ってもらうまでもなく明白である。すなわち英国とフランスは、「枢軸国」軍と一緒に十字軍としてソ連へ遠征する代わりに、英国とフランスは自ら枢軸国軍と戦わざるを得なくなり、「まやかし戦争」〔本書64頁訳注参照〕を経てフランスは全滅し、ドイツが西ヨーロッパのすべてを手中に収める。その後、ヒトラーと協同してソ連相手の戦線を構築するという望みを失った英国は、生き残りを賭けた必死の戦いを開始し、英国とソ連との間に熾烈な敵対関係が復活する。SISやその他の英国特務機関は、第二次世界大戦が終了するまでに旧敵との熾烈極まりない戦いに巻き込まれる。そしてチャーチルの表現を借りるならば「枢軸国の背骨を折ることに成功するなどして戦争続行中も維持されてきた大同団結が崩壊し」、諜報機関と防諜機関との間にかつてなかった規模の秘密戦が繰り広げられる。

9 ミュンヘン協定のもたらした結果

統治者が犯した過失の責任を取るのは誰なのか？／S－Sがヨーロッパで「秘密戦」の前線を構築／敗北と勝利

七二の国が巻き込まれた第二次世界大戦は、大洪水※のように世界を呑み込んだ。ミュンヘンで行われた恥ずべき取引の産物は、災いを秘めた危険な武器に姿を変えられてソ連に投げつけられたが、結局はブーメランとなっての投擲《とうてき》者自身の元に戻っていった。政治家たちの犯した過失は何百万もの人々の命で償われ、「秘密戦」（インテリジェンス戦争）で命を落とした者の数は数千に達した。ＳＩＳは英国の他の秘密機関と同じく、世界大戦の産物である諸々の出来事の渦中に置かれることとなった。重大な損害もあったが、大成功もあった。それらのうちのいくつかについては既に本書で語られたし、他のものは後に語られることになる。

◆欧州各国で繰り広げられた英独の諜報員たちの「秘密戦」

自発的同盟者であるか同盟を強いられた者であるかの違いを問わず、同盟国が持っている可能性を巧みに利用できるＳＩＳの卓越した能力が戦争中に再度披露された（もっとも、この能力は戦争前もそ

※ 世界の諸民族の神話や伝説に登場する洪水をさす。旧約聖書中のノアの洪水など。

の後にも発揮されてはいたが）。戦争中のロンドンには、さまざまなルートで英国に潜り込んだヨーロッパ諸国の諜報機関の要員たちが数多くたむろしていた。主として、チェコスロヴァキア、ポーランド、フランス、ベルギー、オランダ、ノルウェーなどのドイツ軍に占領されている国々の諜報活動担当者たちだった。これらの国々の特務機関は甚大な損失を蒙ったが、敵の陣営の中に潜り込ませたエージェントたちの一部がいまだ活動中だったため、一定の力は保持していた。

ドイツに隷属させられた国々の特務機関の要員やエージェントらが参加したＳＩＳの諜報作戦のうち、世に知られているものの数は少なくない。たとえばフランス、ベルギー、オランダ、ポーランドにおけるドイツの占領部隊に対抗するための武装レジスタンス部隊の組織作り、諜報・妨害工作実行グループによるチェコスロヴァキアとノルウェーへの果敢な奇襲攻撃、ヒトラー軍に占領されたヨーロッパ西部地域における広範囲をカバーするエージェント網の設置とその機能の活用などが挙げられる。エージェントから送られてくる大量の情報は、第二の戦線※の開設時期の決定や西部地域における連合軍の戦闘計画立案のためには欠かすことのできないものだった。

見えない前線で戦士たちは我が身を省みずに占領軍と戦ったため、犠牲者の数は膨大なものとなった。これはＳＩＳの計算違いなどではまったくない。

こういう状況下でドイツの防諜機関は、オランダに潜入していた英国諜報機関のエージェント数人を摘発し、ロンドンの本部と連絡を取り続けるよう強制した。そうしておいてからドイツ側は、英国の諜報機関に偽情報を送る「ＮＯＲＤＰＯＬ」〔ドイツ語で「北極」の意〕というコードネームをつけた作戦を開始した。この作戦はＳＩＳに災難をもたらしたが、その原因となったのは、ＳＩＳの要員と

※ 第二次世界大戦時に西ヨーロッパと大西洋に設けられた戦線。別名西部戦線。東部戦線は枢軸国とソ連の戦い。

エージェントらとの間で事前に取り決められていた危険信号をエージェント側が無線で送ったのにもかかわらず、要員側がそれに注意を払わなかったことだった。

「NORDPOL」作戦が実行された結果、ヒトラーの防諜機関とアプヴェーアは、SISがオランダの領域内に潜入させた一八のエージェント・グループを操ることができるようになってしまった。さらに英国側は、四九人のエージェント、四三〇人のレジスタント運動グループ中の連絡係、人員と装具の運搬に用いていた航空機一二機を失う。

ただし英国の特務機関も、ドイツの諜報機関との戦いで大きな勝利を収めていた。ドイツの諜報機関から英国へ送り込まれていたスパイ全員を摘発できたからだ。そのうちの多くを英国側に寝返らせ、ドイツに偽情報を送るために利用した。しかし、何と言っても抜群に大きかったのは、見えない前線で死力を尽くした戦士たちの功績だった。

◆諜報員ポール・キュメリの活躍

記憶に留めておくべき例としては「A54」というコードネームで呼ばれていた人物の、波乱に満ちた活躍がある。チェコスロヴァキアの諜報員で一九三六年からはアプヴェーアで要職に就いていたポール・キュメリが、その人物である。彼は一九四二年にドイツの諜報機関に摘発され、大戦末期にテレージエンシュタットの強制収容所で死去した。(注16) A54からの情報は、チェコスロヴァキア自身にとっても極めて必要なものだった。チェコスロヴァキアの軍隊、国家保安機関やその他の国家機関やヘンレイン〔ドイツの政治家〕が統率していたズデーテン地方※在住のドイツ人が結成した党には少なからぬ

※チェコスロヴァキアの国境地域。ミュンヘン会談によりドイツへの編入が承認された。

数のアプヴェーアの要員たちが潜入していたし、さらには破壊活動とテロ行為をチェコスロヴァキア国内で実行するために特別訓練を受けたアプヴェーアの専門家たちも送り込まれていた。そうした連中をチェコスロヴァキアの防諜機関が摘発できたのも、彼からもたらされた情報のお陰だった。

ドイツ軍によるチェコスロヴァキア占領後も、ポール・キュメリは活動を続けたが、その任務は反ファシズム地下運動およびチェコスロヴァキア国内で活動中の同国諜報員のグループを監視するドイツ特務機関の動きについての情報を、自分の上司らに送ることだった。彼からの情報のうち、下記のものは特に貴重な意味を持っていた。それは、ミュンヘン協定に基づくズデーテン地方のドイツへの「合法的な」引き渡しが行われた場合、ドイツは時を置かずしてチェコスロヴァキア全土の占領に踏み切る、という内容のものだった。同様に、チェコスロヴァキアを保護する義務を英国とフランスが放棄することをヒトラーが確信している旨の情報も、彼は送っていた。

そして今度も、これまでも歴史により何度も証明されたように、政治家たちの無鉄砲さと冒険主義、さらには彼らが諜報機関の提供する情報を無視した代償は、国民が担わなくてはならなかった。

周知のごとく、英国とフランスの政治家たちおよび自国の政治家たちの犯した過ちが原因となって、チェコスロヴァキアは長期間にわたり独立とは縁のない存在になってしまったのだ。

エージェントA54がもたらした貴重極まりない情報は、チェコスロヴァキアに関するものだけではなかった。ヨーロッパにおける英国の諜報活動の中心となっていたアムステルダムの支局がドイツ人たちにより破壊された後、SISは困難な状況に追い込まれた。第二次世界大戦が始まった時からSISは、アプヴェーアの部長代理でありドイツ軍の高級将校たちと政治家からなる反ヒトラー派のメンバーの一人であったハンス・オスターから情報を受け取っていた。ベルリンで勤務していたオランダの駐在武官サス少佐を経由して、オスターはヨーロッパ西部におけるドイツ軍の計画に関する情報を規則正しくロンドンに送ってきた。この情報源が（他のいくつかと同じく）失われた結果、エージェントA54からの情報の価値は特段に高まった。アムステルダム課報センターに勤務していたSISの要員スティーヴンスとベストがゲシュタポに逮捕されたこと、両人はドイツ人によりドイツの領域内に誘き寄せられたこと、ゲシュタポに尋問された際知っているエージェントたちの名とオランダ国内の秘密のアジトを両人が暴露してしまったことを伝えてきたのも、ポール・キュメリだった。キュメリは、ドイツ軍が準備しているベルギー側からのフランスへの侵攻、およびオランダへの侵入について報告すると同時に、英国諜報機関のオランダ国内における活動のすべての痕跡を入念に消し去ること、諜報員たちとエージェントたちをオランダから引き揚げさせることを進言してきた。

しかしSISがエージェントA54からの情報をしかるべく評価しなかったのか、あるいは情報を生かす措置をとる時間が単になかっただけなのかは不明だが、結果的にはドイツ軍は電光石火の速さでオランダを占領してしまった。また強力な防御力を有するマジノ線[※1]を回避するためにベルギーを通過して行われたドイツ軍のフランスへの侵攻はあまりにも迅速だったため、連合軍側司令部が作った作戦地図のすべては無用の長物になってしまった。

その一方で英国は、ドイツがアイスランド占領を目指し「イカルス」と名づけた作戦を準備しているとの情報をキュメリから受け取り、ドイツを出し抜くことに成功した。ただし、ノルウェー侵攻作戦はドイツの勝利に終わった。英国はドイツから奪還したノルウェーの港ナルヴィク港[※2]さえ手元に留めて置くことができなかった。

※1 第一次世界大戦後ドイツの侵略に備えてフランスが構築した要塞線。マジノは構築当時のフランスの陸軍大臣の苗字。
※2 ナルヴィク港は、北欧侵攻のためにドイツ軍にとっては重要な意味を持った。

ポール・キュメリはドイツが英国本土上陸を目的にした「アシカ作戦」を準備していると英国に警告を発したが、後日、ソ連侵攻が目前に迫ったためこの作戦は撤回されたと知らせてきた。

◆ドイツ軍のソ連侵攻を巡る情報戦

一九四一年春、チェコスロヴァキアの諜報機関は、エージェントA54から受け取った「バルバロッサ作戦※」、すなわちドイツ軍のソ連侵攻作戦に関する情報をロンドンにある本部に伝達することに成功した。この情報は英国からのみならず、ロンドンでチェコスロヴァキア人たちとの連絡を保っていたソ連諜報機関のルートを通じてもモスクワに届けられた。

一九四一年三月、ポール・キュメリはチェコスロヴァキアの諜報機関に最大級の重要性を持つ情報を伝えた。その内容は、ドイツ軍の司令部がソ連侵攻の準備作業を隠すために偽情報を流す計画を特別に立案中、というものだった。ごく限られた者にしか知られていなかったこの計画の要諦は、ヒトラーが「アシカ作戦」の準備作業の復活を命じたかのように見せかけることだった。しかしながら、さまざまなルートを通してモスクワに流されてきたこのずる賢い作戦に関する情報は、受け取った者〔スターリン〕の判断をある程度迷わせたに過ぎなかった。GCHQ〔英国政府通信本部〕で解読されたドイツの文書に基づいて一九四一年四月に送られたチャーチルの書簡でさえ、モスクワの受取人〔スターリ

※ 神聖ローマ皇帝フリードリッヒ一世にあやかって名づけられた。バルバロッサはイタリア語で「赤ひげ」。皇帝の髭の色に由来する。

ン」に警戒心を抱かせなかったのだから、無理もない。※

しかしこうなった事情は他にもあった。ソ連の多くの政治家、軍人、そして何よりもスターリン個人の英国嫌いという「私的要素」を無視すべきではないと筆者には思われるのだ。十月革命が勝利した後、英国はソ連の主たる敵であるとされたが、それは十分な根拠に基づいて出された結論だった。連合国による軍事干渉のお膳立て、内戦の扇動、それに続くロシアに対する挑発と陰謀などの実施に際して英国が主役を務めたことは、広く知られていた。

第二次世界大戦の戦火が燃え盛っていた時、英国の有力者たちはソ連とフィンランドとの紛争を利用して騒々しいキャンペーンを繰り広げていた。その目的は、ドイツとの戦いを止めにして、ソ連討伐に向かう「ドイツを交えた連合十字軍」をソ連領内に進軍させることだった。この「進軍」に参加する「義勇兵部隊」が創設され、英仏連合派遣軍をフィンランドに向かわせることが予定されていた。軍団の司令官役は、アメリカ大統領セオドア・ルーズベルト〔第二六代〕の孫〔「息子」の誤記か〕でアメリカの諜報機関要員のカーミット・ルーズベルトが自ら買って出た。ちなみに彼は、第二次世界大戦後イランでSISとCIAが行った活動の活発な参加者の一人となった。

ソ連をドイツとの戦争に誘い込むことに英国が関心を持っているのは疑いがないことを、ソ連首脳部は当然のことながら考慮に入れていた。ましていわんや現実に既に引き込まれてしまっている今となっては、なおさら考慮せざるを得なかった。

※本件についてフルシチョフは次のように書き残している。「公開された資料によると、一九四一年四月三日、チャーチルはモスクワ駐在英国大使を通じてドイツ軍がソ連侵攻に備えて部隊の配置替えを行っている旨の個人的警告をスターリンに伝えた。さらに四月一八日およびそれ以降も電報で危険が迫っていることをスターリンに通報した。しかしスターリンは一顧だにしなかった」（チャーチル『第二次世界大戦回顧録』より）。

ミュンヘン会談の結果と、ドイツをソ連にけしかけようとした西側諸国の政策についての記憶は、新鮮過ぎるほど新鮮だった。だからこそ、ソ連攻撃をドイツが準備中という情報を、特に英国からのものを、ソ連の首脳陣は強い疑いの目で見たのではないだろうか？

それに加えて英国の背信行為は、文字通りあらゆるところに顔を出していたからでもあった。「バルバロッサ」についての情報のソ連側の評価は、先見の明を欠いた誤ったものであり、そしてしばしば断片的なものであったが、原則として、独裁者の意向に従うのが当たり前だった時代の要請に従い、スターリンの個人的意見に基づくものを採用することになっていた。

そのようなわけで、ソ連の政治指導部と軍事指導部は、諜報機関からの情報に対してその価値に相応しい評価を与えていなかった。その結果、ソ連の国民は大きな代償を支払い、辛さと苦しさを教訓として味わわされたのだ。

◆第二次世界大戦とソ連の立場の評価

繰り返して言うが、第二次世界大戦とミュンヘン会談に関わる一つの状況、すなわち第二次世界大戦の勃発を大いに促進した状況について何も言わないままにしておくことは、筆者にはやはりできない。できない理由は、現ロシアの報道機関のいくつかが、戦後半世紀経った今になってミュンヘン会談やファシストたちに対する「宥和政策」ではなく、むしろ「二人の独裁者の共同謀議」と名づけられることもある一九三九年に締結された独ソ不可侵条約に批判を浴びせていることにある。

公平を期するため、また筆者の喜びとするところでもあるので、はっきりさせておきたいことがある。それは、不可侵条約批判を取り上げているのは科学的研究論文などではなく、時流に敏感な、情況次第で評価を変えるジャーナリストたちの手になる、典型的な即席発刊物だということだ。

ソ連と英仏との軍事交渉が成功しなかったのは、ソ連の責任ではない。ヨーロッパ集団安全保障政策が失敗したのも、ロシアに非があったからではない。西部戦線でのドイツ軍の電撃戦[※1]は、ソ連の軍首脳部にとって不愉快なサプライズだった。回避不可能なドイツ軍の攻撃に抵抗するための準備時間を稼ぐために、西部での戦いを長引かせようとしたソ連の思惑が外れてしまったからだ。

大祖国戦争[※2]の初期段階で、ソ連軍が喫した重大な敗北の他の原因については、筆者は触れない。しかし、いくつかの個々の戦闘では負けはしたが、最終的にはソ連は輝かしい勝利を収めた。そして第二次世界大戦は終了し、英ソ関係の歴史と両国の敵対関係の年代記の新しい章が開かれたのだ。

※1 敵が主力部隊を動員し、展開させる前に、数日間、数週間、数ヵ月の間で戦争に勝ってしまおうとする短期戦の理論。二〇世紀はじめにドイツの軍人が考案した。
※2 一九四一～一九四五年のソ連軍とドイツ軍およびその同盟軍との戦いのロシア語の名称。一八一二年のナポレオン軍に勝利した戦いのことは、祖国戦争と呼ぶ。

10 「熱い」戦争から「冷たい」戦争へ

「冷たい戦争」を始めたのは誰か？／S－Sの方向転換／合同諜報活動のプログラムは実行中

時は一九四〇年代後半。戦闘態勢を完全に整えた米英の戦略爆撃機が、英国と西独の飛行場の滑走路に佇んでいた。爆弾倉に入っているのは、日本の広島市と長崎市で威力をテスト済みの原子爆弾だった。米英空軍の将軍たちが待っているのは、爆撃機を発進させ、ソ連国内の目標を壊滅させる許可だけだった。そして待ちながらも、最高司令官であるアメリカ大統領と英国の首相に出撃を早めるようせっついていた。与えられた任務は軍事行動とは名ばかりで、実際は遊覧飛行に近い容易なものであること、その上、爆撃を実行しても原子爆弾を使って反撃する力はソ連にはないから大事には至らないという確信を根拠に、将軍たちはさっさと仕事を片づけようとしていたのだ。

◆ソ連への原爆投下作戦

ソ連壊滅を目的とする軍事計画は、特務機関により絶えず補給されるソ連国内の原爆投下目標に関する情報を基にして、熱に浮かされたような雰囲気が漂う米英両首脳の執務室で検討されたものだった。

モスクワ、レニングラード〔現サンクトペテルブルク〕、ゴーリキー〔現トヴェーリ〕、スヴェルドロフスク〔現エカテリンブルク〕、クイブィシェフ〔現サマーラ〕その他の大都市が核爆撃の目標に選ばれたことは、爆撃機のパイロットたちにとっては歓迎すべきことだった。比較的高い所を飛んでいる飛行機からでも、はっきりと区別がつくからだ。しかし防空用施設、ミサイル防衛用施設、市町村にある小規模な企業、軍の施設、軍のコントロール・センター、倉庫など空からでは見分けが難しい個々の目標に一撃を加えなくてはならないとなると、話は変わってくる。目標が、外国人たちの出入りが禁止されている地区や、好奇の目をしっかり遮る工夫がなされた地区に存在する場合には、事前に探査したり、地図に位置を記したり、米英で用いられている座標格子に「結びつける」必要があった。

一九四五年一一月二日、アメリカ統合参謀本部は、ソ連国内の二〇の目標に原子爆弾を落とすことを提案した合同情報委員会の報告を検討した。一九四七年にはソ連の七〇の大都市を原子爆弾攻撃に曝すことが計画され、一九五九年には制裁の対象[※1]となる都市と居住地の数は七〇〇〇ヵ所まで増加した。確かに、「食欲は食べているうちに湧いてくる」ものなのだ。その後作成された地図には、新たに数千箇所が核ミサイルによる攻撃目標として付け加えられた。

英米両政府が考案した「トロイの木馬」戦略によれば、ソ連との戦争[※2]は一九五〇年一月に開始しなくてはならなかった。新しい戦略「ドロップショット」では、この日付は一九五七年に変更された。少し先走って言うと、アメリカの爆撃機B29と英国のランカスター機〔エンジン四基を搭載した爆撃機〕によるモスクワ、レニングラード、ミンスクの爆撃命令が出されることは結局、なかった。

となると、次のような質問が出るのももっともだということになる。ソ連を核弾頭ミサイルによっ

※1 ここで言う制裁とは、一九五九年にソ連がキューバにミサイル基地建設を計画したことに対する制裁。
※2 一九四九年暮れにアメリカの統合参謀本部によって承認された、ソ連およびその同盟国を相手にした戦争。

て壊滅させるという邪悪な計画が実行されなかったのは、なぜなのか？　アメリカの大統領と英国の首相のもたつきや、明らかな優柔不断が、彼らの道徳観や倫理観によってもたらされたものでないことは、言うまでもない。答えは明瞭だ。計算高い、万事に慎重な設計者たちが前もって決めておいた目標を壊滅させるには、手持ちの核兵器の数量が明らかに足りないことに気づいただけのことなのだ。その上、ソ連の防空能力からして自軍の犠牲が大きすぎること、すなわち「目標」に向かって飛び立った爆撃機のうち、五〇％以上が失われることにも気づいたのだ。これは許容できることではなかった。その結果、新しい計画が練られ、軍部からの提案が増大し、攻撃の期日が延期され、長距離飛行が可能な航空軍団の規模が拡大されたのである。

◆さらに強化された対ソ諜報・破壊活動

ついに一九四九年、アメリカの核兵器独占状態は消滅するに至った。※これは、英米政府をして茫然自失せしめるに充分な事態だった。憎んでも余りある敵に制裁を加えるための新たな方法と手段を見つけなくてはならず、自分たちが作成した地図上に示される壊滅目標となり得る場所の数を、増やさなくてはならなかった。両政府が掲げた目的を達成するために、別の取り組み方を粘り強く探すことも必要になった。

この時期の英米とソ連の対立関係は緊張度を増しており、英米の特務機関による諜報・破壊活動の必要性の強度は、かつてなかったほどの水準に達していた。

新しい攻撃目標の探索は、ソ連領土の全周に沿って建設された基地で活動するシギント担当部門の

※一九四九年、スターリン下のソ連で初めて原子爆弾の核実験が成功したことを指す。

下部組織が行った。それは、ソ連の国境際まで飛来したり、時にはソ連領内深く侵入したりする偵察機や、ロシアの海域に航跡を描く特殊船舶を利用するものだった。CIAおよびSISのそれぞれの在ソ大使館付支局の職員と、英米および両国の同盟諸国の在外代表部に勤務している駐在武官の中の専門家にも同じ課題が与えられた。また、大使館と領事館に勤務する外交官たちも動員された。さらにこの課題を実現するための、数多くの諜報活動用プログラムが組まれた。たとえば「レッドソックス」[※1]、そして「合法的な旅行者」、「レッドスキン」[※2]などのコードネームで呼ばれた作戦の訓練を施され、特別な課題を担ったエージェントを合法・非合法ルートを通じてソ連に送り込むなどということも行われた。

この「敵情偵察」の任を帯びた一団は、諜報機関が関心を持っている目標にできるだけ近づくため、さまざまなトリックや術策を用いた。近づけた場合には目標の写真を撮り、所在場所を地図上に印し、略図を描き、スケッチをするなどした。旅行者を装った者たちは、外国人には閉ざされている区域を「開ける」ために、外国人用に定められている規則を強引に破った。

届け出た旅行コースから何十キロも外れた場所で発見された厚かましい旅行者や、ソ連国民と詐称した者、あるいは、しっかりカムフラージュしたカメラやありとあらゆる特殊機材を用いて諜報活動を行った者を、ソ連当局が追い詰めて捕まえた場合でも、米英の諜報機関はそうした損害を意に介さ

※1　エージェントを非合法にソ連に送り込むためのSISとCIAが合同で行った作戦。土壌や水のサンプルを集めさせた。目的は、放射能が含まれているかどうか、つまりソ連が核兵器の実験を行った痕跡があるかどうかのチェックだった。

※2　両方ともソ連に合法的に入国できるビジネスマン、学生、学者、音楽家などにSISがさまざまな「諜報」活動を依頼する作戦。

なかった。一方、諜報機関勤務の紳士方は、ぼんやりしているホテルの受付係のデスクに置いてある電話帳を盗むとか、たまたま立ち寄った部屋にあった公的文書類を持ち出すとかいった、犯罪と見られかねない卑しむべき行為を、その機会に恵まれた場合には、躊躇なく実践した。諜報員とエージェントの仕事は、まことにもって苦労に満ちた、危険なものだった。

ソ連国内で自国の公的代表部の職員として活動しているCIAとSISの海外支局員とエージェントにとって、すべての事柄が意のままになるわけではなかった。そのため米英の特務機関は、ソ連国内の攻撃目標に関する情報の収集を行っている外国の諜報機関にとっての障害物を取り除く多くの方法を考案した。

たとえば、一九四〇～一九五〇年代に、次のような極めて手の込んだ方法の一つが考案された。それは何百個もの銀色に輝く軽気球を、西ヨーロッパにある米英諜報機関の基地から東方の空に向けて放つというものだった。高さ数キロメートルの上空を、風の流れに乗った気球はソ連の領空を東に向かって進み、ソ連の防空装置の的にされて撃墜されなければ日本にまで到達するものもあった。万一に備えて、気球は気象観測用気球と名づけられ、落下したものを発見し持主である米英の「気象学者たち」に引き渡した者には褒美が約束されることになっていた。しかし実際は、気球には具体的な地域に照応して自動的にシャッターが切れる偵察用のカメラがセットされており、ロシア領土内の写真が撮れる仕組みになっていた。雨や、曇天、雷放電、鳥の群などは、もちろん気球の飛行の邪魔になったり、故障の原因にさえなったが、そうした事柄は無視された。日本では、国境を突破してきた気球を無線で操作できる特殊な機器を使って着陸させてから、諜報機関の専門家たちが撮られた写真を入念に調べた。

ソ連政府から頻繁に出された抗議の外交文書は、軽気球飛行の計画者たちにも外務省の職員たちにも無視され、省内に隠蔽され、放置された。軽気球は航空機の安全の妨げになるとのソ連の警告も同じく無視された。

風は西から東に向かって吹いている。まさにこの事実が、英米諜報機関をして軽気球作戦実施に踏み切らせたのだ。他のことすべて、たとえばソ連が外交文書で抗議してきたこと、軽気球が失われたこと、外国の外交官やジャーナリストたちのために撃墜された軽気球とそれに備えつけられていた特殊な機器を公開しなければならなかったことなどは、不可避の営業損失として帳消しにされた。

特務機関は、軽気球に自己の認識票をつけたりはしなかった。「捕まらなければ泥棒に非ず」〔証拠は残すな、の意〕だからだ。

◆「冷たい戦争」の始まりと英米の諜報機関の活動

第二次世界大戦開戦前、法による諜報活動が練り上げられた。その後、共通の敵と戦うための統一行動が短期間続けられた。第二次世界大戦が発し続けた戦いの響きが鳴り止むと、地球は英米連合の意思により長期間「冷たい戦争」という名の深みに投げ込まれたままの状態に置かれることとなり、諜報機関の活動の性格も一変した。アメリカとその主たるパートナーである英国による、ソ連相手の諜報および破壊作戦の規模は大幅に拡大し、利用される戦力と手段の貯えも著しく膨らんだ。科学技術分野で生まれた最新のアイデアが、諜報機関の実用に供された結果だった。

英国とアメリカはその立場を交換したかのように見えたが、一台の馬車につながれた二頭の馬のように行動を共にしていることに変わりはなかった。ただし、ソ連に立ち向かう新しい十字軍の指揮はアメリカ合衆国に委ねられることが確定した。

英国は終戦後も自己の帝国を保持しようと試みたが、歴史の趨勢に逆らう動きだったため、失敗に終わった経緯については触れないことにする。その頃、マレー、ケニア、ローデシア、オマーン、キプロス島などで起きた民族解放運動が、植民地支配者たちとの武力闘争の形を取るようになったが、SISと同業者のSAS〔特殊空挺部隊。課報活動、テロ対策などに従事〕によるこれらの地域での活動は順調だった。しかし、「分断して統治せよ」[※1]政策を、英国領インド、マレー、ローデシアで実施したり、さらには住民たちの独立運動が活発な植民地に支配者たち（すなわちSISとSASの職員たち）で構成される「住民に優しく接することを指針にした」保安機関と警察を創設したにもかかわらず、植民地における英国政府の勝利を保証することは遂にできなかった。

共産主義およびソ連との闘い、という偽りであることが見え見えの口実の下、大英帝国を瓦解から救おうとした英国のあらゆる試みは、徒労に終わった。

「冷たい戦争」は、フルトン[※2]でのチャーチルの悪名高い演説から始まった、という話を時々耳にする。すなわち、英国の選挙民たちにより高い地位から遠ざけられたチャーチル[※3]は、戦争中の功績が評価されなかったことに腹を立て、フルトンで怒りをぶちまけたというのだ。

この英国保守派のリーダーが、戦後出現した二つの社会・政治システム間の新たな、長期にわたる対決の解消のために少なからぬ努力をしたのは確かだ。しかし「冷たい戦争」の最初のパイオニアという曖昧な名誉を彼一人のものとみなすのは、不公平のそしりを免れない。

※1　分割統治のこと。被統治者が同種でない場合（人種、宗教、居住地などが異なる場合）、わざと分割状態を作り出し、異種間の対立を煽ることにより統治を容易にする方法。

※2　アメリカ、ミズーリ州の都市。チャーチルが首相の座から降りた後、一九四六年三月にトルーマン・アメリカ大統領に招かれて渡米した折に、フルトンの大学でスピーチを行った。有名な「鉄のカーテン」という表現が用いられた。

※3　一九四五年五月の総選挙で、チャーチルが率いた保守党は惨敗し、彼は首相の座を失った。

チャーチルが行った扇動的な演説（「ソ連への宣戦布告」）の中身は、バーナード・ショーの評価では、アトリーが率いる労働党政府の了解も得ていたし、フルトンで演じられた政治劇を自ら目撃したアメリカ大統領トルーマンからも承認を受けていたものだった。しかしフルトンが出る幕はなかったのだ。というのは「冷たい戦争」のビックフォード式導火線※は、アメリカの小さな町フルトンで一九四六年三月五日に点火されたのではないからだ。この日付を「冷たい戦争」の開戦日とする説が見受けられるが、実際はずっと前だ。フルトンは、幼生期にあった「冷たい戦争」が第一声を公式に発した場所にすぎず、卵の孵化は「枢軸国」が降伏する前からワシントンとロンドンの首脳執務室内で既に始まっていたのだ。

特務機関の計画と行動は、こうした分野の状況を評価するに際しての最良のバロメーターとなる。実を言えば、SISと英国の他の特務機関は、英国にとっては対独戦のパートナーであるソ連の監視を、第二次世界大戦の最中でさえ続行していたのだ。既に一九三九年にはソ連の国家機構、特に諜報機関への潜入作業を一段と強化することが予定されていたのも事実だ。だがドイツとの戦争が始まったため、この考えが一時的に放置されたという経緯もあった。一九四四年には、既に存在していたソ連問題担当の下部機関およびソ連を標的国とする諜報機関の下部機関の強化を行うと共に、ソ連の国家保安活動担当組織の監視と、当該組織の権威失墜を目的とする特別部門を新設することが決定された。SISの長官スチュアート・メンジーズは、「ソ連および世界のすべての地域に存在する共産主義体制の国々が行っている破壊活動に関する情報の収集と分析」を新設組織に命じた。

※ 導火線には方式が違うものが存在するので、イギリス人ビックフォードが発明した方式であることを強調する際にはその名を冠する。

既にその当時、イギリス人たちの手に落ちたファシズム・ドイツの特務機関要員とエージェントは、ソ連に刃向かう仕事に参加させられていた。ソ連からの移住者、亡命者、そしていわゆる強制移住者[※1]のリクルートも行われた。これらの作業は、ナチス・ドイツの降伏後ただちに始められるはずの、ソ連を相手とするSISの作戦に必要な人員を確保するためだった。

◆戦後多様化したSISの諜報活動プログラム

戦後SISは、恒例となっている大規模な再組織化を耐え忍ばなくてはならなかった。それは諜報活動の対象を枢軸国からソ連、東欧の社会主義諸国、そして拡大し強健になった国際共産主義運動に移す必要に迫られたからだった。

雨後のキノコ[※2]のように、数多くの諜報活動プログラムが次々に現れた。「冷たい戦争」に関わる最初の諜報活動プログラムの一つは、前述したソ連の方角に向けての気球の打ち上げだった。西側と東側から〔ヨーロッパ側からとアジア側から〕、攻撃目標を明確にするためのカメラを搭載した気球を、急きょ東西両側に建設されたソ連攻撃用の軍事基地から打ち上げる、というのがこのプログラムの眼目だった。しかし、ソ連上空での気球事業は期待していた「儲け」を生んでくれないどころか、破産状態に陥ってしまった。目的遂行に失敗した気球の数はあまりにも多く、それに伴う損失の額はあまりにも大きく、成功例といえどもそれが実際にもたらした成果はあまりにも貧弱だった。最終的にはこのプログラムは姿を消さざるを得なくなった。特務機関同士で戦われた「秘密戦」が産んだエピソード

※1 第二次世界大戦中、ナチス・ドイツは占領地区の住民を労働力として利用するためにドイツ本国へ強制移住させた。総数は約一〇〇〇万人とされている。
※2 ロシア語では「雨後のタケノコ」ではなく、「キノコ」という。

の一つ以上の何ものでもなかったことを、自ら証明してしまったからだ。急きょ探し出された代案には「オーバーフライト」〔上空侵犯〕という名が冠せられた。

◆対ソ諜報活動に利用された高高度偵察機U2

一九五六年から一九六〇年に至る時期は「冷たい戦争」の進行過程の一部にすぎない。この間に起こった出来事の中には戦争当事者双方にとっては重大な、あるいは痛みを伴う類のものも含まれていた。しかし全般的に見れば、敵対関係につきものの例によって例の如きエピソードの連続にすぎなかった。

代案の骨子は、ロシアの深奥部で偵察を実施する高高度飛行用の「U2」機から撮影を行うことだった。ロッキード社製のU2機はアメリカの航空機製造技術が産んだ傑作であり、設計者と技術者の自慢の種でもあり、科学技術革命の成果といえるものだった。この飛行機を特務機関の目的達成のために導入すると決めた機関幹部のアイデアは、素晴らしいの一語に尽きる。ソ連の領空に侵入するための手段としてU2機が極めて重要だとの評価を受けた理由は、同機が定められたルートに沿って飛行する際に高高度を保つことができる性能を持っていたからだ。二万三〇〇〇キロから二万四〇〇〇キロという高度は、西側諜報機関の判断ではソ連の高射砲や迎撃機では到達不可能だった。U2プログラムの作成者たちは、ソ連が他の防空手段を保有しているとは夢にも思っていなかった。その論拠は、罰せられないことを信じている空き巣狙いの「哲学」〔根拠のない楽観論の意〕に似たものであり、次の言葉で表現できるものだった。「自国の領空を他国の飛行機が飛んでいるのを、ソ連が調べたいならそうさせてやっても構わない。どうせソ連の防空手段では、その飛行機に手を出すことなんて不可能なのだから」。

ソ連相手の諜報活動に高高度偵察機U2を利用するプログラムを実現できたのは、アメリカ流の積極性と実務能力が発揮されたからだった。

エース・パイロットが選抜され、さらに特別訓練が施された。偵察機U2が駐機し、離着陸するための基地が英国、西独、ノルウェー、トルコ、パキスタン、日本など世界中に用意された。

飛行プログラムは秘密とされ、外部に対しては気象調査用プログラムだと説明された。嘘は大げさなものでなくても、これくらいのもので秘密を守るには充分だとされた。なぜなら、秘密が暴露される日、すなわち飛行機とパイロットが敵の手に落ちる日がやがては来るなど、あり得ないとされていたからだった。

現在ではCIAのこの作戦の中身のすべて、あるいはそのほとんどが世に知られている。スベルドロフスク上空でソ連のロケットにより撃墜されたU2のパイロット、フランシス・ゲーリー・パワーズの哀れな運命も知られている。

可哀想なパワーズ！　彼はアメリカの国民的英雄にはなれなかった。最終的には非合法的活動をしていたソ連のパイロットと交換されて祖国に戻った後、彼は手の込んだ人身攻撃に曝された。裏切り者だと言われ、特務機関の首脳が考案した見事な脚本を台なしにしたのに自殺もせず、唯々諾々として捕虜になったと言われて責められた。一九七七年、彼は航空事故で死去した。彼はソ連の空で永らえた命をアメリカの空で失ったのだ。

この諜報作戦の失敗の「尻拭い」をさせられたのは、周知のとおりアメリカの大統領ドワイト・アイゼンハワー〔第三四代大統領〕だった。スパイ行為の摘発は、一九六〇年五月の米ソ首脳会談の決裂を招き、米ソ関係の悪化と世界の政治気候の急激な冷え込みにつながった。

ここで、おそらくは多くの人たちに未だに知られていないことについて、触れてみたい。

問題は、偵察機に利用された高空での写真撮影用の高精度の器材が、米英の技術者たちが共同で開発したものだったということではない。また英国国内の複数の空港がU2機の主要な基地であり、かつ軍事貨物積換え用基地であったということでもない。問題はそうした細部ではなく、根本的なこと、すなわちソ連への偵察機の派遣は米英両国特務機関の協同作戦だった、ということだ。その証拠に、パワーズの飛行はアメリカ大統領だけでなく英国の首相によっても認可されたのだ。確かにこの作戦で果たした英国の役割は、補助的なものだった。しかし、そうだからといって、英国の責任問題が消滅するわけではなかったはずだ。だがイギリス人たちはとうとう陰に隠れたままだった。

一方、「オーバーフライト」作戦やU2機の偵察飛行を利用した他のプログラムに関与したノルウェー、パキスタン、トルコ、西独、日本は、無関与だった国々との外交の場で居心地の悪い思いをするだけで済んだ。すべての責任は、広い背中で友人たちや同盟者たちを隠したアイゼンハワー将軍が一人で負う結果となった。

◆エージェント利用と技術的手段の使用の両輪で

「冷たい戦争」は、「オーバーフライト」作戦のごときエピソードを数多く産んだ。それらは主として米英両国の特務機関の協同活動だったが、長く続くものもあれば、束の間のものもあり、手の込んだものもあれば、簡素なものもあった。それらの主要目的は、ロケット弾と爆弾による攻撃対象をできるだけ多く見つけ出すことだった。諜報作戦の考案者たちは、どの作戦にも「レッドソックス」「合法的な旅行者」「レッドスキン」などの派手な、好奇心をそそる名前をつけようと努めた。それらのうちのいくつかと、読者は後に出会うことになる。

エージェントの活用と技術的手段、この二つが特務機関の施策の主たる推進力だった。施策遂行にあたっては無条件に守らなくてはいけないことがあった。それは、特務機関の活動が、その活動を許可した自国の首脳の名誉を傷つけず、疑いの目が向けられないようにすることであった。そのため特務機関の活動は念入りに秘匿される必要があった。そして気球とU２機を使っての作戦で用いたような「捏造した履歴」〔米英とも気象観測のためとしていた〕を考案することも重要視された。

ここで指摘しておきたいのは、英国の特務機関はこの種の作戦の失敗を極端なほど気にしていたということ、そしてそれは年上のパートナー※より繊細さや羞恥心の感度が発達していたからではなかったということだ。それよりもむしろ、自己の威信を気にかける度合いや諜報活動に携わる者が守るべき主要な戒律の一つである秘密保持の対応、あるいは秘密が暴露された場合の影響を事前に考慮する度合いでアメリカ人に勝っていたからであろう。

※アメリカ人を指すと思われる。「年上」とは、アメリカの諜報機関のほうが英国より早く創設されたからか（FBIは一九〇八年、MI５およびSISは一九〇九年）。

11 諜報機関の「眼」と「耳」

諜報機関の前衛部隊である海外支局／異郷で行われている「秘密戦」の前線におけるテムズ河畔からやって来た紳士淑女たち／モスクワのソフィア河畔通りにある英国大使館内におけるSISの海外支局の特殊な地位

諜報機関の海外支局は、前哨（いわば最前線に派遣された部隊）であり、状況の変動を知覚する能力を備えた「眼」であり「耳」であり「センサー」でもある。また、敵に向かって伸ばされた「触角」、「吸盤」の役割も果たす。つまり諜報機関にとって必要な情報を獲得する使命を負わされた上に、時には敵に「吸いついて」、その体にちょっとした量の毒を「注射」したりする存在でもあるのだ。SISのいくつかの海外支局は自己の任務を見事に果たしたが、大多数は失敗を犯したり、支局が設置された国の国内事情を正確に把握できずにいたりした。

◆SISの予算とは

SISの海外支局（英語を使用する国々では「ステーション」と呼ばれる）は世界中に配置されているが、設置に際しては、まずはSISの持っている可能性を考慮した上で、次のような条件を満たす国が選ばれる。すなわち、英国がその国に政治的・経済的関心を抱いていること、その国の原料の産地と販売市場への英国のアクセスが必ず保証されていること、SISが一定の活動を行える場が存在し、計画や意図を実現する可能性があることである。

しかし実際は、諜報機関自身の財政的可能性が最大の決定要因となる。「衣服に合わせて足を伸ばせ」ということだ〔「懐と相談しろ」「収入に合った生活をしろ」の意〕。合理的な節約（ケチとは異なる）は、SISの特徴だった。活動の結果は費やされた力や手段の量によってではなく、その質とプロ意識の有無によって決まる――。これは、SISの戦略と戦術の決定に大きく影響したSIS独自の公理の一つだ。

SISの予算は機密事項なので、社会の眼から入念に隠されている。国家予算に計上される特務機関用の支出は、国会審議で極秘裏に行われる。その際、個々の特務機関に対する割り当て額が計上されるのではなく、諜報活動一般に要する費用の総額が決められることになっている。また、特務機関用の支出は、国家予算に関わるさまざまな規定の対象にされる。詮索好きな英国の雑誌が計算したところによると、諜報活動費は国防費の一〇パーセントを占めており、一九八一～一九八二年の総額は一一五億ポンドであった。

ジャーナリストたちが「掘り起こした」もう一つの事実によれば、議会によって諜報活動用に割り当てられた額が少なすぎた場合には、外務省、国防省、内務省およびその他の省庁に割り当てられた予算で埋め合わされていた。具体的な金額は現在〔本書執筆時〕出されていないが、英国の情報筋が公開したところによれば、特務機関の予算は年々増加している。一九九九～二〇〇〇年には前年より九パーセントの増額が予定されていた。現ロシア連邦の情報源（「インディペンデント・ミリタリー・レビュー」紙、一九九九年№41）によると、最近のSISの年間予算は明らかに若干の減額傾向を示しており、一億四〇〇〇万から一億五〇〇〇万ポンドとなっている。これは、GCHQ〔英国政府通信本部〕をはじめ、SIS以外の他の特務機関の活動費が増大している可能性を示している。

よい機会なので前述したことに付け加えておくが、SIS長官の給与額が、秘密を隠す分厚い幕の下から不可解な原因で抜け出し、英国の新聞紙上に姿を現したのだ。その結果わかったのは、彼は一年に七万五〇〇〇ポンド[※1]を受け取っているということだった。特殊な環境で働くリスクの補償として時々割増料金を受け取っている海外支局勤務の要員たちを含めた、SISの職員たち全員の給与額を知りたいなら、長官の給与額を出発点にした推理の道をたどってゆくのがベストな方法だろう。

◆エージェントを使うSISの諜報手段について

現在〔本書執筆時〕、SISの海外支局は事実上、大使館の建物内に座を占めている。それゆえに「大使館付海外支局[※2]」と称されている。これにより、海外支局の事務室、センチュリー・ハウス内の本部と連絡を取るための装置、諜報活動に使用するさまざまな特殊機器の安全が、より確実に保障されることになった。

また、当時は海外支局を商社の建物内や個人の住宅内にさえ設置できることになっていた。これには長所もあったが明らかに不都合な点もあった。危険防止が保障されないからだ。

SISの大使館付海外支局の主要な任務は、自らが陣取っている国でエージェントを使う諜報活動であり、特に大事なのは、所在国以外の国々でリクルートされたエージェントと組んでの仕事だった。また、エージェントの居住地にある支局に連絡係として引き渡されたエージェントとの仕事も、重要視されていた。

SISの多くの海外支局において、エージェントを利用しての諜報活動とは、技術を要する活動の

※1 約一三八二万円。一九九九年の外国為替市場の年間平均レート一ポンド＝一八四・二六円として算出。
※2 大使館に拠点を置く海外支局という意味。「付」は駐在武官のことを大使館付武官と表現するのに倣った用法。

準備と実行そのものを意味していた。具体的には、電話回線および無線回線の傍受、諜報機関が狙いを定めた建造物内に盗聴器を仕掛けること、SISが疑いを抱いた住居や建物で秘密裏に行う探査などだった。場所によっては、海外支局は無線機器を用いての目標の監視も行っていた。

SISは英国の他の特務機関と異なり、諜報担当官庁であり、エージェントを使っての活動が中核業務となっていた。海外支局は諜報機関の前哨であり、入手しなくてはならない敵の秘密に最も近い位置に設置されていた。情報入手のための方法は飛躍的進歩を遂げており、偵察衛星を利用したり、暗号化された通信の傍受により監視対象の意図を推測する方法などが導入されていた。

しかしこれらを含めた他のいかなる方法でも入手できない秘密情報に接近できる、唯一の手段が残されていた。それは、エージェントを使う方法だった。軍隊の配置と移動についての情報は、諜報活動用の技術的手段を用いれば入手できる。しかし敵国の首脳の意向や支配層の内部事情を追跡調査できるのは、エージェントのみであり、他のいかなる方法も彼らに取って代わることはできなかったのだ。

敵の軍事計画や新しい武器の説明書と設計図をこっそり盗み出す作戦についても、同じことが言える。技術的手段を用いる諜報活動は万能ではない。大量の情報を得ることはできるが、エージェントを使う方法を駆逐することは永久にできないであろうと考えられていた。そもそも、技術的手段を利用しての諜報活動に対する対抗処置を探し出すことは、不可能ではないからだ。たとえば、通信の傍受は通信ケーブルに防御装置を設置すれば防げるし、偵察衛星や高高度偵察機は天候により活動が制限された。目標物にカモフラージュを施したり、分散させたりすることでも防御が可能である。

前述した利点を考慮に入れた英国の諜報機関は、エージェントを使っての諜報活動を主役の座に据えることにしていた。エージェントをリクルートすること、彼らの配属先に仕事遂行に必要な条件を整えることが諜報機関にとっての重要課題とされていた。SISが求めるエージェントは、デリケートさとか紳士の優雅さとかインテリの弱腰とか「全人類的価値」などとは無縁の者だった。要は、諜報機関の与える課題を遂行すればよかったのだ。冒険好きな者、過去または最近の犯罪歴がある者、ファシスト、左翼思想の持主も、SISにとってはエージェント候補だった。こうした者たちは脅したり、扇動したり、あるいは金で釣るかすればスパイの仕事に就かせることができたからだ。

情報は特殊なモノではあるが、商品には違いないがゆえに購買の対象になり得た。商品として重要視されるのは、一般的にそのモノの価値および信頼度の高さだ。エージェントたちが持ち込む諜報活動の結果の買い取り価格表は、センチュリー・ハウスの専門家たちによってとっくの昔に作成されていた。

◆ソ連国民をリクルートする

「冷たい戦争」継続中、SISの大使館付海外支局のほとんどすべてがソ連に照準を定めた作戦に従事していた。東欧諸国およびソ連周辺の国々に設置された海外支局は、常に臨戦態勢についていた。SISのすべての海外支局は、ソ連の各種代表部の職員たちの中から、あるいは英国の諜報員たちが腰を据えている国々にやって来たソ連の国民の中から、エージェントをリクルートしようとしていた。この目的を達成するために、ロシア語に堪能で経験豊かな諜報員たちが海外支局に派遣された。彼らは派遣先がどこであろうと、可能性があると判断した場合にはその地の保安機関と警察の職員たちに接触し、その地のソ連代表部の職員たちを「採掘する」ための作業に引き込んだ。

この作戦を成功させるのに最適な方法とされたのは、仕事上の関係ができた現地の特務機関の職員たちを秘密裏に協力させることだった。SISは、協力を承諾した者たちには仕事の報酬を気前よく払った。新参のエージェントが任せられたのは、技術的手段を用いてソ連の大使館、領事館、通商代表部に侵入する仕事だった。

成績がよかったのは、ＳＩＳの在ウィーンと在西ベルリン〔当時〕の海外支局だった。オーストリアと東独〔同〕にはソ連軍の部隊が集結しており、この両国の領域にはソ連の在外機関が本国と連絡を取るための電話線が敷設されていたからだ。

◆諸外国に広がるＳＩＳのエージェント網

諜報機関の大使館付海外支局は、センチュリー・ハウスの管理下に置かれていた。作戦の具体的な指揮を執るために、英国外務省の構造に範を取った特別な部門が創設されていた。すなわち、地域をヨーロッパ、中近東、南アメリカ、中央アメリカ、アフリカ、極東に分け、それぞれを別個の部門が担当するという仕組みだ。英国の領域内で活動している一群の諜報機関の管理は工作部門の一つが行った。一九七〇年代にこの部門の責任者だったのは、後のＳＩＳ長官ディック・フランクスだ。ＳＩＳの下部組織であるこの部門は第二次世界大戦終了後には既に創設されていた。その主要任務はソ連および社会主義諸国の公の代表部を標的にした活動を行うことである。そのため、そうした代表部となんらかの接触を保っている実業家、ジャーナリスト、学者、芸術家、学生などから構成される社会層の中に広大なエージェント網が築かれた。

用意周到な英国の諜報機関は、「鉄のカーテン」の彼方からやって来るソ連の代表団、旅行者の団体や個人の世話を請け負う通訳者たちの派遣窓口を創設したりした。

ＳＩＳの在ロンドン下部組織の使命は、エージェントを使った仕事の実行だけではなく、技術的手段を用いてロンドンにある諸外国〔主としてソ連および社会主義諸国〕の代表部やその職員の住宅に侵入し、それらの国の暗号とコードを盗み出すことだった。

戦後、英国の諜報機関内では、在ロンドンのソ連の機関とソ連国民を対象にする工作を担当していた下部組織の専門家たちを「ロシアを回る人工衛星グループ」という生々しい表現で呼んでいた。

在ロンドンの下部組織が遂行すべき課題は、増加の一途をたどった。その対象には、明らかな敵国、中立国の他に、友好国まで入ってくるようになったからだ。諜報機関上層部からの依頼の中に「微妙な」ものが占める割合が大きくなっていった。

こうした事情があったことを知るにおよび、イギリス人好みの一つの格言が自ずと頭に浮かんで来る。それは、「不変の友人も、不変の敵も存在しない、存在するのは不変の原則だけ」。諜報機関も自己の「不変の」原則を持ち、それを厳重に守ってきた。その「原則」とは、要員たちが熟知していること、すなわち今この瞬間に自分たちの主要な敵は誰なのかを明確にわきまえることである。

◆巡洋艦「オルジョニキーゼ」号を巡る不運なケース

一九五六年夏、フルシチョフとブルガーニンに率いられたソ連政府代表団を乗せた巡洋艦「オルジョニキーゼ」号がポーツマス港に係留された瞬間、ＳＩＳはとっさに理解した。栄光を手にするチャンスが到来したことを！

ポーツマスには元海軍少佐で現在は諜報機関に勤務している、ライオネル・クラブが派遣されていた。彼は海軍が使用する設備の専門家であり、経験豊かなスキューバ・ダイバーでもあった。彼の任務は巡洋艦の水面下の部分を秘かに調べ、装甲された防護装置の強度をチェックすることだった。

しかし、それだけではなかったのだ。彼にはスクリューそのもののチェックと、巡洋艦の航行速度を調べるためにスクリューの規格を計測する仕事が控えていた。英国海軍省がソ連巡洋艦の高速の技術を理解できなかったため、ＳＩＳが謎解きに熱中したというわけだ。強大な海軍大国である英国としては、自分の競争相手になれる国など存在しないはずの分野で、どこかの国が自分を追い越すのを黙視しているわけにはいかなかった。

ソ連の軍艦の能力の謎を追求した探偵物語は、ライオネル・クラブが行方不明になるという、英国の諜報機関にとっての悲劇によって幕を下ろすことになった。彼の遺体が漁師たちによって発見されるのは、ずっと後になってからだ。クラブに与えられた使命は最高度の機密に属するものだったため、ＳＩＳは彼の死因をすぐに公表することを躊躇した。水中で起きた心臓発作が少佐の死因だったと思われる。いずれにしろ、事があからさまになると、ソ連は猛烈な抗議を行った。そしてＳＩＳの後処理の不手際に烈火のごとく怒った首相のアンソニー・イーデンは、長官のジョン・シンクレアの首を切らざるを得なかった。その口実は見つかった。作戦は国の首脳陣の承諾を得ずに実行された上、首相は実際どういう状況だったかをうっかり「忘れてしまった」――これが、口実だった。

◆スウェーデンで実行されたソ連船調査

ＳＩＳの在ロンドンの下部組織は、当時かなり名が通っていたニコラス・エリオットによって率いられていたが、この組織がお膳立てしたポーツマス事件は、英国の諜報機関による巡洋艦「オルジョニキーゼ」号の秘密を狙った「狩り」の終わりを告げたものではなかった。いや、始まりでさえなかったのだ。なぜなら、この船はずっと以前から「霧に霞むアルビオン」の関心を引いていたからだ。一九五五年、すなわちポーツマスで事件が起きた一年前、ＳＩＳの内奥ではこの巡洋艦に関するもっと大胆な調査計画が育っており、それは小型潜水艇でソ連の港の一つに運ばれるＳＩＳ所属の潜水夫たちによって実行に移される手はずになっていた。ＳＩＳが保有している数隻の小型潜水艇はストークス・ベイの海軍基地で臨戦態勢についていた。しかし、最終的にはソ連の領海での冒険は取り止め、好機を待つことになった。

ポーツマスでの失敗を経ても、SISの熱が冷めることはなかった。頑固な「保守主義」は克服し難いものなのだ！「オルジョニキーゼ」号を狙う狩りは続行された。そして一九五九年に至ってSISが決めたのは、同船が友好親善を目的として寄航するスウェーデンの港で運試しをすることだった。ただし今回の調査対象は、同船の水面下の部分ではなく、同船に搭載されている暗号装置だった。ソ連海軍使用の暗号に関する情報の入手は、英国の政府通信本部（GCHQ）と諜報機関が長年夢見ていたことだった。巡洋艦のスクリューの調査は後回しにされることとなった。

スウェーデンが英国との友好関係に基づいて協力してくれることに、疑いの余地はなかった。在ストックホルムのSISの海外支局は、スウェーデンの諜報機関と密接な関係を保っており、それゆえソ連船調査の件は定例の協同作業の一つとして実行することがただちに合意された。GCHQの担当者たちは、巡洋艦搭載の暗号機が発する放射物を捕えられる特別な器械を即座にストックホルムに持ち込んだ。しかし今日に至るまで、英国の政府通信本部と暗号解読部門が試みたこの定例の冒険からどんな結果が生じたかについては、何も明らかにされていない。

◆集められた情報を如何に評価するか

ロンドンのSIS本部には、数多くの海外支局からおびただしい量の情報が送られてきた。情報は整理・分析され、工作部門と、情報を扱うと同時に海外支局に出す課題に責任を持つ特別部門においてその価値が評価された。「責任の所在を不明にされた」、つまり情報源を明らかにしていない政治・経済・軍事に関する情報は、合同諜報委員会（JIC）〔英国の内閣府に属する機関〕に送られ、そこでも念入りに分析され、価値を評価された。外務次官が管理するＪＩＣのメンバーは、ＳＩＳ、政府通信本部、暗号解読部門と通信回線分析部門、国防省諜報部門、ＭＩ５のそれぞれの責任者により構成されていた。他には内閣府および外務省、内務省、通産省の幹部、参謀本部長も加わった。

入手された情報は、英国の首相に逐一報告された。諜報活動に関わる問題を専門とするコーディネーターおよび諜報機関の予算額と諜報活動の課題の優先順位を立案し、重要な秘密作戦や偽情報作戦の実施を認可する役割を果たす特別委員会が、首相を補佐する仕組みになっていた。

ＳＩＳの首脳部が下部組織に与える課題を設定するに際しては厳格な合理主義を適用しており、明確な作戦計画を提示しているという意見は、よく知られている。自尊心を満足させてくれるこうした評判を、ＳＩＳが何としてでも守りたいとするのは当然だ。しかし、この官庁の内部事情は、高い評判に値するほど非の打ちどころのないものだったのだろうか？　「予測不可能な事態」を言い訳にして評判に傷がつくことを避けていたのではなかったのか？

英国の諜報機関は、戦後の活動の分析結果から判断すれば、一定のただし書きをつけない限り「非の打ちどころがない」などと言える代物ではない。理想的な諜報機関などというものは、もちろん存在しない。また、諜報機関の成功は、首脳部の客観的な結論および部下たちの専門的知識や技量と誠実な仕事振りによってのみ、得られるものではない。偶然的なものも含むその他のさまざまな要素も、成功と結びついているのだ。たとえば、国の首脳のご機嫌を取ることにＳＩＳが熱心であったとか、ＳＩＳが特定の事実と世界で起きている出来事の結果を無視した、または一時的な成功に酔いしれた、あるいは計画が失敗したので失望した、とかいったことも成功・不成功に影響を与えるのだ。

ＳＩＳの海外支局が、さまざまな原因（情報源の欠如、工作要員たちの質の悪さなど）で状況を正確に評価できない状態に陥った例は、少なからずある。その一つは中東で起こった。ナセルが政権に就くこと、エジプトの指導者層がスエズ運河に関して断固とした決断を下すことを英国の諜報機関の海外支局が「見落とした」のだ。一九六九年には在ラゴス〔ナイジェリアの旧首都〕の英国大使館付SIS海外支局は、石油会社シェルとブリティッシュ・ペトロリアムの、ナイジェリア国内での活動にマイナスに働くことになった軍事革命の勃発を予測することができなかった。また一九八〇年代末から一九九〇年代はじめにかけてソ連国内で生じたドラマチックな出来事〔ソ連崩壊を招いた一連の動き〕に関するSISのモスクワ支局の予測と分析の結果は、「遅きに失した」ものだった。

◆SIS海外支局の人員について

SISの大使館付海外支局は人員の数が少ないのが特徴であり、この点では、たとえばCIAなど他の国々の諜報機関には敵わなかった。しかし、そのため資金の合理的な倹約や秘密保持の重視、合理主義に基づいた適切な活動の選択といった長所も生まれたと言える。海外支局のエージェントを利用する諜報工作員たちの数は、支局が持っている情報源の数に応じて決められるべきだとするのが、英国当局の意見だった。エージェントのリクルートとエージェントとの連絡の分野で大量の仕事を担当するエージェント班の班長たちが支局に勤務している場合は、なおさらそうすべきだとされていた。支局の所在国に防諜体制が敷かれているか否か、そしてまず第一に、当該国の保安機関が支局の行動に対抗する手段をとっている否かも、支局の人数を決めるにあたっては決して軽視すべきではないファクターとされていた。

一九七〇〜一九八〇年代のSISの多くの海外支局の人数は、秘書役の女性一名を含めて二、三人だった。しかしながら工作員の女性もいたし、中には支局長を務めた女性もいた。たとえば一九五〇年代のモスクワ支局の指揮を執っていたのは、女性のダフナ・パーク[※1]だった。後に男爵の位を授けられたこの女性は、SISに勤務する「人類の素晴らしき半分」（女性のこと）を代表する非凡な人物の一人だった。彼女はモスクワ支局のリーダーとして、当時既に破綻に瀕しており間もなく水泡に帰することになるSISが立案した作戦、すなわち環バルト海地方に非合法活動に従事するエージェントを送り込む作戦に参加することを余儀なくされた。モスクワ支局とその女主人は、きちんと職務を果たしたので、環バルト海作戦の失敗の責任をこの人たちに負わせることは十中八九できなかったはずだ。

しかし、SISとCIAのスパイとなったオレグ・ペンコフスキーが犯した失敗の責任を、別の女性、すなわちSISのモスクワ支局員ロデリック・チザム[※2]の妻ジャネットが完全に免除されるというわけには、おそらく行くまいと思われる。ただし、後に述べることになる彼女の行動は、彼女が勝手にやったものではなく、ロンドンからの指令に基づいたものだったことは考慮しなくてはならない。

モスクワ支局勤務の工作員の妻たちは、家庭内の問題が重荷になっている時でさえ、諜報作戦に常に積極的に関わっていたことも指摘しておく必要がある。彼女らの助けは支局の潜在能力を増強するのに、もちろん役立った。SISの支局は、自分の義務（駐在している国の兵力に関する情報の収集と初期段階での分析、同国と他の国の軍事同盟および諸外国への武器の売却の監視）を本国大使館の駐在武官たちと緊密な連絡を取り合いながら遂行していた。ただし、ソ連に駐在していた武官たちがソ連国内で

※1　一九二一〜二〇一〇年。一九五四年に在モスクワ英国大使館の二等書記官として着任したが、実際は最初からSISのモスクワ支局長であった。彼女に与えられた重要任務の一つは、ソ連の列車時刻表を入手することだった。一九五六年にモスクワを去り、それ以降はアフリカ・アジアで勤務。

※2　ロデリック・チザムは一九六〇〜一九六二年、SISモスクワ支局長。妻も英国の工作員でペンコフスキーと英国側との連絡役を務めた。

スパイ活動を行ったことは十中八九なかったと思われる。

◆外交官身分という「カヴァー（偽装）」を用いる

英国諜報機関海外支局の特徴は、諜報員の存在が極秘にされていたことだ。大使館勤務の通常の外交官たちとの団結力が強かったため、大使館には現地の住民が働いていたにもかかわらず、要員は大使館の環境に溶け込むことができ、見破られることはなかった。多くの場合、諜報機関の大使館付海外支局と大使館の首脳部との関係は、簡単なものではなかった。ＳＩＳは、形式上は外務省の一部であり、外務大臣が諜報活動に及ぼす影響力は大きかった。大使の中には諜報機関に対する軽蔑と嫌悪感を隠そうともせず、ＳＩＳの代表たちの身分隠しに大使館として協力することを拒み、その活動を大っぴらに妨害する者もいたのだ。

通常ＳＩＳの大使館付諜報員は、外交官に身分を偽って行動することにより外交特権を享受することができ、何かに失敗し勤務国の防諜機関や警察によって拘束された場合でも大きな問題になるのを避けることができた。身分隠しに最もよく使われた職種は、大使館の二等、三等書記官だった。もっと高い身分が使われることも稀ではなかった。しかし諜報員が大使館の各部署のトップのポストに任命されることはなかった。そうしたポストは外務省の特権に属していたからだ。つい最近までは英国の諜報機関はいわゆるパスポート・コントロール、すなわち大使館領事部勤務の身分を隠れ蓑として長年積極的に利用してきた。

隠れ蓑として使われた身分の化けの皮が剝がされるケースは、多かった。そうなった場合、その身分をＳＩＳの諜報員に提供することは（場合によっては一時的に）停止された。近年の「新機軸」は、大使館で（他の代表部での場合の方が多いが）「カヴァー（偽装）」を用いることだった。それは、エージエントとの連絡に関わる件を筆頭とする諜報活動の秘密を、より厳重に隠蔽するために不可欠だとされた。「深みのある偽装《カヴァー》」はさらに入念に細工を施され、厳重に保護された。

SISがこの偽装を用いたのは、主として防諜体制がソ連のものに比べれば脆い国々においてであった。偽装が剝がされる危険は不可避であったし、「深みのある偽装」といえども、常に大使館の庇護を受けられるとは限らなかったからだ。

◆新聞・雑誌の特派員、通商代表部の駐在員という隠れ蓑

SISは「深みのある偽装」と共に、他の「屋根」（隠れ蓑）も利用した。それは、外国で滞在が正式に認可されている新聞や雑誌の特派員、通商代表部の駐在員などの身分であった。

英国の情報筋によれば、SISは「エコノミスト」「オブザーバー」「サンデー・タイムズ」など、ロンドンで発行される著名な新聞・雑誌社の内部に偽装役を抱えていたとされている。在サイゴンのCIA下部組織の職員フランク・スネップ※の記録によると、ベトナム戦争の最中、アメリカは「深みのある偽装」を用いて活動していたSISの要員たちをジャーナリストとして利用していたという。その目的は、一連の国々の報道機関にアメリカの諜報機関がこしらえた資料を押しつけるためだったとされている。

エージェントこそがSISが最も頼りにする支柱だった。特務機関同士の「秘密戦」が新しい局面を迎えると、英国の諜報機関は、エージェントを使っての活動の改善を図りはじめた。

その一方で特別の意味を持つようになってきたのが、いわゆる「信頼できる筋」と、自分たちが英

※『CIAの戦争―ベトナム大敗走の軌跡』（上下巻。仲晃訳、パシフィカ刊、一九七八年）の著者。

国の諜報機関のために活動していることをいつも充分に認識しているわけではない「エージェント・オブ・インフルエンス――影響力を持つエージェント」[※]であった。

※ 自国の諜報機関の要請に応じて、自国のために、自らの地位を利用して他国の世論や政策に影響を与えることを試みるエージェント。摘発するのが最も難しいエージェントとされる。ここでいうエージェントとは、人と組織の両方があり得る。

12 「すべては人材次第」

諜報機関における人材の問題／イギリス人の国民性が諜報機関の活動の中でいかに屈折させられるかについての一考察

「すべては人材次第※」というスローガンは、かつてソ連国内に未曾有の熱狂を引き起こした。現在は古文書保管倉庫の棚で埃を被っているが、惜しいことだ。これを、慣用句に仕立てられた一つの偏見とみなすのは、大きな間違いだ。この表現の意味は、人材すなわち人間が歴史の推進装置であり、さまざまな歴史上の出来事の特性を明確にするのも人間、出来事の上に自己の足跡を残すのも人間だということだ。

◆諜報活動に携わる人たちについて

ＳＩＳの成功や失敗を左右するのは、主として当該機関の人材、すなわち指導者と本部の職員、そしてもちろん海外支局の職員たちだ。

※　一九三五年五月四日にスターリンが赤軍大学卒業式で使った表現。スターリンは「ソ連社会が成し遂げたさまざまな成功をすべて指導者の功績に帰するのは間違いであり、実際は（技術を身につけた）人材の働きが成功をもたらすのだ」という趣旨の演説を行った。スターリンはこの演説の中で「これまでは技術がすべてを決定するとしてきたが今や技術力は高まったので、これからは人材がすべてを決めることになる」とも言っている。

英国の国民の大部分はイギリス人であり、彼らこそがＳＩＳのスタッフの主たる構成員となっている。しかし、今のイギリス人というのは英国の島々に定住した者や、あるいは英国の歴史の黎明期に英国に侵入した者など多くの民族が一体化してでき上がった集団のことを指している。既に九世紀にわたって英国は異国からの征服にさらされていない。だが遠い昔にはイベリア人、ガリア人、フェニキア人、ローマ人、アングル人、サクソン人、ジュート人、ヴァイキング、ノルマン人など数多くいた。そして彼らすべてが一つの巨大な釜の中で入り混じったのだ。

日常の生活面でも、人間によって管理されている国家制度や社会制度の機能の面でも、大きな役割を演じているイギリス人の国民性は、長年異民族の支配を受けなかったということや、他の要素（島国であること、生存競争、「栄光ある孤立」、世界最大の帝国の形成、海洋および資本世界の支配）の影響を受けて形成されてきた。フランスの皇帝ナポレオン・ボナパルトは、イギリス人を蔑んで「小売商人たち」と称し、目立つ形容辞を好む別の者はこの島国を「船員たちの国」と名づけ、「傲慢な貴族の国」と手っ取り早く命名する者もいた。

偽名をつくった者全員は、ある点では正しい評価を下していたと言える。と同時に、真実からははるかにかけ離れていたのも確かだ。「筆の塗り跡を一つ見ただけでは絵全体の評価はできない」と言うではないか。全体の一部だけを基にして総括するのは、実りなき作業だ。だからこそ、筆者は言いたい。この小論も、筆者自身が出会うことができた人々の、大雑把に描かれた肖像画のカンバス上の筆の塗り跡に過ぎないのだ、と。その人たちとは、ＳＩＳの職員、軍人、外交官、ジャーナリストなど、さまざまな事情で筆者の注意を引いた人たちだった。それに加えて、筆者が「脇から」監視せざるを

得なかった人たちだ。※

勤勉さ（どんな仕事に対しても、という意味ではもちろんない）、組織能力、内面の規律、合理主義、独創力、健全な保守主義、揺るぎない見解、断定的意見を避けようとする欲求、それに加えて外面的な丁重さ――。イギリス人の国民性のこれらの特徴は、諜報機関の要員にとっては仕事上極めて重要な意味を持っている。そのため、これらは諜報員を採用する際の選考対象とされてきた。手の込んだ作戦の組み合わせの立案および情報の分析とその価値の評価のために才能ある専門家を選抜することは、少なからぬ意味を持っていたからだ。

しかしイギリス人の特徴の中には自己過信、過度の礼儀正しさ、度の過ぎた上流気取り（少なくとも若干の諜報機関職員、特に首脳部に属する者に見られる類のもの）、あるいは優越感、あからさまな、またはベールで覆った人種差別主義（民族や宗教の違いに対するイギリス人の寛大さは、賞賛されているのだが）なども含まれている。行き過ぎた保守主義も、諜報機関には不要とされてきた。

分析の専門家が常に申し分のない働きをしていたわけではなかった。そのことを示す驚くべき例を、英国の情報筋が紹介している。ＳＩＳのブエノスアイレス支局から、アルゼンチンがフォークランド諸島占領を目指し戦争の準備をしている旨、ロンドンの本部に通報があった。しかし「本部」では支局の報告を「根拠薄弱」なものとみなしたというのだ。諜報機関の首脳陣が、諜報機関から送られてきた情報の中身が英国政府首脳の政治路線と「融合しない」と判断した場合、その報告を政府に送るに際し自己の「選択能力」を発揮することは珍しくなかった。

※ この本の著者は防諜活動の専門家だったので、当然のことながら英米を含む西側の諜報員の動静を監視していたはずだ。従って著者が「脇から」監視せざるを得なかった人たちというのは、西側の諜報員たちを意味していると推測できよう。

子どもの頃から植えつけられる、他人のプライバシーへの不干渉主義を断固として貫き抜き通そうとするイギリス人の性格が、諜報員の仕事と両立しないケースは、稀ではない。また、平均的イギリス人の意識の中で遵法精神と極端な個人主義が、常に折り合って共存しているわけでもない。具体的には、自己の人生を諜報活動に捧げた者の自己中心主義は、職場で定められた行動基準、上司の命令、仕事最優先の原則により通常は抑え込まれているが、時々最もふさわしくない形で爆発し、SISから解雇されるという事態を招くケースもあった。

◆諜報員の個性が仕事の成果を左右する

諜報機関の職員は、スポーツ選手にたとえることができよう。ルールを厳格に守る。団結心が身に備わっている、そして勝った時はもちろんのこと、負けた時も品位を落とすような態度は示さない――。この三点において両者は相似ているからだ。

SISの海外支局の仕事の成果は、もちろん一様ではなかった。成功の要素はさまざまあるが、特に支局員の個性が大きくものを言った。例として挙げられるのは、SISのロンドン支局や、ベルン、ベイルートの海外支局勤めを経験したニコラス・エリオット、あるいはウィーン、西ベルリン、ボン、ベイルートの支局員を歴任したピーター・ランのように、経験豊かでエネルギッシュな、「呑み込みの早い」諜報員たちだ。

ウィーン、ベイルート、ベルリン、イスタンブールおよび他の数箇所は、一九五〇～一九六〇年代とそれに続く数年の間、CIAプラスSISとソ連の諜報機関との間の熾烈な闘いの戦場となった。そしてその闘いに大きな影響を与えたのは、各支局の局長だった。同人の指揮一つで、成功と失敗を指し示す針は時には一方に振れ、時には反対方向に振れた。勝利と敗北は何回も入れ替わったが、その具体例のいくつかについては後で触れることにしたい。

◆名門学校や名門貴族家の出身者が少なくないわけ

一般的に言えば、海外支局の運命を左右するのは、局員たちと局長だった。それゆえSISの首脳陣は、人事に細心の注意を払った。この事実が特に顕著だったのは、大英帝国の創成と生き残りを巡っての闘いが行われた時期、および二つの社会・政治システム〔資本主義と共産主義〕間の熾烈な対決が続いた時である。その時期には人材選択の基準は一段と厳しいものになった。国の支配階級のイデオロギーに馴染まない見解を持った者たちが、諜報機関に入るのを防ぐためだ。しかし、それと同時に、当該支配階級の利益を擁護する能力と才能を持つ者たちの採用は、大いに奨励された。SISは石頭の保守主義者たち（特に諜報機関の首脳部）、そして生まれながらの才能、受けた教育、身についた文化のおかげで、高度な技術を持つプロになり得る者を、たとえその者の見解と信念が保守的なものとはみなされない場合でも、かなりうまく調和させることができた。

諜報機関が単に給料がよく、五五歳になればかなりの額の年金が支給される職場としてではなく、名誉ある職場だとされていた時期もあった。

SISの職員の中には、特権階級用の私立学校、有名なカレッジや大学で学んだ名門貴族家の出身者が少なからずいたのは、理由があってのことだったのだ。上記のような名門学校の出身者たちが「英国流生活様式」の熱烈な信奉者であること、また彼らは自分たちの地位の堅牢さに自信を持ち、自分たちが「選ばれた存在」であることを確信しており、それゆえ権力が自分たちのものであるのは当然だとみなしているということだ。こういったことを、SISの人事担当者は明確に理解していた。

一九四〇～五〇年代には、諜報活動を自分に与えられたロマンチックな使命だと考えたり、出世したりするためではなく、「芸術を愛する」がゆえに諜報機関で働きたいとする貴族階級出の少なからぬ数の若者たちがSISの門扉を叩いた。彼らは役人業に敬意を払うことはせず、プロというよりは素人職人というべき存在だった。アーサー・コナン・ドイルやアガサ・クリスティといった探偵小説界の巨匠たちが、警察のプロたちに常に手痛い一撃を食らわせる素人探偵を創造したのには、それなりの理由があったのだ。自身も一時期SISで働いていたことのあるもう一人の偉大な作家グレアム・グリーンが、真面目だが形式に縛られている同僚たちを徹頭徹尾からかうアマチュアの諜報活動家たちを自作に登場させたのにも、前記の二者と同様の理由があった。

◆諜報活動に適したイギリス人の国民性

イギリス人の国民性を熟知している者たちが、不屈、確実性、自制力、苦境や運命の急変に耐える能力を彼らの特徴として挙げていることにも、注意を払っておくべきであろう。第二次世界大戦の最中に、アメリカ軍の司令官の一人が次のように語ったことがある。「イギリス人たちが陣地の両翼を守ってくれている場合、真ん中に布陣している私は落着いていられた」。この言葉は「友人とは、一緒に偵察を行うことの不安を抱かせない者のことである」というロシアで普及している名言と一脈相通じるものがある※。

また、イギリス人には、一般的にユーモア精神がつきものであり、諜報機関の職員も例外ではない。ウインストン・チャーチルやその他の英国の政治家たちの機知に富んだ、正鵠《せいこく》を得た金言は、歴史的

※ 敵情を探る偵察は少人数で敵の近くまで行かなくてはならない危険な行為なので、信頼のできる者でないと同行したくない、という意味。現在でも、人物の信頼度を測る尺度として「一緒に偵察に出られるか否か」が（冗談半分に）ロシア人の間で用いられている。

記念物になっている。SIS所属の古文書保管庫が開かれれば、上記の証拠となる資料が少なからず見つかるだろうと筆者は考えている。SISの職員たちの多くは、前述したイギリス人の国民性の明白な特徴を身につけていた。しかし、英国の諜報機関の内部では、欺瞞、虚報、ダブルスタンダード、偽善など、諜報活動に不可欠な要素が我がもの顔に振舞っているため、個人の貴重な資質は均等化されてしまっていたことは考慮しなくてはならない。ただし、職員の誰もがこのような「職務が求める」要求に耐え抜いていたわけではないことは、付言しておく。

◆高く評価される資格

SISの職員は、大学（ケンブリッジとオックスフォードが優先された）の卒業生、元軍人および元警察機関勤務者で構成されていた。諜報機関での勤務を希望する者については、時には警察も参加させての全面的な、本人には内容が隠された調査が実施されていた。この調査が終了すると、外務省または国防省の役人を装った人事担当者との面談が行われた。諜報機関で働いている親類または友人の推薦状を持っているか否か、英国の有名なクラブのメンバーかどうかも大きな意味を持っていた。しかるべき社会的地位を持っていることも、もちろん条件だった。

また、英語を世界で最高の言語だと考えているイギリス人たちの間ではそれほど普及していない、外国語というものを知っている者は高く評価された。外国語の学習は多くの教育施設で行われていたが、SISの職員が英国に移民してきた外国人の家庭に住み込むなどということも実際に行われていた。外国語学習のよい助けになるからだ。

ローマ・カトリック寄りの見解も、あるいは左翼寄り見解であっても、SISの採用テストを受ける障害にはならなかった。

◆「セキュリティー・リスク」とは

ただし、採用後の職員が「ゲームのルール」を全面的に受け入れること、SISの防諜部門の言葉で「セキュリティー・リスク」（安全保障を脅かすもの）と名づけられている存在にならないことがもちろん条件だった。

「脅かすもの」という大きな「概念」に含まれていたのは、「共産党、左翼または左翼偏向組織と関係を持っていること、近親者が敵国内に居住していること、将来において、あるいは現在において諜報機関要員が名誉毀損や恐喝の種になり得る弱点を、たとえば同性愛の体質を持っていること」などだった。英国では「貴族病」と呼ばれている同性愛は、要職に就いていた者も含めてSISの一連の職員たちのキャリアを台なしにした。SISの首脳部の中で一際光る存在だったモーリス・オールドフィールドが、マーガレット・サッチャーによって馘首された原因は、いまだ謎に包まれたままである。

アルコール飲料の摂取（アルコール中毒の症状が明白でない場合）、不倫（大きなスキャンダルに発展していない場合）、賭けごと好き（イギリス人の多くはカジノの常連であり、競馬の大ファンであり、サッカー試合を賭けの対象にしており、ビンゴが大好きな人達でもある）、そして「商売人の才覚」はSISに採用する際の障害にはならなかった。

英国には、諜報機関の「メンバーの純度」について改善の余地がある、という考えを持つ人が大勢いた。「SISの職員は全員ろくでなしだ」と言ったのは、俗物《スノッブ》どもだった。これはもちろん、極端な例だ。しかし、諜報機関を批判する者たちからは次のような声も聴こえていたのだ。「SIS自体が占める高い社会的地位に相応しくない、たまたま採用されたような職員が少なからず働いている。だから就職後に、自殺した者や精神病に罹った者、服務規程に違反した者、さまざまな種類の悪事を働いた者などが混じってしまうのだ」と。

また、英国の報道機関はＳＩＳの一職員がブダペストで詐欺を働いた上に、支局から多額の金を盗み出してアメリカに逃亡したと報じた。

◆問われる諜報員たちの「純度」

自分自身をネタにしたジョークで味つけをした繊細なユーモアは、イギリス人が高く評価するところだ。例を挙げてみよう。それは、英国社会で最上位を占める階級の代表者たちによる、倫理と礼儀作法の違反が多発した件について審議を行う国会において生まれたもので、「労働党はアルコール中毒が原因のスキャンダルに巻き込まれ、保守党はセックスが原因のスキャンダルに巻き込まれる」という内容だった。

もう一つは「ＳＩＳは内部に政党を結成することを禁止されているが、その党員たちを悩ませる悪徳が跋扈《ばっこ》している」云々、というものだ。

諜報機関のメンバーたちの「純度」、階級社会にはつきものの「純度」、国を治めている者たちにとって都合がよいはずの「純度」に関する問題は、近年英国の支配層の注意を引く度合いがますます大きくなっていた。

一九四八年、時の首相アトリーは、共産主義者および「過激主義的」見解の持主の全員を、国のあらゆる機関の責任あるポストから追い払うよう命じた。

再び政権を手にした時のウインストン・チャーチルは、秘密資料を閲覧する権利を与えられている国家公務員たちの「信頼度」をチェックするための厳格な規則を制定した。後には、国家機関の職員たちの「有害な性向」を調査するための追加処置が導入された。一九九七年には諜報機関に関する国会委員会が諜報機関内の安全措置が十分でないと認定した上で、諜報機関の職員、特に負債を背負っている者または「他の種類の金銭の問題」を抱えている者の暮らしの実態の監視を強めるよう進言するという事態も発生した。

◆時代と共に変わりゆく職員の社会的階層

ＳＩＳの職員は、文官職である。戦争中および戦後の数年間を除いた時期においては、職員たちは、たとえば軍人出の幾人かの諜報員がそうであったように、軍人の階級章は持っていなかった。当時（第二次世界大戦が始まるよりずっと前）、諜報機関の中核を構成していた者の半分は「ロンドンっ子」すなわち大卒のエレガントな若者であり、他の半分はインドで勤務していたために「インド人」と呼ばれていた者を含む元軍人や警官だった。彼らは諜報機関内では視野の狭い、軍事にしか興味を持たない無教養の連中として屈辱的な評判の餌食にされていた。一方「インド人」は、「急進主義者」と「インテリ」に対する敵意をさまざまな手段で強調していた。

当然の結果として、ＳＩＳの職員が置かれた状況は時と共に本質的な変化を遂げることになった。ＳＩＳ内の貴族層は、「中産階級」の代表者に席を譲って姿を消していった。この中産階級の代表者は「英国流生活様式」に対する忠誠心を保持し、事務能力、成功願望（怪しげな手を用いてでも）、熱烈な個人主義など、西側社会では評価される資質を完全に習得した者であり、「我が家は我が城※」を信奉

※「我が家は我が城」は、英国の法律家エドワード・コーク（一五五二～一六三四年）がつくったとされている言葉。意味は、ある説によると「家の中で何をしようと持主の勝手であり、何人も、政府といえども干渉することは許されない」。家を城にたとえているのは、家は城のように身の安全を守ってくれるから。家は城と同じだから、持ち主はいわば一国一城の主である。したがって、他者からの指示を受けるものではない。以上の他に「私の家は私が完全に安全だと感じられる、またそう感じなくてはならない場所である」という解釈もある。

する者だった。そして彼らが「幸せな一〇億人」※の一員であることを自覚しているのは明確だった。

SISの本雇いの職員たちにとって、諜報活動は定年に達すれば終止符が打たれるというものではなかった。「特別エージェント」の職に鞍替えさせられたり、秘密アジトの「所有者」にさせられたり、エージェントとの連絡用の「ポスト」になったりした。

人材の問題は常に解決が難しかった。SISも悩まされた点では、例外ではなかった。しかし、人材がすべてではなくとも、多くを決定していたのは確かであり、諜報機関においても状況は同じだったのだ。

※ 地球上の天然資源を利用して快適に暮らせる地球人の数は一〇億人だとする説。その者たちは一〇〇～一五〇年生きる権利を有する。一〇億人の仲間に入れるのは地球上で最も豊かで発達した次の国々の国民――アメリカ、カナダ、オーストラリア、EU加盟国、イスラエル、日本、韓国。これらの国々の国民の数を総合計したものが、一〇億となる。ロシアの学者セルゲイ・カラ・ムルザ『黄金の一〇億人の概念』より。

13

「トムリンソンのリスト」について、著者の一考察

インターネットで公表された「トムリンソンのリスト」がSISに与えた衝撃／元諜報員の恐るべき復讐／新たな暴露

最近、SISは壊滅的な打撃を受けた。しかも、本部が予期していたのとはまったく別の方角からだった。一九九九年の五月、元SISの職員リチャード・トムリンソンが英国諜報機関の海外支局の職員たちに関する秘密情報をインターネット上で公表したのだ。

SISとの関係を絶った職員が行った「恐ろしき復讐」〔ニコライ・ゴーゴリの同名の小説にかけている〕は、ロンドンを震撼させた。SISがCIAやその他の同盟機関に協力を懸命に要請したにもかかわらず、「トムリンソンのリスト」のさらなる流出を食い止めることはできず、リストはイギリス人たちにさんざん迷惑をかけながら世界中を闊歩しはじめた。迷惑を蒙ったのは、おそらくはイギリス人だけではなかっただろうと思われる。トムリンソンが公開した情報は、多くの国々におけるSISの作戦の秘密を間接的に明らかにしたものだったが、それらの作戦には英国諜報機関の外国人エージェントが多かれ少なかれ関わりを持っていたからだ。

今やSISの職員のみならず、SISの情報源（名前は明かされていなかったが）も自分たちの運命の行く末を真剣に心配しはじめた。リチャード・トムリンソンがインターネット上での公表を一回だけで止める気配を見せていなかったので、なおさら心配の度合いは強まった。

リチャード・トムリンソンとは、何者なのか？「リスト」の出現が英国諜報機関にかくも大きな不安に慄かせたのは、なぜなのか？

◆リチャード・トムリンソンとは何者か

ニュージーランド生まれのリチャード・トムリンソンは、（他の多くのSISの職員たちと同じく）英国の諜報機関に人材を提供している名門ケンブリッジ大学の出身だった。SISに四年間在籍し、ユーゴスラヴィア（ボスニア）とロシアで活動。一九九六年に解雇。解雇の件で上司と意見が合わなかったため、彼は裁判に持ち込んだが敗訴。その時から諜報機関の活動について彼が知っている情報を公表する計画を育むようになった。諜報官庁と彼の間の思想的・政治的見解の不一致が解雇の原因だったとする説もある。

まさにダビデとゴリアテの闘いに匹敵するトムリンソンとSISとの闘いは、勝ったり負けたりを繰り返しながら進行した。元諜報員は時には防戦に努め、時には攻撃に転じ、時には尾行から逃れるために外国で姿を隠し、時には英国に舞い戻った。結局彼は秘密情報喧伝の罪で法廷に立たされ、投獄された。おそらくは投獄が彼を憤慨の極に追いやったのだろう、彼の反撃は当然と言えば当然の、インターネット上でのリスト公開だったというわけだ。

◆「トムリンソンのリスト」の影響が及ぶ範囲とは

「トムリンソンのリスト」は、一一六人のSISの常勤の職員についての重要な意味を持つ基礎データであり、彼らが勤務した海外支局の所在地、過去、現在の勤務地が示されている。リストにはSISの本部に勤務する職員についての資料も記載されている。氏名が掲載されているのはほとんどが男性だが、女性も少なくはない。彼女たちは主として秘書だと思われるが、工作員が混じっている可能性は大いにある。海外支局勤務の女性秘書は、エージェント活動に従事するための充分な技能資格を持っているので、あり得る話なのだ。諜報活動に女性の力を利用するのは古くからの伝統でもある。

リストに記載されているのがなぜ一一六人なのかは、筆者には不明であるが、何か企むことがあったからではないかと思われる。

リチャード・トムリンソンは、既にインターネットで流したことよりずっと多くの情報を当然ながら知っていた。さらに公表を行うために何かを隠し持っている可能性はあった。ただし、追加の公表を彼が自分で決められるかどうかは疑問符つきだった。なぜならば筆者は耳にしたのだ、彼はＳＩＳのかつてのボスたちからの助言に基づいて動いているらしい、彼の狡猾な行動は黒幕が仕組んだものらしい、という話をだ。

一九七〇年代のＳＩＳの職員の総数は既に一五〇〇〜二〇〇〇人に達しており、そのうちの一〇〇〇〜一五〇〇人は本部勤務で、海外支局勤務は三〇〇〜五〇〇人だった。それ以来、本部でも海外でも職員の数は大幅に増加した。ここで再び、筆者は当惑させられる。トムリンソンのリストに記載されている海外支局は、特定の国々(中にはキエフ、ザグレブ、サラエボ、ハノイなど新しく開局された都市の所在国も含まれている) に存在するものであり、いくつかの国々(ソウル、ベイルート、ブランタイヤ〔アフリカのマラウイ共和国の都市〕) は欠落しているのはなぜかという疑問が湧くからだ。おそらくは故意にではないだろうと思うのだが。いずれにしろ、その気になればＳＩＳがじっくりと腰を据えた国々を算出するのは難しいことではない。少なくとも、おおよその数は出せる。その数は膨大なものになるはずだ。

一九七〇〜八〇年代、ＳＩＳは地球上のさまざまな地域に六〇ほどの海外支局を設置していた。この数には、西独にあるSISの下部組織および英国の最も親しい同盟国（アメリカ合衆国、カナダ、オーストラリア、ニュージーランド）、すなわち「協同行動調整グループ」として英国が行動させていた国々における活動拠点は含まれていなかった。その後、海外支局の数はさらに多くなった。下記の場所にSISが支局を開設したからだ。

・旧ユーゴスラヴィア社会主義連邦共和国を構成していた国々（ザグレブ、サラエボ、その他）
・旧ソ連邦から独立した国々の首都
・中南米地域のいくつかの国々（この地域が英国の植民地だった頃にはSISが自国の軍事顧問団を利用することをせず、自国の大使館の一部として大使館の庇護を受けて活動をしたケースも生じていた）

「トムリンソンのリスト」からは苦労せずとも八〇以上の海外支局を拾い出せるが、実際はもっと多い。

かくしてSISの海外支局は、南アメリカ大陸でもずいぶんと増大した。一九七〇年代、SISの南米の海外支局は少人数のものがブエノスアイレスにあるだけだった。

アイルランドとその北部に位置するアルスターにおける独立運動との闘いがますます激化したため、SISのダブリン支局が強化され、アルスターに下部組織が新設された。

ユーゴスラヴィア社会主義連邦共和国が崩壊したために、SISは元ユーゴスラヴィアを土台にして興った国々に自前の海外支局を設置する機会を得ることになった。

英国の大使館が、元ソ連の領域内に興った多くの独立国に新設された。そのうちの数ヵ国にはSISの下部組織がただちに居を構えた。

SISは「心理戦」を戦った際、自ら一度ならず敵の名誉を毀損する方法に頼ったことがあった。そのうちの一つは、既に言及したアンドリュー教授[※1]の分厚い著書だ。この本には世界中で活動しているソ連の諜報員たちの名簿が記載されている。SISは現在、多少状況が違うのは事実だが、同様の作戦がもたらす結果を、身をもって味わっている。そして自己防衛のために、人道的なレトリックに救いを求めている。「トムリンソンの行動は多くの人々の命を危険に曝している」と訴えたのだ。

◆SISの徹底した秘密保持

SISの運営を形式上統括している外務大臣のロビン・クックは、苛立ちを隠さなかった。「トムリンソンの行動は重大な法律違反だ」。このようなトリックに引っかかるのは、残念ながらヒューマニストの多くだ。ロシアにもそういう類の人たちがいる。ついでながら、センセーションを巻き起こした「トムリンソンのリスト」を公表したのは、（若干のコメントをつけて）「独立軍事評論」紙[※2]のみだった。それもインターネットで流された後しばらく経ってからだ。マスコミにとっては魅力的なこのテーマを他の新聞が黙殺したのは奇妙ではないだろうか？

秘密の厳守は、いかなる諜報機関にとっても不動の規則だ。それにしてもSISの秘密保持は念が入っていた。工作活動やエージェントとの連絡の調整、諜報員の呼び名の暗号化、技術的手段を用いての活動、「心理戦」の活動などすべてが厳重な秘密保持の対象にされていた。

英国の諜報機関の多くの秘密は法律で守られており、今まで暴かれたことはなかった。また英国の

※1 クリストファー・アンドリュー、ケンブリッジ大学教授〔本文77頁参照〕。世界中のスパイの歴史を正統派の学術的手法を用いて書いた。
※2 一九九〇年一二月から発行されているロシアの新聞。現ロシアが直面している社会、政治、文化に関わる諸問題の報道、論評を行っている。

諜報機関はスパイ行為を摘発されたり、逮捕の危機が迫っていたりするエージェントたちを刑罰から逃れさせることにも意を用いており、事実成功していた。

ＳＩＳは、ボクサーが言うところの「相手のパンチに耐える」能力を持っていると同時に、失敗や不成功には、それがどんな性質のものであれ異常な受け止め方をしていた。そのため失敗を防ぐ手段として、諜報員とエージェントの呼び名は暗号化され、作戦実行時には用心深さが最重要視されることになった。

諜報機関にとって特に望ましくないのは、スパイ行為を疑われることだ。それゆえに「女王陛下の威信」という言葉がまるで呪文でもあるかのように諜報員の耳に繰り返し吹き込まれた。[※1] ＳＩＳの首脳部は、スパイ行為とみなされる危険を避けたいがために、秘密裏に行った活動の痕跡を、できる限り隠そうと努めた。そして、Ｕ２事件[※2]や「ベルリンのトンネル」作戦〔本書15章参照〕の時のように、可能ならば同盟国の背後に隠れることを厭わなかった。

◆リストから浮かび上がるＳＩＳの対ソ諜報作戦

「トムリンソンのリスト」を見ると、過去の出来事が筆者の脳裏に蘇ってくる。「リスト」の著者が列

※1 ＳＩＳがスパイ行為を行っていることを知られたくなかったのは、スパイ行為というものは「汚い行為」だと考えていたからではないか。したがってそれを大っぴらに行えば、あるいはばれた時には「女王陛下の威信」を傷つけたことになるので、細心の注意を払ってスパイ行為を隠匿せよ、という命令を職員たちに出していたのではないかと思われる。

※2 一九六〇年にアメリカ軍の高高度偵察機Ｕ２がソ連の領空でソ連のミサイルにより撃墜された事件（フランシス・ゲーリー・パワーズの事件、本書１４４頁参照）。アメリカ側はスパイ機の存在を隠していたため、大問題となった。

記したSISの多くの下部組織の中には在モスクワ英国大使館付海外支局も入っており、ソ連と現ロシアの領土内で時期こそ違えど戦闘配置に就いた状態でSISのエージェントの利用工作を担当した一二名の諜報員の名前も掲載されている。

冷戦時代のSISのモスクワ支局は、局員の数が突出して多かったわけではない。支局員が大使館の保護の羽に包まれる気持ちよさを味わっていた当時のモスクワ市内およびソ連国内の状況は、特に活発な諜報活動を助長するようなものではなかったからだし、支局員が「厳しい」と名づけたソ連の防諜体制が、イギリス人と彼らの盟友たちから活動の自由を奪っていたからでもあった。

この事実は、おそらく、非常に多くのことを物語っている。ソ連の敵はこの不首尾を別の方法で補おうとした。たとえばトルコやフィンランドなどのソ連に隣接している国から諜報活動、破壊工作をしかけることだ。一九九〇年代にはSISのモスクワ支局は次第に肥大し、対立が始まって以来、英国の諜報機関が常にもてあそんできた「筋肉」(こういう表現が許されるなら)の増強にも努めはじめた。SISはフィンランドやトルコ、その他の国々にある海外支局をソ連との闘いに利用することも忘れなかった。

それと同時に、バルト海沿岸諸国や旧ワルシャワ条約機構加盟国などの新しい友人や盟友たちも表舞台に登場してきた。それに伴って、英国諜報機関の海外支局の活動の新しい面が照らし出された。それは独立国家共同体※に参加している国々に設置されている海外支局の活動を、活発化させる期待が生まれたことに関連していた。「透明」なものとはいえ、共同体参加国間には国境線が存在しており、独

※ 旧ソ連邦を構成していた一五の国からバルト三国とジョージア(グルジア)を除いた、一一ヵ国の国家連合体(二〇一七年四月現在。公式サイトより。http://www.cis.minsk.by/)。

立国家共同体は決して一つの国ではないこと、参加国の首脳の中にはロシアに反感を抱いている者もいること、参加国自体の特務機関を操作できる可能性が存在すること——、これらの事実は、ＳＩＳの新戦術を決める要素になり得た。

Ⅱ部

14 写生

中東とアフリカからグリーン島へ／英国諜報機関の重い歩調／破壊計画と未遂

ＳＩＳの海外支局（ステーション）は、支局ごとの職員数に差はあれど、世界中に設置されている。ＳＩＳ（ＭＩ６）の各下部組織は、使用される諜報活動用技術は似通っているが、それぞれ自分の顔、特徴、自分の英雄《ヒーロー》たち、そして、言うなれば独自の関心対象を持っていた。ＳＩＳの大使館付海外支局の活動を具体的に説明するために、筆者はいくつかのモデルを選択してみた。歴史上のドラマチックな時期に行った活動こそが、各支局の本質を露にし、また我々の興味を掻き立てると筆者には思えるからだ。

◆ベイルート支局のケース

最初に取り上げるのは、ＳＩＳのベイルート支局だ。この支局は受け持ち地域の諜報活動の中心になり得る特性を過去に獲得しており、中東地域においてひときわ重要な役割を果たしていた。そのすこぶる効果的な活動の場はシリア、イラク、エジプト、ヨルダン、そしてもちろんレバノン自体だった。上記の国々のいくつかと英国との間には外交関係が断絶しており、ＳＩＳが大使館付支局を設置するのは不可能だったことを考慮に入れておく必要がある。

レバノン内のシェムラン（山岳レバノン県）という場所に、英国外務省が設置し資金援助を行っていた、アラビア語研修の特別教育センターがあったことは、一定の意味を持っていた。そこでは外交官や軍人と一緒にSISの要員たちも学んでいた。特筆すべきは、ソ連の勇敢な課報員ジョージ・ブレイク〔一九二二年生。ソ連に寝返った英国の諜報員〕がSISからこのシェムランに派遣されていたことだ。

レバノンの首都であり「地中海の真珠」と呼ばれたベイルートは、一九五〇〜六〇年代には中東地区におけるスパイ活動の正真正銘の中心地だった。英国の諜報機関がベイルート支局のトップにSISのエースであるニコラス・エリオットとピーター・ランを任命したのは、この支局にはそれだけの価値があったからだった。

第二次世界大戦後の中東は、西側の影響をまともに受けた地域とみなされていた。世界中どこでも同じだったが、この地域でも植民地主義者による支配の痕跡の根絶と独立を求める民衆が蜂起し、激しい抗議活動を行っていた。英国とフランスは、エジプト、イラク、シリアなどの国内で拠点を失いつつあった。こうした状況下、自国の地政学的利益を守ろうとする諸外国の諜報機関にとっては、ベイルートは橋頭堡の役割を果たす存在となった。アメリカのCIA、イスラエルの諜報機関モサドとフランス、エジプト、シリアの各諜報機関は、レバノンに「目をつけた」。一方ベイルートでは、英国とソ連の諜報機関同士の対決が激化していた。そのためSISは勢力の増強を図り、対ソ活動にベイルート市内に設置済みの諜報活動網を動員すると同時に、中東の別の国々で国家機関や軍隊、治安機関、警察、経済界、マスコミ界で重要なポストに就いている自前のエージェントたちを参加させた。

◆エリオットとランを中心とした諜報作戦とその失敗

一九六〇年代にそうしたエージェント・グループの指揮を執っていたのは、原則として支局のトップだったニコラス・エリオットとピーター・ランであり、ランの代理人を務めていたのは、SISに勤める経験豊かな諜報員のユースタス・マクノートだった。彼は大使館付海外支局の職員たちと同様に、大使館員（彼の場合は一等書記官）の身分を隠れ蓑として利用していた。

上記の諜報員たちには共通点があった。彼らは、西ベルリン〔当時〕でソ連を敵とする諜報活動を積極的に行っていたのだ。

ソ連を相手取った作戦を遂行するに際して、SISの諜報員たちは、今は亡きヨルダン国王フセインを参加させようとしていた。ちなみに英国の諜報機関は、自己の目的を達成するために社会的地位の高い人たちを利用する能力の高さで知られていた。ヨーロッパおよび全世界の王室と自国の王室との関係を基にして、ゲームを巧みに展開する術に長けていたのだ。またヨーロッパの諸王室間（デンマーク、オランダ、ギリシャさらには帝政ロシア）には、一族の末裔同士の婚姻により緊密な関係ができていることも彼らの勘定に入っていた。たとえばヨルダンの国王は、英国で軍人としての教育を受け、イギリス人女性を妻にしていた。

王室グループ（ヨルダンに限らず）の世界観に影響を与えた別の要素が、実は存在した。それは、王室の家族たちはロンドンの諸銀行の大口の預金者であり、大会社の株主だったという事実だ。

ベイルートはSISにとって、独特な演習場の役割を果たす位置にあった。ここでは、少人数の情報収集者グループの指揮官との関係を調整するための充分に吟味されたシステムができ上がっていたし、エージェントとの連絡用に民間企業の建物を利用する仕組みもうまくいっていた。また、自国ではSISの諜報員と接触できない国々から来た諜報員たちと話し合いをすることもできた。

ニコラス・エリオットは、本部から依頼されたデリケートな仕事をベイルートで遂行しなくてはならなかった。SISの職員の身でソ連のスパイとして活動していたキム・フィルビーとジョージ・ブレイクが、エリオットとほぼ同じ時期にベイルートに滞在していたなどということも起こった。フィルビーは、ロンドンのある新聞社の特派員の身分を隠れ蓑にしたSISの特別エージェントとして、既に数年間レバノンに滞在していた。ブレイクは、シェムランでアラビア語を習うためにアラビア語研修センターに派遣されたのだ。その頃、英国の特務機関内では二人がソ連の諜報機関と関わりを持っているとの疑いが強まっていた。読者の記憶を喚起するために述べておくが、ジョージ・ブレイクは自分を待ち受けている運命に気づかなかったために逮捕され、禁固四二年の実刑判決を受けたが、ロンドンの監獄から脱走するという伝説となった離れ業を演じてソ連に無事たどり着いた。エリオットは英国に戻るようキム・フィルビーを説得しようとしたが、失敗に終わった。結局、ソ連の諜報機関がフィルビーを秘かにベイルートから脱出させ、ソ連に連れて行った。

ソ連の諜報機関は、ここベイルートで大使館付海外支局と関わりを持つSISのエージェント網を事実上丸ごと暴き出し、地区内に存在する英国諜報機関の下部組織のスタッフを見つけ出すことに成功した。

SISのベイルート支局が体験した失敗は、レバノン支局の職員ピーター・ランがベルリンで味わった失敗と比較することができよう。ベルリンでの失敗とは、ソ連の電話による通信を傍受しようとしたCIAとSISの協同作戦が、ジョージ・ブレイクの積極的な協力を得たソ連の国家保安機関により察知され、傍受現場を特定されたことを指すが、この「ベルリンのトンネル」については後述することとしたい（ただし時間系列で言えば、このトンネルに関わる出来事の方がベイルートで起こった出来事より先行していた）。

一九七〇年代にレバノンで勃発した部族間の不和、イスラエルによるベイルートの一時的占拠、レバノンへのシリア軍の進駐、アメリカの軍事干渉などによりSISの中東地区のセンターとしてのべイルート支局の役割は終わりを告げ、支局は他の場所への移転を余儀なくされた。

◆中東における英国の失策

英国の中東地区における政策は、一九五〇～六〇年代に重大な試練に遭遇した。「スエズ危機※」は二〇世紀に英国が味わわされた最大の屈辱の一つとなった。ナセル大統領に率いられた民族・愛国運動の勝利は英国政府にとっても、SISのカイロ支局にとっても、予想外の出来事だった。こうした事態を招いた原因は、諜報機関の犯した重大なミスにあったというのが英国の歴史学者たちの意見だ。そのミスとは、エージェントや情報提供者のリクルートが、友好的な親英派のみを対象にして行われ、軍事的・政治的反英勢力を相手にしなかったことだった。なぜなら親英体制を葬り去ったのは、まさにこの反英勢力だったからだ。

一九五二年、ナセルが政権を手にしたエジプトは、英国政府に対し、エジプトの領土内にある軍事基地のすべてを撤去し全部隊を引き揚げることを断固として要求した。その結果、エジプトの軍隊、警察、そしてイギリス人アドバイザーたちの助けでつい最近創設されたばかりの保安機関幹部の親英派が一掃された。この事態が何を意味するかについてのSISの見解は、ズバリと核心を衝いた、次のようなものだった。「今後予期すべきは、エジプトによるスエズ運河閉鎖、同運河を経由するヨーロッパへの石油運搬の停止である」(注17)。しかし英国にとって最悪の事態の到来は、まだ先のことだった。

※一九五六年、エジプトがスエズ運河の国有化を宣言したことに端を発した英仏・イスラエル対エジプトの戦争。結果はエジプトのスエズ運河国有化が認められ、英国は巨額の戦費を費消しただけということになった。

◆実行されなかった「サラマンダー作戦」

その始まりとなったのは、英国政府が軍事力の行使と、ナセル個人の政権からの隔離および殺害に望みを託すと決めたことだった。毎度のことだったが、まずは心理戦をただちに始めることが決定された。反ナセルキャンペーンの中心となったのは、事実上はSISの支局の出張所のような役割を果たしていた、カイロで営業中のアラブ系の通信社だった。この通信社のキャンペーン活動の指揮を任されたのは、イギリス人のジェームズ・スウィンバーンで、SISの職員であるウィリアム・スティーヴンソンとセフトン・デルマーが助手役を務めた。

英国とエジプトの紛争は、決定的段階に入りつつあった。ナセル指揮下のエジプト防諜機関は英国諜報機関のエージェントの狩り立てを開始し、何十人ものSISのエージェントたちが牙を抜かれてしまった。ウィリアム・スティーヴンソンとセフトン・デルマーは逮捕され、国外に追放された。SISのカイロ支局勤務のG・B・フラックスとG・T・トーヴも退去させられた。エジプト国内のSISのエージェント網は修繕不可能なまでに破かれてしまい、ロンドンの本部に送られてくる諜報は減少の一途を辿った。

しかし、いつものように援助の手を差し伸べてくれたのは、エジプトの暗号に「口を割らせる」ことに成功したGCHQだった。その結果、暗号解読部門が傍受した一通の電報が英国政府に提出されたが、それは英国政府をしてまったくのパニック状態に陥らせるものだった。「紛争地帯に軍隊を派遣することも含んだ支援を、エジプトに提供する用意があることをソ連が明らかにした」という内容だったからだ。後に、英仏とイスラエルの共同軍事作戦が始められた時、英国は別のサプライズに遭遇することになる。

この間、首相のアンソニー・イーデンの気持ちは、ナセル殺害案の採用にますます傾いていった。

「サラマンダー」と名づけられたナセル殺害計画は、エジプトへの軍事攻撃が始められる前に準備されていた。SISは、神経ガスの使用からナセルの司令本部の放火まで、さまざまな方法を検討していた。結局イーデンは、殺害準備の痕跡が発見されるのを恐れて躊躇した挙句、実行のゴーサインを諜報機関に出すことはしなかった。

英国が「サラマンダー」計画の再検討を行ったのは、エジプトに派遣した軍の働きが期待していた結果を生んでいないことが明らかになった時だった。殺害計画を実行するための手段として特別視されたのは、エジプト空軍諜報部の指揮官代理マフムード・ハリルを計画実行者としてリクルートすることだった。彼には報酬として一六万七五〇〇ポンドという大金が支払われた。ロックハートとライリーの試み※が繰り返され、同じような悲しい結果に終わった。「サラマンダー」計画は完全に失敗した。SISの友人のふりをしていたハリルは、実はナセルの指示に従って行動していたのだ。

エジプトにおける英国の立場は崩壊寸前となり、SISの地区センターをカイロからベイルートに移すことを余儀なくされた。

スエズ危機に際しては、英国とイスラエルは統一戦線を組んだ。SISとイスラエルの諜報機関モサドの間にも相互協力が樹立されたが、簡単にできたわけではなかった。英国がアラブ諸国と関係を保っていたため、イスラエルが英国に対し無理からぬ疑念と不信感を抱いていたことが障害になったからだ。しかし、いくつかのアラブ国家が反帝国主義に立場を変更するにつれ状況に変化が生じ、SISとモサドは連携を密にするようになり、エジプト、シリア、リビア、イラクについての情報交換が軌道に乗った。また、SISはモサドがパレスチナの組織にエージェントを潜入させる際や、パレ

※ 英国大使ロックハートと英国の諜報機関要員ライリーは、レーニン暗殺を企てた。

スチナを相手とする作戦を実行する際には協力した。ベイルートは、両国の課報機関の協力関係を強化するためのそれなりの可能性を提供してくれる場所となった。

◆トルコという重要な拠点

トルコは長年にわたり、SISにとってロシアを目標にした諜報・破壊活動を行うための理想的な橋頭堡だった。第二次世界大戦後、SISは首都のアンカラとイスタンブールに二つもの海外支局を保持していたが、一九四〇〜五〇年代にはイスタンブール支局の方に重点が置かれていた。「トムリンソンのリスト」から判断すると、英国の諜報機関は現在〔本書執筆時〕も両都市の支局を維持しているらしい。

SISにとって、トルコが橋頭堡として重大な意味を持っていることは理解できる。トルコは近年までソ連と国境を接していたし、イスタンブールは黒海に出るための「門」だったためにソ連の軍艦や商船の動きを監視できるからだ。トルコは一時期、ロシアからの「買出し人たち」※で満ち溢れたこともあり、トルコのリゾート地は裕福なロシア人にとっては住み慣れた場所となっていた。これは新しい状況だったが、諸外国の特務機関は躊躇することなく利用していた。

もう一つ、かなり重要な意味を持つ状況が存在したので、この機会に紹介しておく。それは、SISがずっと以前から対ソ連工作をトルコの保安機関と協調して行っていたという事実だ。ソ連が崩壊するまで英国諜報機関は、トルコ在住のソ連代表部の職員への働きかけや、イスタンブールでの海峡

※ 安値で買った日用品を高値で売りさばく商売を行っている者たち。たとえばトルコ、中国、ポーランドで安値で仕入れてロシアで売る。ソ連崩壊直後に大流行した。

〔ボスポラス海峡〕の監視作業の組織化、あるいは英国のエージェントたちのソ連への送り込みなどの工作を実施するに際し、トルコの保安機関を利用していた。エージェントの送り込みについては、SISは第二次世界大戦時に少人数のエージェント・グループを敵の占領地に送り込んだ経験を生かすことができた。

戦時中のエージェント・グループは、通常は二人一組で、一人は通信士だった。本部との連絡は原則として無線交信で行ったが、場合によっては他の国から本部に向かうクーリエの助けを借りた。SISはこの方法を踏襲するつもりでいたが、断念した。なぜなら状況が異なっていたことや、エージェント・グループがザカフカス地方[※1]に確固たる活動の場所を築けなかったこと、そしてそもそも外国への侵入は簡単にできるものではなかったからだ。

そのうえ、トルコの保安機関は頑固なパートナーだった。それればかりでなく、SISは相手が示す不信感や、同盟国に対しあらわにする嫉妬心混じりの猜疑心を考慮に入れてつきあわなくてはならなかった。SISは課題を遂行することが第一と考え、トルコ側の欠点は必要悪とみなすことで切り抜けた。その課題とは、ソ連の領土であるザカフカスへの潜入という難しいものだった。

◆ザカフカスにおけるSISの活動

一九二〇～四〇年代のザカフカスにおけるSISの計画は、ノエ・ジョルダニアが率いるジョージア（グルジア）のメンシェヴィキ[※2]の活動と関係があった。彼は一九一八年にはドイツが後見をするジ

※1 コーカサス地方の一部。ヨーロッパの東部とアジアの南西部の境。
※2「メンシェヴィキ」とは、一九〇三年のロシア社会民主労働党の第二回総会で持ち上がった論争で少数派となった者たちを意味する。

ョージア傀儡政府の指導者だったが、後には西側に逃走した。英国軍が黒海の港を占領したこと、干渉軍が当時のトビリシ市を目指して行った「軽い散歩」[※1]のことは、イギリス人たちの記憶に残っていた。一九二〇年代には英国の諜報機関はそれまでと同じく、ジョルダニアと彼の支持者たちを当てにしてジョージアでの武装蜂起の準備をしていた。

ちなみに、現実感覚を喪失したSISは、第二次世界大戦後も西側に移住したジョージア人組織支持の路線を継続していたが、この組織というのはファシズム体制のドイツとつながりがあり、必要以上の数のドイツ特務機関の元エージェントたちで満ち溢れている代物だったのだ。トルコの国境を越えてエージェントをジョージアに送り込む準備は整えられていた。送り込まれたエージェントを自己の直接の管理下に置くことを狙ったトルコの保安機関も、急きょこの作戦に参加することになった。結局、英国とトルコの協同作戦は案の定、完全に失敗した。

◆SISのアフリカの組織

トルコ諜報機関の特殊部隊がケニアでクルド人グループ〔クルド独立派武装勢力〕のリーダーであるオジャランを捕らえたことが、英国諜報機関のケニア国内での活動と関係することに気づいた人がいるはずだ[※2]。

SISのナイロビ支局（トムリンソンのリストに記載されている）は、平凡なこととは間違っても言えないようなきちんとした組織であり、要員たちはケニア以外の国々でも活動していたと思われる。ケニ

※1　英仏などがソ連に軍事干渉を行った時、英国軍はジョージアのトビリシに侵攻した。その際抵抗を受けなかったため、散歩気分で進軍したことを意味する。
※2　英国の諜報機関は、オジャランをトルコの追及から一時的に匿うために、他国の諜報機関と共に一役買った。

アが独立を獲得しつつあった時期、ＳＩＳは既に、大英帝国の植民地であったこの国における自己の立場の強化を目指して動きはじめていた。白人の開拓者出身のイギリス人エージェント、ブルース・マッケンジーは著名な自転車競技者であり、また少数派となった白人たちのケニアにおけるリーダーの一人でもあった。彼は民族解放運動の指導者ケニヤッタに接触し、「影響力を持つエージェント」の古典的な手法を用いて活動した。

ＳＩＳは、アフリカに誕生した新しい国の政府機関、軍隊、特に保安機関から関心の眼差しを外すことはなかった。新体制となった後も、ケニアでは長い間イギリス人のアドバイザーたちが活動を続けた。彼らは助言をしたり、国家公務員の育成に携わったりしながら、必要と思われるところに自己のエージェントや代理人を入り込ませた。

一九七〇年代、ブルース・マッケンジーを再度有名人の座につける出来事が発生した。モサドの特殊部隊がウガンダに強行着陸し、パレスチナ人たちによって奪われたイスラエル人たちを乗せた民間機を奪い返した時に、マッケンジーはイスラエルの飛行機がナイロビの空港で燃料を補給できるように手配したからだ。※

◆ＳＩＳがアイルランドで用いた汚い手

古来「緑の島」と呼ばれているアイルランドは、英国を辱める存在だった。大英帝国の支配層が何百年もの間信奉し続け、イギリス人の国民性形成の決定的要因となった帝国主義的侵略思想は、この

※　一九七六年六月二七日、パレスチナ解放人民戦線（ＰＦＬＰ）所属のゲリラによる、エールフランス機ハイジャック事件が発生した。その救出作戦の通称「オペレーション・サンダーボルト」のことを著者は書いているのではないかと思われる。

英国最初の植民地で生まれた。「アイルランド症候群」はエリザベス一世から始まってオリバー・クロムウェル、ウィリアム・ピット（小ピット）、ウインストン・チャーチル、マーガレット・サッチャー、トニー・ブレアに至るまでの英国の歴代の統治者や政治家の思考や行動を決定づけてきた。また、英国の植民地政策、懲罰政策は、アイルランドで磨きをかけられてきた。英国から無理矢理引き離されたアイルランドは連合王国の一員となり、北部のアルスターは英国の軍隊、警察、課報機関、防諜機関の演習場となって、不従順な者たちの抵抗を弾圧するための最新の方法の仕上げ作業が行われていた。警察やMI5やSISが民族解放運動の新しい高まりに抗しきれなかったり、あるいはアイルランド共和国軍（IRA）による武力衝突で遅れを取った場合、SISが積極的に介入した。

ダブリン支局は、アルスターを駐屯地としているSIS直属の特別機動部隊の動きに正確に呼応した。「戦場は戦場」だということで、英国の諜報機関は扇動に走り、プロの犯罪者たちを使った破壊工作やIRAのリーダーの暗殺を企てた。後に英国政府は、特務機関が実際にそうした汚い手を使ったことを正式に認めた上で、「いやいや」やったのであり、政治家たちの思いつきを実行したわけではなく、アイルランドでSISが失敗したことが原因だ、と弁明した。

一九八〇年代のさまざまな出来事から判断すると、英国政府がIRA撲滅政策を事実上合法化していたことがわかる。

アイルランドのテロリストたちを生きたまま捕らえることはしない、テロリストだということにしてアイルランドの合併のために戦っている真の戦士たち全員を死滅させる——。これが、軍部とSISの目的だった。汚い手の例の一つは、SISのエージェントだったケネスとケイトのリトルジョン兄弟が関わったものだ。このアイルランド人兄弟は、かつて銀行を襲った罪で有罪判決を受けたことがあった。その後、アイルランドで活動することだけを任務とするエージェントとしてSISにスカウトされた。二人に与えられた任務は、ＩＲＡに罪を着せられるように工夫して爆破や強盗を実行し、アイルランド政府と国民の怒りがＩＲＡに向かうようにすることだった。

ＳＩＳは、ＩＲＡのリーダー殺害をお膳立てすることもリトルジョン兄弟に任せた。兄弟は、報酬の見返りとして情報機関から求められた課題の遂行に熱心に取り組み、アイルランド国内で一二件の銀行強盗を働いた

一九七二年一〇月にアイルランドの「アライド・アイリッシュ・バンク」を襲った際には、兄弟は現場に「足跡を残してしまった」が、うまく姿を消して英国に逃げ込んだ。この事件は新聞紙上で騒ぎ立てられたため、英国の警察は兄弟を逮捕せざるをえなくなった。二人はＳＩＳのエージェントとして与えられた課題を遂行していたことを白状した後、アイルランドに引き渡され、法廷に立たされた。時をほぼ同じくして、ＳＩＳの在ダブリン英国大使館付海外支局の職員ジョン・ワイマンがアイルランドの防諜機関により逮捕された。彼はＳＩＳのエージェントであるアイルランド警察の職員と会っている場所で現行犯逮捕されたのだ。

◆「真のジェントルマン」たちの残忍な手口

上記の実例は「英国型民主主義こそ理想的なものである」との主張の正否について、あるいは英国の特務機関要員たちは「真のジェントルマン」であるとする「最高級の評判」の正否について論ずる際に使う材料としては、悪いものではないだろう。

感情を表現する際の丁寧さ、思いやり、自制は、英国のジェントルマンたちに子どもの時から植えつけられ、不可分の一部となった性格を特徴づける要素であることは確かだ。しかし、筆者は読者に想像してもらいたいのだ。パイプを燻らせながら上品な物腰で、丁寧にはっきりとした口調で命令を

下している、エレガントなイギリス人将校の姿を。下される命令の内容は、インドの民兵たち、ケニアやマレーやアイルランドの蜂起者たち、裏切り行為により捕らえられたバクー・コミューン※の指導者たち、軍事干渉軍部隊の捕虜になった赤軍の将兵たち、ソビエト機関の平凡な職員たちを処刑し、英国にとって不都合な民族運動の指導者に制裁を加えること、またはかつての同盟国に核攻撃を行う準備をすること、あるいはイラクとユーゴスラヴィアの「目標」に情け容赦のない爆撃を加えることなのだ。なんともおぞましい光景ではないだろうか！

◆SIS海外支局の設置国から読み取れること

リトルジョン兄弟の件で、SISは絶体絶命の窮地に追い込まれた。英国の官界は、自身の特務機関のやっつけ仕事と一線を画さざるを得なかった。しかし、不愉快な出来事はこれだけではなかった。

次は、「年上のパートナー」〔アメリカ合衆国〕がその出所だった。アメリカ合衆国に居住しているアイルランド系の人口は、二〇〇〇万人を超えている。つまり、選挙民の大集団なのだ。また彼らの中にはアメリカ国内で大きな影響力を持つ者や報道機関との幅広い関係を築いた者が数多くいる。たとえば、ケネディ一族とか多くの議員たち、銀行家や企業主たちだ。元大統領ビル・クリントンもアイルランド系の血を引いている。彼らは全員アメリカ国内のアイルランド系組織の支持を多かれ少なかれ必要としている。それゆえに、アイルランドに対する政治的、金銭的援助が慎重に行われているのであり、IRAに媚をうるようなことがなされてもいる。それゆえに、英米間の関係の紛糾化が新しい段階に入ったのだ。

※一九一八年、アゼルバイジャンのバクー市および他の数箇所に設立された、ソビエト政権。

「トムリンソンのリスト」にはヨーロッパの国すべてが記載されている。それでわかったことが興味深い。ソ連や現ロシア、旧ワルシャワ条約機構加盟国にSISの活動拠点があるのは、いわば、理に適っている。中立国にSISの支局があることも、「主敵」に対抗するためということでなんとか正当化できるであろう。

しかし、記載されているのは上記の国々だけではない。必要とあらば敵国の諜報機関に太刀打ちできる自前の特務機関を持っているNATO加盟国も、SISの支局がある国として名が挙げられているのだ。ちなみに、この点ではSISはアメリカの中央情報局CIAとまったく同じである。CIAも中立国と仲間であるNATO加盟国のことを気にかけ、面倒を見てやっているからだ。こうなった原因は、何だったのだろうか?

回答の候補になり得るのは、次の三つだ。一つ目は、NATO加盟国に設置されたSISの海外支局は、加盟国間の協力に関わる諸問題の調整役を務めていること(ただし、特務機関が関わる分野での加盟国間の相互関係を司るシステムは、ブリュッセルのNATOの本部内に既に整備されている)。二つ目は、かなり現実味を帯びたもので、SISの支局はそれが設置された国の政府との合意に基づき、その国の保安機関の協力を得て、その国に設置された外国の機関そのものおよびその職員たちへの働きかけを行っていること。三つ目は(こちらもおおいにあり得る)、SISの海外支局が、当該国の好意を悪用してその国自体を標的とした活動を行っていることである。大胆過ぎる推定だろうか? そんなことはない。こんな例はいくらでもある。そのうちのいくつかについては、既に触れた。

SISのフィンランド支局は、職員数の点では「トムリンソンのリスト」上でごく目立たない存在になっている。名が明記されている職員は、一九七三年にヘルシンキの支局で働いていたリチャード・フレイザー゠ダーリングのみである。しかし、この支局自体の役割とSISのフィンランドを主舞台にした活動が果たした役割は、極めて大きなものだった。

ヘルシンキ支局は、SISがソ連を狙った諜報・破壊活動を実施した際、初めて利用した支局のうちの一つであったことでも重要視されていたことがわかる。一九二〇～三〇年代には、フィンランドとソ連の国境を不法に越えてソ連へエージェントを送っていた。国境線上に存在した「窓」をソ連への潜入に利用しようとしたのは、読者には既にお馴染みの英国の諜報員シドニー・ライリーだった。一説によると、一九八五年、SISは自己のエージェントであるオレグ・ゴルディエフスキーをソ連から脱出させるに際し、まさにフィンランド経由のルートを選んだとされている。

15

「ベルリンのトンネル」

現代の技術と知能がもたらした奇蹟／SISとCIAの間に生まれた子／「舞踏会を支配している」※のは誰だ？

インターネット版のトムリンソンのリストでは、ドイツ連邦共和国〔西独〕国内に存在した英国諜報機関の下部組織は、一九七〇～八〇年代に西独の首都ボンと西ベルリンで活動していたSISの海外支局員たちの姿を借りて紹介されている。「リスト」の中で名前が挙げられているSISの要員の数は一〇人に満たず、ドイツに常駐していたSISの全要員の数に比べれば、もちろん少ない。そして、ドイツに関わる諸問題に対して英国が長年にわたり抱いていた関心の大きさを反映した数でもない。西独がNATOを通じて英国の同盟国の仲間入りをした今〔本書執筆時〕では、なおさら少なすぎる。長く続いた競争、あからさまな敵意、ドイツが主敵だった軍事紛争、戦争。その結果、これらすべてが一つとなってイギリス人のドイツ人に対する強烈な嫌悪感と不信感を生み出すことになった。

ドイツ人のイギリス人に対する感情も、好意などというものとはまったく縁のないものだったと筆者は考えている。二つの世界大戦における深刻な敗北、第二次世界大戦後の長期の占領状態、自分たちが置かれた立場を思い知らせる外国軍の軍事基地と諜報機関の下部組織の拠点――。これらすべて

※ 何かを牛耳る、仕切るの意。

は、勝者に対するドイツ国民の感情に温かさが加わるのを妨げた。

◆第二次世界大戦後のドイツにおけるSISの拠点

ドイツにとってかすかな慰めとなったのは、ソ連と新ロシアとの関係の目的が同一のものになっていたことだった。「冷たい戦争」の終了後、NATOに加盟する直前の西独の目的と課題は、ソ連を主敵とみなしていた頃のものとはまったくの別物になっていた。一九九六年の一月にはドイツの有名な雑誌「シュピーゲル」はSISの諜報員であるローズマリー・シャープを告発する一文を掲載した。それは彼女がドイツから撤退するソ連西部軍の軍事技術を入手するために、ドイツ情報機関の三人の将校を買収しようとしたことを告発したものだった。SISの悪い癖を承知している人たちには、何がSISの真の目的だったかを説明する必要はないと筆者は思っている。「冷たい戦争」に従事していた西側連合軍の構成国間に生じたあからさまな、あるいは秘せられた争いの例は少なからずある。しかし、英国とドイツの諜報機関同士の対決には触れないでおこう。このテーマは別途に研究すべきものであって、本書が果たすべき課題にはなっていないからだ。

第二次世界大戦後、SISの拠点はボン、ケルン、フランクフルト、ハンブルグ、バート・ザルツウフレン、西ベルリンなど、ドイツの多くの都市に設置されていた。英国とドイツ民主共和国〔東独〕との間に外交関係が樹立されると、SISの海外支局は東独の首都の英国大使館内に設立された。その後、西独内での英国の存在感は薄れたと推定できるが、その根拠は十分ある。過去の西独は敗北を喫した敵にすぎず、無視してもかまわない存在だった。しかし現在の西独は、ヨーロッパで最強の国家の一つであり、ヨーロッパ以外の地域でもリーダーたらんと欲していることを英国ははっきりと認めていた。東独と西独が統一した新生ドイツが、自国の領土内にアメリカ、フランス、英国の軍隊が駐留していることを重荷に感じ、国内のさまざまな場所にＮＡＴＯ加盟国の情報機関の下部組織が存在していることに喜びを感じなくなる日が来るのも、遠くはないはずだ。

◆「冷たい戦争」の戦場となったベルリン

一九四〇〜五〇年代後半の状況は、異なっていた。「枢軸国」は粉砕され、勝った国々に危険を及ぼすことはできなくなった。日本の領土はアメリカ軍で満杯になった。イタリアにはアメリカと英国の軍事基地が創設され、ドイツ全体は第二次世界大戦時の連合国により占領され、分割された。二つのドイツ国家がつくられたことにより、状況は複雑化する。敗北した旧ドイツの首都ベルリンは分割されたままだった。

こうした状況下のベルリンは、情報機関の活動の場所としては理想的なものとなった。ＣＩＡの複数の下部組織やＳＩＳ、フランスの対外治安総局（ＳＤＥＣＥ）が陣を構えた。また東独の国家保安機関と、もちろんソ連の特務機関も活動していた。かくしてベルリンは「冷たい戦争」の本物の戦場と化し、「マントをまとい短剣を帯びた」将校たちが、秘かに行われる、妥協を許さぬ闘いにおいて刃を交える場所となった。ベルリンはヨーロッパの諸都市の中で、おそらくは、西と東、すなわち北大西洋条約機構とワルシャワ条約機構が直接対立する唯一の場所となった。

ＳＩＳの西ベルリン支局は、諜報活動担当の将校と技術担当者を合わせて約一〇〇人のスタッフを抱えるＳＩＳの、支局の中でも最大なものの一つだった。このスタッフが隠れ蓑として使ったのは、英国軍と監視委員会※だった。支局はいくつかの部門を有し、それぞれが政治情報の収集、ソ連軍と東独

※第二次世界大戦後、戦勝国である米英仏ソ連が、敗戦国ドイツを管理するために創設した委員会。

軍への潜入、技術応用諜報活動の実施などを担当した。西独国内のSISの支局（西ベルリン、ハンブルクなどに設置）は比較的容易にドイツ人エージェントをリクルートし、東独に送り込んだ。目的は、駐屯しているソ連軍に関する情報の収集だった。「リクルートされたエージェントに渡される『報酬』は、最高でも一包み（一〇～二〇箱入り）の煙草だった」と言われたほど、英国の諜報員は仕事をさせるドイツ人エージェントたちに対して最大限冒瀆的な態度で接した。送り込まれるエージェントは通常、英国の軍人に仕立てられ、偽の身分証明書を携行させられた。

◆SISのエース、ピーター・ランの活躍

SISの西ベルリン支局には、経験豊かなプロの諜報員、エージェントを利用する作戦の専門家、技術応用工作の専門家が揃えられていた。一九五〇年代の半ば、SISのエースの一人ピーター・ランがここに派遣されてきた。彼はSISの支局のトップを勤めていたウィーンから西独に転勤してきたのだ。SISの首脳の評価では、ウィーン支局はオーストリアに駐屯しているソ連軍の電話による通信を傍受することに成功するなどの「感銘を与える成果」を挙げていた。ウィーン支局が実行した「衝突」「砂糖」「ロード（閣下）」などと名づけられた作戦は、情報収集活動が向かうべき道を指し示し、多くの成果を約束する新しい道筋を開拓した。その結果、重要な資料の入手が可能になった。

ロンドンの本部では、上記の作戦を仕上げるために特別な下部組織である「技術運用課」が設立された。この課はロシア語に堪能なSISの要員たち、すなわち、「サンクトペテルブルク出身のイギリス人たち」と称されていた者により構成されていた。具体的には、ロシアからの移住者で英国に定住した商人の子孫や英国に亡命したロシアの貴族集団を代表する者、あるいは世界大戦時にSISで働いていたポーランドの元将校たちだった。

ともあれ、輝かしい経験と際立った評判の持ち主ピーター・ランが西ベルリンに到着した。ウィーンで経験したこと、すなわちソ連の有線通信の傍受を新天地で再現してみせるとの固い決意を胸に秘めての登場だった。小柄で白髪が微かに残る禿頭のランは、優柔不断な、消極的な人間に見えた。しかし実際には、彼は並外れた意志の力と能力を持った人物だった。ウィーンで彼が持っていたツキは、ベルリンでも彼の元を去らないと当初は思われた。彼は「ベルリンのトンネル」と名づけられたSISとCIAとの協同作戦の創造者であり、推進力でもあったと、公文書でも公開出版物でも認められている。コードネームは「黄金のストップウォッチ」だったが、時として省略して「黄金」と呼ばれた。この英国の諜報員の真価は認められてしかるべきである。なぜならベルリンで実施されたこの作戦の著作権者だと主張した者はアメリカ人を中心に数多くいたが、ラン自身はこの件を利用して自尊心を満たそうとはしなかったからだ。

◆「ベルリンのトンネル」作戦とは

一九五二年から五三年にかけて、SISとCIAの責任者がロンドンで会合を重ね、「ベルリンのトンネル」作戦の立案について合意した。SISからは後にこの組織の次官になるジョージ・ヤング（当時は部長）、技術運用課のトム・ジムソン、ピーター・ラン、その他の専門家たちが参加した。アメリカ側からの出席者は、工作本部ソ連課長のフランク・ローレット、CIA西ベルリン支局長ビル・ハーヴェイとその他の者だった。この作戦は「いつも呑んだくれている」「奇人ビル・ハーヴェイ」の「カウボーイ的無鉄砲さ」のなせる業だと主張する、作者も動機も不明の説が流れたことがあった。しかし、彼が指揮を執っていたCIAの西ベルリン支局が「ベルリンのトンネル」作戦と熱心に取り組み、しかるべき結果を出したことは事実なのだ。

電柱に架設された通信回線に接続する案は、信頼度が小さく、発見されるリスクもあるという理由で却下された。回線はソ連の占領地区を通っており、厳重に警備されていたからだ。その結果、ウィーンで用いられた策が採用された。それは地下に埋設された回線に接続するためにトンネルを掘るというもので、却下された案に比べてはるかに大きな労力を要するものの、秘密が守られる確率はずっと高いものだった。ウィーンの場合と同じく、真っ先になすべきは、ソ連の電話回線の正確な配置図を入手することだった。ウィーンでは市の電話会社に勤めているオーストリア人エージェントが英国の占領地区を通っているソ連の電話回線についての情報をSISの支局に伝えた。

一方ベルリンでは、SISとCIAが詳細な設置図と配線図を含むドイツ国内のソ連の電話網についての情報を、東独の郵便・電信省に勤めるドイツ人エージェントを通じて苦労の末首尾よく入手した。オーストリアの場合と同じく、ツキが味方をした。ソ連の電話回線の何本かは、ベルリンのアルトグリーニッケ区でアメリカの占領地区のすぐ近くを通っていることが判明したのだ。これがトンネル掘削案誕生のきっかけとなった。ソ連の占領地区に数百メートル入り込むのは複雑な技術を要する難工事だった。英米混成部隊の役割分担は、次のように決められた。CIAは資金の提供とトンネル掘削用労働力の確保、アメリカ占領地区内での不可欠となる偽装工作の実行。SISは必要な器具類と技術的設備、そして盗聴部署に配する専門家たちの提供。資料の整理と評価は、両国の専門家たちが合同で行った。「ベルリンのトンネル」作戦の指揮本部はロンドンに置かれ、指揮官にはイギリス人が任命された。

CIA長官アレン・ダレスにとっては「ベルリンのトンネル」作戦は大いなる誇りだった。「極めて価値のある、高価な、大胆な作戦だった」とこのCIA長官は自著『諜報の芸術』(注18)の中で述懐している。

◆ソ連諜報機関が作戦中断へと動く

SISとCIAの協同作戦は失敗に終わり、アレン・ダレスに残されたのは何気ない振りをして「ベルリンのトンネル作戦は、西側諜報機関のソ連に対する優位を見せつけた」という捨て台詞を繰り返し述べることだけだった。

明らかな事実を認めないことを自らの習慣としているアメリカ諜報機関のトップは、壊滅的な失敗に起因する苛立ちを隠すために次のように述べたのだ。「諜報活動はどんなものであれ、必ず時間的制約を受ける」。一方「ベルリンのトンネル」作戦の実行を許可したSISの長官スチュアート・メンジーズは、失敗については自己の考えを公にしないほうを選んだ。

メンジーズの意味ありげな沈黙も、ダレスの傲岸不遜な声明も、筆者には理解できる。失敗発覚に際し、アメリカ諜報機関のベテランであるダレスが見せた反応は、CIAの歴代のリーダーたちの多くが、「秘密戦」での失敗に理由づけをせざるを得なくなった時に試みる自己弁護であり、それ以外の何ものでもなかった。東独領土内のソ連占領地区の深部に、英米が協同で掘削したトンネルの長さは六〇〇メートルだったが、その中で米ソの占領地区が相接する部分は警告の意味を込めて鋼鉄製の扉で仕切られていた。結果的に、これは余計な心配とはならなかった。一九五六年にソ連の諜報機関が「黄金」作戦を中断することを決定した際、トンネルの中で働いていた英米の専門家たちはこの扉のおかげで「他人」の土地で逮捕されることなく、アメリカの占領地区に退却することができたのだ。ソ連側の決定は、「ベルリンのトンネル」に関する情報を漏らした本当の「犯人」について、SISもCIAも疑いを持たないように工夫した口実を設けてからなされたものだった。

その真犯人は、現在では多くの人が知るところとなっているが、ソ連の傑出した工作員ジョージ・ブレイクだった。彼はロンドンで行われたトンネルの建設に関するSISとCIAの合同会議の参加者の一人だった。トンネル作戦は始められる前から失敗することが決まっていたとは、英米両政府とも知る由もなかった。

◆なぜ作戦は失敗したのか

「ベルリンのトンネル」作戦を隠していた幕が、すべてではないが外された現在では、作戦参加者たちの名が公表され、失敗の本当の理由が明らかにされた挙句、この独創的な英米合同作戦についての神話や伝説が飛び交うようになった。「黄金」作戦が暴露された後、ソ連占領地区内に掘られていたトンネルを見学する機会が諸外国のジャーナリストに与えられた。このことにより、CIAは作戦に参加していたことを否定できなくなったが、トンネルのうちの自国の占領地区内に掘られた部分と盗聴用の複雑な電子機器が設置されていた建物にジャーナリストたちが足を踏み入れることは許可しなかった。

CIAのお偉方たちは、「ベルリンのトンネル」作戦により、なすべきことはなされたのであり、その意味では作戦は成功したし、効果もあげた、と言明した。SISは、自己の諜報活動に関しては自己宣伝しないという習慣に従い、身を隠したままだった、「年上のパートナー」に訳のわからない敬意を表するのをよしとしなかったせいもあった。

ＳＩＳが沈黙を守ったのは、ガルシンの作品に登場するカエル※のように自分の才能を世に知らしめようと振舞うことは、自分たちには縁がないことを再度立証したとも言えるだろう。カエルの自慢話は何人かの耳には入った。しかし結局カエルは身を滅ぼしてしまった。つまり自慢話をすることの空しさを知っていたからなのだ。

当時の状況は、既に秘密ではなくなっている。ＳＩＳとＣＩＡが協同でソ連の在外機関とモスクワとの間の通信を傍受すれば、ソ連の利益と安全が損なわれることにソ連の国家保安機関が気づいていたことも秘密ではない。しかし、ソ連側の行動は、まず何よりもジョージ・ブレイクの安全確保という、現実に即した配慮を基に決められたものだった。またＣＩＡとＳＩＳが、自らが傍聴している回線を使って虚報をソ連に流すなどということは、ソ連にとっては絶対にあってはならないことだった。

※ガルシンはロシアの作家（一八五五〜一八八八）。ガルシンのカエルとは、彼が書いた童話の主人公。内容は次の通り。

カエルが住んでいる沼に、南へ行く途中のガチョウの群れが立ち寄った。カエルはガチョウから南方の素晴らしさを聞き、そこへ行きたくなり、頼んで一緒に連れていってもらうことになる。方法は、木の枝の両端を二羽のガチョウにくわえてもらい、自分は枝の中央部分をくわえてぶらさがり、そのままの状態でガチョウたちに空中を運んでもらうというもの。それを見た人間たちが「素晴らしい方法だ、誰が考えだしたんだ？」と叫ぶ。それを耳にしたカエルは、「自分が考えたんだ」と言いたくなるが、口を開けば枝から身体が離れ、墜落してしまうので我慢していた。しかし、ある場所でとうとう我慢できなくなり「考えついたのは私よ」と叫んでしまい、墜落してしまう。幸いにも沼に落ちたので怪我もせず、そこに住むカエルたちに、ガチョウがきっと戻ってきてくれるから旅を続ける、と宣言する。しかしガチョウは、カエルが地面に激突して死んでしまったと考えて、いつまで待っていても戻ってきてはくれませんでしたとさ。

本書の筆者がここで言いたいのは、「賢明な」ＳＩＳは「ベルリンのトンネル」作戦というものを発明したが、「間抜けなカエル」と違って、それを自慢するようなことはしなかったということであろう。

それゆえ重要な問題についてのモスクワとの交信は、英米の諜報機関によって管理されていないことが確実な別の回線を使って行われたのだ。

「黄金」作戦実施の主導権はCIAが握っていた、という説は、誰かさんの自尊心をくすぐったかもしれない。だが実際は、単なる神話以外のなにものでもなかった。「黄金」作戦に西独の工作員ラインハルト・ゲーレンが関与していたという説は、ドイツ人には受け容れられているが、おそらくはありえなかったであろう。

米英両国の諜報機関は西独の諜報機関を信用しておらず、ドイツ国内における自分たちの活動について何も知らせないようにしていた。理由は、ソ連の諜報機関が潜入しているからだった。西独機関の助けを必要としない活動の場合には、特に意を用いて遠ざけていた。「黄金作戦」はそうしたケースに該当するものだったので、西独の諜報機関は蚊帳の外に置かれた。のみならず、西独の特務機関はその他の西独政府の官庁や機関と同じく、SISの調査対象になっていたのだ。第二次世界大戦後、西独では英国の諜報機関が抱える数多くのエージェントが活動していた。SISはそうしたエージェントたちの助けを借りてソ連に対抗するだけでなく、米英両国によって意のままに操られる荷車用の馬の地位に永遠に留まる気はない盟友西独の監視も行っていたのだ。

SISの西ベルリン支局の責任者ピーター・ランは「ベルリンのトンネル」作戦の失敗後、しばらくして中東地域のSISの本部があるレバノンの首都ベイルートへの転勤を命ぜられた。この地で彼の運命の「星」が完全に没することになるのを、読者は既にご存知のはずだ〔本書14章参照〕。

16 「黒色のプロパガンダ」陰謀と虚報

心理戦の名人。「白色」、「灰色」、「黒色」のプロパガンダ／一緒につながれた英国外務省とSIS／心理戦の「伝動ベルト」

第二戦線形成の経緯は、世界中でおそらくよく知られている。しかし一九四四年六月のノルマンディー上陸作戦実施に先立ち、英米が「フォーティテュード」（不屈の精神）と名づけた大規模な虚報作戦をドイツ相手にしかけたことの知名度は格段に低い。

◆英米による虚報作戦「フォーティテュード」

フォーティテュード作戦は、連合軍の軍部首脳と特務機関が協同で行った、フランスへの大規模な進攻作戦である。多くの点で模範的な虚報作戦として、英米の軍学校で教材として使われてきた。待望久しい第二戦線をヨーロッパに設けることを意味した「オーバーロード」作戦（連合軍のノルマンディー上陸作戦）は、戦略的性格を有する軍事行動の中でも最も難しいものの範疇に入るのは確実だ。一方、「フォーティテュード」作戦は、英国の特務機関すなわちSISと軍情報部が（アメリカ人たちと密接な相互関係を保ちながら）行った総合的な、虚報操作方策の注目すべき例となった。現在この作戦については、公開された情報によって非常に多くのことを知ることができる。この作戦の戦略的目的は、侵攻の場所と期日についてドイツ軍司令部を騙すことだった。具体的には上陸実行は六月ではなく七月、上陸地点はノルマンディーではなく、ドーバー海峡の沿岸だという内容の虚報を流した。

　この作戦は、英米両軍司令部が持っている可能性および諜報機関の特殊な方法と手段を、総合的に利用することが考慮されていた。計画の最も重要な要素は、上陸の時期と場所についての情報と虚報が送られたさまざまなルートを通してドイツ側に接近することだった。そのために特に利用されたのが、郵便と電報だった。また、ドイツ軍に占領され、ゲシュタポによって管理されている地域で抵抗運動を行っているグループ宛てに、（ドイツ軍の手に入ることを期待して）捏造した「指令」を送る方法も利用された。と同時に、無線封止と交信に関する厳しい規律が定められ、軍部による検閲も強化された。さらに外国の外交官たちを含む民間人の英国への出入国が厳しく制限されるようになった。

　ドイツ人たちを虚報で騙す作業は、MI5とSISによって摘発された後に連合軍側に寝返ったドイツ軍諜報機関アプヴェーアのエージェントたちを媒介して行われた。この目的を達成するために、ドイツの特務機関を相手とする二重スパイ作戦が立案された。それは、英国の諜報機関のエージェントが、ドイツの特務機関の監督下に置かれているはずのレジスタンスグループに偽の情報を届ける、という仕組みになっていた。これが大きなリスクを伴う方法であることは、英国の諜報機関も承知していた。しかし、この方法のそもそもの狙いは、送り出されたエージェントがドイツ側の手に落ちることだった。ドイツ軍に捕まって尋問された際、「虚報」を「自白」させるためだ。偽の情報がドイツ人たちの耳に達することを狙って、英国のエージェントおよび一連の中立国（アイルランド、スウェーデン、スイス、スペイン、ポルトガルなど）に駐在している英国大使のための偽の課題を特別に立案することも行われた。このケースで特に重要だったのは、スパイが自分について流す虚説を作ることと偽装だった。

◆ノルマンディー上陸作戦の二日前に実行される

このような経緯でドイツ側を欺くのに成功したのが、ノルウェー南部への侵攻を準備中とする「スコットランドに駐屯している第四軍の司令部」に関する偽情報だった。船、戦車、銃器、牽引車などの実物大の模型が大量に造られ、ドーバー海峡近くに「配置」された。そこに上陸部隊が集結しているように見せかけるためだ。モンゴメリー元帥〔ヨーロッパ戦線における連合軍の当時の総司令官〕の影武者〔俳優が演じた〕が選び出され、集中的攻撃が行われると「予測」される戦区に姿を現した。ノルマンディーへの上陸が行われる二日前には、元帥の影武者はドイツの諜報機関要員たちの目に留まることを計算に入れてジブラルタルに姿を現した。

当然のことながら、上記の偽装工作は敵を騙すためのさまざまな手段の活用を想定されていた「フォーティテュード」作戦の一部にすぎなかった。ちなみに英米は自分たちが考案した具体的な計画をソ連の首脳部に伝えるべきだとは考えていなかった。ドイツの諜報機関に知られるのを恐れたからだろう。と同時に英国の防諜機関は、英国内に存在するソ連の諸代表部の駐在員たちの調査に力を入れ、「オーバーロード」作戦の準備状態に関する情報漏れを見つけるために、駐在員たちが行う連絡を入念に監視した。

「フォーティテュード」作戦の効果を論じた書籍が最近〔英国国内でも〕出版された。書き手たちは、フランスに駐屯していたドイツ軍司令官のルントシュテット元帥をうまく騙すことができたとする説に疑問を呈しているが、大多数は「フォーティテュード」計画はやはり成功したとみなしている。その根拠とされたのは、ドイツ軍司令部は既に一九四四年の一月からフランス沿岸の別の場所で警備の強化を始めていたにもかかわらず、ドーバー海峡に面した地域に部隊を集結させたという事実だった。つまり、連合軍の上陸地点はドーバー海峡の沿岸だという虚報をドイツ軍に信じ込ませる作戦が成功したことは証拠立てられた、というわけだ。

しかしながら、この虚報作戦がどの程度成功したかは重視するに値しないであろう。上陸作戦成功の主因は、英米軍が兵員の数や兵器の質と量の点でドイツ軍を凌駕していたことに加え、当時のドイツ軍の機動力がはなはだ限られたものだったことにあったからだ。

ドイツの空軍（正確には無傷で残されたもの）は、連合軍の襲来を阻止できなかった。海上でのドイツ軍の作戦については語る材料もない。つまり、ドイツ軍は何もできなかったのだ。上陸後、文字通りほんの数日で連合軍は戦車と大砲のみで防戦するドイツ軍に対して圧倒的優位を確実なものにし、完全な制空権も手に入れた。ドイツ軍は連合軍侵入の可能性を「見落とした」わけではない。撃退する「道具」がなかっただけなのだ。ドイツ軍部隊の大部分はソ連軍との戦いで粉砕されてしまっていた。少し後になってドイツ軍は東部戦線から移された部隊と無傷で残っていた予備部隊をようやくアルデンヌで再編成、絶望的とも思える攻撃を限られた地区で連合国軍に仕掛けたが、それが精一杯の抵抗だった。

それはさておき、「フォーティテュード」作戦の枠内で、諜報機関と防諜機関が持てる力と手段で「オーバーロード」作戦の実行をサポートしたことは高い評価に値する。

後に「冷たい戦争」に滑らかに移行することになった第二次世界大戦は、英国の特務機関の虚報作戦実行の経験を著しく豊かなものにした。そもそも、敵を欺くことは、英国の政治的戦略と戦術の構成要素だった。英国は虚報で敵を騙す方法を平和時にも戦時にも使ってきたのだ。

◆さまざまな色に染められたプロパガンダ

「目標」を狩り立てて探し出すことは、アメリカ人やNATOつながりの盟友たちと共にソ連国内で核ミサイルの攻撃目標を探している英国の特務機関にとっては、最も大事な機能の一つとなっていた。しかしＳＩＳは、爆弾やロケットとは異なり、物体ではなく、人の心に損害を与える、いわゆる「心理戦」の分野に属する、別のタイプの目標も追跡していた。

国民の意識に影響を与え、社会の精神的・道徳的支柱を残らずもぎ取ることのできる心理戦の目的は、敵の特務機関が秘密の活動を行う際に用いる方法と手段の貯蔵庫に入りこんで、中身を暴き出すことだった。ＳＩＳはこの活動分野で大きな成果を挙げてきたが、その果たすべき役割は諜報機関としての義務の中に一般に「黒色」のプロパガンダと言われている、特殊な破壊的宣伝活動が含まれているか否かで決まった。

元アメリカの諜報員で、ＣＩＡにあからさまな挑戦状を叩きつけたフィリップ・エイジー※は、短いが内容は濃い古典的と名づけるに相応しい次のような定義を残した。「黒色のプロパガンダとは、存在しない情報源から出されたとされる匿名の資料、あるいは実在の情報源から出されたとされる偽の情報である」。フィリップ・エイジーは諜報活動やプロパガンダ活動の内容の違いを表現するために、色で等級分けをした。「白色」のと「灰色」のプロパガンダも存在するとしているが、この点に関しても元ＣＩＡ職員の説明は極めて簡潔だ。「白色のプロパガンダの場合、その真の情報源がアメリカ合衆国政府であることは隠されておらず、白色のプロパガンダを実行しているのは、公的にはアメリカ合衆国広報文化交流局である。灰色のプロパガンダを実行しているのは、個々の人間たちと個々の組織である。彼らは資料の情報源をアメリカ合衆国政府とすることは嫌い、資料は自分たち自身が作ったも

※一九三五～二〇〇八年。イデオロギーの違いと、本人がラテンアメリカ諸国でのＣＩＡの活動内容を暴露しはじめたことにより、退職。

のだと偽っている」(注19)

エイジーが名づけたさまざまな色に染められたプロパガンダの違いは、その内容によってではなく、それが伝播する方法とルートによって決められていた。他国の内政に干渉することは、いくらカモフラージュしても暴かれる危険を伴っており、そうなれば事態は一転して、国家間の関係に大きな損害をもたらすことになる。しかし、利益も大きい。なぜなら最小の支出で顕著な効果を挙げることができるからだ。

◆英国が得意とする「黒色」のプロパガンダ

現在「生徒」(フィリップ・エイジーはアメリカの特務機関を念頭に置いている)は、少なくとも活動の規模の点で自己の「教師」である英国の諜報機関を凌駕している。しかし、「黒色」のプロパガンダ利用競争で授けられる勝利の栄冠は、疑いもなく、英国側に属している。彼らは政治や道徳を材料にした名誉毀損術や虚報、騙し、中傷のテクニックをしっかりと自分のものにしているからだ。

誇張抜きで言えることだが、敵の名誉を毀損するための武器を英国はその存在の歴史の全期間を通して鍛え上げてきた。ウォルシンガムが率いていた官庁から現在のＳＩＳに至るまでの英国諜報機関が実際にやってきたことが、その証拠だ。ウィリアム・シェイクスピア、ウィリアム・サッカレー、リチャード・シェリダン、バーナード・ショー、ジョン・ゴールズワージー、チャールズ・スノーやその他多くの作家たちの不滅の作品には、少なからぬ数の政治的陰謀、狡猾な陰口、妄信、宗教的不寛容、計算された虚栄心、抜け目のない追従などの見本が登場する。ＳＩＳの犠牲者は、ＳＩＳのデマで中傷された者たち、仲違いさせられた者たち、買収で口説き落とされた者たち、ＳＩＳの味方に引き込まれた者たちだった。

文学作品で描かれる人間像は、明らかに現実の生活を豊かなものにする。しかし、その逆もあり得る。文学作品の中で具体化されたモノは、英国特務機関の秘密の活動の基礎になっている。「黒色のプロパガンダ」を含めた心理戦が敵を対象にしているのは自明の理だとされている。確かにそうだ。心理作戦と黒色のプロパガンダは、一本の破城槌〔城門を突破するために用いた槌〕のように敵の要塞に破裂口を開け、敵が守ってきた理想に泥を塗り、敵を惑わせ、誤解に導く。しかし確かなのは、これだけではない。敵国を目標にして始められた心理戦は、自国にも敵国が受けたのと同量の影響を与える。自国民の世界観を動揺させ、敵国そのものと、敵国国民の生活と仕事についての歪曲されたイメージと、憎悪や恐怖に転じ得る嫌悪感を自国民に植えつける。これも、確かなことなのだ。

◆つくられた「ロシアの怪物」というイメージ

英国の特務機関が、専制主義統治下のソ連の時代から現代のロシア連邦の時代に至るまで実行してきた「黒色」のプロパガンダは、世界がロシアに対し否定的な、不快なイメージ持つのに少なからぬ貢献をしてきた。英国の諜報機関は、ロシアの統治形態の如何にかかわらず、ロシアの信用失墜を狙って諸々の手段を講じてきたが、それは英国政府の戦術的課題を遂行するためだった。しかし、こうした行動に走ったのは、英国の諜報機関だけではなかった。

ソ連を武力で壊滅させようとした試みが失敗した後、ロシアを狙った「黒色」プロパガンダはその規模が拡大された。まさにその時期に作られたのが、現在も使われている「ロシアの怪物」という表現だった。通常この怪物は、立襟のルバシカを着た、獣に似た毛むくじゃらのロシアの野人の姿で表わされ、爆弾とナイフを手で持ち、胸には「ボリシェビク〔共産主義者の意〕」という文字が書かれている。かつてヨーロッパ人、アメリカ人を震え上がらせたロシア人は熊の姿で表現されていたが、前述の姿に変形されたのだ。一方、西側のインテリと俗人たちは「ロシアの危険性」「ロシア国内における女性の国有化※」「文化、宗教、家族の価値の崩壊」などの言葉で見事に騙された。そして、将来起こり得る「スラブ系遊牧民軍団」の西ヨーロッパ侵入に、誰もが震え上がったのだ。

前述のSISの活動は、安定した力量、強力なマスコミ（新聞、ラジオ。最近ではテレビ、パソコンを利用した情報の配布）と印刷能力をバックにした全ヨーロッパ的規模のソ連に対する宣伝攻撃と一体化したものになっていく。

◆ロシアに対する敵意と憎悪

一九二〇〜三〇年代、「白色」「灰色」「黒色」のプロパガンダは、英国社会にボリシェヴィズムに支配されたロシアに対する敵意と憎悪を植えつけるのに一役買った。反ソ主義と共に「ロシア嫌い」も吹き込まれた。これに関しては以下に記す事実をもう一度思い起こせば充分だ。それは、英国共産党に対しコミンテルンが「階級闘争の先鋭化」を指示した内容となっていたとされた、「コミンテルンからの手紙」を用いたSISによる扇動行為だ。この大規模な扇動行為により、偽造文書を作成し、それを忠義心に富んだ報道機関に持ち込んで公表させたSISの並外れた能力が、世間に喧伝されることになった。「コミンテルンからの手紙」は、かつて労働党政権が打倒される原因になったが、労働党

※一九一八年にソ連の地方都市で無政府主義者と名乗る一団が次のような内容の布告を新聞紙上で発表した。「人類の素晴らしき半分（女性）の中の良質の部分がブルジョワの所有物になっているが、これでは人類の存続方法が歪められることになる。したがって、一九一八年五月一日以降は一七歳から三二歳までの女性（五人以上子どもを持つ者は除外）は国民の財産とみなす云々」。布告には、該当する女性のリスト作成の規則や、「国民の財産」の利用法などが記載されていた。

内閣の外務大臣ロビン・クックが国会の問合せに応じてこの怪文書の特別調査の実施を熟考の上許可したのは、それから七五年も経ってからだった。英国の官界はこの件についての発言を控えているし、ＳＩＳも全く忘れられていたこの事件に関する自己所有の古い文書の公開を急いではいない。

ソ連に対する友情や好意も、そして歴史が進むべき道の選択肢の一つとすべくソ連が行っている「実験」〔共産主義国家の実現〕に対する関心も、あらゆる方法で弾圧され、亡きものにされた。

多くの西側諸国がファシズムに降伏したため、英国国内の気違いじみた反ソ主義のプロセスは一時的に停止した。英国社会、特に知識人層の目には、ソ連は、ヒトラーが率いるドイツを食い止めることのできる力として映っていた。イギリス人の意識が一九四五年に急転回し、保守主義者たちと英国で崇拝の的として名声の絶頂にあったウインストン・チャーチル自身が国民の信用を失ったのは、偶然ではなかった。※ソ連に対する敵意を刺激して生き返らせ、「共産主義という妖怪」で民衆を脅し、スパイ恐怖症とソ連の軍事的脅威から生ずるヒステリーを煽り立てるに違いない「冷たい戦争」が始められたのも、偶然ではなかった。

「赤い野郎がお前のベッドの下に潜んでるぞ」という表現は、既にいろいろと脅かされている西側諸国の国民を単に騙すために使われた隠喩ではなかった。英国国内においてこの隠喩は、ＭＩ５が鉄のカーテンを潜り抜けて出てくるソ連のスパイを探している、ということを、誇張されているとはいえ、充分に現実に即した言葉で表現したものだと理解されていた。

ゲッベルスが発明した「鉄のカーテン」という表現は、チャーチルの口内に移住し、その後はソ連を罪人に仕立てるのに都合のよい表現として保守党も労働党も使うようになった。

※一九四五年七月の総選挙で、チャーチルが率いる保守党が労働党に負けたこと。

「ロシア嫌い」という名の肥沃な土地には、現在でも英ロ二国の関係を損ねる力を保持している毒を含んだ種が育ってきたのだ。

◆英国流マッカーシズムが浸透する

英国はいわゆる「純粋な形」でのマッカーシズムは敬遠した。しかし、国の機関内の異分子や進歩的組織や労組のメンバーを念入りに暴き出すという形で、あるいは植民地やギリシャ、北アイルランドなどの半独立国において民族独立運動の弾圧という形では、マッカーシズムは英国に浸透した。

支配者層にとって都合の悪い国政担当者たちや政治家の名誉を失墜させるためによく用いられたのは、「某氏は共産主義者だ」という表現だった。その一方で、SISは「首吊り執行人」いう渾名を苦労して手に入れたウガンダの支配者イディ・アミンのような、不愉快極まる人物とでも、信頼しきった関係を持つことをまったく躊躇しなかった。アドバイザーとしてアミンの側近となったのは、英国の諜報機関の要員たちだった。差別主義国家である南アフリカへの武器売却が、国連によって禁止されていた時、同国への密輸出にアミンが利用された。この件に関しては、以下に示す鄧小平の名言を思い出しておくのも悪くはないだろう。「白猫でも黒猫でもネズミを捕るのはよい猫だ」。

英国は民族指導者たちの扱いに差異を設けていたが、対象にされたのは、イディ・アミンだけではなかった。英国は、自国の指導者層の気に入らなかった何人かの軍人たちや政治家たちに対する態度とは異なる態度で、南アフリカの人種差別主義賛成派の指導者たち、たとえば南ローデシアの首相イアン・スミスに接したのであり、後者を排斥しようとは考えなかった。「カラス同士が互いの眼をほじくり出そうとすることはない」〔「同類は庇い合う」の意〕のだ。アミンよりもっと前の例も、もっと後の例もある。英国はナチス・ドイツ軍の犯罪者たちやスペインの軍事独裁者フランコ、南アメリカの独裁者たちに媚を売ったこともあった。そのうちの誰かが（たとえばアルゼンチン）※英国の利益と支配権を直接狙おうとしない限りは、だ。

英国の特務機関員の中には、米国のマッカーシー上院議員の筋金入りの支持者が少なからずいた。また、英国の防諜機関の要員の何人かの目先には、自国のすべての国家機構の毛穴に潜入しているソ連のスパイと破壊工作員の姿がちらついていた。労働党内閣の首相ハロルド・ウィルソンとSIS長官のロジャー・ホリスの、ソ連諜報機関のエージェントたちとの関係が疑われていた。英国情報筋の資料によれば、ウィルソンに対しては英米両政府はまるで申し合わせでもしたかのように、同じような否定的態度で接していたという。首相が南アフリカ国内の黒人解放運動に理解を示しているために、英国のエージェントたちが危険な目に遭うかもしれないということを理由にして、SISが首相に情報を提供するのを拒否した、という奇異な状況が発生したこともあった。

英国国内の主要な二政党の策士たちによる燃えるような熱意、マスコミによる反ソ連プロパガンダ、そして特務機関による扇動的行為などのすべては、一つの目的に邁進していた。それは、英国で最も広い社会層の中に反ソ気運を掻き立てることだった。

その背景には英国の科学界・文化界を代表する人々、作家、宗教者、たとえばバートランド・ラッセル、ヒューレット・ジョンソン、バーナード・ショー、ハーバート・ウエルズ、サマセット・モーム、ジェームズ・オールドリッジたちにははっきり見えていたこと、すなわち、国と社会を守るための措置を講じていたソ連が、最終的には祖国防衛戦に身を投じざるを得なかったのだということを、誰もが認識させられていたわけではなかったし、また、ソ連の力の源泉は、秘密裏に行っている活動に

※ フォークランド諸島の領有権を巡り、一九八二年、アルゼンチンは英国と戦った。

あるのではなく、新しい社会体制の明白な成果を公開していることにあることを誰もが理解しているわけでもなかったという事情があったのだ。

◆プロパガンダを実行するためのメカニズムの確立

破壊工作を長年秘密裏に行っていたおかげで、SISは「黒色」プロパガンダの分野で行う活動用の特別なメカニズムを整備することができた。一九五〇年代には、自前のエージェントと無線局を所持し、マスコミ内に一定の橋頭堡を築き、大学その他の教育施設、研究センター、民間財団とつながりを持っている「特別政治活動」(SPA)と称する下部組織がSIS内に既に存在していた。その結果、SISの依頼によりロンドンの中央アジア研究センターは、ソ連の民族政策をおとしめる仕事を集中的に行ったし、センターの調査結果が英国のマスコミによって利用され、ソ連邦を構成する中央アジアの諸共和国との学術交流ルートを通じて個々のソ連国民の手元に届けられたりもしたのだ。

SPAは、ソ連の国外での影響力の排除と国際会議の場における反ソ扇動活動の組織立てを目的としたキャンペーンも行った。SPAのお気に入りのテーマは「スターリンの個人崇拝」「ソ連邦内の政治犯」「ソ連邦内でのユダヤ人の迫害」といったものだった。

ドイツが粉砕され恐怖が消え去ると、西側は第二次世界大戦勃発の責任に関する論議を煽り立てはじめた。西側の諜報機関とつながりがある西側のソビエト学者たちは、その責任をロシアに負わせるために少なからぬ努力を傾注した。彼らは、ソ連がドイツの軍備拡張に力を貸したとして、それを証拠立てるために独ソ間で調印された不可侵条約である「モロトフ・リッベントロップ協定」を歪めて解釈するなどした。目的はもちろんただ一つ、ミュンヘン会談、ドイツの戦争機構を養育した西側の独占企業体、ドイツを東に押しやる原因となった西側諸国とドイツの間でなされた取引と合意などから国際社会の関心を引き離すことだった。

◆ソ連の裏切り者が反ソキャンペーンに利用される

ソ連との心理戦の過程でこれ以上はないほどのグッドタイミングで出てきたのが、かつてソ連への侵攻の理由としてナチス・ドイツが利用した「ソ連軍はドイツ侵攻を準備中」という内容の、嘘で固められた神話だった。

そして、西側の新しい戦力が登場することになる。在ウィーン・ソ連大使館付武官だったヴィクトル・レズーンがSISの保護の下にロンドンに居を構えたのだ。SISはチャンスを逃さないために、この裏切り者を単なる情報源としてだけでなく、心理戦の活動要員としても利用することにした。冒瀆的な行為であることを承知の上で、スヴォーロフというペンネームを横領したレズーンは多作作家となり、英国側から提供される資料を基にした作品もいくつか出版した。[※1] そのうちのいくつかは、ソ連がドイツを攻撃する準備をしていたかのごとき内容になっている。もっとも、これは驚くに値しない。もらった銀貨三〇枚のお返しとして書いたものだからだ。[※2]

不可思議なのは、別のことだ。すなわち、この裏切り者にロシアのテレビカメラの前でかっこいいところを見せるチャンスが与えられたこと、および彼の作家としての「仕事」がロシアで大量に出版されたことが、筆者には解せないのだ。言論と出版の自由は、ロシアでも生きているということなの

※1　スヴォーロフという苗字の軍人が一九世紀のロシアに実在した。不敗の指揮官、冬季のアルプス越えなどでロシアの英雄とされている。その苗字を勝手にペンネームにしたのは、将軍を冒瀆した行為だと筆者はみなしている。
※2　ユダが銀貨三〇枚でイエス・キリストを裏切ったことに引っかけて、レズーンがソ連を裏切ったことを強調している。

だろう。しかし、ロシアの出版界とテレビ界は金儲けの機会と悪臭を放つセンセーションを追い求めるのに熱心なあまり、外国の諜報機関に活動の場を事実上与えてしまったことを、本当に見逃してしまったというのだろうか？

◆SISと英国外務省の協力関係

戦後、SISとマスコミおよび他の「黒色のプロパガンダの流布を行う官庁」とを結びつけているSISの伝動ベルトの役を演じたのは、英国外務省だった。一九五〇年代には、伝動ベルト役を務めるために機構内に情報調査局（IRD）が新設された。

SISと外務省が外務大臣一人によって管轄されることになったため、状況は大幅に緩和され、仕事がしやすくなった。IRDが主として取り扱うのは西欧諸国、中東、英連邦だった。独特な分業体制のため、ソ連と東欧はアメリカ人が精力的なプロパガンダを行う縄張りとされた。しかし「粥にバターを加えても粥の味が損なわれることはない」※を信条とする英国の諜報機関が他人の縄張りに足を踏み入れるのは珍しいことではなかった。

心理戦の分野でのSISの活動の重要性は、一九五三〜一九五八年にIRDの指揮を執っていたジョン・レニーが後にSISそのものの指導者になったという一事を見ても、明らかだ。IRDで働いていたのは主としてSISの職員だったが、東欧社会主義諸国からの移民や越境者も混じっていた。IRDの要員は「現場」で働くために英国大使館に時々派遣された。

※「必要なもの、役に立つものは害をもたらすことはない（バターは粥の味をよくするから）」という意味。

◆情報調査局（IRD）の幅広い活動範囲

IRDの仕事の範囲は広かった。信用できるジャーナリストを通してIRDおよびGCHQ所属の暗号解読班の活動に関する資料をマスコミに流すこと、アメリカのスパイ衛星関係の資料を流すこと、敵国に地下出版物（サミズダート※で発行されたようなもの）を送り込むこと（たとえば社会主義理念の不当な破壊者にして「西側の価値観」の創造者の役割を与えられたジョージ・オーウェルの『動物農場』、アーサー・ケストラーの『真昼の暗黒』）、特別な訓練を受けたエージェントや密使をソ連と他の社会主義諸国に送り込みイデオロギーの面で説得可能な人間を探し出すこと、敵意に満ちた文学作品を流布させること、諜報機関と大使館のルートで集められた現地人たちの住所宛てに「思想的な貨物」が入っている帯封の印刷物や小包を送ること、ソ連と東欧の領空に向け前述の「貨物」を積んだ風船を飛ばすこと、などだった。何の疑念も感じさせない「汚れなき」装丁または表紙で、反ソ連、反社会主義を掲げた出版物であることを隠すという、どこやらエキゾチックな匂いのする方法も会得されていた。

ブライアン・クロージャー（「タイムズ」）、デイヴィッド・フロイド（「デイリー・テレグラフ」）、チャップマン・ピンチャー（「デイリー・エクスプレス」）などの才能あるジャーナリストたちの一団が、SISとIRDのために働いていた時期もあった。

プロパガンダ活動の組織者たちも実行者たちも、小粒な詐欺師として摘発された場合には意に介さなかった。そうなっても彼らは黙秘を貫き通すか、別の口実を探し出すかした。彼らにとっての最悪のケースは、彼らの虚偽や虚報の論拠が失われ、世間の注目を逸らすためにそれらつくりものが新聞

※ 検閲を受けていない文学作品、宗教、社会、政治に関する評論を作成し配布するために、ソ連国内で実行された非合法手段のこと。印刷物だけでなく、作品の朗読や歌を録音したテープもあった。

の片隅に追いやられることだった。

「黒色」のプロパガンダの分野では、市場や商売に明るい者たちの方が彼らなりの成功を収めることができた。彼らは商品宣伝の専門家であることがしばしばで、人の心理に詳しい者たちだった。センセーションは商品の一つだった。他の商品に比べると、労少なくして儲け多しという特徴を持っていた。一九七七年、IRDは改組されて外交政策情報局となったが、一九八一年には外務省情報局となった。仕事の手法、実行者選択の原則は以前と同じであり、時には本物の密輸業者用のものかと思われるような仕事の手法と実行者選びの方法が適用された。

SPAとIRDはソ連を対象とした精力的な宣伝活動のプログラムや案を数多くひねり出した。その中には、複数の敵が存在する場合その数を減らす方が戦いやすくなるため、敵同士の対立を煽って戦わせる「リョテ」計画というものもあった。※この作戦名は分割統治政策を行った中世フランスの元帥にちなんでいる。「リョテ」計画は、まさにソ連と中華人民共和国の間に楔を打ち込むことを目的としたものだった。英国の諜報機関がこの計画を創案したのは、もちろん、ソ連と中国との間に重大な対立が表面化したからであり、SISがその事実を自己の情報源を通じて明らかにしたからであった。

戦略的プログラムと共に、心理戦の具体的課題の解決策の検討もなされた。

◆ペンコフスキー文書の公表という宣伝活動

一九六五年、まずアメリカで、次いで英国および他の西側諸国でいわゆる「ペンコフスキー文書」

※ロシア語の検索サイトによると、フランスが所有していたモロッコなどの北アフリカの植民地において分割統治に腕を振るったフランス軍元帥の名に行き当たる。彼は一八五四年生まれで一九三四年死去となっているので、本文中の「中世フランスの元帥」は誤植と思われる。

なるものが公表された。ペンコフスキーというのは、ソ連軍の情報部員でありながらSISとCIA両方のエージェントだった男である。彼は一九六〇年に両方の機関にスパイとしての援助を申し出、一九六一年にソ連邦国家保安委員会により摘発され、翌年にソ連邦最高裁判所により最高刑を科せられた。(注20)「ペンコフスキー文書」は日記の体裁をとっており、獄中で、取り調べの順に従って彼自身により書かれたものとされている。そして「友人たち」のもとに秘かに届けられた結果、日の目を見た。当人とSIS、CIA両諜報機関の要員たちとのパリおよびロンドンでの密会時の会話、ペンコフスキーの「ご主人様たち」への報告、※その他彼が提出した若干の記録の録音テープがブック・カバーに見事に編み込まれていた。「ペンコフスキー文書」は、西側にとって脅威となるソ連軍の防御方策を西側に提示すること、同時にペンコフスキーをソ連体制に立ち向かうイデオロギー闘争の戦士として描き出すことを目的した、宣伝活動の見本そのものだったと言える。私欲を特定の思想傾向と見せかけるインチキな方法は、後になって、米英の諜報機関が自己のエージェントであるソ連の国民を使って行った作戦が失敗した数多くのケースで言い訳として利用された。米英の諜報機関は、自分たちのエージェントが摘発された場合にはそのこと自体をプロパガンダ用の「商品」に変えようとした。信じやすくて、安っぽいセンセーションが大好きな読者たちに売る時に、値段を高くすることができるからだ。レフォルトヴォにあるソ連邦国家保安委員会の懲戒房で、ペンコフスキーが「友人たち」と秘かに会っていた証拠は一つも存在しなかった。ペンコフスキーの「日記」も存在しなかった。CIAとSIS存在したのは、彼が逮捕されるとすぐにすべてを自白したという事実だけだった。

※ CIAとSISを指す。「ご主人様たち」という表現は、裏切り者ペンコフスキーに対する本書の著者の軽蔑と怒りから出たもの。

が本件との関わりで行った工作は、一九七六年にフランク・チャーチが委員長を務めたアメリカ上院委員会の公聴会で公式に暴露された。「ペンコフスキー文書は諜報機関の狡猾な工作員たちにより作成され、作戦遂行のために印刷されたものである」――これが同委員会の結論だった。この事実は、アメリカの出版社の編集者により確認された。英国では、官界（特にSIS）は沈黙を守る方を選択した。「疥癬《かいせん》の羊からでも一摑みの毛ぐらい取れる」※というわけだ。自分が失敗した後でも、諜報機関に奉仕しなければならないのがスパイの運命なのだ。

◆エスカレートする東西陣営の競争

今では明白になっていることだが、米英政府はソ連に圧力をかけるために、自分たちだけが独占していると考えていた「最終兵器」、すなわち原子爆弾を使う案を持ち出そうとした。

しかし、彼らの酔いはすぐに醒めた。ソ連が米英の原爆独占状態を打ち砕いたのだ。しかし「冷たい戦争」は、戦費と戦力の大小を競う未曾有のレースをスタートさせてしまった。それと共に西側諸国、特に英国は「主敵」の弱体化を図るための別の路を必死に探しはじめた。ソ連の敵によって始められた心理戦のお陰で、西側の宣伝機関と諜報機関は別の路発見の可能性を大いに高めることができた。

そうした期待の持てる方法の一つが、「人権擁護」問題を利用した恥知らずなゲームだった。残念なことに、西側諸国の清廉潔白な人々の多くがこの釣り針に引っかけられてしまった。反ソ主義、強欲、度の過ぎた野望に取りつかれたロシアの山師やペテン師たちが、大喜びでこの釣り針に飛びついたの

※ 多くを取れない場合は、少しでも取れればありがたい。

は言うまでもない。

ソ連国内の彼らの数はそれほど多くはなかったが、西側で「ソ連における個人の自由の侵害」事件なるものが発生する度に大騒ぎが巻き起こり、この「問題」自体が異常に膨らんだものとなった。心理戦の分野で諜報機関とイデオロギーのセンターが積極的に活動していた英国は、こうした一連の大規模なキャンペーンの発案者となった。英国は実戦的および政治的虚報の名人であったし、現在もそうである。

戦時中のみならず平和時においても、敵を機敏に、巧みに騙すことができる英国の諜報機関の能力を過小評価すべきではないと筆者は確信している。

17 寒気に曝される日常

英国諜報機関の海外支局の「屋根」となっているモスクワのソフィア河畔通りにある英国大使館／モスクワ支局と環バルト海地域におけるSISの大胆な作戦／「レッドソックス」「レッドスキン」「合法的な旅行者」／「ロシア連帯主義者連合」（NTS）を拒否するSIS／SISとCIAのスーパー・スパイ

モスクワの中心地、クレムリンにほぼ面して、モスクワ川から出てザモスクワレチエ地区の奥に向かう排水用の運河がつくられているが、それが再びモスクワ川と合流するため運河とモスクワ川に取り囲まれた島が形成されている。この島に、砂糖製造業で財を成したピョートル・ハリトネンコが一八九〇年代に造った自分と家族用の貴族の邸宅様式の豪邸がある。ただし、家族のためではなく、彼の愛人のためだったとの陰口を叩く者もいる。だが我々がこれから取り上げる問題とは、どちらにせよ何の関係もない。

設計したのはロシアの著名な建築家ザレスキーとフョードル・シェフテリだった。後者はモスクワのヤロスラフスキー駅の設計者として、既に二〇世紀初頭に名声を確立していた人物である。ハリトネンコ家の白黄色の堂々たる母屋とその左右に張り出ている袖は、その美しさで現在もなお見る者を魅了する。

◆モスクワにおけるSISの活動拠点

革命後、ソフィア河畔通り一四番地に位置するこの屋敷の持主は一度ならず変わった。一九二〇年代にはデンマークの赤十字代表部がここに居を構えていた。そして一九三一年に英国大使館が使用することになった。英国がモスクワの中心地でクレムリンにも近い格式の高いこの場所をソ連政府からもらえたのは、英国が世界の強国の中でソ連を国として承認し外交関係を樹立した最初の国の一つであったからであろう〔一九二四年二月当初〕。

今や遠くなった昔から、ハリトネンコの邸宅は英国の外交担当官庁にとって使い勝手の良い建物とされてきた。内部には大使の公邸と大使館の主要部門、および陸・海・空三軍の駐在武官たちのオフィスが座を占めている。そしてSISのモスクワ支局も、この建物の屋根により庇護される機会を与えられた。

西側諸国によるソ連への軍事干渉の時代およびソ連の内戦時代の英国諜報機関の活動の特徴であった向こう見ずな大胆さは、SISの海外支局がモスクワに居を定めた当初から数年間は変化することがなかった。当時の英国大使〔氏名は不詳〕は、自らが「外交官を装ったスパイ」であったブルース・ロックハートとは異なり、外交官としてのエチケットを厳格に守り、諜報機関の活動からは距離を置くように努めていた。

一方、SISの要員たちは、自分たちにとっての新しい状況に慣れようと目を凝らし、ソ連政権が外国人のために設けた規則を研究し、ソ連の防諜機関の動静を監視した。基本的には、第二次世界大戦開始前から終結までの間におけるSISの対ソ連スパイ活動は、ソ連の国境外に集中していた。

◆英米による新たな対ソ諜報および破壊活動の始まり

西側は、ゲッベルスとチャーチルの「尽力」により設置された「鉄のカーテン」を、北大西洋条約やその他の軍事・政治同盟、ソ連の周囲に張り巡らした軍事諜報基地網で支えることに精を尽くした。一方、古典的政策であった「防疫線[※1]」の新版は失敗し、原子爆弾で脅す戦略も期待に添えなくなり、ＮＡＴＯとワルシャワ条約機構加盟国の戦力が拮抗しはじめた。

そして「冷たい戦争」にも、秘密裏に行われる破壊活動にも、別の手段が用いられるようになった。諜報活動の予定が数多く組まれ、計画が考案され、実行に移された。例を挙げると、ＳＩＳとＣＩＡが協同で行った「レッドスキン」作戦と「合法的な旅行者」作戦、ＳＩＳがオーストリアでの実行を策したいくつかの計画、対ソ連の諜報および破壊活動にファシズム・ドイツの血を受け継いだ「ロシア連帯主義者連合[※2]（ＮＴＳ）」を利用することを前提とした「榴散弾」計画[※3]、などである。

ＳＩＳの海外支局は、フィンランド、トルコ、イラン、中国、特にウィーン、西ベルリンなどソ連と国境を接する所で積極的に活動していた。ソ連を標的にしたＳＩＳの活動範囲は、世界の政治状況の変化に応じて移り変わった。ある地域（中国、アフガニスタン、イラン）では、英国諜報機関の我がもの顔での活動は縮小され、別の地域にはソ連に対抗するためにＳＩＳの海外支局が設置された。ソ連および中華人民共和国に近い紛争地域の一つであるソウルにＳＩＳの大使館付支局が設けられたのも世界情勢の変化を考慮した結果だった。ＳＩＳのモスクワ支局は英国の総合的諜報活動計画に組み

※1　ロシア帝国崩壊後誕生したソ連から、共産主義が西方に浸透するのを恐れた英仏が音頭を取った政策。ソ連の周辺にバルト三国などをつくり、疫病が蔓延するのを防ぐ時の防疫線の役割を果たさせようとした。

※2　一九三〇年にベオグラード（当時のユーゴスラヴィア王国）で連帯主義を唱える若手の亡命ロシア人グループにより結成された、反共産主義団体。ＮＴＳ（Narodno-trudovoi soyuz rossiiskikh solidaristov）。

※3　砲弾内部に球体の散弾がたくさん詰まっていて、空中で炸裂すると敵の頭上に散弾が降り注ぐ仕組みになっている。一七八四年にこれを発明した英国軍人ヘンリー・シュラプネルの名に因んでシュラプネル弾とも呼ばれる。

入れられたが、可能性と規模が共に小さいため、限定的な役割しか課されなかった。一九五〇〜六〇年代の支局員の数は二、三名にすぎなかったが、時と共に増員された。それでも、たとえばSISが西ベルリンに新設した大規模な作戦実施組織には、遠く及ばなかった。

◆環バルト海地域におけるSISの任務

第二次世界大戦後、SISの対ソ連スパイ活動の主要地域となったのは、ソ連領の環バルト海地域、ウクライナ西部、そしてザカフカスだった。これらの地域では、SISは民族運動を行っている地下組織や以前にドイツの特務機関と関係を持っていた者たちの協力を当てにしていた。

環バルト海地域におけるSISの大胆な活動は、既に一九四五年に始まっていた。その際再び役に立ったのは過去の経験、とりわけ一九一九年に革命時のペトログラードでポール・デュークス※のグループが行った諜報活動だった。

英国諜報機関はスウェーデン、フィンランド、西独、デンマーク（ボーンホルム島）にある基地から高速艇でラトヴィア、リトアニア、エストニアの沿岸に上陸し、地下組織に武器、無線交信装置、爆薬、毒薬などを届けた。また英国国内や西独内の占領地区にある、強制移住者用の収容所内でSISがリクルートしたエージェントを、環バルト海地域に送り込むことも行った。環バルト海地域では、SISとエージェントとの連絡ルートがいくつか組織された。そのうちの一つは、SISのモスクワ支局を経由する郵送ルートだった。歴代支局長のアーネスト・ヘンリー・ヴァン・モーリック、テレ

※ 一八八九〜一九六七。英国軍の課報部員、ロシアの専門家。帝政時代のペテルブルクでピアニストとして行動し、その裏で何百人もの反ボリシェヴィズムの運動家たちをフィンランドに脱出させたりした。また変装の名人であり、それを利用してソ連の国家機関に潜入した。本書81頁〜参照。

ンス・オブライエン＝ティールとダフナ・パークは、環バルト海地域に送り込まれたエージェント宛ての郵便物のモスクワからの発送を自ら行った。エージェントが実行すべき課題の内容は、暗号化されてから暗号文字で綴られた。エージェントたちには暗号文字を読み解き、暗号を解読するのに不可欠な手段が与えられていた。

◆「レッドソックス」の実行と失敗

「レッドソックス（ソ連邦に非合法でSISのエージェントを潜入させるためにSISとCIAが協同で行った作戦のコードネーム）」実行に際しては海路以外の侵入路として、空路も利用された。英国国内の教習所で訓練を受けたエージェントたち（ウクライナ人、ポーランド人、ロシア人）は、西独と、キプロス島、およびポーランド内部、ウクライナ内部に設置された基地から発進した飛行機で目的地に向かい、夜間にパラシュートで降下した。この方法で英国は、一九五一年だけでもエージェント六人で構成されるグループ三つをソ連国内に潜入させた。「ブロードウェイ」作戦（目的はポーランドにエージェントたちを潜入させること）は、始めたのはSISだったが、金がかかりすぎるとの理由でほどなくしてアメリカの諜報機関に任された。

ヨーロッパ北部では、SISは一九五〇年代にテロ行為と破壊活動を行わせるためのノルウェー人たちからなるエージェント・グループのソ連潜入を準備していた。エージェントの実戦経験が役に立った。破壊工作担当のノルウェー人たちは戦時中にこの分野での仕事で高い評価を得た者たちだった。東欧諸国に送り込まれるエージェント・グループはチェコ人、ハンガリー人、アルバニア人とその他の民族で構成されていた。エージェントのリクルートに関してはSISの成功率は高かった。世界大戦によってさまざまな国の住民たちの大量移住が発生し、そのうちの多くは英国に移住していた。そして彼らは英国諜報機関にとっては簡単にリクルートできる獲物だったからだ。

一九五〇年代の半ばまでには、SISとCIAの首脳陣は「レッドソックス」作戦が失敗に終わったことを理解していた。「我々は潜入させた者たちの大部分を失い、得た結果は取るに足らないものだった」と証言したのは、CIAの幹部の一人であったハリー・ロジツキーである。

CIAとSISが「レッドソックス」作戦の失敗について多くの時間をかけて検討した結果、達した仮説は、失敗の原因は次の二つのどちらかだろうということになった。すなわち、エージェントたちがそもそも頼りにならない連中だったため、ソ連当局にあっさりと降伏する道を選んだというもの、もう一つは、侵入役のエージェントたちを訓練している米英の諜報機関付属教習所への潜入に、ソ連の国家保安委員会が成功したというものだった。また、CIAとSISとの間で活動の調整という不可欠な実務が遂行されていなかったため、双方による行動の重複やその他のマイナス効果を生じせしめる事態を招いてしまったことが確認された。

最終的には、米英両政府は「レッドソックス」作戦の失敗の原因は鮮明ではなく、多くの謎が残されたとの結論に至った。それと同時に、CIAとSISは、失敗の主たる原因はソ連の諜報機関の効果的な活動の成果であること、特に防諜機関が、ソ連内に敵のエージェントが侵入するのを防ぐためにさまざまな手段を用いたことであると、条件つきながら認めざるを得なかった。

◆エージェントにリクルートされる人たち

リクルートされたソ連の国民たちからなるエージェント・グループが、本国帰還者※として、いわば

※ 亡命者、国外で捕虜になった軍人など、戦争で国外に取り残された人々が本国帰還の対象になった。

英国からの引揚者という形でソ連に向かうケースが実現した場合には、彼らをソ連国内でエージェントとして使うことか目論まれる。こうしてSISのモスクワ支局の活動は多忙を極めることになる。ソ連国内での就職先も住居も手に入れることができた引揚者たちは、そうした幸運に恵まれてから二、三年以内にSISに連絡をしなくてはならない。そうするためには暗号化された合言葉を入れた手紙を事前に英国国内の定められた住所宛てに送る手はずになっていたため、SISの出番が増えるからだった。

モスクワ市内あるいはソ連国内の別の場所でのエージェントとの接触は、想定されていなかった。しかし支局は、エージェントの居住地を偵察したり、その土地に監視すべき目標が存在するか否かを調査したり、作戦実行に関わる全般的な状況を検分することはできた。SISは引揚者のエージェントに、大した望みはかけていなかったと思われる。しかしその種のエージェントの居住地に課報活動の重要な目標が存在する場合には、その者に特別な課題が依頼されることもあった。エージェントになった引揚者たちや、「レッドソックス」作戦、「合法的な旅行者」作戦の枠内でエージェントとしてソ連に送り込まれた英国や他の国々の人々に最も頻繁に依頼されたのは、土壌と自然水のサンプルの収集だった。彼らの通過地や滞在地で原子兵器の爆破テストが行われたか否か、原子兵器生産に携わっている施設が存在するか否かを調べるのに必要だったからだ。

「合法的な旅行者」というのは、そもそも大規模な諜報活動計画であり、流れ作業的に遂行されるものだった。多くの場合、SISがこの計画実行のために特定のイギリス人をリクルートする必要はなかった。私的招待によって、あるいは旅行者としてソ連訪問を計画しているビジネスマン、学者、学生、音楽家などであれば充分だった。候補者は英国国防省から連絡を受けてホスガード・アベニューにある国防省の建物に招待され、しかるべき依頼を受けるのが普通だった。善意のある、遵法精神に富んだイギリス人が、さして難しくない依頼を拒否することはあり得なかった。物的報酬を約束されたのならば、なおさらだった。

◆「ロシア連帯主義者連合」（NTS）を活用する

ソ連に潜入させられたSISのエージェントの中には、「ロシア連帯主義者連合」（NTS）により英国課報機関に派遣された者たちがいた。NTSは一九三〇年、ソ連邦と戦うことを目的として白系亡命ロシア人と白軍兵士によりベオグラードで創設された。しかしドイツ軍のソ連侵攻後はドイツ課報機関の管理下に置かれることとなり、ファシズム国家に誠心誠意尽くす立場になった。第二次世界大戦が終わりに近づき、この反ソ連組織が新しいご主人様を探しはじめた時、NTSを牛耳っていたのは誰だったのか？　回答を見つけるのに時間は要さない。NTSの指導者層（ポレムスキー、ロマノフ・オストロフフキー、オコロヴィッチ、ラール、レドリフ、アルチョーモフ）に属する者たちであり、彼ら全員はナチ党員たちが犯した残酷な犯罪とつながりを持ち、ゲシュタポかアプヴェーア〔ドイツ国防軍課報部〕の手先だった。彼ら全員はSISとCIAの募集に応じてただちに、主として英国、そしてアメリカの足下に逃げ込んだ。そして彼らは新しい雇用主にソ連国内に広範囲をカバーするエージェント網を持っていることを信じ込ませるのに成功した。この餌に真っ先に食いついたのは、英国の課報機関だった。

だが、本件で肝心なのは、NTSの陰謀では全くないし、いわんやSISの見せかけの信じやすさでもない。SISがNTSに関心を持ったのは、NTSがソ連国内に有用な連絡網を持っている可能性があったからだけではなかったのだ。ドイツへの強制移住者を説得してリクルートし、ソ連に潜入させる作戦にNTSを利用できると考えたからだった。リクルートに応じてくれない場合でもヨーロッパに残ってもらい、心理戦の活動に利用できるとみなしたからだ。

NTSの参謀本部はパリにあったが、オペレーション・センター（諜報活動を指揮するグループ）はフランクフルトにあった。西独内の別の都市バート・ホンブルクには、エージェントの訓練基地があった。諜報活動の組織立てに関するSISの指示を受け取る際には、NTSの首脳は英国まで出向いた。

世界大戦終了後の最初の数年は、NTSの活動経費はSISがCIAと共に負担していた。しかし、NTSと共に行う諜報活動の効果が小さいことに英国政府が気づくのに、時間を要さなかった。SISの要員たちの中には、NTSはソ連の諜報機関にコントロールされているのではと疑う者たちもいたし、効果がほとんど出ていないのに多額の経費の面倒を見なくてはならないことに嫌気が差した者たちも出て来たため、SISはゲームから抜けることにした。

一九五六年二月、ロンドンで開かれたSISとCIAの会議で、NTSの取り扱いについての協議が行われた。SISの代表者たちは、NTSとの協同作業は効果が小さいので続行することは不可能だと発言した。ただし、英国の諜報機関がNTSとの全面的な協力関係の続行を嫌った理由は他にもあったと思われる。

◆ロシア語教師ジェラルド・ブルックの事件

一方CIAは、戦争犯罪人、あるいはドイツ軍の協力者とみなされても仕方がない者たちであっても、一切躊躇することなく広く利用した。NTSの独占使用権を手にしたCIAは、NTSを覆っている「埃を取り除いて」からエンジンを「全開」させた。ただし、英国の諜報機関はNTSを厄介払いする形でパートナーであるアメリカの機関に押しつけたが、関係を完全に断ち切ったわけではなかったことは付言しておきたい。ジェラルド・ブルックの事件にＳＩＳのモスクワ支局が関わっていたことが、その証拠となる。

ホルボーン・カレッジ〔ホルボーンはロンドン市内の地名〕のロシア語教師ジェラルド・ブルックは、モスクワに古くから住み着いている外国人として知られていた。英国とソ連との間で締結された文化交流協定の枠内で、彼は一九六〇年代のはじめにモスクワ大学で研修を受けた。その後、一九六五年には再びモスクワに行くことになっていたが、今度はロシア語講座の教え子たちを引き連れての観光旅行団長としてだった。この時から現実と伝説が入り混じった物語が始まることになる。モスクワへの出発間際、ＮＴＳからＳＩＳに派遣されたエージェントであるゲオルギーと名乗る人物が、彼に面会を求めてくる。このことが、その発端だった。イデオロギー的破壊工作とスパイ活動の謝礼として、大金の支払いが約束した上で、彼と彼の妻に、宣伝文書とソ連国民宛ての二〇〇通以上の手紙、さらに暗号文作成用の装置と携帯用印刷機をモスクワまで持って行くよう指示した。これらすべてはロンドンの観光写真や西側の映画スターたちのブロマイドアルバムの表紙で密閉されたり、旅行鞄の二重底に隠されたりしていた。手紙の発送とは別に、ブルックに課せられた仕事は、何人かのソ連人と秘かに会い、雑誌の非合法出版の可能性について話し合うこと、そして若干の便覧と地図を入手することだった。諜報機関およびＮＴＳの要請をブルックが実行するのを助ける役目は、駐ソ連英国大使館の二等書記官アンソニー・ビショップが担うことになっていた。

ジェラルド・ブルックのモスクワ「遍歴」は、ソ連の防諜機関により阻止された。公開裁判の場で自身が実行したことに犯罪構成要素が含まれていたことを認めたブルックは、正当な処罰が科せられた。ビショップは外交特権を認められている者としてソ連国内での刑事訴訟は免れたが、ペルソナ・

ノン・グラータ※を宣告された。

ブルックの犯行には「英国の痕跡」が残されており、彼の行動にはNTSが関与していることが捜査と裁判により明らかにされたように思える。しかし、この事件は不可解な側面を擁しているのだ。

第一に、これという明白な理由もなしに、冗談ごとではない依頼を携えてブルックを訪ねて来たゲオルギーとか称した謎めいた人物の正体が解明されなかった理由だ。第二に、ブルックがソ連に出かける直前にNTSを厄介払いする形で彼をアメリカに押しつけた、SISの行動の謎だ。英国の諜報機関が、自己の同盟相手であり先輩に当たるパートナーを意識的に騙すことなどあり得ない。どう考えてもつじつまが合わない。ブルックは偶然見つかった素人ではなく、英国諜報機関のエージェントであり、NTSの特使だったことは確かだ。ブルックを使った作戦をSISと協同で実際に行ったCIAが、今回は英国の背後に隠れる決心をしたという推定は、的を射ていないだろうか? ただし、この仮説を読者に押しつける気は筆者にはないので、念のため。

◆英米両国の諜報機関の二重スパイ、ペンコフスキーの件

SISのモスクワ支局のスパイ活動が戦後活発になったきっかけは、SIS自らが認めているように、ペンコフスキー事件だった。英米両国の諜報機関の二重スパイだったこの男にCIAは「ヒーロー(英雄)」という偽名を与え、SISは「ヨーガ」いう仮名で呼んだ。ただし、SIS内やCIA内では別の偽名も使われており、そのうちの一つは「ヤング(若いの)」だった。地下活動を行う際の秘密保持のため、呼び名は頻繁に変えられた。本人が属する組織内でもそうだった。

※外交上の好ましくない人物のこと。ある人物を外交上受け入れないときに用いる。

一九六一年、運命の女神は英国の諜報機関に「プレゼント」を与えた。それは、ソビエト連邦軍参謀本部諜報総局（GRU）の上司たちや自分の国、自国民に腹を立てているGRUの要員だった。彼は「自ら進んで情報を提供するタイプ」のスパイだった。※ SISの長官であり、ペンコフスキー事件と積極的に取り組んだモーリス・オールドフィールドは後にこう語る。「こういう贈物に対しては天に感謝しなくてはならない」。

大騒ぎを引き起こしたこのスパイ事件の経緯は、周知のこととなっている。成り行きに注目していた人たちの多くは、一九六三年、ペンコフスキーと英国の商人に扮して彼の連絡役を務めた共犯者であるSISのエージェント、グレヴィル・ウィーンを被告とする公開裁判の内容を記憶に留めているはずだ。

◆「世界を救ったスパイ」か

この事件が極めて有名になったのは、新聞記事やテレビ報道、ソ連国内や、特に外国で発表された数多くの刊行物や「研究」のお陰だった。恥ずべき物語は、時には非現実的なものも含めた新たなるディテールが次々と補足されることによって膨らんでいった。

ペンコフスキー事件は、普段は平穏裏に進行する心理戦が時折上げる水しぶきの様相を呈しはじめた。具体的にはCIAとSISの創作物であるいわゆる「ペンコフスキー文書」が世に出たのだ。

一九九〇年一〇月、ソ連国家保安委員会（KGB）の広報センターに、アメリカのジャーナリスト、

※ このスパイとは、ペンコフスキーのこと。一九六一年の女神の贈物とは、ペンコフスキーが同年の四月にロンドンのホテルでCIAおよびSISの代表者たちと初めて面談し、さまざまな情報を自発的に提供したことを意味する。

ジェロルド・シェクターが招かれていた。KGB首脳部の決定により、筆者はこの会合に出席することになった。シェクター氏は、ペンコフスキーについての本を書くつもりなので、この事件の西側（つまりはCIAとSIS）にとって不可解ないくつかのことを解明する手伝いをして欲しい、と言った。そしてシェクター氏はペンコフスキーが失敗した原因についての英米諜報機関の推測を詳細に、もちろん時折悪意を混ぜながら長々と話したが、その内容には筆者も、同席していた同僚たちも驚かざるを得なかった。

彼の話した推測の中には唯一の正解、つまりペンコフスキーの失敗はKGB第二総局によって摘発されたことにあったという事実が含まれていなかったからだ。私たちはモスクワでKGBが行った秘密作戦の実状を撮った記録映画をシェクターに見せた。ペンコフスキーと彼の「監督官」[注21]の一人であるSISの英国大使館付諜報員の妻ジャネット・チザムが、モスクワ市内で「隠し場所」作戦を行っている様子を記録したものをシェクターに見せた。CIAとSISの「推測」に合致しない我々の説明が、シェクターを満足させたか否かは筆者には定かではない。いずれにせよ、彼の書いたペンコフスキーについての本の中で我々の説明したことがしかるべき場所を占めていることは、間違いようのない事実である。

実を言えば、筆者も同僚たちも、シェクターに何かを納得させようとする意図を持って面談に臨んだわけではなかった。彼は質問し、我々は答えたということにすぎなかった。しかし、筆者は確信している。英米両国に雇われたあの危険なスパイをソ連の防諜機関が比較的短期間のうちに摘発した経緯については、CIAもSISも今やいかなる疑念も抱いていないことを。

シェクターの本は、ソ連の元諜報員であり、今から四〇年前に祖国を裏切ってCIAのエージェントになったデリャービンを共著者として書かれたものだ。デリャービンがシェクターの助手に任じられたのは、英米諜報機関に下心があったからだ。実はデリャービンは例の「ペンコフスキー文書」の筆者の一人だったのだ。従ってペンコフスキーについてのシェクターの新作は、英米諜報機関が創作した本の第二弾と名づけてもまったく問題にはならないことになる。シェクターとデリャービンの合作本は一九九三年にロシアで発行されたが、その題名は以下のような気取ったものだった。『世界を救ったスパイ――ソ連軍の大佐はいかにして「冷戦」の進路を変えたか』。

CIAとSISは自らがペンコフスキーと共に行った仕事についての資料のうち、公表すべきと考えたものを作者たちに提供したということになる。

◆SISとCIAの二重スパイになった訳とは

GRU（軍参謀本部諜報総局）の大佐だったペンコフスキーは、SISとCIAにとっては確かに貴重な取得品だった。両機関は手段も人手も不可避の出費も惜しまずに、全力を集中して、何としてでも採掘しなくてはならない「金脈」をペンコフスキーの中に見つけたのだ。ペンコフスキーの運は既に尽きており、使用済みの不用品扱いをされていた。※しかし入念に保護してきたエージェントを使い、かつ多大な費用を要した作戦がかくも早く失敗するとは、SISもCIAもまったく予想していなかか

※ ペンコフスキーはGRUの諜報部で出世の道が閉ざされていた。将軍の位に昇進させてもらえない不満が、彼をして英米のスパイになる決心をさせた理由の一つだとみなす説がある。

ったのだ※。

ペンコフスキー事件は、はじめから英米連盟の陣営に波風を起こした。問題は、ペンコフスキーが当初できるだけ強力な雇い主を求め、CIAにスパイとしてのサービスを提供したことにあった。ところがCIAは、グズグズして結論をすぐには出さなかった。そこで「自らスパイに立候補した」この男は、自己のランク表では二位に位置する英国の諜報機関で運を試すことにした。ソ連国内で活動するエージェントの不足が悩みの種だったSISは、瞬時に反応したが、ペンコフスキーが以前にアメリカ人に話を持ちかけていたことが判明してしまった。こうなるとSISもCIAも互いに一歩も譲らず、結果として両者が共同でペンコフスキーを利用することで合意せざるを得なかった。

ここで一言つけ加えておきたい。実は当初はCIAもSISもMI5も、ペンコフスキーの申し出を、西側諜報機関に自己のエージェント（「モグラ」）を潜入させたいと努力していたソ連の諜報機関が仕組んだ偽情報作戦の一部だとみなしていたのだ。この疑いに特にこだわったのは、CIAの防諜部門だった。

英米の諜報機関は、ペンコフスキーが入手できる限りの情報を「搾り取ろう」と躍起になった。確かに、彼は少なからぬ情報を持っていた。自身の職場での地位、砲兵隊のヴァレンツォフ元帥の家庭に出入り自由だったこと、KGB長官も勤めた軍情報総局のセロフ局長に目をかけてもらっていたことが彼の情報収集の助けになっていたからだ。その上、虚栄心と強欲にとりつかれたペンコフスキー

※ ペンコフスキーは、情報の謝礼を現金で受け取ると疑いを持たれるとして、米英の諜報機関に西側の銀行に自分名義の口座を開かせ、毎月一定の額を振り込むことを要求した。一九六二年のキューバ危機の時CIAは、極めて重要な情報の謝礼として、彼に二五万ドル払うことになっていたが、送金する前に彼が逮捕されたので支払いは行われなかった。

自身が倦《あぐ》むことを知らない熱意をもってスパイ活動に取り組んでいたことも、彼の情報収集活動を実りあるものにするのに役立った。

こうした状況下で、彼からSISとCIAに大量の情報が絶えず提供されることを保証するための条件が検討された。選ばれた条件は、諜報活動に不可欠なものを含んだ古典的なセット一式だった。たとえば、SISとCIAのモスクワ支局の要員たちがモスクワでの彼との会合および「隠し場所」作戦を設定すること、外交使節が主催するレセプションで彼との寸時の出会いをアレンジすること、ペンコフスキーが職務で赴くロンドンやパリでの、彼との個人的な長時間に及ぶ話し合いをアレンジすること、コード化された一方通行の無線交信を彼宛てに行うこと、英国国内のSISの偽の住所に宛てた、暗号化され暗号文字で書かれた通信文を彼が発送すること、在米英国大使館と在英米国大使館およびこのスパイ作戦に関与している英米の外交官たちの私邸にコード化されたメッセージを電話で送ること、などであった。

◆ペンコフスキーおよびスパイ一味の摘発

ペンコフスキーがソ連の防諜機関に逮捕されたため、CIAとSISは間もなく実用に供されることになっていたラジオ無線電子工学を応用した特殊な装置で彼と連絡をとるチャンスが得られなかった。この装置は、暗号化した情報を、最大八〇〇メートル離れたところからモスクワのアメリカ大使館に送信することを可能にするものだった。後にCIAとSISは、モスクワ市内に居住する別のエージェントたちにも、同じような情報伝達方法を導入することになった。

ペンコフスキーが関わるモスクワでの仕事には、SISとCIAの双方の支局から同数の要員が動員され、総数は一二名を下らなかった。ペンコフスキーとグレヴィル・ウィーンが被告席に座らされたことによりこのスパイ事件の捜査活動の内幕が公表されたため、彼らエージェント全員はソ連から追放された。

モスクワでペンコフスキーとの連絡役を主として務めたのは、英国大使館の二等書記官でSISの諜報員ロデリック・チザムの妻ジャネットと、英国のビジネスマンでSISのベテラン・エージェントのグレヴィル・ウィーンだった。ウィーンは禁錮八年の判決を言い渡されたが、刑期を最後まで務め終えることは免れた。それは、一九六四年、英国で有罪判決を受けたソ連の不法滞在エージェントであるロンズデールことコノン・モロドイと交換されたからだ（諜報員同士の交換はよく行われた）。『モスクワの人』(注22)と題する著書の中で、ウィーンは、ペンコフスキーの連絡役を務めたエージェントとしての自分の活動について触れているが、その部分はSISの助けを借りながら書いたと認めていた。彼はこの本を、シリーズものになった「ペンコフスキー文書」の続編にしようと考えたのかもしれない。しかし彼の本にはその資格はないと筆者は考えている。失敗を犯して逮捕された元スパイが書いた、自分とペンコフスキーに共通する不屈さ・高潔さを前面に押し出した本を、嫌悪感を意識せずに読むのは不可能だ。この事件に詳しい人なら知っていることだが、取り調べと公判の段階で、ウィーンとペンコフスキーは互いに傷つけ合い、どちらが先に白状するかを競ったのだ。突然の逮捕という特別な状況下に二人が置かれたことは、もちろん考慮されなくてはならない。また、周知のように、ウィーンはソ連とハンガリーとの間で締結された司法互助協定に基づいてブダペストで逮捕された後、ロンドンに戻ったが、凱旋を祝福されたわけではなかったし、名誉回復に努めると同時に本を書いて原稿料を稼がなくてはならなかった。

上記の状況下では自分を英雄に仕立てたくなる気持ちもわからないではないが、それにしても……。

◆ビジネスマンからスパイに――グレヴィル・ウィーン

グレヴィル・ウィーンがＳＩＳのエージェントとして働きはじめた時、第二次世界大戦が進行中だった。英国の消息筋の資料によれば、彼はＭＩ５と関係があり、彼が接触を保っていた一人の防諜工作員がＳＩＳに転属になった時に、彼もＳＩＳの指揮下に入ったということだ。一九五〇年代、彼は自分の会社の用でしばしば出かけていた東欧諸国で、ＳＩＳから命ぜられた諜報活動に従事した。

商売の規模の大小にかかわらず、商売を職業にしている者を利用するのはＳＩＳの活動の重要な指針だった。会社勤めをしている者を利用する際には、常に会社や企業のトップの承諾を得て行われた。候補者自身が当該会社、企業の直接のオーナーであった場合には、事情はもちろん変わった。問題は、ＳＩＳがリクルートした社員には会社に損害を与えるような仕事はやらせないでくれと会社のオーナーが要求した場合だった。この要求が諜報機関の依頼を断るための逃げ道として使われる可能性が常にあったことは、言うまでもない。ＳＩＳの指揮官たちにとっては、エージェント候補の商売人たちには「愛国心の欠如」が見られることが悲嘆の種だった。

ＳＩＳがエージェント候補者に対し、彼らが現実に稼いでいる以上の金額を謝礼として払えなかったこともあった。それやこれやで諜報機関が望む重大な、決して安全とは言えない、たとえば他のエージェントとの連絡といった任務をエージェントとして遂行することを承諾するビジネスマンの数は、非常に少なかった。

個人的な冒険心を満足させるために、長期にわたって防諜機関のエージェントとして活動したグレヴィル・ウィーンは、例外だった。彼は自身の経済的利益（ＳＩＳは彼に高額の謝礼を支払っていた）を勘定に入れた上で、ＳＩＳから依頼されたペンコフスキーとの連絡役を熱心に務めた。その活躍の場は、彼が会社員に扮して赴いたソ連国内であり、ペンコフスキーが職務で出かけたソ連国外の場所だった。

◆二つの機関の仕事を掛け持ちするリスク

ペンコフスキーの一件に関しては、在モスクワ英国大使館二等書記官ロデリック・チザムの妻ジャネット・チザムについて触れないわけにはいかない。それは、彼女がグレヴィル・ウィーンと同じくソ連の防諜機関をペンコフスキーのもとへ案内したからだけではない。三人の幼児の母で四人目を身ごもっていた彼女は、ペンコフスキー関連の連絡活動に参加していた。彼女は勇敢に振舞った（私は皮肉を言っているのではない）。

彼女が「ヨーガ（ヒーロー）」〔ペンコフスキーのこと〕と接触していたことをKGBの防諜部に察知されたのは、彼女の責任ではなかったと筆者には思われる。ロデリック・チザム自身は、西ベルリンを舞台にして活動していたSISの要員としてソ連の防諜機関によく知られていた。その妻ジャネット・チザムは、ドイツでは夫の仕事を熱心に手伝っていた。だからソ連国内で彼女がソ連防諜機関の執拗な監視の目から逃れられなかったのは、無理からぬことだった。

用心深さで知られたSISが、チザム夫妻をペンコフスキーとの連絡活動で利用することにした理由は、理解し難い。当初SISは、KGBがチザムについて情報を持っていることを、おそらくは知らなかったのであろう。しかし一九六一年の春、SISの西ベルリン支局でチザムと一緒に働いていたソ連の諜報機関要員ジョージ・ブレイクが逮捕されたころには、チザムの存在は既に秘密ではなくなっていたはずだ。

エージェントを使う諜報機関の最大の弱みは、同人たちとの連絡方法だった。このことは、どの諜報員も知っていた。二つの諜報機関が同じ一人のエージェントと仕事をしている場合には、両機関ともどちらがそのエージェントと接触する機会をより多く持てるか、すなわちどどちらがより多くの情報をそのエージェントから得られるかを巡って競い合うことになる。こうなった場合には連絡方法確立はますます難しくなる。

この点に関しては、シェクターが引用したCIA要員ジョセフ・ビューリック（彼はペンコフスキーの件で組成された英米混合チームのメンバーの一人だった）の意見を紹介しておこう。

「我々が得た教訓の中で最も大切にすべきなのは、別の機関との協同作業は絶対に行ってはならないということだ。協同作業は摘発される危険を二倍にする。二つの機関の仕事のスタイルの違いは混乱と誤解を招き、名誉毀損発生の可能性を大きくする」（注23）

なんと含蓄に富んだ告白であることか！

ペンコフスキーがソ連に与えた損害を無視したり、過小評価したりするのは、馬鹿げた行為だと言われても仕方がない。しかしシェクターが自著の中で書いているように「ペンコフスキーは世界を救ったスパイだった」と宣言するのは、まさにナンセンスそのものだ。なぜなら「ペンコフスキーはロンドンおよびパリで英米の諜報員たちと面談した際に、ソ連と戦争を始めること、そしてモスクワやその他のソ連の諸都市をただちに核爆弾で攻撃することを呼びかけて、彼らを震え上がらせた」とシェクター自らが語っているからだ。さらに言うなら、シェクターが引用しているSISとCIAの資料によれば、ペンコフスキーは、ソ連の首都に携帯可能な核爆弾をしかけることを自発的に申し出たとされているのだ。

◆**エージェント活動に携わるさまざまな動機**

ペンコフスキーの件について、言及しておくべき状況がもう一つある。SISとCIAはペンコフスキーが金銭的、物的野心を抱いていることを当然と考え、文句をつけたりしなかった。物的ファクターはエージェントをリクルートし、縛りつけておくためには重大な、時には決定的な役割を果たすことを両機関とも承知していたからだ。しかしペンコフスキーに関する限り、イギリス人たちの態度は鷹揚さとは縁のない、損得を充分に意識したものだった。謝礼の額はエージェントが売る情報の価値により定められるべきだというのが、SISの考えだった。ペンコフスキーに多額の現金を手渡した場合、彼が摘発される可能性が高まることを心配する度合いがCIAより強かったからだ。とは言え、両機関は、ペンコフスキーへの謝礼金は彼の銀行口座に積み立てられるようにするか、あるいは機関自体の記録簿に貯められるようにするかの件では合意に達していた。

パーシー・シリトーが長官だった一九五〇年代のMI5は、一連の「重大事件」に対処せざるを得なかった。その中にはドイツの反ファシストで、優れた学者であり、英国に亡命後ソ連に原子爆弾関係の機密書類を流した罪で逮捕されたクラウス・フックスの一件※も含まれていた。こうした状況に遭遇したシリトー長官は、驚嘆して下記の言葉を口にした。

「この人たちは金も名誉も欲しがらなかった。彼らがスパイ行為に手を染めたのは、彼らが単なる冒険好きだったからではない。共産主義の理念を、正しさを、心底から確信しているからなのだ(注24)」

これが英国防諜機関の長官が、運命に導かれるままに仕事を通じてその存在を知ることになった、ソ連諜報機関の手伝いをした者たち——クラウス・フックス、キム・フィルビー、ドナルド・マクリーン、ガイ・バージェス、ブルーノ・ポンテコルヴォ、アラン・ナン・メイ——について述べた意見だ

※　クラウス・フックス、一九一一〜一九八八。一九三二年にドイツ共産党に入党。一九三三年に英国に亡命。一九四一年にソ連の諜報員と接触し、英国の核兵器開発に関する資料を手渡す。一九五〇年に英国諜報機関により逮捕される。一九五九年に釈放されるが、英国国籍を剝奪されたので東独に戻る。

った。

◆ソ連諜報機関の底力

ＳＩＳとＣＩＡのエージェントであるペンコフスキーの摘発を目指したソ連防諜機関の活動は、すんなりとはいかなかった。このことは理解可能であるし、その原因も説明可能だ。

ペンコフスキーは一連の事情（当時は正当化されていた可能性のある）が原因で、ＧＲＵのメンバーとしてではなく、彼が公式にメンバーとして登録されていた科学研究調整国家委員会の一員として法廷に立った。ゆえに公開裁判での審理に際し、捜査資料のすべてが利用されることはなかった。このことが、おそらくはソ連防諜機関によるペンコフスキーの摘発を難しくした原因となったのだ。

ボンダレフが率いるＫＧＢ第二総局第二課は、ペンコフスキーという危険なスパイを摘発し、その活動を証拠立てるという最も重要な任務を遂行することに成功した。しかも、ペンコフスキーがイギリスとアメリカのためにスパイ活動を行うのがＧＲＵから課せられた自分の任務だったなどと弁明している状況下で、短時間のうちに成し遂げたのだ。

以下、こうした場合には本名は出さないことになっている決まりを破ることにする。ペンコフスキーの摘発は、英国担当課次長アレクセイ・ヴァシーリエヴィッチ・スンツォフ、課員のアレクセイ・ニキートヴィッチ・キセリョフ、およびニコライ・グリゴーリエヴィッチ・イオノフが考え抜いて立案した作戦を、身を粉にして実行したことの成果だった。この作戦全体を統率したのは、第二総局の局長グリバーノフと次長のパショリコフだった。ＳＩＳとＣＩＡのモスクワ支局のエージェントであったペンコフスキーとウィーン、およびペンコフスキー事件に関わった他の者たちの摘発には、第二総局第一課、第七局や技術応用作戦部門やＫＧＢ犯罪調査部門の下部組織も大いに貢献した。

そしてもう一つ。ＫＧＢ第二総局の英国担当課には才能ある、仕事熱心な防諜専門家たちが働いていたが、そのうちの何人かは現在でもロシア連邦保安庁（ＦＳＢ）で重要なポストに就いている。

ペンコフスキーの摘発により、ソ連の防諜機関はＳＩＳとＣＩＡの権威を大いに失墜させたのみならず、早い話が抵抗力を失わせたので、両者の自国大使館付支局のソ連国内での活動に長い間大きな影響を及ぼすことになった。

18 モスクワ、ルジニキ

「消えた海外支局」／公園内のベンチの傍らでの謀略／ブレナンの息子のボール遊び／モスクワおよびモスクワ近郊におけるSISとCIAの「勢力範囲」

ロンドンのSIS本部がモスクワ支局からの電報を受け取るのは、珍しいことではなかった。ソフィア河畔通り一四番〔現在ここには大使公邸がある。大使館は別の場所〕にある大使館の暗号機は、休むことなく動いていた。センチュリー・ハウスがモスクワ支局からの資料を外交便で受け取る回数は、電報による場合よりも少なかった。外交便のすべてを受け取るのは外務省であり、その中でSIS宛てのものは規則に則って転送されることになっていた。

◆SISモスクワ支局発の大量の情報

支局からの知らせは、業務報告にしろ情報そのものにしろ、極めて広い範囲のテーマについて触れたものだった。ロンドンの本部で特に高く評価されたのは、ソ連の指導部内の情勢に関するものだった。これはいつの時代にあっても最優先される情報だった。あらゆる所から、まさに断片一つひとつを拾うようにして集めた情報は貴重品扱いされ、諜報機関によって英国の最上級機関に提出された。「隠し場所」作戦が行われる場所の描写や見取図、そして諜報機関要員とエージェントとの個人的な話し合いの様子が海外支局から本部に送られることも稀ではなかった。外国に派遣された英国の軍人〔駐在武官）たちにより英国大使館内に構成される組織、および英国諜報機関の海外支局は、共に英国特務機関の下部組織とみなされており、両者は協調して活動する仕組みになっていた。そのため、SISのモスクワ支局が、駐在武官がソ連国内の出張先で入手した情報を基にした報告を、SISの本部に送付することもあった。武官の情報に含まれているのは出張先の情勢、当該地区に存在する諜報活動の目標になり得る軍事産業および産業施設の実態、ロンドンの本部がデータとして残しておくために収集される当該地区の指導者たちについての資料だった。

SISモスクワ支局の諜報員たちは、ソ連の防諜機関員による尾行の事実、および自分たちあるいは英国大使館員が気づいたソ連の防諜機関員の行動の実態についての報告を本部宛てに絶えず行っていた。これらの資料は、貴重なものとして諜報機関の専門家たちにより入念に分析された。疑念の対象になった自動車のナンバー、監視している者たちの特徴など、ソ連側の対応の実態は記録に残された。

西側に抜け出せるなら役に立つかもしれない、相も変わらぬ「反体制派」のソ連人についての資料がモスクワ支局から時折本部に届けられることもあった。モスクワ支局から届く資料の多くは、本部内で「お蔵入り」にされていた。しかし中にはSISの幹部に慌てて返事を書かせるようなものもあった。

◆見知らぬ男からの申し出

SISのモスクワ支局発ロンドンの本部宛ての一通の電報が、まさにそれだった。ソ連の海軍将校と称する「自発的協力者」が、英国諜報機関との接触を希望している旨の報告だったからだ。この見知らぬ男の申し出は尋常なものではなかった。彼は英国諜報機関と自分が接触するための複雑な条件を既に自分で考え出していた。そのうちの一つが、英国側に情報を伝える際には特別の暗号を用いるというものだった。その上、自分で準備した包みが埋められているルジニキ公園内の正確な位置を、彼自身が考案した暗号文で知らせてきたのだ。この「自発的協力者」が用いた連絡方法もさることながら、とりわけ同人の職業に魅了された英国諜報機関は、第二のペンコフスキーに成り得るかもしれない男からの申し出は受けるのが妥当だとの結論に達した。しかしソ連防諜機関の挑発行為である可能性も捨て切れなかったため、作戦を安全裏に実行するのに必要な巧妙な方法がモスクワ支局によって考案され、本部に報告された。本部はソ連側の挑発行為をモスクワ支局以上に恐れていたが、その一方で支局に負けず劣らずと言おうか、おそらくは支局以上にソ連の国内に広大なエージェント網を設置することに興味を持っていたため、対処案が作成されることとなり、最終的には「安全の確保に最大限の注意を払うべし」との注意書きと共に、複雑な作戦の実行命令書がモスクワ支局に伝達された。ソ連の軍事秘密を探るためには危険を冒す必要がある、との決断がなされたからだった。

◆モスクワの公園で巧妙に行われた資料の受け渡し

ルジニキはモスクワで最も美しい場所の一つだ。モスクワ川の急な蛇行部に面したこの地区には、サッカーの試合がある時には何千人ものファン（モスクワ市民や外来者）が集まる素晴らしいスタジアムや、その他の種目の競技場で構成された巨大な総合施設がある。「氷の宮殿」〔スケートリンク〕一つだけでも、数千人のアイスホッケーファンを収容できる大きさだ。日陰の多い並木道と美しい河岸通りをあわせ持つルジニキは、モスクワの住人や観光客にとっては絶好の休息所ともなっている。客足の絶えない喫茶店やレストランも数多くある。好天の日には賑わうが、特に天気に恵まれた休日や日曜日には、公園は来園者ではち切れんばかりになる。

だが一九七四年夏のこの日は、休日でも日曜日でもなかった。それに薄ら寒く風も強かったので散歩には適していなかった。数少ない来園者たちは寒さに肩をすくめながら居心地のよさそうな喫茶店を探し求め、見つかるとそこへ直行した。しかし人気のない河岸通りを散歩しているかに見えるその男と女は、冷たい突風の肌を刺す痛みも感じていないようだった。やがて河岸の手すりに近づいた二人は、モスクワ川が水をゆっくりと押し流していくさまを長い間眺めていた。河岸で風に吹かれて立ち尽くしているこのカップルを驚きの目で見る者は一人もいなかったが、いなくて当然だった。公園内の並木道に人気はまったくなかったのだ。

やがてカップルは、立ち止まっていることに厭きたのか、辺りのベンチのいくつかにチェックするかごとき視線を送った上で、やおらそのうちの一つに腰を下ろそうとした。その途端、女はうっかりハンドバッグを落とし、中身のすべてがベンチの金属性の脚の周りに散らばった。それを見た男は女の不器用さをたしなめる様子を見せた後、本物のジェントルマンの例に漏れることなく、落ちた物を拾い集め始めた。この間二人は身を固くして周囲を見回しながら声を潜めて何かを語り合っていた。数分経ったが相変わらず辺りに人影は見当たらない。女が、ポマード入りのチューブが見つかっていないことに気づいた様子を見せる。男はバッグが落ちた場所に身を屈めて掌で地面を撫で回している。ついで二人は穴掘りに熱中する。紛失物探しがようやく終わる。「自発的協力者」が持参した貴重な資料は、女のバッグに無事収まった。カップルはルジニキから出て行く。女はバッグを胸に押しつけている。公園への入口で二人は外交官ナンバーD001を付けた車に素早く乗り込み、ソフィア河畔通りを急行する。D001は英国大使館の識別番号であり、車中の男は二等書記官のピーター・ブレナン、女はその妻だった。

二人の公園内の散歩は当日の気象条件にマッチしない奇妙な行動だと読者は思うはずだ。そう思った読者の反応はそれなりに的を射ている。しかし、英国大使館員夫妻の行動は彼ら独自の論理と綿密な計画に基づいたものだったのだ。二人の注目の的となっていたのは、例の「自発的協力者」が英国諜報機関に渡すためにベンチの傍らに埋めた書類入りの包みだった。書記官の不器用な妻が、「偶然」バッグを取り落とした場所が包みの隠し場所だったというわけだ。二人が川岸の柵から離れてベンチに戻ったのは偶然ではなかったし、女がバッグの中身のうちの何かが足りないことに気づいたため戻ったという説明では筋が通らない。

ハンドバッグを主役にした一芝居、川岸の柵までわざわざ行ってからベンチの所に戻る一幕（隠された包みを見つけるためのものであったことは今や明らかだ）は、ＳＩＳが考案した巧妙な諜報活動計画に基づいたものだった。二人が、傍から見れば奇妙な動きをしたのは、英国の諜報員である男が、彼の太古からの敵であるソ連防諜機関の要員たちの手で逮捕されるのを防ぐためだった。そのためには彼が探すことになった奇妙な袋が、彼をおびき寄せるためにソ連側が設置した餌ではないことを念入りに調べる必要があったのだ。

次のような展開になり得たと想像することは、可能である。すなわち、ソ連側は二人を待ち構えていたが、防諜要員たちが焦ったために英国側が考案した巧妙な罠に引っかかった。その結果、ソ連側はイギリス人ペアが回収した包みを見つけることができなかった。その代わり、英国側はソ連側の使った汚い手を日の当たりにできたし、ハンドバッグを使った奇計が成功したことで満足に浸たる。しかしこのケースでは、そうはならなかった。

ルジニキでイギリス人とその助っ人の夫婦が行ったことは、特務機関勤務のプロの用語では「隠し場所の押収」と呼ばれている。これは危険を伴うが、諜報機関がどうしてもやらなくてはならない一連の手段の一つである。そうだからこそ、ＳＩＳの大使館付支局のメンバーがこのケースで採らざるを得なかった予防措置の正しさが納得できるのだ。

「危険を冒すことは、高潔な行為である」〔「男は度胸」の意〕。これは、陳腐な決まり文句だ。「危険を冒さぬ者はシャンペンを飲めない」〔「危険を冒さぬ者は、勝利の美酒を口にできない」の意〕。こちらは多くの者たちを惹きつける公理だ。SISの要員たちは危険の値段をよく知っており、絶対的必要性がない限り危険を冒すことはしない。一九七四年にモスクワの公園で生じた出来事は、危険を冒すに価すると判断された一例だった。「自発的協力者」であるソ連の海軍将校から提供され、ピーター・ブレナンとその妻が用心に用心を重ねてルジニキの隠し場所から取り出した包みは、すぐに外交便でロンドンに送られた。それはただちにセンチュリー・ハウスに渡され、SISの専門家たちによる綿密な分析に付せられた。

◆ソ連の手に渡ったSISの大量の秘密情報

SISの本部、およびソ連国内での諜報・破壊活動を実行するSISのモスクワ支局が抱えている少なからぬ量の秘密をソ連の防諜機関が入手する出来事が発生した。

具体的には、SISのモスクワ支局は、ソ連の防諜機関の意欲とKGB第二総局第一課の職員たちの能力と技能が産んだ「欺瞞ゲーム」〔相手国に偽の情報を流して騙すこと〕の相手を、約二年間の長きにわたって務めさせられたのだ。このゲームは、英国諜報機関首脳陣の目論見では、ソ連の軍事秘密に接近する道を示してくれるはずのものであり、KGBの防諜部門の要員たちの意図ではSISの大使館付支局の活動を明るみに出す照明灯の役目を果たすはずのものだった。

結果としては、SISの大敗だった。なぜなら諜報作戦の内容、ソ連国内に潜んでいるエージェントとの連絡維持に関する指示、使用している設備についての情報、科学の専門家たちが発明した最新の、そしてソ連の保安機関には未知の暗号文作成装置についての情報が、KGBの手に渡ってしまったからだ。

さらには、ソ連国内における英国のエージェントの仕事の手法、支局の要員たちが個人的にエージェントとの打ち合わせ場所や「秘密の隠し場所」に出かけたりする際に行う安全策と秘密保持策の確認方法や用いる多数のトリックも、ソ連当局の知るところとなった。在モスクワの英国大使館員に偽装させることによりSISが懸命に隠そうとしていたピーター・ブレナンとジョン・スカーレットの正体も、ソ連の防諜機関に知られてしまったのだ。

ソ連の防諜機関は、SISのモスクワ支局の手助けをしている在モスクワ英国大使館の館員たちについても情報を入手した。その中に、学術部門担当のジョン・ガレット参事官という高官も含まれていることを知るに及んだ。ガレットはSISのモスクワ支局の要請に基づき、将来の諜報活動に備えるための下検分をモスクワ市内と郊外で行っていた。そのためソ連の防諜機関は、彼の動きの監視に多くのエネルギー費やし、またさまざまな方策を講じることを余儀なくされていた。彼は徒歩での散歩を好んだが、車でもいろいろな所に出かけ、新しい知り合いを次から次へとつくっていった。ガレットに目をつけられた人々が、その狡猾な目的に気づかなかったことは言うまでもない。

ピーター・ローレンス・ブレナンの名を「トムリンソンのリスト」の中から拾い出そうとしても、無駄である。このリストは、当然のことながらSISが編纂した百科事典ではないからだ。しかし彼の名は、英国外務省の当時の便覧には載っている。一方ジョン・マクラウド・スカーレット※は、トムリンソンのリストに入っている。

◆モスクワにおけるSISとCIAの棲み分け

SISのモスクワ支局は、「自発的協力者」であるソ連の海軍将校が絡んだ作戦を遂行するための場所として、モスクワ市近郊のペトローボ・ダーリネエ地区を選んだ。モスクワ近郊の自然の美しさや空気の新鮮さを、SISの要員たちが気に入ったがゆえこの地を選んだとは、筆者には思えない。もっと実際的な理由があったのだ。モスクワは、CIA支局の行う諜報活動で満杯状態になっていたことが原因だった。SISの年上のパートナー〔アメリカ〕は、既に一九七〇~八〇年代から、注ぎ込むエネルギーの量と諜報活動の規模の大きさ、そして手段の多様さではSISとは比べようがない存在になっており、モスクワ市内にかなりの規模のエージェント網を既に設置し終わっていた。こういう状況下で英国は、アメリカに譲歩せざるをえなかった――これが、モスクワ郊外に舞台を設置せざるを得なくなったことの真相だったのだ。こうした事情をバックにして、英米諜報機関のモスクワ市内での勢力範囲が定められたのだ。最終的には活動区域も定められ、モスクワ市内はアメリカのもの、近

※ スカーレットはSISのモスクワ支局に二度勤務したが、一九九一年初頭からの二度目の勤務期間中はゴルバチョフの統治時代だったこともあって、彼はSISの職員であることを公にした上でゴルバチョフ自身やKGBの職員たちと交流し、テロリズムや組織犯罪について意見を交換した。ただし、ゴルバチョフの命運は尽きておりエリツィンが後を継ぐことになると主張して、時の駐ロ英国大使と対峙することもあった。一九九四年、ロシアから追放される。その原因は、彼がKGBの主席公文書保管人とその家族を、同人が郊外の私宅に隠していた大量の文書と共にロシア国外へ出すことを二年前から画策していたこととされていた。

郊は英国のものとされた。これは、『黄金の子牛』〔ソ連の作家イリフとペトロフが、一九三一年に書いた作品〕の中でシュミット中尉の息子たちが勢力範囲を分け合ったのとそっくり同じだ。ただし、この作品と違いSISとCIAは勢力範囲についての合意事項を反故《ほご》にすることはなかった。

両者が約束を守ったことが、新たな結果を芽生えさせることとなった。ソ連の防諜機関の力を分散することができたので、連盟相手と衝突したり、妨害し合ったりすることがなくなった。

◆ブレナン一家が用いた受け渡しのテクニック

パートナー同士であろうとも、強者が選択の自由を持つ。これは、一般社会はもとより、特に政治の世界で通用する公理だ。「散歩したいなら、どこか遠くの寂しい横町へでも行ってくれ」〔「傍へ寄るな、つきあいたくない」の婉曲表現〕と戦友に言われても、SISはそれほど悲しまなかった。SISとCIAのライバル意識は激烈なものではなく円満に話し合える仲だった。共通の敵を持っていたからだ。

しかし「自発的協力者」との作戦実行場所をモスクワ近郊に変える前に、SISのモスクワ支局にはやるべきことがあった。それは、クスコヴォ公園内にエージェントが造った隠し場所から、物《ブツ》を取り出すことだった。今度の複雑で危険な活動には、支局員のみならずその妻と三歳の息子も参加することになった。そのテクニックは、ルジニキ公園内でSISの要員が用いたものに極めて似ていた。違いは、今回の主役とも言える役を演じるのがブレナンの息子だという点だった。

天候に恵まれたある夏の日、ブレナン一家は森の中の草地に腰を下ろし、くつろいでいた。これぞ英国流ピクニックという光景が展開していた。やがて、父親が楽しい遊びを思いつく。彼がボールを投げ、息子がそれを捕るのだ。始めてしばらくすると、父親は偶然を装ってボールを隠し場所の方角に投げる。すると息子は喚声を上げてボールが落ちた草むらに向かって駆け出す。息子のボール探しを手伝うために両親が急いで後を追う。そして三人は灌木の下の生い茂った草むらを手で探り始める。やがて待望のモノ（「自発的協力者」からの情報が入った包み）は、ブレナン夫人が用心のため手から離さなかったバッグに納められる。辺りは平穏な空気に包まれたままだ。

ブレナン一家の動きを気にする者は一人もいない。公園内を散歩する人たちの数は少なく、それぞれは自分のことで頭が一杯だ。そもそも親子の無邪気な遊びに、疑いの目を向けるような者がいるはずはない。ブレナン夫妻を当然のごとく束縛していた緊張の糸も解けはじめる。しかし、包みを支局に届けるまでは、二人は安堵のため息を漏らすことはできない。

今や成人した息子に「お前は小さい時にモスクワで諜報活動に参加したことがあるんだよ」と二人が打ち明けたかどうか、知りたいものだ。

英国の家庭で普及している、子どもに対するスパルタ教育では、子どもが大人の冒険に参加することが必要とされているのかもしれない。だがそうした光景をモスクワの公園や街路で見かけると、不思議な思いにとらわれたものだ。

◆**家族を諜報活動に利用するのはSISの常套手段**

家族を端役ではなく、主役級の役者として諜報活動に参加させるのは、SISのお気に入りの手法だった。ペンコフスキー事件を思い出してみよう。モスクワ支局の要員ロデリック・チザムの妻ジャネットは、SISからの指示でSISとCIA両方のスパイであった「ヨーガ（ヒーロー）」（ペンコフスキーのこと）と連絡を取る際には、自分の幼子たちをカムフラージュに使った。乳母車に乗せた末っ子を連れて約束の場所に行ったし、SISとCIAにとって不運な出来事がモスクワで生じてからは、妊娠中の身であることも利用した。

この分野でのＳＩＳの勤勉な教え子であるＣＩＡは、このようなカムフラージュ方法をレニングラード〔現サンクトペテルブルク〕で利用した。一九八三年の夏、総領事館員を装っていたＣＩＡ要員のロン・アウグステンボルグは、アメリカ人エージェントである、ロルフ・ダニエルが隠したモノを取り出す作戦に妻と二歳の娘も参加させた。ＳＩＳは、家族を利用することは貴重なエージェントが関わる仕事を偽装するのに最適の方法だとみなしていた。

一九七六年、ピーター・ブレナンは彼に代わってモスクワ支局勤務となったジョン・スカーレットにソ連の海軍将校であるエージェントを扱う権限を引き渡した。スカーレットはブレナンと同じく、大使館の二等書記官だったが、先任者とは異なりモスクワ近郊を好んだ。その理由を読者は知っているはずだ。エージェントとの連絡には森の中の隠し場所が用いられた。その所在位置はあらかじめ選ばれており、指示書で詳細な説明がなされていた。隠し場所に置かれた金属製の箱はＳＩＳ技術部の名人がつくったもので、芸術作品の名に相応しいものだった。ネジ止めになっている底面を開けると、エージェント宛ての詳細な指示書や札束を収納することができる仕組みになっていた。隠し場所を設置するのは難しくなかった。金属製の箱を、水分を含んだ地面に置いてから足で踏みつけて地中に埋めるだけでよかったからだ。最も大事なことは、連絡用の指示書に隠し場所の位置を正確に記載することだった。

◆ＳＩＳ諜報員スカーレット、モスクワを去る

同じ一九七六年、ロンドンの本部は突然の命令でジョン・スカーレットをモスクワから呼び寄せた。なぜか？　彼がいい加減な仕事をしたからか？　貴重なエージェントの存在が敵に知られるようなことをしたからか？　本部の分析官たちが何か不適当なことがあると、疑ったからなのか？

理由はともかく、彼はモスクワから引き揚げざるを得なかった。それから一七年の間、彼はSISの指示に従って「遠方の寂しい場所を」を旅し、またSISが抱えている旧ソ連と新生ロシアが関わる心配ごとから目を離すことなくロンドンの本部で働き続けた。

そして一九九一年、スカーレットは、諜報員としての仕事を成功裏に何の心配もなくスタートさせることができたロシアで、もう一度働いてみることにしたのだ。スカーレットに与えられたポストは権威あるものではあったが、その仕事はロシアの国家保安機関との連絡を行う将校に相似した、いわば儀典官のそれの色彩が濃いものだった。しかし彼はSISのエージェントを利用する作戦とか秘密作戦などといった、彼が以前に担当していた仕事に直接携わることに心惹かれていた。ロンドンの本部で働いていた時、彼に課された仕事は彼の希望したものと合致していたので、彼の思いはますます募ることになった。かくして、SISの職員としてのスカーレットは、教えられた方法を用いて諜報活動用の情報を収集する分野での旺盛な仕事の幅を広げていった。

もちろん彼のこうした熱意が、ロシア政府の気に入るはずはなかった。ロシア側の長年の我慢も終わる時が来た。こうしてジョン・スカーレットは再び自分の意志に関係なく、ロシアに別れを告げることになった。

彼がつい最近〔本書執筆時〕、東欧と独立国家共同体担当局の局長に任命されたことは、今は既に秘密ではなくなっている。この重要なポストがスカーレットに与えられた理由は、SISのソ連およびその他の国々の支局において彼が実践活動を経験していたことにあった。

SISが経験したモスクワでのあの一連の出来事から、既に二〇年以上が経過した。ある意味では、あの出来事の一つひとつは英国諜報機関とソ連の国家保安機関との対決が産んだエピソードにすぎなかった。しかし残された教訓は極めて大きなものだった。なぜならば一方では、英国諜報機関が掲げたソ連国内での活動の目的を達成せんとしたＳＩＳの諜報活動への熱の入れ方と手段が明らかになり、他方では、強敵の諜報および破壊活動に対抗するために講じられるソ連の防諜機関に特有の手段は強烈な性格のものであることが明らかになったからだ。

ペンコフスキーとウィーンが摘発された後、そしてジェラルド・ブルックとアンソニー・ビショップ※の惨めな失敗の後、ＳＩＳはしばらくの間ソ連国内では地下に潜ることにした。モスクワ支局は鳴りを潜め、局員たちは英国外務省から新たな隠れ蓑を受け取った。ベルリンで摘発されたロデリック・チザムをモスクワに派遣したことから判断すると、ＳＩＳの本部はペンコフスキー事件から何かを学んだものと思われる。

◆ソ連防諜機関の勝利と、新たなる戦いの始まり

ソ連の防諜機関は「消えた」支局を探し出す破目に陥ったが、最終的にはこの課題を見事に達成した。この容易ならぬ仕事を遂行するにあたっては、英国課次長のニコライ・ヴァシーリエヴィッチ・ステクロフ、課員のグレプ・マクシーモヴィッチ・ネチポレンコ、ウラジーミル・ペトローヴィッチ・フェジャーヒン、ミハイル・アレクセーエヴィッチ・プラトノフなどの骨身を惜しまぬ働き手たちが、その真価を発揮した。彼らおよび今はいまだ名を明らかにできない筆者の同志であり、同僚である多くの人たちは、防諜活動の本物の名人と称されることになった。彼らは、規則で厳しく定めら

※ アンソニー・ビショップはＳＩＳのモスクワ支局員ということで、一九七一年にソ連から追放されたが、本人はスパイ活動とは無縁だったと主張。彼は英国外務省のロシア語通訳以外の何者でもなかったとの第三者の証言もある。当時英国は、ロシア人三〇人をスパイの疑いで国外に追放したが、それに対する報復措置としてソ連側が国外に追放したイギリス人グループに何の根拠もないのに「入れられてしまった」ため。

れている職員の配置替えで移らざるを得なかったKGBの別の下部組織でも、評価されるだけの腕前を持っていた。我々は「英国」戦線ではKGBの他の多くの下部組織と協同して仕事を行った。だがここでは、一九七〇年代の出来事との関連で、KGB第七総局の我々の友人にして同僚のパーヴェル・ヴァシーリエヴィッチ・パリチュノフ、ニーナ・アンドレーエヴナ・ホミャコーヴァ、ゲンナジー・クラツェフを紹介することにしたい。防諜活動に参加した別の人たちの名前をいまだ明かせないことを、筆者は残念に思う。なぜなら、そうした人たちにこそ、「自分たちの働きがあったから、世界で最強の諜報機関の一つである英国諜報機関の、ソ連を標的にした活動の広がりに歯止めをかけることができたのだ」と誇りを持って宣言する権利が与えられるべきだからだ。

一九七〇年代前半のSISのモスクワ支局が味わった運命の激変を、読者は知っているはずだ。ソ連の防諜機関は、ひと時も休むことができなかった。「冷たい戦争」が以前そうだったように、水を激しくはね上げることが予想されたからだった。そして、その予想は待つまでもなく当たり、「秘密戦」の参加者たちは新たな問題に直面した。

ピーター・ブレナンとジョン・スカーレットのモスクワ市内およびモスクワ郊外での冒険は、この終わりなき連鎖を構成する輪だったのだ。

19

英国のライオンの咬む力

復讐に邁進する英国諜報機関／ソ連の職員達をロンドンから追放する件に対する関心度が他方より高かったのはSISか、それともMI5か？

英国のシンボルは野獣の王ライオンである。いつの世でも多くの民族がこの屈強な食肉獣を王たる者の権力と勇気の象徴として扱ってきたが、英国の場合はこの連関が偶然の産物ではなかったことは間違いない。中世には歴代のビザンツ帝国皇帝とローマ教皇（法王）が、不遜にも自らにこの獣の名を冠したたし、ヨーロッパの都市や城砦にもこの名がつけられた。「ライオンのような」という形容詞は、権威と大胆さの極致を意味した。それゆえにライオンが英国民族の象徴になったのは、偶然ではなかったと言える。

シーザーの率いる軍団によって占領された島に住む野蛮人たちのために、ローマ人がライオンを使った見世物を催した可能性は充分にあり得る。また当初は船乗りや商人や宣教師が遠い国々で見た、威厳のある恐ろしい獣について語った話の中だけに存在したライオンだったが、何世紀かを経てイギリス人旅行者たちが植民地であるアジアやアフリカの国々から持ち帰った、生きた本物が檻に入れられた姿でロンドン・タワーの中で公開され、現実味を帯びたものになったという推定もできるかもしれない。

いずれにせよ「英国のライオン」という言葉そのものの響きが、ライオンという動物の荘厳さを感じさせるし、姿自体も恐ろしさを感じさせるのだ。だからこそ「ライオン」は大英帝国の威力の化身とみなされたし、「ライオンのような」という形容語句は英国を象徴する語句として、英国の歴史、政治、文学の分野に遍く浸透した。

「獅子心王リチャード※」、「英国国民が持つライオンのような賢さ」、「英国の兵士が持つライオンのような勇気と不屈さ」などが例として挙げられる。ロンドンの中心地に聳《そび》え立つまさに堂々たる風采のライオン像を見ていると、今にも威嚇するような咆哮が大英帝国の首都中に響き渡るのではないかと思わされる。イギリス人は第二次世界大戦中の国のリーダーだったウインストン・チャーチルのことを、敬意を込めて「老ライオン」と呼んでいた。チャーチルの「ライオンのような唸り声」は、大英帝国の「葬式」が終わったあとでも止むことはなかった。「老ライオン」は大英帝国の終末など見たくもなかったのだ。サンフランシスコの動物園で生まれたライオンの子は、英国の王位継承者の名を頂戴してチャールズと名づけられた。これは、アメリカが忠実な同盟国である英国そのものとその国の恐るべき力に敬意を表していることの証となった。

寓意によって表現された事物の正体が何であるかがすぐに、あるいは常に推測できるとは限らないような手の込んだ寓意は、筆者の好みではない。しかしSISの一度咬みついたらいたら相手が死ぬまで放さないというやり方を、世界最強の獣であるライオンの習性にたとえることは、歴史的にも事実上も許容されると筆者は考えている。

※ 一一五七～一一九九。リチャード一世、在位は一一八九～一一九九。勇敢だったので「ライオンの心」を持っているとされた。

◆英国政府、大量のソ連人を国外追放する

英国諜報機関の「咬む」力を体験させられた者の数は多いが、強くて狡猾な敵との戦いを通じて勝利の喜びと敗北の悔しさを知ったロシアは、英国の特務機関の強烈な打撃を避けようとはしなかった。長年にわたりロシアの特務機関は、正真正銘のボクサーのようにリング上で強烈な、ノックアウトパンチの応酬をしてきた。だが世界大戦後、戦略や戦術に変化が生じ、新しい技とテクニックが登場した。

一九七〇～八〇年代、ソ連と英国の間で体力を消耗させる熾烈な抗争が続く中、「秘密戦」の前線すべてで両国特務機関が喧嘩腰になったこともあったし、ある程度の静けさが保たれた時期もあった。しかし英国側はまさにそうした時期に、新しい対決の種を蒔いたのだ。それは、在ロンドンのソ連代表部の職員多数を英国から追放することだった。一番多かったのは一九七一年だった。この年、英国政府はスパイ容疑で一〇五人のソ連人を国外に追放した。その上、ソ連機関の大幅な人員削減を要求した。国外追放の対象とされたのは、大使館員、領事館員、通商代表部の職員、英国政府の正式認可を受けた特派員、駐在武官たちだった。その後も数年にわたって国外追放のドンチャン騒ぎは続いた。一九八九年には「好ましからざる人物」として、二五人と二六人からなる二組のソ連人職員が指名され、そして一九八九年にはさらに一一名のソ連大使館員が許可されていない行動をとったことで罪を問われた。

英国のこれらの行為の特徴は、「ペルソナ・ノン・グラータ」の通告を受けたソ連の各代表部の職員に具体的な罪状が示されたことは一切なかったという点、そして法律に違反する何らかの諜報活動を行ったため現行犯で逮捕された者も皆無だったという点に表れている。一方、同様のケースでのソ連当局の動きはどうだったかと言えば、たとえばソ連政府がＳＩＳ支局の諜報員たちを国外に追放した

のは、彼らがペンコフスキーあるいは「ロシア連帯主義者連合（ＮＴＳ）」の密使が絡んだスパイ行為で摘発されたからであり、モスクワ勤務の英国駐在武官たちに具体的なクレームが提示されたのは、彼らが軍事施設の写真を無許可で撮っている現場や外国人には開放されていない地域に不法侵入した現場で取り押さえられたからなのだ。換言すれば、ソ連側は外国人に「ペルソナ・ノン・グラータ」を通告する際に守るべき不文律[※1]に従って対処していたということである。

英国政府による前代未聞の行為は、ソ連の公的機関の何らかの行為に対する報復ではなかった。もしそうであったなら、当時の状況を考えれば理解もできたし、受け容れることもできたであろう。しかしあの一連の行為は、ソ連に対する英国国民の好意の発露を抑えること、および二国間の関係の改善を許さないことを狙った（以前にも何回も試みた！）、保守党政府によるお粗末極まりない政策の産物だったと言わざるを得ない。こんな政策がとられていたのだから、「冷たい戦争」の温度が下がるのを防げるはずはなかった。

これらドラマチックな出来事が発生する半年前に英国の防諜機関ＭＩ５によってリクルートされたオレグ・リャーリン[※2]が、英国にとって危険な存在である在英ソ連諸代表部職員たちの名簿をＭＩ５に提出したとされる一九七一年の騒ぎは、ソ連人官僚大量追放の口実にするために英国政府が考案した

※1 外交関係に関するウィーン条約では「ペルソナ・ノン・グラータ」を通告する際、その理由を説明する必要はないとされている。従って、英国側が何の説明もせずにソ連人を国外に追放したことに問題はない。しかし本書の著者は、通告する際には「不文律」（本書では具体的な説明がない）を守るべきだとしている。

※2 リャーリンはＫＧＢの将校。在ロンドン・ソ連大使館付ＫＧＢ支局在職中に、英国側に寝返った。彼が提供した資料には、ソ連諜報機関が準備中のヨーロッパの大都市およびワシントンでの破壊活動、ロンドンの地下鉄網を水没させるなどという情報や、あるいはヨーロッパ諸国の首都にはＫＧＢの暗殺専門官が常駐しているなどといった情報が含まれていた。また彼の提出した名簿に基づき、総計二〇〇名近くのソ連人が英国から追放された。

奸策以外のなにものでもなかったことは明々白々である。

◆ソ連政府による報復

英国の官僚は、ソ連人を国外に追い出した理由として、両国の代表部の数の均衡が保たれていないことを挙げたが、この論拠は説得力を欠いていた。この点について後で触れることにするが、英国側にこの口実を持ち出されても、残念ながら仕方なかったということだけはとりあえず言っておきたい。なぜならソ連の在外代表部（在英のものも含めて）の職員数が、時には合理的な枠を突破するほどのものだったため、一九八〇～九〇年代にソ連の首脳部が嫌々ながら在外機関の数と人員の削減に取り組まざるを得なくなったという経緯もあったからだ。

しかしそれはそれとして、ソ連政府は報復手段をただちに実施した。英国の外交官を装っていたSISの海外支局員たちと諜報活動を行っていた駐在武官たちを追放したのだ。その結果、ソ連政府の厳しい反応で物わかりがよくなったのか、英国政府は思慮も根拠も欠いた追放作戦を中止した。

この件に関しては、事の本質に触れる発言を一つしておかなくてはならない。実を言えば、ソ連の職員を英国から追放する作戦の音頭をとったのはSISではなかった、と筆者は確信しているのだ。SISはソ連国内で一定の任務を果たすため、一定数の職員を抱える大使館付支局を運営していた。そうした状況下でソ連人の追放などという問題に、SISが首を突っ込むはずはない。そんなことをすればソ連側の報復で自分たちの在ソ職員の数が減らされるのが目に見えていたからだ。そして実際、ソ連側の報復は行われ、SISは実害を蒙った。ソ連から追放されたSISの職員の数は英国から追放されたソ連の在英職員の数以下どころではなく、それを上回ると推定せざるを得ない状況が生み出されてしまったのだ。

ソ連人の国外追放運動のエンジンを始動させたのは、英国内のソ連機関すべての監視が手に負えなくなったMI5だったと筆者は確信している。MI5の行為は、筆者には理解可能だ。なぜなら当時のMI5は、ソ連の諜報機関との争いで大失敗を演じたことに対し、政府、議会およびマスコミから厳しい批判を浴びせられており、神経を尖らせていたからだ。在英ソ連人職員を、しかも大量に国外に追放することにより汚名挽回を図ったとの推論は、的を射たものだと筆者には思われる。

両国間の在外代表部の職員数の均衡について言うならば、どちらかの国が数の面での形式的な平等を要求することにより、両国間の利害関係が影響を受けた例は皆無に近い、というのが筆者の持論だ。人数の問題は、利害関係は抜きにして、まずもって具体的な数を両国間で取り決めることから始めるべきなのだ。たとえば、アメリカ合衆国は、外交代表部と領事部の施設数およびそこで働く職員の数について完全平等が保たれることを、どの国に対しても、外交関係樹立時に厳しく要求していた。ただし、現実は大違いだったことは留意しておく必要がある。そうした条件で相手国と合意した場合でも、アメリカが相手国内に設置した施設の数は相手国がワシントンに設置した施設の数より比較にならないほど大きかったのだ。

別の例もあった。完全な、あるいは完全に近い平等を我が国に要求しなかった国も存在した。下手に平等一般を要求すれば代表部の取引関係、便宜供与、安全確保等に関して我が国が相手国に提供できるのと同じレベルのものを我が国代表部から要求されるので、自国が損害を蒙ることを相手国が理解したからだ。

英国は、おそらくはアメリカの例にならったと思われるが、代表部の職員の数を問題にする際に在外ソ連機関の仕事のやり方の特徴を考慮に入れようとしなかった。具体的に言うと、英国側はソ連国内の自国の代表部でソ連人をサービス係として使っていたが、英国内のソ連の外交代表部ではイギリス人は雇用されていなかったのだ。イギリス人を雇わないのだから、その分だけ自国人の職員が必要ということになる。

◆英ソ関係が氷点下にまで達した一九七〇～一九八〇年代

英国から一〇五人のソ連人が追放されたのは、既に述べたように、KGBの在ロンドン支局の平職員リャーリンが英国の防諜機関MI5に恐喝されて英国側に寝返ったことに関連していた。この事件は、英国内におけるソ連諜報機関の活動に手酷い影響を与えた。「泣き面に蜂」とはよく言ったものだ。既に一九七〇～八〇年代にソ連の諜報機関は新たな、極めつきの不快事をいくつか体験せざるを得なくなった。その中の一つは、KGBの第一総局（諜報担当）で勤務していたオレグ・ゴルディエフスキーが、SISによりリクルートされたことだった。

前述の出来事のうちの多くが発生した七〇年代は、英ソ関係にとっては最良という言葉とはまったく縁がなかった時期だった。今に始まったことではない英国の政策の揺れ動きは、留まることを知らなかった。英国は、例によって例のごとき政治的・経済的危機にも見舞われていた。

アルスター※では状況が再度悪化し始めた。かつての英連邦内でもさまざまなことがうまく行かなくなり、英国政府の立場は非常に不安定なものになった。西ヨーロッパでは、西独とフランスが英国のライバルとしての歩みを決然たる足どりで進めていた。保守党と労働党は政権をたらい回しにし、政権が交代するたびに政策が激変するというみっともない現象が生じていた。両党ともソ連との協力の重要性は認めていたが、言葉と行動との溝を埋めようとはしなかった。

※ アイルランド島北東部の地方。北アイルランド問題が悪化したことを意味する。本書29頁訳注参照。

ソ連に対し好意を示したことなど未だかつて一度もなかった英国保守党は、一九七〇年に政権を手に入れるや否や、ソ連相手の政策を一段と厳しいものにした。首相エドワード・ヒースによる大量のソ連人国外追放は、ヨーロッパのみならず全世界で腰砕け状態になった英国の威信を英連邦内で強化すること、および世界的規模での緊張緩和の動きを止めることを念頭に置いて行われたものだった。

一方、一九七四年にハロルド・ウィルソン率いる「左寄り」と見られていた労働党が政権の座に就くと、英ソ関係再生の兆しが感じ取られるようになった。するとアメリカ政府も、政権を明け渡した保守党も、さらにはウィルソンの同僚である右派労働党の議員らも、ただちにウィルソンに襲いかかった。償うことのできぬ罪業を犯した者として、ウィルソンは攻撃の矢面に立たされた。

ウィルソンの名誉を毀損する運動は巧みに演出されたものであり、毒のある悪口を用いるという特徴を有していた。彼はまた、ソ連との密約、独裁主義、労働党の前党首ヒュー・ゲイツケルの強制排除などの罪も着せられた。アメリカ政府はと言えば、「アメリカとの特別な関係」いう政策から逸脱したことを理由に峻厳な非難を彼に浴びせた。ウィルソンが「親ソビエト主義」者であり、あやうくソ連のエージェントになりかかったなどという、英国ではまさに致命的となる罪名を世に広めた英国の諜報機関も、首相攻撃にささやかな寄与をしたことを誇るに至った。精神的圧力に耐えられなくなったウィルソンは、党首と首相の座をジェームズ・キャラハンに譲り渡した。その結果、英ソ関係の停滞はさらにひどくなった。

「冷たい戦争」はその温度をさらに下げ、保守党が政権に復帰し、「鉄の女」マーガレット・サッチャーが首相になった時には、冗談ではなく、氷点下に達していたのだ。

オレグ・ゴルディエフスキーの裏切り行為は、英国政府にとってはまさに絶好の機会になったと言っても差し支えないはずだ。

20

「私は大使館の車のトランクに入れられて運び出された」

マーガレット・サッチャーとミハイル・ゴルバチョフ／あるリクルートの物語／人間としての弱さと邪悪な金銭欲をいかにして美徳に変えるか／スパイのソ連からの逃亡

西側では、SISのエージェントだったオレグ・ゴルディエフスキーが起こした事件の後味を今に至るも楽しんでいる。一九九〇年以降、特にソ連政府がゴルディエフスキーの家族に英国行きを許可してからというもの、ソ連および新生ロシアの報道機関は逃亡した英国のスパイについての少なからぬ量の記事を掲載するようになった。それらのうちのいくつかは、著者たちが内容の公正さを強調したものだったが、他の記事は（量は少なかったが）人権について一言できる機会を与えられた喜び、そして仲のよかったゴルディエフスキー夫婦を別れさせるような残酷なことをした旧ソ連の国家保安機関をいつものように苛める機会を与えられた喜びを、著者たちが隠すのに苦労しているさまが透けて見えるようなものだった。

遅れてはならじとばかり、急きょ新聞紙上で名乗りを上げたのは、リュビーモフだった。彼はKGB第一総局の英国課でゴルディエフスキーの同僚だったから、自分にも一言述べる権利があると考えたのだろう。ソ連のある女性記者は、センセーション好きが高じたせいか、労を惜しまずロンドンに駆けつけ、SISのボスたちの庇護の下で今や大胆になったゴルディエフスキーから、同人の裏切りにまつわる感傷的な物語を聞き出すことに成功した。好奇心旺盛なこの女性は、彼がもてあそぶ嘘で固めた駄弁に喜んで耳を傾けたのだ。「錯覚好きを騙す」のは簡単らしい。

◆西側にセンセーションを巻き起こしたゴルディエフスキーの件

今ではあの大事件については多くのことが明らかになっているが、全部と言うにはもちろん程遠い。不可解なのは、たとえばSISはどのような手段を用いて、そして具体的には誰がゴルディエフスキーを罠に誘き寄せたのか、という点だ。のちに英国のスパイになったこの男は反ソ連体制運動に関わっていたからだ、などという急きょでっち上げられた伝説を信じるのは、お人好しだけだ。彼のソ連からの逃亡をSISがどのようにお膳立てしたかも不明のままだ。謎の解明はともかく、英国の諜報機関は正当に評価されてしかるべきだ。秘密を守る能力に長けていたのは事実だからだ。

ゴルディエフスキー自身はSISが音頭をとって出版されたKGBについての大作の作者として、クリストファー・アンドリュー教授と名を連ねているが、スパイとしての自らの遍歴についてはSIS本部の許可を得たこと以外はほとんど触れていない。

ロンドンで行われた外国人記者およびロシア人記者を相手にした記者会見の席上、彼は逃亡については何としてでも触れまいとしていた。SISのモスクワ支局勤務の職員二名が外交官ナンバーつきの車に彼を乗せてフィンランドに連れ出した(注25)――これが、公的な説明だった。

筆者はゴルディエフスキーの件には仕事上は関わらなかったし、彼と個人的に付き合ったこともなく、彼が一九八五年の夏に秘かに国外に逃亡するまでは彼については何も知らなかった。それはそれとして、自分の仕事上の経験と印刷物の形で公表された資料を基に、筆者が思うところの一端を敢えて述べることにする。

◆デンマーク勤務から始まった

時は一九七三年。新進の、と言っても実年齢は決して若くはない諜報機関要員オレグ・ゴルディエフスキーは、KGBのコペンハーゲン支局への出向を命じられた。一九六六～一九七〇年に駐在したことがあった彼にとっては二度目のデンマーク滞在だった。懐かしの職場で名誉欲に再び取りつかれた彼は熱心に仕事に取り組んだ。

デンマークは、かなり重要な意味を持つ存在としてソ連の諜報機関が関心を寄せていた国である。ただし、国単体としてではなく、北大西洋条約機構加盟国、英米両国および西独の年下のパートナーとしてだった。デンマークは、以前から英国王室との間に縁戚関係が成り立っていることや[※1]、英国が取り仕切っている「ヨーロッパ七人組[※2]」に属していることで、英国とは特に親密な関係にあった。デンマークの保安機関はSISにとっては信用できる助っ人であり、当時の長官スティグ・アンデルセンは英国諜報機関の忠実な理解者で、彼の部下、エージェント、情報提供者は彼の友人である英国の裁量に委ねられていた。彼の部下はソ連大使館の監視を入念に、そしてしつこく行っていた。盗聴と見張りのための機器類は、故障とは縁のないものが英国からきちんと納入されていたため、任務はなおさら熱を入れて遂行されていた。

※1 ロシア最後の皇帝ニコライ二世の母親と英国の現女王エリザベス二世の祖父ジョージ五世の母親は、デンマーク国王の娘たちだった。つまりニコライ二世とジョージ五世は従兄弟ということになる。
※2 欧州自由貿易連合のこと。一九六〇年に英国が中心になって結成。欧州経済共同体（ＥＥＣ）の枠外にあった国々が参加した。当初は英国、デンマークなど七ヵ国だったが、その後英国とデンマークは欧州共同体（ＥＣ）に加盟したため、一九七三年に脱退した。

◆誘惑の街コペンハーゲンに張り巡らされた監視の目

コペンハーゲンは諜報活動の練習所として適していたばかりでなく、節操のない、惚れっぽい者たちにとっては誘惑が満ち溢れた場所でもあった。「甘い生活」が味わえるサロン、売春婦、そのヒモ、麻薬とポルノの売人――。こういう類の者たちは、スティグ・アンデルセンが指揮を執る機関の監視下にあった。

しかしデンマークの防諜機関PET(注26)〔国の保安、防諜、王室警護などを担当するデンマークの機関〕の長官が必要な時に備えてとっておいたのは、「赤ランプ」〔娼家〕地区で働く安値の売春婦や、街中《よちなか》の、客になりそうな男に自宅の鍵をカチャカチャ鳴らして誘う女たちや、飢えた女好きに愛を贈るために「出前される」女たちだけではなかった。スティグ・アンデルセンは「選ばれし者たち」のための、「最優良種」とも言うべき女たちのコレクションを持っていたのだ。彼女たちは社交界に出入りする高級遊女ではあったが、愛とは何かを熟知し、人の心の僅かな動きにも敏感に反応して病む者を治療し、悩む者を元気づける才能に恵まれた女たちだった。PETの長官は客から要求された場合に備えて「男性」も商品として用意していた。

公にはできぬ情熱の虜になった男たちや、家庭内の揉めごとに悩んでいる男たちは、この地で出会った新たな誘惑に抗し切れなかった。誘惑に負けた後は長い間、インテリにふさわしい手段を用いて辛さに堪えながら、人生の複雑さを嘆き、堕落してしまったことの言い訳を探し求め、見つけようとすることになる。家族と国を裏切った口実として、自身の肉欲や好色を挙げずに、自身の頭脳や心を(考えてみれば子どもの時から)掻き乱してきた「考え方の違い」のせいにする者もある。

スティグ・アンデルセンは、SISの優秀な教え子だった。英国人指導員たちに教えられた要員候補リクルートのための複雑なテクニックを完璧に身につけていた。ちなみにPETの職員たちの多くは、ボスに負けない実力の持主だった。彼らは英国での研修（英国は友好国の防諜要員たちの教育には金を惜しまなかった）を優秀な成績で修了した者たちだった。アンデルセンは、諸外国の外交官たちの行動が一般に認められた範囲を超えたものかどうかを、スカンジナヴィア人特有の厳密さで監視していた。会話の盗聴、情事の現場の盗み撮りなどで集められた資料は、粘つく蜘蛛の巣に獲物が完全に絡めとられる瞬間を待ち望んでいた防諜機関にとっては頼りがいのある切り札となった。

◆ゴルディエフスキーがはまった罠

その上、オレグ・ゴルディエフスキーと妻との関係が複雑化して家庭は崩壊の危機に瀕していたこと、彼が完全なる終局の到来を必死になって食い止めていたのは、家庭問題が原因で任期満了以前にモスクワに呼び戻されるのを恐れていたからであったことは、既に秘密ではなくなっていた。一九七四年にゴルディエフスキーが、彼のために設置された網に引っかかった背景には、前述の事情があったことは多分間違いない。

自国の諜報機関支局およびデンマークの保安機関を手伝うためにロンドンからやって来た物腰の丁寧なインテリ揃いのＳＩＳの要員たちは、ゴルディエフスキーの目には救いの天使たちとして映った。

その中でも本物の救いの天使となったのは、表向きは在コペンハーゲン英国大使館政治課勤務の一等書記官で、実際はＳＩＳのデンマーク支局の要員だったロバート・フランシス・ブラウニングだった。彼はコペンハーゲン近郊の別荘で、エージェント候補を捜し求める「猟師」特有の熱狂ぶりでホスト役を務める招宴を催した。宴の主客は獲物、すなわち、彼にとっては「使えそうな者」を物色するために招いたソ連大使館の職員たちだった。ゴルディエフスキーは自らを「ソ連の大親友」と称しているブラウニングの別荘に、他の大使館員たちと共に以前招かれたことがあった。既にその時にブラウニングは気づいたのだ。ゴルディエフスキーには後に彼をして英国諜報機関に逃げ込ませることになる資質があることに。その資質とは、過剰なまでのうぬぼれ、小事へのこだわり、吝嗇《りんしょく》、そして肝要なのはエゴイスティックな個人主義、自由への希求、特に性の自由への希求だった。

こうした情報はPET長官アンデルセンと敏腕な部下たちの注意を引かないわけはなく、情報の処理は規則により長官が行うことになった。

ゴルディエフスキーが裏切り者になる前のことだが、彼の性的乱行が噂話の種になっていることは筆者自身耳にしたことがある。デンマークでの彼のことをよく知っていた大使館員の一人は「彼はまったくのセックス・マニアだ」と語っていたし、KGBのコペンハーゲン支局で彼の上司だったリュビーモフは、かつての部下が「性科学」に興味を持っていたこと、彼自身が主宰して大使館内で行われたゼミナールで大使館員の妻たちを相手に性科学について熱弁を奮っていたことを何とも奇妙な口ぶりで指摘していた。

特務機関は、リクルートの対象となっている人物に「ツバメ」とか「白鳥」とか称される罠をしかけることがある。それは、該当する人物のもとにエージェント（男性または女性）を送り込み、何らかの方法で同人の名誉を傷つけるという方法だ（いわゆる「ハニー・トラップ」）。SISはこの方法を好んだ。また、デンマークの警察はこの仕事を喜んで引き受け、よい結果を出していた。おそらくはゴルディエフスキーもこの巧妙にしかけられた罠にかかったものと思われる。

◆エージェントに割り当てられるコードネーム

SISの一員となったゴルディエフスキーには、当然のこととして、活動要員用の偽名が与えられた。アメリカ人ジャーナリストのピート・アーリーは自著『あるスパイの告白』（このスパイとは、C

IAの職員でソ連および新生ロシアの諜報機関に協力した罪で逮捕されたオルドリッチ・エイムズのこと）の中で、アメリカ人たちはSISの新入りエージェント（ゴルディエフスキーのこと）を「ティクル」というコードネームで呼んでいたと書いているが、この言葉の意味は「くすぐること」である。(注27) CIAは何とも不思議なコードネームを新入りのスパイに与えたと思わざるを得ない。

ゴルディエフスキーは一体どうやってCIAに仲間入りできたのか？　実に簡単な方法でだ。SISがソ連の諜報員をリクルートしたことをCIAに通報する。すると新たにSISのエージェントになった人物は、この「くすぐったい」コードネームでCIAに登録されるというわけだ。

しかしながらSISでは、エージェントのコードネーム選びにはCIAとは異なった方法を用いることになっていた。SISの活動記録では、エージェントは（少なくとも一九六〇～七〇年代には）三個の文字と五桁の数字を組み合わせたコードネームで記載されていた。たとえば「BEA」「BFR」「BEI」の場合、これらはSISの支局の、より正確に言えば支局が設置されている国のコードネームであり、最初の文字は常に「B」であり、おそらくはBritainを意味すると思われる。数字はエージェントの順番（最後の三桁）を表していて、同時に各エージェントの専門分野も示している可能性もある。だがSISによるエージェントの暗号化は、常にこの方法で行われていたとは考え難い。SISの活動に失敗はつきものなので、暗号は定期的に変えざるを得なかった。英国諜報機関ではエージェント全員が持つ数字で表されるコードネームと、各エージェントに与えられる作戦実施用の個別の偽名の両方が使用されていると推定できよう。ここでは、ゴルディエフスキーのことをCIAで使われていた「ティクル」という偽名で呼ぶことにしよう。

◆時機到来を待つ

ソ連の諜報員をリクルートできた場合は、常に大成功と称えられた。それはSISがソ連に、KGBに対して一発お見舞いしたことを意味したからだ。ゴルディエフスキーは平の諜報員だったが、SISの本部は、彼の前途は有望だとみなしていたし、彼自身も既にSISに愛着を感じていた。「ゴルディエフスキー大佐事件」がセンセーショナルな大事件の扱いを受けるようになるのは後の話で、SISが彼を秘かに国外に脱出させ、彼を使っての派手な宣伝を西側で繰り広げるようになってからのことだ。

それまでにSISがやらなくてはならなかったのは、まずはゴルディエフスキーを手塩にかけて育て上げ、自分たちの役に立つ情報を彼から汲み出し、摘発から彼を守ることだった。それゆえにSISは、彼を使ってモスクワ市内にエージェント網を設置する計画を当面は中断し、彼が再び海外勤務を命ぜられる日が来るのを待つことにしたのだ。そもそもゴルディエフスキー自身には、モスクワにいるSISの要員たちとのモスクワでの接触を急ぐ気持ちなどまったくなかった。なぜなら、KGBの支局は設置されているが、そのボスの警戒心を何らかの方法で鈍らせることが可能なコペンハーゲンで英国側と接触するのと、可能性の小さいモスクワで接触するのとでは、危険度に大きな差があったからだ。

ゴルディエフスキーは「地下」での接触が危険なことを熟知していたし、勇敢さで知られた男でもなかったので、本部あるいは自らが所属する支局からの危険が伴う命令を実行するのを、たとえそれがコペンハーゲン市内で実行するものであっても非常に恐れた。

貴重なエージェントとの接触を復活させる機会がSISに訪れたのは、一九八二年のことだった。彼がソ連諜報機関のロンドン支局への赴任を折よく命じられたことを利用しての再会だった。

SISは歓喜した。ゴルディエフスキーが英国のエージェントになるとの読みが、そして彼がKG

B第一総局英国課に勤務するとの読みが当たったからだ。ソ連の課報員をスパイとして協同作業に引き込むのは、英国課報機関にとっては悪い考えではなかった。ただし、引き込みに成功したとしても英国特務機関が近年に受けた侮辱と犯した失敗の埋め合わせにはならなかったし、あるいは英国にとっての至聖所であるSIS、MI5、GCHQ（英国政府通信本部）、海軍省、外務省そして原子力センターにソ連の諜報機関が潜入していることの埋め合わせができるほどのものではなかった。

◆SISはゴルディエフスキーをどのように活用しようとしていたのか

ゴルディエフスキーがSISと関係を持つようになった動機に関しての同人とSISの説明の馬鹿らしさは、常識のある人間なら理解できるはずだ。両者が動機として挙げた、みせかけの反ソ連体制運動、および一九六八年のチェコスロヴァキア事件はゴルディエフスキーの裏切り行為を隠すための幕としてはイチジクの葉ほどの大きさしかなかった。そして敵に寝返った者たちが用いる典型的な方法、すなわち「大義名分で裏切り行為を正当化する」の一例以上のなにものでもなかった。「ちゃんと足並みをそろえて歩いているのは自分だけ。他の者たち全員は隊列を乱している」――これも、裏切り者たちが好む言い訳だ。

一九六八年から一九七四年（ゴルディエフスキーがコペンハーゲンでリクルートの誘いを受けていた期間）にかけての長い六年間、彼はその大部分を外国で過ごした。この間にSISとエージェント関係を完全に築く可能性は、彼には充分すぎるほどあったはずだ。彼がチェコスロヴァキア事件勃発の頃には、彼自身の表現を借りるならば、敵側に寝返るのに十分なほど成熟していたのだったとしたら、一九七四年までに英国課報機関とエージェント関係を結ぶチャンスは十分すぎるほどあったはずだ。動機は、彼が反ソ連体制運動の影響を受けたなどということではなかったのは明白だ。英国とデンマーク両国諜報機関が一緒になって利用したリクルートの手法が問題だったのだ。その手法は、外国の諜報機関のリクルート方法を知っているプロなら誰にでも理解でき、そしてプロのみならず、虚構と真実を区別できる良識人なら誰にでも理解できるものだった。さらに言えば、自由の闘士について出鱈《でたら》目《め》を書くのを好む者たちにもわかるものだった。

　KGBコペンハーゲン支局でゴルディエフスキーのボスだったリュビーモフは、「デンマークでの一〇年間の支局勤務の間、ゴルディエフスキーが諜報活動の舞台で輝きを放ったことはなかった」ことを指摘した上で、次のような疑問を抱いたことをつけ加えている。「彼のソ連諜報員としての活動の成果が平凡なものであることを知りながら、SISは自分たちのエージェントになった彼を助けようとしなかったのはなぜなのか？　ソ連側が喜ぶような情報を秘かに彼に提供してやれば、彼はそれをソ連諜報機関に伝えることで勲章を山ほどもらい、空飛ぶ鳥のスピードでソ連諜報機関内の出世の階段を駆け上がって行くことができたではないか？」

　リュビーモフ氏の悔しさと動揺は理解できる。部下とは友情で結ばれていると信じていた上司が、その部下が実は外国諜報機関のスパイであり、国も、上司の仕事も、上司自身をも踏みにじる裏切り行為を働いていたということを知りたいと思う人間など、いるだろうか？

　確かに、ソ連諜報機関内で出世させるという手もあったのだ。英国側が出世に手を貸せば、彼が入手できるソ連の内部事情についての情報の量は増えるはずであり、従って英国側に流れてくる情報の量も増えるからだ。この巧妙な方法は、実際に諜報機関により時々用いられていた。SISもCIAも例外ではなく、自己のエージェントを敵の機関で昇進させるという投資行為で、少なからぬ配当金を得ていた。しかし、SISは滅多なことではこの手を使わなかったことを、言っておかなくてはならない。ペンコフスキーの件でも、彼は、自分がソ連諜報機関内で出世するのに必要となる適当な「生《いけ》贄《にえ》※」を選び出すよう英米諜報機関に提案したが、受け入れられなかった。SISが了承しなかったからだ。経験豊富なSISは、ペンコフスキーの提案を受け入れる必要はまったくないとの結論を出したが、これは賢明な行為だった。当時ペンコフスキーの置かれていた状況は彼が「生贄」を使って必要な情報をソ連側から得ることを可能にするものだった。しかしそれ以上のことを彼にやらせるのは危険な結果を招くし、彼の正体が明らかになる恐れが生じ得るから、SISは拒絶したのだ。そしてCIAは英国側に同意し、我々も知っての通り、ペンコスフキーには別の方法が準備されたのだ。それは、GRU(ソ連軍参謀本部諜報総局)の上層部およびソ連の政界と軍部の最上層部に存在する、彼の保護者たちの彼に対する評価を高めるという方法だった。

◆ここでも顔を出したSISの用心深さ

デンマークにおいても、そして一九八二年にゴルディエフスキーがKGBロンドン支局のトップの地位に就くことになる英国においても、SISは自分のエージェントたちを動員してゴルディエフスキーを裏切り行為に追いやる作戦を実行する根拠も欲求も持っていなかったと筆者は思う。それは、この種の作戦が複雑なものだったからではない。なぜなら複雑さの訴因となるエージェント集めの難しさ(特に英国の領域内で)も、決して解決できないものではなかったからだ。やはり、SISに特有の用心深さが顔を出したからだと思われる。ゴルディエフスキーの正体が露呈するのと、少なくともSISが本件に関わっていることが知られるのを恐れたのだ。さらに言えば、本質的な要因が他にもあ

※この場合の「生贄」とは、ペンコフスキーがソ連の機関内で出世するために英米側から彼に与えられる、ソ連側にとって魅力的な情報を指す。

った。それは、ゴルディエフスキーとSISとの間の密約は、一つの条件つきで成立したということだ。その条件とは、スパイは諜報機関に隷属するということだった。これがリクルートのそもそもの基盤だった。隷属関係が成立しているなら、エージェントと諜報機関との間に協力とか協同という活動形態が存在することはあり得ない。このため、少なくとも「ティクル」ことゴルディエフスキーは、自分の雇い主に「愛着」を感じられなかったし、雇い主の方も彼が悪巧みを仕掛ける可能性を全否定できるほど彼を信頼することはできなかったのだ。

ゴルディエフスキーがロンドン勤務になったのは、英国諜報機関の功績ではない。英国側にとって極めて有利な偶然の一致の賜物だったにすぎない。その結果、敵の諜報機関支局の平要員からSISの援助を得て支局長代理に昇進した人物が、英国の首都ロンドンに登場することになった。この一大事は事前の予測などとはまったく無関係に、裸の事実として現出したのだ。

◆ついにロンドン入りを果たす

一九七一年、前代未聞の数のソ連人たちが英国から追放された後、在英ソ連諸代表部のソ連人職員に対する英国への入国ビザの発給件数に制限が設けられた。特に英国側により既に摘発されたソ連側諜報員たちの入国は絶対的に禁止されたため、「英国戦線」で任務を遂行するソ連側諜報員たちの数は減少し、解決困難な問題が引き起こされることになった。

ゴルディエフスキーは英国側にとっては「ティクル」の名で通用するエージェントであったが、公式には彼はあくまでも英国への入国が明確に拒否されそうな、MI5が歓迎しない人物の一人だった。より正確に言うなら、彼は拒否されなければならなかったのだ。彼は憂うつに取りつかれた姿、希望を失った様子を隠そうとしなかった。だが彼は、もしかすると、英国への道がこの機会にきっぱりと閉ざされることを秘かに期待していたのかもしれない。ソ連時代の映画に『腫れは引くかも』という題名のものがあったが、このケースでは腫れは引かなかった。

現実が建前を打ち負かした結果、英ソ両国は相互協定に基づき、互いに「好ましからざる人物」たちへのビザ発給を行うことになったからだ。SISの長年の望みは実現し、ゴルディエフスキーは英国に現れた。こうなれば後は作戦実行のテクニックの問題だった。ただしこのケースでは、諜報員たちの「交換」で得た利益は、英国側の方が二倍多かった。SISの要員を在モスクワ大使館付支局に押し入れただけでなく、ゴルディエフスキーを手に入れたからだ。

彼が常時ロンドンに滞在しているため、彼との連絡が容易になったSISの本部には、彼を使った巧妙な計画を立案し実行する余裕が生まれた。まず目指したのは、在ロンドンソ連大使館付KGB支局長の地位に、ゴルディエフスキーをつけることだった。かつてSISを恐怖で震え上がらせたKGBロンドン支局は、その威力を既に失っていたが、ソ連諜報機関に関する情報はMI5とSISにとって極めて重要な意味を持っていた。そのため、シェイクスピアの『リチャード三世』で描写されている中世の血なま臭い陰謀の様式を忠実に模した作戦がSISにより作成された。作戦は多段階方式の複雑なものだったが、順調に実行に移された。一方、ゴルディエフスキーは、モスクワで休暇を過ごした際にKGBの現ロンドン支局長の「凡庸さ」と「幼稚さ」について、KGB第一総局勤務の親しい友人たちとの会話で慎重に言及することにより、SISが仕掛けた巧妙なゲーム※の進行を助けたのだ。

ロンドン支局長の座という待ち望んだ目的に向かうゴルディエフスキーがその途次で遭遇する障害

※ 現支局長を首にしてゴルディエフスキーを新支局長にするよう、KGBを仕向ける作戦。

は、英国側により次から次へと取り除かれていった。まず最初に排除されたのは、政治情報担当班のリーダーでゴルディエフスキーのロンドンでの直接の上司という役職の人間だった。この人物の後任者に英国側が入国ビザの発給を拒否したため、ゴルディエフスキーには直接の上役が存在しなくなった。次いで同様の方法で支局の次長が排除され、最終的には支局長自身の番になった。

一九八五年になると、約束された目的が達成される日は間近に迫ったかに思われた。モスクワではゴルディエフスキーをKGBロンドン支局の責任者に任命する話が進行していた。しかし、SISの野心的計画の目標は、これだけに止まらなかった。ソ連の諜報活動システムの中で最重要な位置を占める機関の一つであるKGBモスクワ支局の責任者の地位を、ゴルディエフスキーがKGB第一総局の局長になるための踏み台にすること――すなわち、自分たちのエージェントを主敵の諜報機関の首脳部の一員にすえること――これこそが、英国側の最終目標だったのだ！

この大それた目標が達成された場合にゴルディエフスキーに与えられる任務遂行の準備がSISにより始められ、モスクワで秘密裏に連絡を取るための諸条件（最新の連絡用機器の導入を含む）が彼を交えて検討された。

◆ゴルバチョフの訪英を巡って

ダウニング街一〇番地に位置する首相公邸内の、女性の趣味を生かして整えられた書斎の椅子にゆったりと腰を下ろした英国の首相マーガレット・サッチャーは、間近に迫ったソ連国会議員団の訪英に関する英国諜報機関からの報告に注意深く目を通していた。何事にも周到に対処することを習慣にしていた彼女は、細部を見落とすことがないように注意を払いながら読み続けた。「鉄の女」がソ連からの客人たちに興味を示したのは、単なる偶然からではなかった。ソ連邦最高会議外交委員会議長であり、絶大な権力を有するソ連共産党政治局で第二位の地位にある、ソ連の党および政界の首脳陣の中で最も若いミハイル・ゴルバチョフが議員団の団長だったからだ。彼女がソ連の若き指導者のロンドン訪問実現に、意識的に関与していたのは明らかだ。なぜなら、訪英するソ連議員団の団長役にはゴルバチョフを希望する旨が英国側からソ連側に明確な形で事前に伝えられたが、これはサッチャーの依頼に他ならなかったからだ。

英国側の希望実現のために具体的に動いたのは、ゴルバチョフがソ連のリーダーになれば自分が得をすると判断した政治局のメンバーたちや、彼の取巻き連中だった。「ソ連共産党内の最高位に至る道をたどるのに等しい行為」とみなされてもおかしくない英国訪問を行う資格を、ゴルバチョフは当然持っていた。しかし、団長候補は別にもいたのだ。それは政治局のメンバーで、ソ連共産党レニングラード州委員会第一書記のピョートル・ロマーノフだった。※さらに、元ソ連共産党中央委員会のメンバーだったリャボフが回想録で述べているところによれば（一九九九年一〇月九日付「ソビエツカヤ・ロシヤ」紙掲載）、その当時の政治局内では老いさらばえた病身のチェルネンコの後継者となる党指導者選びに用いられる天秤の皿は、いまだゴルバチョフの方に傾いていなかったのだ。しかし結果的は、ロマーノフは、競争相手に「誹謗材料」を浴びせかける現代のあくどい政治家たちが用いる方法に相似たやり方で名誉を毀損され、年金生活者の地位に追いやられた。彼がエルミタージュ美術館所蔵の食器セットを結婚祝いとして娘に贈ったとされた騒ぎのことを覚えている読者もいるはずだ。こうした誹謗材料が嘘で巧みに固めたものであったかどうかは、問題ではない。その材料は、役目を果たしたのだ。ロマーノフは英国に行かず、行ったのはゴルバチョフだったというだけのことだ。

※名前はピョートルではなく、グリゴーリーと思われる。

◆サッチャー、ゴルバチョフに関心をもつ

ダウニング街に君臨していた頃のサッチャーのソ連についての認識は、西側の保守的な政治指導者のものとは異なり、ステレオタイプの敵意と猜疑心に彩られたものだった。彼女は社会主義そのものを嫌悪していたが、ソ連という具体的な社会主義国家については世界制覇を目指し、その目的達成のためには世の中のすべてを破壊することも厭わぬ力だとする、まったくもって宗教的で、神秘主義的な様式の見方をしていた。アメリカ大統領ロナルド・レーガンの熱烈なファンだった彼女は、ソ連は「悪の帝国」だとした彼の定義を無条件に取り入れて、武器としていた。

諜報機関の報告によって彼女のソ連に対する消極的な態度が揺るがされることは、一切なかった。しかしゴルバチョフ個人についての情報は、彼女の関心を惹いた。その当時まで彼はほとんど知られておらず、SISもCIAも、彼についての情報の切れ端をソ連国内の伝手《つて》をたどって拾い集めているような状況だった。しかし、彼が国外に出た場合には、ソ連の将来の統率者としての彼の肖像画を詳細に描くのに役立つ素材が、彼自身から提供されたこともあった。たとえば、あるレセプションで彼は「アフガニスタンにソ連軍を送り込んだのは間違いだった」と言ったりしたし、イタリアからはもっと興味深い情報が飛び込んできたこともあった。イタリア共産党の書記長だったエンリコ・ベルリンゲルの葬儀に参列したゴルバチョフは、弔辞の中でソ連国内の状況を厳しく批判し、「行きすぎた中央集権化」に反対の意を表した。今の世の中ならば、崩壊と混乱に瀕した国家の責任ある政治家がこのような非難を公開の場で行ったとしても、誰一人驚きはしない。しかし党と国の厳しい規律の網が張られていた当時のソ連においては、このような発言は（しかも外国でなされた）、それを行った大胆不敵な人物が職を追われかねない行為として、聞いた者には爆弾が耳元で破裂したようなショックを与えたのだ。

◆サッチャーのゴルバチョフに対する評価

一九八四年の一二月、ゴルバチョフ夫妻と両人に率いられたソ連最高会議のメンバーたちを乗せた銀色に輝く「イリューシン62型」旅客機は、ロンドンのヒースロー空港に到着した。到着そうそうゴルバチョフはもてなし好きな招待者たちの抱擁の洗礼をうけた。ボディガードとジャーナリストたちの大群が彼を取り囲み、諜報機関の情報提供者たちが至るところを駈けずり回っていた。

この激しく回転する人の渦の中で、ゴルディエフスキーは自分に割り当てられた場所を離れずにいた。彼はKGBの支局長として上層部から厳命を受けていたのだ。それは、ソ連共産党書記長の座から半歩しか離れていない場所に到達したゴルバチョフに、英国国内におけるソ連諜報機関の活動状況を説明することだった。彼の本物の雇い主の関心の的は、もちろん、ゴルバチョフのものとは少しばかり違うものだった。二君にまみえる彼の身は、二つに割れた。

骨の髄まで几帳面なゴルディエフスキーは、KGBとSISの両方を喜ばすべく、複雑な課題の遂行に努めた。KGBロンドン支局から発信される電報は、絶えることのない水流となって第一総局の本部が置かれているモスクワのヤーセネヴォ地区に流れ込んだ。

一方、彼がSISのエージェントとして提出する報告書も、英国首相のテーブルの上にきちんと重ねられていった。今やサッチャーも熱心に読むようになった、彼がSIS本部に提出する報告書の中で、彼はゴルバチョフのことを、田舎をやっと抜け出してきた成り上がり者だとした上で、レオニード・ブレジネフの路線を忠実に継承していくソ連産の典型的な党官僚としてゴルバチョフ像を描いてみせた。「ティクル」の報告書の中に自分が求めている内容が含まれていなかったため、「鉄の女」は不満げに眉をひそめた。「ティクル」が描いた田舎出の成り上がり者、いわば「貴族の集団の中の町人」のごとき肖像画は、彼女がイメージしていたゴルバチョフ像とはかけ離れたものだった。

ただし、そうだからといってひどく気を落としたわけではなかった。彼女には別の情報源があったのだ。それは、彼女を滅多に裏切らない彼女自身の直感だった。彼女は将来のソ連のリーダーの中に隠されている西側、特に英国にとって魅力的な、引き出す価値のある、「大いなる可能性」を感知したのだ。このことは「鉄の女」の政治歴についての著作(注28)があるアメリカの作家オグデンを含むサッチャーの伝記作者たちが指摘している。

ゴルバチョフの中に他の者たちが評価できなかった「もの」をロンドンでの最初の出会いで見つけたサッチャーは、すぐさまゴルバチョフについての「勉強」を始めた。彼女がゴルバチョフの中に見つけた「もの」は、個人的成功を収めることへの関心、抽象的な「全人類的価値」に対する忠誠心、自己過信、自己陶酔に対する抑え難い熱情、追従に対する脆弱性だった。こうした性格に基づく彼の言動は、彼女の崇拝の的であるチャーチルの流儀に完全に適うものだった。すなわち、執拗な手段と雄弁とで倒すつもりだった憎むべき相手でも、時と場合によっては自らすすんで面倒を見るのを厭わない生き方だ。そしてそれはジョン・ル・カレ原作の政治をテーマにした推理小説の愛読者であるサッチャーの好みにぴったりだった。

◆ソ連崩壊を巡るさまざまな論争

頭脳の力は女性特有の勘で増幅された場合には鋭利さが強化され、恐るべきものとなる。英国では親愛の情を込めてマギーと呼ばれた頭脳明晰で意志強固なこの女性は、自身の政治的才能、生まれながらの芸術的才能と女性としての魅力を勘定に入れていた。そして今や自身の救世主としての使命を意識した彼女は、戦略と戦術を自ら考案するに至ったのだ。その際、彼女の主要な公理の一つとなったのは「ロシア人は常に褒めるべし」だった。

サッチャーはソ連邦大統領ゴルバチョフに取りついた疫病神であり、彼をして偉大な国を滅亡に導かしめたと考えている人は多い。筆者個人は、ゴルバチョフはソ連邦を破壊した者たちの一人であり、多くの拙劣で有害な「改革」のガイド役を務めたと考えているので彼を受け入れることはできないが、前述の意見に賛成することもできない。「鉄の女」の長所に疑問を呈したい気持ちがあるから賛成できないということではない。

ソ連邦の運命に影響を与えた歴史上の人物たちの果たした役割や、幾人かの政治家たち（ソ連および諸外国）のソ連崩壊に対する責任についての論争は続いており、おそらく今後も静まることはないだろう。

西側では、まず第一にアメリカでは「主敵」打倒選手権の勝利の栄冠はCIAの活動に対し与えられた。英国も「打倒者」の役を演じたとの主張を、傍から見ても十分な根拠を基に展開していた。英国は、中でもSISは、ソ連国内で破壊のプロセスが進行するようあらゆる努力をしたことは事実だ。しかしロナルド・レーガンも、「鉄の女」マーガレット・サッチャーも、その他諸外国の活動家たちも、ソ連邦を破壊するだけの力は持っていなかったと筆者は確信している。CIAにも、ソ連の友好国ではない諸外国の諜報機関と組んでソ連に対する大規模な諜報・破壊活動を実際にしかけたSISにも、それはできなかったのだ。

ソ連崩壊の真の原因は、国内に最大級の社会的・政治的緊張状態を発生せしめた経済的および政治的危機だったことを認めざるを得ないのは辛いし、悲しい。ソ連軍もソ連の諜報・防諜両機関も、時には大失敗を犯したりしたが「秘密戦」（インテリジェンス戦争）では英米の諜報機関に大打撃を与えたのであるから、崩壊に対する責任を負うことはない。

サッチャーは、ソ連国内で生じた動きを西側と英国にとって有利な方向にもっていこうと努力したことを隠そうとしなかった。彼女はアメリカとソ連の関係の仲介役を狙ったのみならず、「偉大な三国」なるものの再建を大真面目で画策したりした。彼女は常にアメリカと一緒にバリケードの同一の側に陣取り、英国とアメリカとの「特別な関係」に楔を打ち込もうとする動きを断固として阻止しながらNATOを分裂させた。

◆ゴルディエフスキーの摘発

「ゴルディエフスキー大佐事件」から大分離れてしまったので、話を元に戻そう。と言うよりは、この件の最終段階について話すことにしよう。ソ連の国家保安委員会（KGB）により摘発されたため、ゴルディエフスキーの英国諜報機関のエージェントとしてのキャリアが終わりを告げることになった経緯についての話となる。ソ連邦の最初で最後の大統領と、英国で最初の女性首相を奇妙な形で結びつけた、一人のスパイの物語でもある。

時は一九八〇年代。「秘密戦」の見えない戦場での熾烈な戦いは、最盛時を迎えていた。「ティクル」は多忙を極めていた。彼が発する情報は、淀むことのない流れとなってSISとCIAの貪欲な口に飲み込まれていった。

多くの者たちがそれと気づかぬうちに一九八五年が近づいてきていた。SISの本部では、「ティクル」がKGBロンドン支局のトップの座に就く日を職員たちがわくわくしながら待っていた。一九八五年の五月、ゴルディエフスキーはモスクワに召還された。SISの職員たちは、ついにその日が来たかと手をこすり始めた〔嬉しさを表すジェスチャー〕のだが……。

ショックが去ると共に、自分が失敗を犯したこと、[※1]罰は避けられないことが意識に上った時、ゴルディエフスキーは言った。「第六感とかいうもので、何かよくないことが起こったと感じた」と。筆者は、この発言は彼がまたもや「芸術的虚構」[※2]に縛られたからだと思う。さもなければ、向こう見ずな冒険家の気質をまったく持ち合わせていない彼が、危険を承知でモスクワに行かなくてはならなかった理由は見つかっていないので、筆者の推論を紹介するしかないのだ。

ゴルディエフスキーがモスクワに行きたくないと言えば、ＳＩＳの本部は彼の希望を受け入れたかもしれない。同様の状況下でエージェントの希望通りにした例が、以前にあったからだ。最近ではオレグ・リャーリンの例もあった。

モスクワに行くことにした理由は、別の何かだ。たとえば、正体が暴かれる恐怖に常時慄《おのの》きながら生きているスパイ特有の反射作用が、彼の場合、ことを起こした後になって起こったということだ。日常の慄きについては、その現象をゴルディエフスキー自身が次のように描写している。すなわち、「手の平が冷や汗で濡れる」「目がかすむ」「全身がブルブル震える」などだ。

彼が正真正銘の恐怖に襲われたのは、モスクワのシェレメーチェヴォ空港に着いた時だった。そし

※1 ゴルディエフスキーにとって、英国のエージェントになったのは失敗だった。

※2「芸術的虚構」とは、フィクションのこと。つまり本書の著者はゴルディエフスキーが「何かよくないことが起こった」と言ったというのはフィクションであると決めつけ、もし実際にそう感じたのなら「よくないことが起こったモスクワに臆病者の彼が戻るはずはない」と結論づけている。後段に書かれているように、彼は昇進させられるためにモスクワに呼び戻されたと「半信半疑」ながら考えていた。さらに後段には「ソ連側が嘘を用いて彼を帰国させた」という表現もある。この嘘とは「昇進させてやるという内容のもの」だったはずである。それやこれやで「何か恐ろしいことが起こったのを第六感で感じた」などというのはまったくのフィクション、単なる「かっこいい」表現だったと結論づけることが可能であろう。

て彼はモスクワに帰ってきたことを初めて後悔したのだ。その日以降、彼は抑えようのない恐怖心に日夜苦しめられることになる。そして当初、彼が半信半疑の目で見ていた召還の理由と彼の昇進の関係について「まったく関係がない」との結論に達するに及んで、彼はパニック状態に陥った。

ＳＩＳのエージェントになっているＫＧＢ職員の活動に関する情報をＫＧＢ本部が入手したこと知ったＫＧＢ第一総局〔対外諜報を担当〕は、当然のことながら敏感に反応した。ただし、この情報の内容自体は青天の霹靂ではなかったし、茫然自失を強いられる類のものでもなかった。この種のシグナルが発せられるのは珍しいことではなかったし、ソ連の諜報機関に対して大規模な攻撃をしかける際に敵がＫＧＢの要員をスパイにする戦略をとることはＫＧＢ傘下の諸機関では周知の事実だったからだ。

エージェントを潜入させることは、ＳＩＳにとってもＣＩＡにとっても手馴れた方法だった。ソ連側も、当然のことながら同じ手口を英米の機関に対し大いに活用していた。

こうした状況下で事を複雑にしたのは、情報が貴重なものであると推察される場合にはその真実度を入念に検査し、実際の価値を確定しなければならないことだった。その際最も重要なのは、内容が真実であることについての争う余地のない証拠と、情報の出所を確定できる証拠資料を入手することだった。

ゴルディエフスキーを、偽りを用いてロンドンから帰国させた理由は、彼が敵のエージェントなっているという非常に不愉快な、しかし極めて重要な情報の真偽の調査と価値の確定を行う作業を完遂するためには、彼自身の取り調べが不可欠だったからである。

活動についての情報だけでは刑事責任を問うことはできない。もっと重大な根拠が必要となる。この二つの「段階」は長い距離で隔てられており、走破するに際して法を絶対に犯さないことが条件となる。この段階では、ゴルディエフスキーが英国の諜報機関によってリクルートされたという内容の情報の信憑性を、KGBが疑う余地はなかった。また、リクルートの件の証拠となったのは、SISがお膳立てをして彼を逃亡させたという事実と、彼自身が公刊物の中で白状したという事実のみであることを遺憾だと自認する理由もなかった。

そもそも彼に帰国命令を出した時点で、KGBの首脳部は、彼の活動の記録だけを根拠にして彼を裁判にかけるのは不可能だということを含めてすべてを承知していたはずなのだ。スパイ罪のような重罪を含む政治犯罪であっても例外扱いは認められない。すなわち刑法および刑事訴訟法で規定されているすべての手続きを踏まなくてはならないことを知らなかったはずはないからだ。

◆逮捕と国外逃亡——SIS、KGBそれぞれの失態

それにしても、彼のモスクワ到着後生じたことは説明がつかない。前述の要因と、証拠の入手の特殊性（すなわちSISのモスクワ支局とゴルディエフスキーは常時接触していたわけではないという状況下での入手）を考慮しても、理解できない。

SISの側では、首脳部を絶望させる事態が生じていた。極めて貴重なエージェントであるゴルディエフスキーが、モスクワへ戻ることを命じられた際に失敗を犯したとか、※彼がソ連諜報機関の首脳部入りについて見込み違いをしたとか、SIS内部の安全と秘密確保のシステムの欠陥が見つかったなどが原因だった。一方、ソ連側にもミスは生じていた。ゴルディエフスキーにKGBの監視包囲網からの脱出を許し、最終的には国外へ逃亡させてしまったことが、それだ。

※ SISが、ゴルディエフスキーがモスクワに戻るのを止めさせなかったこと。

ゴルディエフスキーを国外に逃がしたことは、SISが挙げた疑いようのない成果であり、KGBを一撃する結果を生むことにもなったが、この成功をイギリス人とゴルディエフスキーの運の強さに帰するのは無理だと言わざるを得ない。これは、おそらくは、ゴルディエフスキーをスパイ役に誘った当初から、徐々に準備がなされてきた入念な計画に基づく行動だったのだ。当時（少なくともゴルディエフスキーがロンドンのKGB支局に在職していた時）、既にSISは摘発の恐れが生じた場合に備えて、彼のソ連国外への逃亡計画を作成済みだった、と筆者は確信している。「ティクル」がこの計画を家に置いておくことは、もちろんあり得ない。ばれる恐れのないカムフラージュを施して、どこか秘密の場所に隠しておいたのだろう。

自制心を失い、恐怖の虜になった彼は、逃亡以外の救いの道を見つけることができず、ただただその実現を目指していた。逆上した彼は、一つのことしか考えられなくなっていた。それは、如何にして生き延びるかであり、いかにして迫りくる逮捕を免れるかだった。それ以外にできることと言えば、友人たちに電話して自分の置かれている立場を無理矢理聞かせること、KGBを騙すための手段として画策された国外出張に出たまま「断固として」帰国せず、結果として国を裏切った自分に同情してくれる最も信用できる友人たちと泣きの涙で語り合うことだけだった。

◆どうやってソ連から脱出したのか

SISモスクワ支局のレイモンド・アスクィスとアンドリュー・ギッブスが、英国大使館所有の外交ナンバーの車でゴルディエフスキーをフィンランドに連れ出すことは、可能だったのだろうか？技術的にはもちろん可能だ。西側諜報機関が用いていたスパイ活動用の方法と装置があれば、十分に実現可能だった。しかしこの方法は、おそらくは用いられなかったであろう。前述の特別な装置を施した車がＳＩＳのモスクワ支局になかったからではないし、「ティクル」を車に設置されたコンテナに押し込むことができなかったからでもない。そのコンテナとは、中に入っている者が探知器や訓練された犬によって発見されるのを防ぐためにアルミ箔やその他の材料を巻きつけた代物だった。これは随分と危険な方法だったはずだ。コンテナの中で意識を失ったり、呼吸困難に陥ったりする可能性があったからだ。

しかしこの脱出方法に現実味がないのは、もっと根本的な問題があり得たからだ。ＫＧＢの要員たちがゴルディエフスキーとＳＩＳのモスクワ支局員たちの動静を細かなところまで監視している状況下で、大使館の車で運び出すなど容易に実現できないことは自明の理だった。ＳＩＳと責任を折半しなくてはならなくなる英国外務省本部も、駐ソ英国大使も、反対したはずだ。

一方、「ドジったエージェント」を逃がす方法なら英国政府にとっては安全性がずっと高いものもあったのだ。ＳＩＳが用いたのは、そうしたものの一つだったに違いない。筆者が思うに、ＳＩＳの技術部が作成した偽の書類を利用して、ゴルディエフスキーを脱出させたのだ。それは、ソ連からの出国ビザであり、おそらくは、ずっと以前からゴルディエフスキーの手元にあったのだ（ペンコフスキーをはじめとする他のスパイたちのためにも準備されたもの）。彼のやるべきことは、それを秘密の隠し場所から取り出すことだけだった。その偽造文書の実物はとうとう見つからなかった。こうした偽造文書が見つかったためしはない。何でも見つけ出すことのできる探偵は、探偵小説の中にしか存在しないことが証明されたわけだ。

実際に行われたのは、以下に記す方法だった可能性はある。すなわち、ゴルディエフスキーが外国人旅行者を装ってソ連から出国するのに役立つ書類が彼の手元にはなかったので、秘密の隠し場所を経由するか、あるいは彼が監視されていない時に英国側が設定したやり方で直接に手渡すかのどちらかの手段で、該当する書類が急きょ彼の手に入るようにする、という方法だ。

レイモンド・アスクィスとアンドリュー・ギッブスが車でフィンランドに向かったのは、おそらくはカムフラージュ行動だったのであり、もし実際にゴルディエフスキーが同乗していたことがKGBがソ連とフィンランドの国境で行う検問で明らかになった場合には、一大スキャンダルになったことだろう。

こういった諸々の出来事が発生し、進展していた頃、SISのモスクワ支局に勤務していたレイモンド・アスクィスは許可を得てSISの本部に引きこもっていたはずだ。しかし一九九二年に、我々は再びソ連の国境地域で彼の姿を見ることになる。彼はウクライナの首都キエフに住みついたのだ。大事件のもう一人の参加者、モスクワでのアスクィスの部下だったアンドリュー・ギッブスは、長期間のんびり過ごすことを認めてもらえなかった。大英帝国勲章の受章者であるこの男は、一九八七年には南アフリカ共和国のプレトリアにいた。

◆「ティクル」のその後

ソ連諜報機関に潜入したSISのエージェントとしての「ティクル」は、既に存在しなくなっていた。彼の家族が急いでロンドンから去った時、SISの本部には彼が失敗したことが明らかになった。重要なエージェントである彼の失敗が招きよせた呆然自失の状態から、SISを抜け出させることができたのは、「ティクル」を奇跡的に救出できたからだった。

これまで英国諜報機関の活動のコンサルタントとして果たしてきた彼の役割は拡張されることになり、SISは特有の機敏さで彼を新しい仕事に順応させた。その仕事とは、長期にわたって英国が尽きることのない熱意を持ってソ連とロシア相手に戦い続けてきた戦争、すなわち情報・プロパガンダ合戦に必要なスパイ活動を行うことだった。ＳＩＳはソ連特務機関との対決で犯した数多くの失敗によって蒙った損害を取り戻す機会を見逃しはしなかった。

残念なことに、ソ連にとって最悪の事態が生じてしまった。ＳＩＳは、悪賢さでも機敏さでもソ連の諜報機関に勝っていることが判明した。ドジを踏んだゴルディエフスキーの国外逃亡をお膳立てすることに成功したのだ。その彼は、今やエリートが集うクラブの会員であり、そこで出会うＳＩＳの「物知りたち」から金儲けの術を教えてもらえる身分になっていた。と同時に、彼はかつての祖国、その国民とその歴史に対する憎しみを生成する作家となった。ＳＩＳから注文を受けて仕事をしながら、作家という自分の新しい役柄を、英国とかつての祖国との間の心理戦の専門家（スパイ）としての活動に応用することになったのだ。

彼の偽りの反ソ感情は、自分の国そのものに対する現実の激烈な憎しみに姿を変えた。妻と二人の娘に抱いていた「大いなる愛」も今は消え去ってしまった。愛が消滅したのは、彼の家族がロンドンの空港で飛行機のタラップを降りてから一年後だった。既に英国で愛人をこしらえていた彼は、妻との離婚を急いだ。妻のその後のゆくえについては、筆者は何も知らない。ＳＩＳが、ゴルディエフスキーに妻と子どもを愛する家庭人のイメージを与えようとした理由は、読者には明瞭であろう。「家族の再会」という巧妙なトリックは、残念ながら「賢明なスナムグリ」[※1]たちも「理想主義者の鮒」[※2]たちも、もっと大きな魚たちも、引っかかることが稀ではない餌に過ぎなかったのだ。

※1　一九世紀ロシアの風刺作家サルトィコフ・シチェドリンの作品。スナムグリは小型の淡水魚。主人公のスナムグリは自分が生き永らえることにしか関心がない、消極的な臆病者を象徴しているとされている。

※2　前述の作家の作品。世間知らずの理想主義者のこと。善だとか公平について大言壮語を吐いている時に、通りかかった大きな魚に一口で食べられてしまう。

彼を待ち受けていたのは、ダンテの地獄のどの層※だったのだろうか。おそらくは、人間の屑の中の屑である裏切り者のために用意されている層だろう。

※ダンテの『神曲』では、地獄は九層として描かれている。

21

新しくアレンジされた古い歌

SIS のための新しい舞台装置／ヴァジム・シンツォフとプラトン・オーブホフ／濁った水中で魚を獲る誘惑に堪えるのは難しい

一九九〇年代になると、ソ連邦とその後継者であるロシア連邦は、自己の歴史上で最も困難な時期に足を踏み入れることになった。西側に耳打ちされ、用心深く始められたいわゆる民主主義流の改革が経済を破壊して国家機構と法体制を揺るがし、国力を著しく低下させた。その結果、国家保安システムも堅固なものではなくなった。

資本と頭脳の流出も、脅威を感じさせる性格のものになった。社会の貧困化と階層化、および国家規模での規律、道徳、風紀の低下が進行した。「魚は頭から腐る」の格言通り、道徳心は腐敗し、汚職と収賄は高級官僚の世界では日常茶飯事の出来事となった。社会の嫌悪の的になったオリガルヒと呼ばれる新興寡頭資本家たちの間では、言うまでもなかった！　前代未聞の規模の汚職と横領が、錆《さび》のように国家機関、実業界、貿易業界を蝕んだ。犯罪件数は増加の一途を辿り、恐ろしいほどの数に達した。国のいくつかの地域を冒した分離主義の膿瘍は、チェチェンにおいて本物の癌腫瘍を発症させた。かつてロシア憲法の「保証人」と称され、結果的にはソ連邦の崩壊をもたらした「主権のパレード」[※]は、ロシア国内で自分が撒いた種が実をつけ、刈り入れを行おうとしていた。「呑み込めるだけの主権を取ればよい」という、軽率で日和見主義的な呼びかけがもたらした結果が、目瞭然となったのだ。

◆**新生ロシアの苦境**

社会は苦境と厳しい試練を受けることになった。インフレは疾駆し続けた。国民の社会的権利は、強烈な一撃を喰らった。国民の多くが受け取る微々たる給与と年金の額では、めまぐるしいスピードで高騰する食品、生活必需品、公共料金の価格に追いつくことはできなかった。保健、教育、学問は悲惨な状態に置かれていた。

社会階級そして主要な社会的グループの中で、災難を免れたもの、国民の福祉に実際に打撃が加えられる状況下に置かれても失望しなかったもの、世界的な大国から犯行グループと新興寡頭資本家たちに牛耳られる三流の国に転落する危険性を感じないものは、一つも存在していなかったのが現実だった。

数多くの政党や政党ブロック間の争いが拡大し、それと共にマスコミ界では悪意に満ちた咬み合いが行われたが、その目的がマスメディア企業のオーナー一族の利益を守ることだったケースもしばしばあった。

ソ連にとって苦しい「動乱時代」をソ連の敵、特に諸外国の諜報機関が絶好の機会として捉えたの

※ 一九八八〜一九九一年にソ連邦内で生じた「ソ連邦の法律と連邦を構成する各共和国や各自治共和国の法律の優先権を巡る争い」のこと。この結果、各共和国が主権宣言を行ったため、ソ連邦の崩壊につながったとされる。

は、当然のことだった。ソ連国内に生じた状況は、敵による諜報・破壊活動の実行、大量の情報の収集、ソ連の社会的・政治的情勢への感化を可能にした。また、ソ連のイデオロギー上の敵は、ただちに破壊活動を活発化させた。その敵とは、まず第一にアメリカの諜報機関であり、そして同機関が率いる諜報機関同盟（英国が望み通りの最高位に就くことができた）であった。諜報・破壊活動に関心があることをかねてより明示していたイスラエル、トルコ、韓国、日本および他の諸国が参加した。旧ワルシャワ条約機構加盟国、旧ソ連の同盟諸国、ソ連邦を構成していた諸国も、蚊帳の外に置かれることを望まなかった。今や世界に知れ渡った「イスラム教がらみの悪事」を働くために旧ソ連邦を構成していたイスラム教国（のみではなかったが）でリクルートされた者たちもいた。

国際テロリズムの触手がロシアに向かって伸ばされていた。ロシア国内の状況の変化により、SISを含む諸外国の諜報機関は、自分たちにとって極めて好都合な新しい現実に適応させるために、活動の手法と手段を修正することを余儀なくされた。彼らにとっては、興味のある情報を入手することが極めて容易になった。諜報員やスパイにとって、国境線は透明となり（国際テロリストや麻薬業者にとっても）、外国人に対する規制も弱まり、国家機密の保護システムにも大きな穴が開いていた。時には人やモノについてのネガティヴな報道、センセーショナルな情報の暴露合戦で相争うこともあるマスコミの行動は、抑えの効かないものになっていた。知らないことのない「モスコフスキー・コムソモーレッツ」紙は、ロシア連邦政府庁舎内での「馬とび遊び（頻繁な閣僚の更迭のこと）」について触れた記事の中で、書類の「流出」は政府庁舎内では珍しいことではないと報じた（一九九九年五月二六日付「ロシアと同じ大きさの人形」）。ばかげた段階まで達した「率直さ」と「情報公開」は、ソ連にとって高くついたのは間違いない。

◆SISの戦略とは

SISがロシア連邦との関連で独自に何かの役割を果たしたか否かについては、現時点では何も言えない。というのはSISは、新しい状況下においてCIAと協力して活動してきたからだ。英国は、ロシアの行政機関や立法府機関への橋渡しをしてくれる者や政党、各種の運動を行っている団体、財界、産業界、学者層、軍人層と「有益な」コンタクトを取るために、アメリカと「歩調を合わせて」歩んで行こうと努力していた。

前述したことに関わる興味深い記事が「ヴレーミャ」紙に掲載されたことがあった（一九九八年一〇月一五日付、「慈善事業の旗を掲げて行われる諜報活動」）。それは英国国防省情報参謀部と同省のロシア駐在員マックスウェル・ジャーディム少佐の活動について触れたものだった。それによると、一九九五年に英国国防省が発案し資金を提供した「再教育講習所」なるものがロシア国内の数都市（モスクワ、サンクトペテルブルク、ロストフ・ナ・ドヌー、クロンシュタット、シェリコヴォ）に開設された。これは除隊したロシア軍将校を対象としたもので、募集人員は毎年八〇〇人までとされていた。

ソ連を専門としていたジャーディムはこの「講習所」の責任者に任命されたが、彼の最大の関心事は、ソ連のロケット部隊、防空施設、そしてもちろんアルビオンの「まめ（痛点）」である、ロシアの海軍だった。島国であるがゆえに海路を通商に用いる英国にとっては、他国の海軍は潜在的な恐怖であり、常に気にかけ注意を払っていなくてはならない存在だった。

彼の情報収集方法は簡単なものだった。ロシア国内のあちこちを見て回り、目で情報を集めること、「講習所」の生徒たちと詳細な会話を交わすこと、ロシアの徴兵司令部を訪問すること、地方行政府のトップと面談することだった。

SISには、ロシアでの勤務経験がある紳士淑女はロシア国内の支局には再度赴任させない、というしきたりが以前はあったのだが、それを完全に破棄したようだった。その証拠に、一九九〇年代になると、かつて摘発されたことのあるSISの課報員たち（スチュアート・ブルックス、キャサリン・ホーナー、そして我々にはすでにお馴染みのジョン・スカーレット）がロシア行きを目指していた。また、キエフに創設されたSISの支局のリーダーとして送り込まれたのは、オレグ・ゴルディエフスキーが絡んだSIS作の叙事詩の「主人公」であり、かつてソ連側より「ペルソナ・ノン・グラータ」を宣せられたことがあったレイモンド・アスクィスだった。そして、ナイジェル・シェイクスピアも再び戻ってきた。彼は英国国防情報参謀部の諜報員であり、在モスクワ英国大使館付駐在武官の部下だったが、英国政府のソ連の機関に対する制裁のお返しとして一九八〇年代にソ連政府により国外に追放された経歴の持主だったのだ。今回は、彼はまず英露合弁会社に腰を落ち着けてから、彼にとっては手馴れた仕事である諜報活動を始めるという手順を踏んだ。

◆エージェント活用の強化

アメリカの諜報機関と同じく、SISも新しい状況下で対ロシアの諜報・破壊活動の規模を拡大しようと努めていた。ただし、単なる拡大ではなかった。「独立国家共同体」のメンバー国の領土内、すなわち政治的・経済的・文化的ロープで互いに強固に結ばれているが、同時に見えない国境線で分けへだてられている旧ソ連邦を構成していた国々（ロシアを含む）の領土内で拡大することを目指していた。SISの野望は充分すぎるほどのものだった。しかし軍備の点では、アメリカが備えているほどの量はイギリスにとって夢物語の対象でしかなかった。

諜報・破壊活動実行の可能性と実行手段の数は充分に増加したとはいえ、敵の秘密に迫るための枢要の手段としてエージェントを利用することの意義は失われはしなかった。

ＳＩＳはモスクワ支局の体力強化を計画的に行っていたが、スキャンダルまみれの失敗を伴う手段は危険だとして、避けることに意を用いていた。

エージェントを使っての活動をよりスムーズに行うために、いくつかの改革が必要とされた。それは諜報員とエージェントとの接触方法を完全なものにすることであり、ロシアの領土内での生身の人間を介さない連絡方法の活用や、エージェントとの会合場所を危険がより少ない旧ソ連邦諸国に移すことなどであった。

特定のエージェントは、好機が来るまで「缶詰」にされた。一方、「イニシアチブに富んだスパイ」、すなわち諜報機関に秘密資料や、スパイとしてのサービスを自ら進んで提供できる人間との出会いは、以前と同じく期待されていた。

ロシア連邦保安庁の防諜局は、ＳＩＳの活動を制限するためにできることは何でもやっていた。最近摘発されたＳＩＳのスパイの名は、ロシアのマスコミを通じて公にされた。

◆シンツォフによるスパイ活動

「特別機械製作と冶金工業」と名づけられたコンツェルン（かつてはソ連邦防衛産業省の主要下部組織の一つだった）の対外経済担当部長ヴァジム・シンツォフを一九九三年にロンドンでリクルートしたことは、ＳＩＳにとっては大成功と言えるものだった。主たる接触方法は、彼が仕事の関係で海外出張する機会を利用して、外国でＳＩＳの要員と会合するというものだった。デミトリオス（注29）（この響きのよいニックネームはＳＩＳが彼のために考案したものだった）との会合は、ロンドン、パリ、ブダペスト、シンガポールで行われた。ＳＩＳの代表との会合を準備するために、外国でＳＩＳの代表者と会うことになっているエージェントは、到着次第ＳＩＳの本部にその旨を報告しなくてはならない決まりになっていた。SISのモスクワ支局が設置した隠し場所を利用する秘密文書の受け渡し作戦に、デミトリオスを参加させることも見込まれていた。

課報員の不注意や、隠し場所周辺の下見がいい加減になされたことが原因となって、受け渡し作戦が失敗したこともあった。

デミトリオスが用いたスパイ用具は、SISがコンピューターを含む科学技術の最新の成果を利用していたことを証明するものとして注目に値する。たとえば、彼には超近代的なポータブルコンピュータが支給されたが、それは課報活動に関わる資料をコード化してフロッピーディスクに保存することを可能にするものであり、秘密保持能力増強手段の確保に役立った。その上、彼はスパイとの交信で用いられている暗号文字を現像する装置、秘密文書を撮影するためのカメラ、部外者が触れた場合には自動的に消滅するフィルムのセットも支給された。

SISによりシンツォフに課せられた任務は広範囲に及ぶが、基本的には彼が専門とするものだった。すなわち、ロシアが開発した最新の軍事技術にはどんなものがあるか、軍事科学技術の分野での協力に関する協定を外国と締結した例はあるか、その内容はどのようなものか、などだった。これらの仕事の報酬として毎月一〇〇〇ドルが彼に支払われた。

SISは長期にわたり（当該機関により開発された手の込んだ連絡方法を使用することを前提として）、彼を重要なエージェントとして使うつもりだったが、実現できなかった。一九九四年に彼はロシアの防課機関によって摘発され、刑事責任を問われることになってしまったからだ。

◆SISの欺瞞性に満ちた声明

彼の罪と罰、裏切りの動機について記述することを、筆者としては後回しにせざるを得ない。今は

SISの活動のもう一つの側面を紹介すべき時だと筆者には思える。その側面は、「ロシアの諜報機関とは異なり、SISはロシアの領土内での諜報活動を停止した」という内容の当該機関が発表した欺瞞性に満ちた声明により明らかになったものだ。一九九六年の英国合同情報委員会報告書では、「英国政府は今後、ロシアを軍事的脅威の源とみなすのを止める」ことが承認されている。一方、一九八〇年代には、SISとSAS（特殊空挺部隊）がエージェントと連絡を取るための特別な送受信装置を開発したとの報道が、英国政府通信本部（GCHQ）よりなされた。エージェントに支給された装置は高速の「無線発射」が可能であり、数秒間に大量の情報を流すことができた。

外国の情報源から流されてくる情報は、ソ連の防諜機関にとってはとっくに新鮮さを失ったものであり、もはや秘密とは呼べない代物だった。

前述の機器は広く利用され、特にCIAの支局ではエージェントとの連絡用として重用された。SISとCIAは、ペンコフスキーとの連絡用に当該機器を共同で使用する準備をしていた。しかし、諜報活動実行用の技術進化は日進月歩であったため、英米の諜報機関が採用した最新の送受信装置は、送信速度および送信する情報のコード化作業の安定性、さらにはそもそも諜報員とエージェントの両方による使用が可能な点で、従来のモデルを凌駕していた。

◆「プラト」という名のスパイ

それは一九九六年四月のことだった。SISのモスクワ支局員と通常の連絡を取っている最中に、一人のロシア国民が逮捕されたのだ。その男は、ロシア連邦外務省北米局に務めるプフトン・オーブホフだった。彼は取り調べにおいて、一九九〇年代に出張で訪れたスカンジナヴィア諸国のある国でSISによりリクルートされ、英国に協力するようになった経緯を詳しく語った。

英国のジャーナリストたちは、ＳＩＳから入手した情報と称してロシア外務省の職員がスパイ罪でロシア防諜機関により逮捕され、ＳＩＳにより「プラト」というコードネームをつけられたと報じた。彼らの報道が本当なら、ＳＩＳは何とも奇妙なコードネームをつけたと言わざるを得ない。エージェント個人に関する情報を与えかねないコードネームはつけないのがＳＩＳの鉄則だったからだ。それなのに、スパイの正体を隠すためのコードネームとして、本名〔を容易に連想させるもの〕を選んだのだ！

何でも口に入れる雑食性の動物であるジャーナリストたちを、英国流の手法で笑い者にするためにＳＩＳはわざとこんなことをしたのだろうか？

◆摘発されたＳＩＳのエージェントたち

ＳＩＳのエージェントの摘発例はいくつかあり、そのいずれもがロシアおよび諸外国の報道機関に取り上げられ、大きな反響を呼んだ。その中から、筆者には重要だと思われるものだけについてコメントすることにする。

ＳＩＳのモスクワ支局が行うエージェントを使っての活動の図式には、個人的な接触という要素は入っていなかった。エージェントを使う作戦はもともと危険なものであるから、危険を倍増するような方法は避けるべきであり、またスパイ行為でロシア側から責められるような事態も避けるべきだというのが、ＳＩＳ本部の基本的なスタンスだった。

支局の諜報員たちは、エージェントからの無線交信を受信するためのポータブル装置を持って、賑やかな街中にあるレストランや喫茶店に数時間こもる。トロリーバスかタクシーに乗って傍らを通過するエージェントは、あらかじめスケジュール表で定められている時間に送信する。それを諜報員が特殊装置でキャッチする仕組みになっていた。そうした方法を用いるために、各エージェントは作戦実行の日時と場所を記した、一年分の作業予定表を持っていた。

逮捕されたプラトン・オーブホフの住居の家宅捜査をした際発見されたのは、彼がＳＩＳのために働いていたスパイだったことを証明する資料だった。その中には、諜報員が彼からの通信を受信する時間を定めたスケジュール表、キプロス島にあるＳＩＳの通信センターからの暗号文の発信予定表（エージェントは通常の無線受信機で受けていた）、ＳＩＳの指令が入ったフロッピーディスクを解読するためのコンピューターを含む機器一式などが含まれていた。

ＳＩＳは、オーブホフをロシアの外交政策に関する重要な情報を送ってくる価値あるエージェントとみなしていた。たとえば、ＮＡＴＯや近々実現予定の米ロ首脳会談に対するロシアの立場に関する記録資料や、彼がロシア外務省のロビーで几帳面に集めたロシアの首脳部で生じたスキャンダルについての噂話も、ＳＩＳに歓迎された。価値が評価された情報に対しては、それに見合う報酬が支払われた。しかも支払いは、いわゆる「一個いくらで」方式で行われた。興味を引いた情報一件ごとに精算されたのだ。

モスクワでのエージェントを使った作戦には、一九九〇年代に増員されたＳＩＳ支局の要員たちの中から数多くの紳士淑女たちが参加した。

オーブホフの犯した失敗は、ＳＩＳにとってかなり高くついた。モスクワ支局の職員四人が国外に追放されたのだ。その上、オーブホフ絡みの作戦に参加した五人の元モスクワ支局職員たちのロシア入国が認められなくなった。スパイの摘発と逮捕、数多くの支局員たちが国外追放されたため、ＳＩＳは自国の大使館を陣地にしたロシア国内での諜報活動を一時的に縮小せざるを得なかった。

ＳＩＳから追放されたリチャード・トムリンソン〔本書13章参照〕は、インターネットで発表した「リスト」の中の一一六人のＳＩＳの常勤職員のうち一二人を名指して、一九八〇～一九九〇年代にモスクワ支局のメンバーとして活動していたとしている。当人たちの名をリストから拾い出してみよう。
レイモンド・ベネディクト・バーソロミュー・アスクィス
ケリー・チャールズ・バグショー
リチャード・フィリップ・ブリージ
スチュアート・アーミテージ・ブルックス
マイケル・ヘイワード・ダヴェンポート
アンドリュー・パトリック・サマセット・ギップス
キャサリン・サラ＝ジュリア・ホーナー
ノーマン・ジェームズ・マックスウィーン
マーティン・エリック・ペントン＝ヴォーグ
ジョン・マクラウド・スカーレット
ガイ・デイヴィッド・セント＝ジョン・ケルソー・スピンドラー
クリストファー・デイヴィッド・スティル
上記のリストにソ連邦崩壊後の英国大使館付支局の全職員の名が網羅されているわけでは、もちろんない。トムリンソンが一二名だけを名指した理由は不明だ。一二人の最初の使徒※との類推から考え出された人数の可能性はある。これら「使徒たち」のうちの何人かについては、筆者はさまざまな理由で既に触れてきた。おそらくは、彼らのうちの何人かは何らかの形でプラトン・オーブホフの件に関与していたのだろう。

※イエス・キリストは、福音を伝えるために弟子を一二人選んだ。これを一二使徒という。

◆大混乱に陥ったSISモスクワ支局

オーブホフにまつわるモスクワを舞台にした長編叙事詩の中で、最も活躍したのは、一九九〇年代の半ばにSISのモスクワ支局長だったノーマン・マックスウィーンだ。このエネルギッシュなスコットランド人は、SISのモスクワのテレビの画面に自分の姿が現れるようになると少なからず当惑したが、それは彼が責任ある地位に就いている英国大使館員としてではなく、まったく別の人物として紹介されたからだった。エージェントを使っての作戦は非の打ちどころのない計画に基づいて行われたのであり、こんな結果が起こるはずはなかった。ロシアの防諜機関による尾行もなかったし、警戒心を起こさせるような行動も目につかなかった。

さて、モスクワでの英国諜報機関の相も変らぬ失敗談とはここでおさらばして、SISの実務から生じた一つの事情を読者に紹介したい。

既に名が出たSIS要員たちの中の少なくとも四人は（バグショー、ブルックス、ギッブス、スカーレット）、英国で最高の国家勲章の一つである大英帝国勲章を授与された。英国では、原則として、単に美しい目をしているだけでは勲章はもらえないし、一方勲章にまったく値しない者に授与されたことが突然判明したとしても、没収されることはない。ロシア防諜機関によるプラトンの摘発と現行犯での逮捕は、SISの本部を茫然自失に近い心理状態に陥れた。欠点がないと思っていたエージェントとの連絡システム全体が崩れ落ちたことが、信じられなかったからだ。プラトン・オーブホフの件にほぼ全員がかかり切りだったモスクワ支局自体は、本物のうつ病の症状を呈するまでになっていた。

ロシア外務省の職員をエージェントとして使った作戦が完全に失敗し、モスクワ支局が事実上崩壊したため、SISの本部は心底から不安になり、恥ずべき失敗の責任者の特定と原因の究明に躍起となった。

諜報機関に関する資料を常時公表していた『独立新聞《ニザヴィシマヤ・ガゼータ》』※1は、SISが当該作戦に関して検討している三つの仮説を紹介した。毎度のことだが一番目の仮説は、ロシアのスパイがSISに潜入していた、というものだった。これに関連して、プラトン・オーブホフの件に関与していたSISの職員たち（本部およびモスクワ支局勤務の者たち）が徹底的に調べられた。二番目の仮説も特に独創的とは言えず、モスクワの英国大使館から情報が漏れたというものだった。そしてSISの三番目の仮説は、すべてをロシア防諜機関の「幸運」のせいにするものだった。「ミスター幸運」の成せる業だったというわけだ※2。

この新聞に掲載された詳細な記事の作者であるイーゴリ・コロッチェンコは、「SISの本部は、自らが唖然とさせられた失敗の真の原因は知らずにいたほうがよい」との結論に達した。もちろん彼の言うとおりだ。

◆一連の出来事のSISの総括

SISの本部は、一九九六年の春と夏にモスクワで起こったことに対してはかなり率直な評価を下した。「モスクワでの失敗は、SISの活動の歴史の中で前例のないものであった。が、その原因は、SISのモスクワ支局が外国の諜報員の活動を監視するロシア防諜機関の現時点での能力を、明らかに過小評価していた、という事実に潜んでいる。SISの英国大使館付支局の諜報員たちは、ロシア

※1 ソ連時代の一九九〇年に創刊された、ソ連で初めての「独立した」新聞。現在の発行部数は約四万部の日刊紙。
※2 一九五四年生まれのロシアの詩人ヴィチェスラフ・ウシャコフが書いた短詩の題名。内容は、すべては幸運の成せる業である、というもの。幸運を擬人化しているので「ミスター」（原語では「ГОСПОДИН」と表記してある）がつく。

の防諜機関が彼らの調査に熱を入れていたことに最後の瞬間まで気づかなかった」(注30)。上記は英国外務省の声明だが、いつになく率直なものだった。

以前とは異なり、まず第一に、ロシア領土内でSISが諜報・破壊工作を行っていることを、仕方なくではあるが認めたこと、第二に、在モスクワ英国大使館内でSISの下部組織が活動していることを公式には、おそらく初めて認めたことであった。しかしその他の、内容の重要さの点ではこれらの二つに劣らない「自白」は行われなかった。たとえばSISの職員たちが外交官を装うことを認めた英国外務省の責任についても、ロシア国内で諜報活動を行ったことに対する処罰についても、声明では触れられていなかった。

モスクワでの失敗でSISは良心の呵責を覚えたに違いない、などと考えるのは無邪気としか言いようがない。現実には、ロシアに対する諜報・破壊工作の強化を、直接証拠を残さぬようにしながら、是非とも実現する必要があると決心したに相違ない。要するに「泥棒を捕まえろ」の原則に基づいて行動することを決めたのだ。[※1] 遵法精神に富んだ英国のジャーナリストたちは、この点に関してしかるべき勧告[※2]を受けた。

英国の特務機関や情報機関には「灰色」「黒色」のプロパンダの専門家が少なからずいたし、SISは心理戦を行う能力を持っていた。プラトン・オーブホフについての情報を入手したロシアのジャーナリストたちは、ロシアおよび諸外国の「ソビエト学者たち」「クレムリノロジー」[※3]の専門家、さら

※1 この「泥棒を捕まえろ」は、ロシア語の成句「泥棒を捕まえろと誰よりも大きな声で叫ぶのは、泥棒自身だ」を念頭に置いての表現と思われる。
※2 諜報・破壊工作の増強が図られているなどという報道をしないようにとの勧告か。
※3 ロシアの政治・政策の研究、分析のこと。

には精神医学の専門家の助けを借りて、大胆で「センセーショナル」な声明を発表した。筆者はそれらの中から、『こんなことってあり？！』というテレビ番組の題材として使えるものや、愚かさと嘲笑の的の見本を集めた博物館の展示品に成り得るものと判断した「愚の骨頂」の名に値する声明について、一言述べざるを得ない。

「たった一人のスパイを捕まえたからといって、そのことを全世界に喧伝する必要はあったのだろうか？」と書かれた記事もあった。ロシアの防諜要員のプロとしての誇りを満足させた仕事について、全世界に知らせる必要はあったのか、という疑問だ。あえて言うなら、この記事の作者は、発酵した生パンとイースト菌の入ってないパンを取り違えているのだ。しかしズバリ言うなら、この記者は外国の諜報機関が国の安全を脅かすのを断固として阻止することを、そしてプラトン・オーブホフのようなＳＩＳのエージェントの毒を取り除くことを義務としているロシアの防諜要員たちの仕事の意義を矮小化しようとしているのだ。

◆オーブホフを巡るもう一つの逸話

「愚の骨頂」をもう一つ紹介しよう。「識者の話では、プラトン・オーブホフはＳＩＳに奉仕するにあたっては、ロシアのテレビの報道番組から情報を得ていたとのことだ」。こんな話を持ち出された場合、どんな反応をすべきなのか、面白い作り話だと笑って済ませばよいのか？　いや違う。ＳＩＳの分析専門官たちの存在を忘れてはならないのだ。スパイ活動に関わるものであれば、彼らはどんなに手の込んだ資料でも究明する力を持っているのだ。それを否定することは彼らに何の存在価値も認めないことに等しいが、それはとんでもない間違いだ。ＳＩＳの本部でも、ロシアのテレビ放送はチェックしている。そしてＳＩＳでもＣＩＡでも、ロシアのテレビ番組、ラジオ番組の監視には専門家が充てられており、彼らはロシアのマスコミが流す無検閲の情報の中に、彼らからすれば自国の諜報機関が注目するに値すると思われるモノを探し出そうと、必死になっているのだ。SIS本部の検閲官は、エージェントからの情報とマスコミの流したモノを区別する能力は持っているのだ。

摘発されたスパイに対して、偽りの同情心と思いやりを見せびらかす者たちがいる。彼らに言わせれば、スパイには犯した罪に対する罰を科するのではなく、病気の治療を受けさせるべきだということだ。筆者も賛成だ。病人が精神病の亢進《こうしん》時に罪を犯したのなら、治療は必要だ。ただし、問題はある。犯人にとって便利なカムフラージュとして精神医学が利用されるケースが多すぎることだ。治療を要する疾患については後述する。

ソ連およびロシアの諜報・防諜機関要員は、自分たちの仕事を成功裏に終了できた場合、もちろん根拠のある満足感をこれまでも味わってきたし、また現在も味わっている。そして外国のスパイを摘発するのは、彼らにとって特に珍しいことではなかった。景気づけに派手な宣伝を行う「お祭り」の場合のみならず、一般的に自己の手ごわさを西側に見せつける必要は、ロシアの特務機関にはなかった。外国の諜報機関の圧力は、平日でもロシアの諜報機関が気を抜くことを許さなかったし、それに対処するのはロシアの防諜機関にとっては日常の仕事であり、派手な宣伝などというものに気を遣う余裕はなかった。

◆病理学の視点からのスパイ活動の分析

治療を要する疾患の話に戻ろう。スパイ活動絡みで疾患が表面化しているなら、病理学に登場してもらう必要がある。ただし、残念ながらスパイ活動が関わっている場合には、医学としての病理学ではなく、ひとえに社会病理学[※1]、政治病理学[※2]の立場からのサポートだ。私が念頭に置いている救い主は、もちろん弁護士ではない（言うまでもないことだが）。ましていわんや親類縁者たちの援助ではない。彼らにとっては身近な人間が起こした犯罪は取り返しのつかない災難であり、一生背負っていかなくてはならない大きな心の傷になるので、助けは期待できないからだ。

スパイ行為に対する好意的な接し方の裏には、法秩序についての無政府主義的観点、国家安全保安機関の役割と存在の意義ついての無理解がある。当該機関は周知のとおり、法律によって当該機関の管轄下に置かれた犯罪を犯した者の量刑を決めることはできない。それを行うのは、法律により権限を与えられた裁判だ。スパイ行為との闘いの分野で防諜機関が果たす役割は、犯罪を犯す目的で外国の諜報機関との接触を意図している者も含め、敵の諜報機関の諜報・破壊活動に引き入れられた者の暴露と摘発だ。

ロシアは、外国特務機関による攻撃的で強大な圧力をはね退けるために、容赦のない手段に常に訴えざるを得なかった。対立する勢力の分極化を一気に加速させた「冷たい戦争」も、その理由だったことを付け加えておこう。しかしながら懲罰措置は、既に何年も前から法律と法律行為[※3]により厳格に規定されており、法廷が国家安全保安機関に要求する基本的な事柄は、摘発されたスパイの犯罪を証明する、説得力のある、疑う余地のない証拠を提出することだった。具体的には、匿名でなされたのではない密告、中傷ではないもの、取り調べの際なされた自白で疑わしい部分を含んでいないもの、つ

※1 犯罪、非行、自殺、離婚、家出、失業、貧困など社会の病気を対象とする研究。
※2 汚職、暴力、裏切り、秘密主義などの政治の病理現象を対象とする研究。
※3 当事者がその意思に基づいて一定の効果の発生を求めて行う行為で、法律がその効果の発生を認めるもの。遺言、契約、法人の設立など。

まりは真の証拠だった。近年ロシアの最高裁判所が扱ったスパイ行為関連のすべての審理は、これらの条件のもとで行われたし、現在も同様である。

◆防諜機関の仕事と「罪と罰」の問題

それはさておき、防諜機関の仕事は、永遠のテーマである「罪と罰」と無縁ではいられない。つまり、科せられる罰は相手に対する「報復」（私情に駆られた復讐ではない）という問題が生ずるのだ。

最近までスパイ行為は厳罰に処せられていた。犯人が軍人であった場合には、祖国と軍人宣誓を裏切った罰として死刑に処せられることもあったし、民間人といえども特に重要な国家秘密、軍事秘密を外国の諜報機関に明かすという重大犯罪を犯した場合には、やはり死刑を宣告された。スパイ行為に関する審理と判決は、ロシアの最上級の司法機関の一つである連邦最高裁判所軍事部で行われる。

ＳＩＳとＣＩＡのスパイだったペンコフスキーや、アメリカ、英国、フランスの諜報機関のスパイだった何人かのソ連人は、厳罰に処せられた。ＫＧＢ第一総局とＧＲＵ（ソ連邦軍参謀本部諜報総局）の要員で祖国を裏切ったゴルディエフスキーとレズーン、英国に安住の地を求めたＫＧＢ第二総局の要員だったノセンコ、当時最新鋭の戦闘機を操縦して日本に乗り込んだ飛行士ベレンコは、欠席裁判で死刑を言い渡された。ベレンコのケースでは、日本国内の軍事基地で当該機を受け取ったアメリカ人にとっては、まさにおいしいご馳走を手に入れたのと同じことになった。ご主人様の地へ移住したベレンコは、祖国の裏切り者の一員となった。

近年ロシア連邦では、スパイ行為に対する刑罰に一定の驚くべき変更が加えられた。死刑は廃止されなかったが、法律上執行されないことになったのだ。これはロシアが、重大犯罪に対し死刑という刑罰を科することをメンバー国に禁止している欧州評議会に加盟したからであり、ロシアの「人権擁護者たち・民主主義者たち」の気に入るようにした結果だった。スパイ行為に対するその他の刑罰も、苛酷度は減じられ、より人道的なものになった。服役中の何人かの外国人スパイは、恩赦を受けるか、あるいは裁判で定められた刑期を短縮されるなどした。監獄から釈放された者のうちの何人かは、雇い主である外国の諜報機関の世話になるために当該国へ直行した。

摘発されたスパイたちは、さまざまな口実をつけて裁判を免れようとした。「人権擁護」とか「良心の自由」とか「環境保全」などのカムフラージュを使って、実際のスパイ行為を正当化するというお馴染みの詐術が使われたことは、言うまでもない。現行犯で逮捕された犯人たちが、頑固に時は巧妙に自分自身で、あるいは弁護士の助けを借りて自己防衛に勤しむのは無理もない。だが彼らを守ってやろうと志願する者の数は少なくなかった。

スパイ罪に対する罰としての死刑を平和時に廃止するのは間違いだとか、ましていわんや邪悪な意図を持った間違いだなどと主張する気は、筆者にはまったくない。しかし、ギャングやテロリスト、殺し屋、強姦者に対する死刑不適用に対し、周知のように、ロシア国民の大多数が極めて否定的な態度をとったのも、事実なのだ。

◆スパイ行為に対してどのように対処すべきか

もう一つ言っておきたい。何ごとにも「教育の普及した西側」の意見を引き合いに出す人たちに、参考までに指摘しておきたいのは、スパイ行為に対する罰は、たとえば英国やアメリカでは重さで際立っているということだ。両国では、終身刑や、ロシアとは比べようがないほど長い刑期が科されるのは珍しいことではない。アメリカではスパイ罪に科せられる刑期は、最短でも二〇年〜二五年となっている。英国ではスパイ行為との闘いに備えて、極めて苛酷な手段が制定されていた。死刑が廃止されていない国もあった。西側の民主主義は、自身を守る能力を持っているのだ。

スパイ恐怖症を広めるための何らかのキャンペーンを企んだり、特別に厳しい弾圧を加えたりする必要性がないことは、極めて明らかだ。刑罰の厳格化は、スパイ行為や祖国背反といった分野での犯罪の解消にはつながらないからだ。

重要なのは、他の場合と同じく、処罰は必ず下される、ということだ。もっとも、現在のロシアの状況下では、多種の人権擁護者たちの努力のお陰で、処罰の必然性そのものが、時には歪んだ形のものになってしまうのは仕方がない。裏切りは必ず故意に行われるものだ。だからこそ、法律で厳重に罰する必要がある。政権が絶対に果たすべき任務がいつの世にも存在したし、現在も存在している。それは、法秩序の全システムを断固として改善すること、国益保護に関わる健全な状況を国と社会の内部につくりあげること、国の安全を確保する機関そのものと、そのスタッフと物的基盤の強化を図ること、そしてロシアの諜報機関と防諜機関の仕事の中に含まれているよき伝統を発展させることである。

この章の冒頭で、筆者は存在を知った者に痛みを引き起こす事実に触れた。それは、ロシアは長引く、重大な危機に直面しており、その結果外国の諜報機関の諜報・破壊活動が活発化し、そしてロシア国民がいわゆる「自発的スパイ」とか「影響力を持つエージェント」としてリクルートされるために、さらには国内に登場した大規模な「第五列」〔国内の敵〕を利用するために、好都合な状況が生じたという事実だ。

ＳＩＳは、変化した状況に巧妙かつ機動的に適応できる能力を持っていることで知られている。その活動の特徴として一番多く指摘されるのは、時には性急さや冒険主義までもが透けて見える自然発生的な行動には合理的な用心深さで対処する、という点だ。そのＳＩＳの新しい取り組み方の見本となったのは、SISのモスクワ支局を諜報活動の最前線に再度引っ張り出すことになった、ヴァジム・シンツォフ事件とプラトン・オーブホフ事件だった。

◆大きな罪に問われなかったケース

マスコミの反応が上記の事件の場合より小さかったのは、サーシャという名のエージェントが絡んだ事件だった。彼はモスクワに存在する「郵便ポスト」※の一つで働く研究者だった。サーシャはイギリス人たちがつけたコードネームだった。一九九二年、彼はしかるべき額の報酬と引き換えに、自分の知っている秘密情報を売ることをSISに提案し、その時もらったのがサーシャという名だった。元SISのスパイだった彼の本名、職場、居住地は、ロシアの防諜機関が彼との合意に基づいて公にしないことになっていた。これは、彼が後悔している旨を自ら進んでロシア連邦保安庁に申し出たことに対するご褒美だった。その結果、SISに奉仕したことで発症する悲惨な後遺症を避けることができたのだ。

サーシャの件は、多少独創的な特徴を持っていた点で他の摘発されたSISのエージェントの件とは異なっていたが、全体としては新しい状況下におけるSISの戦術の特徴を備えていた。

まず最初に言っておきたいのは、SISの要員たち（ジェームズとかロバート、ミックなどという名で自己紹介したはずだ）は当初、サーシャとはモスクワではなく環バルト海地方（ヴィリニュスかリガ）のホテルか、あるいは個人の住居で会う方がよいと彼に提案したことだ。「透明な」国境線は、SISに

※「郵便ポスト」とは、ソ連時代に秘密扱いにされていた企業の呼称。仕事の内容は秘匿されており、住所の代わりに郵便ポスト・ナンバーXXXが用いられた。

とって好都合だったし、ビザ制度が発効するまではサーシャも旧ソ連邦の構成国への出入りは自由にできたからだ。環バルト海地方での会合を成立させるために、ロンドン市内の電話番号がサーシャに渡された。目的地に到着次第、彼が電話する手はずになっていた。

このケースでは、サーシャにとって誘惑と刺激の主たる源となったのは金だったため、外国の銀行に彼名義の口座を開くことが約束されたのだ。その上、このケースでも、エージェントが働きやすい環境がSISによって整えられていた。それは、SISの本部によって入念に作成された連絡方法に関する詳細な指示、情報収集のために果たすべき課題に関する指示、書類撮影用のカメラ、収集した情報の保存場所をカムフラージュするための材料（二重底の鞄や特別にしつらえられた隠し場所つきの眼鏡ケースなど）を準備することだった。上記のセットにつけ加えなくてはならないのは、サーシャが遂行すべきSISから出された課題、および守るべき指示が暗号で書かれた「ごく普通の」手帳だった。サーシャは特殊なペンを使って暗号で書いたスパイ通信を、SISのスイス国内の偽の住所宛てに送ることを義務づけられていた。

この間、SISの本部では、サーシャのスパイ業務にモスクワ支局を参加させるか否かの検討が急いで進められた。秘密の隠し場所を利用する作戦のための場所が選定され、当該作戦の参加者の選出が行われた。しかし、何らかの理由でSISはこの作戦から手を引いた。おそらくはシンツォフとオーブホフの失敗が原因だったのだろう。この結果、サーシャは諜報機関関係者の使う隠語を用いるなら、

「缶詰にされた」。かくしてサーシャが自首した後、SISの本部にできたことと言えば、ロシア国内に居住しているエージェントを一人、「帳簿」から抹消することだけだった。

◆ロシア社会の混乱に乗じて行われたスパイ活動への引き込み

一九九〇年代のロシアの具体的な状況下で、ＳＩＳがスパイ活動の弾み車※を回転させていた事実が筆者の脳裏に蘇った。その時、筆者はＳＩＳがロシアを標的にして行った諜報・破壊活動に利用した手段および何人かのロシア国民を裏切り行為とスパイ行為に走らせた動機についてのテーマを再度検討してみたい気持ちにさせられたので、筆を進めることにしたい。

「存在が意識を規定する」。これは、唯物論哲学の最重要な基本概念の一つである。しかし意識が「私有財産所有者特有の心理」や「自惚れ」という名のウイルスに侵されていたり、「自己中心主義」に侵されていたりする場合には、そうした意識は存在を罪深いものにしてしまう。こうしたことが原因で引き起こされる一連の犯行の中に入っているのが、スパイ行為であり、裏切り行為なのだ。上記の原因の他に犯行を促す契機として挙げておかなくてはならない重大な要因は、外国特務機関のリクルーターによる圧力、恐喝、気前のいい約束だ。

ソ連時代には国、軍隊、国家保安機関への誓約に縛られていたにもかかわらず、裏切りに走り実刑判決を受けたり、あるいは刑を免れたりした者たちがいたが、その中には「思想的な理由」だと偽って取り繕った者が数多くいた。彼らは国に対する忠誠を誓った者たちなのだ。それなのに、いざとなると「まだオムツをしている頃に自分の中で芽生えた」と称する反体制精神なるものを言い訳として持ち出し、藁をも掴む溺れる者のようにそれにしがみついたゴルディエフスキーのような者たちもいた。藁を探していた者たちと現代のスパイ稼業に魅せられた者たちの違いは、ただ一つ。置かれてい

※ 動力を伝える回転軸に取りつける、重い車。回せば回すほど回転が速くなる。比喩的に使われる。たとえば「戦争の弾み車を押したのは、我が軍ではない」など。

る環境だ。すなわち、現在のロシア全域を侵している濁った「お水」の中のほうが泳ぎやすいということだけだ。

そして現在の状況下でも、前述の言い訳はカムフラージュ以外のなにものでもなく、逃げ口上であり、ロシアの安全と防衛力に害をおよぼす裏切り行為の卑劣さを正当化するための口実にすぎない。

ＳＩＳにリクルートされたヴァジム・シンツォフ、プラトン・オーブホフ、ヴィクトル・マカーロフ、そしてもう一人の「秘密情報の売人」でありマカーロフと同様に、英国に安住の地を見つけたヴィチェスラフ・アントーノフたちの犯行の動機は、すべて月並みな説明の範疇に入るものばかりだった。崩壊した偉大な国の科学の分野での潜在能力が破壊されたために、何千人もの才能ある、高度の技能を持つ専門家たちが痛撃されることになった。

こうした状況下で、シンツォフは「改革」に乗じて素早く大儲けした者たちに遅れをとらないために、自己の金銭欲を満足させることを第一目標にした。彼は斯界《しかい》の大物学者であり、国家賞の受賞者であり、高度な技能と非凡な知能をもってすればスパイとして出世してもおかしくはなかった。マカーロフとアントーノフは欲得づくで動くタイプだった。ＳＩＳのエージェントだったマカーロフは、元ＫＧＢ職員であり、一九八七年に実刑判決を受けたが恩赦で刑期半分を残して釈放されると急いで英国に移住し、雇い主に年金の増額を要求した。

別の裏切り者、ロシア対外情報庁の元職員アントーノフは、ヘルシンキにあるロシア連邦大使館の館員として働いていたが、一九九五年にフィンランドから英国に移住し、自分が提供したロシアの諜報機関についての情報の代金が満額支払われていないという理由で、騙し役のＭＩ５とＳＩＳを相手に訴訟を起こすことを目論んだ。被告側は反訴した。英国のような国では、エージェント事業は小商人が扱う別に珍しくもない仕事と変わりがないようだ。

ラングレー※の本部の壁に守られている状態で、諜報・破壊活動の中でエージェントを使う活動を特に優れたものとして公に激賞しているCIAのボスたちと異なり、SISの幹部たちはこのテーマを公に広めない方を好んだ。実際には内部告発者、影響を与えるエージェント、その他別の部類の情報源で構成されるエージェント・グループは、諜報機関にとっては最も重要な武器であることに変わりはない。

「自ら進んで情報を提供する者たち」は、相変わらず賞賛の的となっていたが、そういう存在になるのは「改革」という名の焚き火で手を温めること〔改革の波に乗って懐を肥やす、の意〕を渇望している、質の悪い冒険家たちだけではなく、全国規模の混乱と無法状態により犯行をそそのかされた精神的に弱い者たちもそうだった。しかし諜報機関にとって、助けになる者がどういう人間なのか――「虐げられた人々」〔ドストエフスキーの同名の作品より〕なのか、それとも強欲やその他の人間の欠陥に苦しめられている者なのか――は、どうでもいいことだった。

問題は、そういう連中が持って来た「商品」が第一級のものであるか否かだけだった。SISは、次なる獲物が現れたらただちに飛びかかって組み伏せる覚悟を胸に、我慢強く、慎重に待ち続けることを戦法としていた。それは、ネズミにかじられた穴の傍で獲物が出てくるのを待っている、ネコの戦法と同じだった。「自ら進んで情報を提供する者たち」をスパイにするのは、簡単だった。ネコは通常獲物を捕まえてもすぐには食べず、玩具にして遊ぶ。諜報機関も「商品」の質を調べている間に持参者と遊ぶことがあった。調査が終われば「商品」はその価値に応じた扱いを受けることになる。

※アメリカ合衆国バージニア州。当時CIAの本部が置かれていた。現在は同州マクレーン。

◆SISが目論む新たなエージェント活用法

新生ロシアに出現した新しい可能性は、SIS本部職員の中の新しもの好きたちを熱狂させた。しかし間もなく生じたエージェントたちによる一連の失敗により、英国諜報機関の多幸感（非常に強い幸福感）は若干薄められたものになり、自らの成功がもたらした思い上がり混じりの陶酔感も控えめにならざるを得なくなった。

SISは、エージェントを使っての諜報活動の安全性の向上を図らなくてはならないことを再び思い出した。しかし、思い出しはしたが、「狩り」を止める気はまったくなかった。なぜならSISの最終的な狙いは、エージェントを使った作戦についての情報をロシアの防諜機関が傍受するのを難しくし、傍受できても解読できないようにして狩りを実行することだったからだ。

一見すると複雑に思えるこの文言を、筆者なりに解読してみると次のようになる。問題になっているのは、ロシアの防諜機関が傍受できないようにし、傍受できても解読はできないようにするために、エージェント宛ての通信とエージェントから支局宛ての通信をカムフラージュすることだった。次の狙いは諜報機関のロシア人エージェントを英国の大使館、領事部、文化代表部の大勢のロシア人訪問者たちに紛れ込ませることだった。そして最後に、スパイとの個別の会合を、ロシアの防諜機関が突き止められないことを条件にして行う（たとえば、ロシア国民が出かけて行くことに今は何の問題もなくなっている、いくつかの国で行う）ことだったのだ。

22 「特別な関係」

「教師」と「生徒」が立場を換える――／CIAは命綱でつながっている英国諜報機関に「引率される」ことをやめにしたがっている／友人であると同時に同盟者であることのプラスとマイナス／類似と相違

「特別な関係」という術語は、英国とアメリカの関係を特徴づけるものとしてずっと以前から常用され、定着している。英米二国の諜報機関同士の相互関係について語られる時も、習慣的に、自動的に用いられている。SISの内部では、同僚であるアメリカ人たちは「我らがアメリカの従兄弟たち」と呼ばれている。CIAとSIS、アメリカ国家安全保障局と英国政府通信本部（GCHQ）、FBIとMI5の関係は、確かに双子の兄弟の関係を思わせるものであり、仕事のやり方や課題と目的、さらには風貌さえ、多くの点で相似している。そして勲功を立てた者が同じ釜の飯を食った者として互いに賞し合うことも、稀ではない。たとえば、FBI長官のエドガー・フーヴァーは、MI5との間に効果的な相互関係を樹立した功績に対し、英国の勲章の中で最高位に属する大英帝国騎士団勲章を授与された。アメリカ政府も英国の同僚の功績を認めることに、やぶさかではなかった。

◆「特別な関係」の始まり

両国の関係を量ではなく質の観点から見た場合には、両国の軍隊の情報部の組織、特に活動の違いを見つけるのは難しい。両国とも、それぞれ一つの有機体の一部であって、一つの頭脳中枢により制御されており、まったく同じ軍事ドクトリン〔軍事上の法則〕で養育されてきたからだ。

よく知られていることだが、「特別な関係」という術語の考案者は政治に関する金言づくりの名人として知られていたウインストン・チャーチルだとする意見もある。一九四六年にフルトン〔アメリカのミズリー州〕で行った演説の中で彼が実際に用いたからかもしれない。しかし「特別な関係」の起点は、おそらくはもっと以前、すなわち一九四〇年に求めるべきだと思われる。ドイツ空軍の爆撃機編隊が英国の街々に死をもたらす貨物をばら撒き、ドイツの潜水艦は、英国にとって生命を左右する血管である海上の隊商路を封鎖した。英国はドイツ軍侵攻の恐怖に慄いていた。まさにこの時に「特別な関係」と呼ばれることになる英国とアメリカの関係の「特殊性」の基礎が築かれたのだ。アメリカが正式に第二次世界大戦に参加するまでまだ一年以上あったが、アメリカ人たちは勃発した紛争のどちら側を応援しているかをすでに明らかにしていた。一言つけ加えておくが、破滅の危機に瀕していた英国に対するアメリカの支援は、私心のないものではなかった。アメリカは、西半球の英国の一連の領土を値切って「借り受ける」ことに成功し、その結果、大英帝国が揺らぎ出すことに実質的に手を貸すことになった。現在では「特別な関係」は両国の活動のすべてに浸透している。

第二次世界大戦は世界各国間の力関係を根本的に変えた。弱々しい、すっかり痩せ衰えた姿を曝《さら》した英国は、力比べの競技を棄権した。困難極まりない状況に置かれた英国は、マーシャル・プラン※に基づいたアメリカからの経済援助を受け入れざるを得なかった。その際英国は、金持ちで強大で、戦争から受けた被害は比べようもないほど小さい同盟国であるアメリカに、大幅な譲歩をすることを強いられた。アメリカは、大英帝国の墓を掘る役を果たすことになった。

※ 欧州復興計画。マーシャルは計画の提唱者アメリカの国務長官の名前。

ただし、結果的にアメリカは英国の植民地の消滅に手を貸したが、それは民族解放運動を支持するという意図から出た行為だったわけではまったくなかったのだ。なぜなら、アメリカ自身が非植民地化の進行と植民地帝国の崩壊を英国に劣らず恐れていたからだ。この現象が起これば、植民地主義の最大の敵であるソ連を必ず利することになるというのが、アメリカ政府の考え方だったのだ。アメリカには英国を「葬る」気はまったくなく、別の目的を追求していた。それは、英国の統治者たちが一生懸命守ってきた市場、すなわちアメリカにとっては新しい市場に進出することだった。英米関係の「特殊性」とは何なのか？　アメリカと、安定性と信頼度では英国にほとんど劣っていない他の諸国との関係と英米間の関係の違いは何なのか？「特別な関係」という術語は、どうみても、アメリカが英国との関係を他の国との関係の上位に置いていること、そして英米連合の規模の大きさを示すために用いられたとしか思えない。

◆双方の思惑

周知のように、二つの国を結びつける要因は数多くある。たとえばイデオロギー、言語、支配層を形成する国民集団の精神構造の特性などである。英米関係の場合は市場経済、政治戦略、軍事戦略も共通している。これらの要素に加えて、さらに地政学的な状況の変化に伴って変わる公然の、あるいは隠れた共通の敵が存在することが、英米両国間および両国特務機関同士の連盟と協力関係の高い緊密度をもたらしたのだ。当時の状況下では、この共生は両国にとって得策だった。

英米両国の科学者や建築家の協力関係の中には、成果を挙げたものが少なからずあった。そのうちの一つが、核兵器の製造で完結したマンハッタン計画だった。しかしアメリカはきつい協同作業の成果が友人や同僚たちの手に入らぬよう気を配り、英国に核弾頭を渡すことも拒否した。そのため英国は自らの手で核開発をする可能性を探らざるを得なくなった。

当然のことながら、英米両国の諜報および防諜機関も、互いに秘密を打ち明けることは避けながらも、力と資源を共同使用すれば両者が得をすることは理解していた。CIAとSISか行った数多くの共同諜報作戦、あるいは一九四四〜一九四五年にアメリカからモスクワの本部に向けてソ連の諜報機関が送った報告の部分的解読に成功した「ヴェローナ」作戦で、英米の暗号解読部門が協同で成し遂げた困難を極めた仕事などが、英米の協力体制の目に見える見本として挙げられる。

しかしながら、両国の同盟関係は非の打ちどころがないと言えるものではなかった。今や外国でかなり頻繁に英国の渾名として使われるようになった「アメリカの貧しい親類」という立場が、誇り高き「霧に煙るアルビオン」の住人たちの趣味に合うはずはなかった。それにもかかわらず、英国は両国の同盟関係から少なからぬ利益を引き出していた。

アメリカ政府にとっては英国との同盟関係は、「英国という要素」がアメリカの対欧州政策の強烈な推進力になっている点で利益をもたらす存在となっていた。英国はアメリカにとって、そして連合国の軍事計画にとっては、いわば「不沈空母」だったのだ。英国が北大西洋条約機構でしかるべき地位、すなわち、アメリカの欧州問題統括部長に相当する地位に就くことを最初から狙っていたのは、偶然ではなかった。事実、イギリス人がNATOの中で指導的なポストに就いたことは少なからずあった。たとえばこの軍事・政治同盟の初代の事務総長はイスメイ卿※であったし、近年においても英国の政治家達が同盟を率いたことがあった。前世紀の終わりに事務総長だったのは、現代の「鷹」の一羽（い

※ 英国の軍人。NATOの目的は次の三つだと述べた。ソ連を入れない、アメリカを手放さない、ドイツをのさばらせない。

わゆるタカ派の一員〕である英国の国防大臣、ジョージ・ロバートソンだった。就任時五三歳だった彼は、その後四年間この同盟を率いることになった。

「ムーア人」〔イスラム教徒のアラブ人とベルベル人〕ことスペインの社会主義者ハビエル・ソラナ〔ロバートソンの前任者〕が、「やるべき仕事はやったのだから」退任すべきとされた後、ロバートソンが事務総長の地位を獲得できたのは、NATO軍に攻撃されたユーゴスラヴィアについての彼の声明が冷酷なものだったからではなく、英国の最も親しいパートナーであるアメリカに対し彼が忠義心と誠実さを示したからだった。これは当時の状況下では極めて重大な意味を持っていた。なぜならNATOは、旧ソ連の領土だった多くの場所を否応なしに加えた地域を「NATOが関心を抱いている地域」と称したばかりでなく、その地域の拡張を狙っており、新たな軍事戦略、政治戦略の実現を迫られていたからだ。その上、NATOの事実上の実権を握っていたのは、誰が何と言おうとアメリカ政府だった。ヨーロッパにおけるNATO軍の最高司令官は「アメリカ人」のロバートソンだった。一方、ヨーロッパにおいてアメリカが英国に何を期待していたかといえば、アメリカがヨーロッパを自己の影響下に置いておくのに必要な要因が作動しなかった場合、あるいはヨーロッパ駐屯のアメリカ軍の規模を縮小せざるを得なくなった場合に、アメリカの代役を務めることだった。

◆英国の対仏諜報活動

アメリカ政府の戦略は、ヨーロッパの多くの政治家たちが、英国がヨーロッパで指導権を握ること、および欧州経済共同体やその他の欧州共同体に加盟することを阻止しようとしていることを充分に理解した上で立てられたものだった。「アメリカに抱かれたがっている英国の姿を目にすると、私は憂鬱になる。なぜなら英国はアメリカのセールスマンに成り下がる危険を冒そうとしているからだ」。このフランス人特有の皮肉たっぷりな言い回しをしたのは、ド・ゴール将軍だった。欧州共同体にリーダーの権限を持つメンバーとして参加することを渇望している英国は、アメリカ政府にとっては当然の同盟国だったし、ドイツとフランスが取り仕切っている欧州共同体は、アメリカにとって手強い潜在的な競争相手だった。ヨーロッパ諸国から拒絶された英国は、フランスと西独をターゲットにした諜報機関の活動の強化を図った。

先頭に立ったのは、SISの暗号解読セクションとGCHQだった。SISとチェルトナム〔GCHQの本部所在地〕の専門家たちの長年にわたる組織的な仕事により、一九六〇年代のはじめには仏独両国の政府が使用している暗号の解読ができるまでになっていた。成果が特に大きかったのは、ロンドンのフランス大使館を狙ってSISとMI5とGCHGが合同で行った「防御柵」というコードネームで呼ばれた作戦だった。その結果、英国は数年間にわたり、フランス大使とド・ゴール将軍の間で交わされた暗号化された書簡の盗み読みをすることができた。フランス大使館の暗号機への潜入方法を含む当該作戦関係の資料は、英国からアメリカへ渡され、後者は前者の経験を基にして同様の作戦をワシントンで実行した。これは、英米間の「特別な関係」が具現化されたもう一つの例となった。しかしながら、「英国をヨーロッパに入れない」というドゴールの計画を挫折させることは、当時はまだできなかった。

◆英米が協同で行った「アルバニア作戦」

英米両国がソ連相手の過酷な戦いに転じた「冷たい戦争」が続いていた時代には、英米の「特別な関係」はその効率を最大限に発揮した。今やソ連は存在しないが、英米の「特別な関係」は維持されており、「新しい世界秩序」すなわちアメリカの最終目的である単極の世界が創造された暁には、両国はそれを強固にすることが使命とされていた。

英米両国の諜報機関の協同作戦は、時には複雑で矛盾した様相を呈することもあるという事実が、少なからぬ数の教訓的な実例により最近になって世に知られるようになった。それらのうちのいくつか(「ベルリンのトンネル」、諜報活動として計画された「U2機」事件、悪名高い「ペンコフスキーとその他が関わった事件」)は、既に本書で取り上げた。要点の抜き書きに値する別の事実もあった。

英国諜報機関についての古典的労作『英国諜報機関の秘密』(注31)の著者ドナルド・マクラクランの証言によれば、「第二次世界大戦後にアメリカの諜報機関が行った大規模な施策のうち、英国の承認、あるいは参加なしに行われたものは、一つもなかった」とのことだ。これに対しアメリカ側は、SISの作戦の大部分はCIAと協同で行われたことを強調している。

「冷たい戦争」の初期段階でSISとCIAが協同で行った作戦は、「アルバニア作戦」と名づけられたものだった。これは第二次世界大戦後、英米協同の計画に基づき環バルト海地域、ベラルーシ、ウクライナ、ザカフカス地方にスパイを侵入させた、「レッドソックス」というコードネームの作戦とは異なり、ソ連を直接狙ったものではなかった。それに「アルバニア作戦」の場合、軍事的側面が「レッドソックス」に比べてより明確になっていた。

目的は、第二次世界大戦後のソ連の盟友であるエンヴェル・ホッジャ内閣※を退陣させることだった。実質的には「ヨーロッパの柔らかい下腹部を打つ」という、チャーチルがずっと前に思いついたアイデアを具体化したものだった。英米両政府はアルバニアを「共産主義の世界」で一番弱い部分だとみ

※ ホッジャはアルバニア労働党党首(一九四一~一九八五)、アルバニア首相(一九四四~一九五四)。徹底したスターリン主義者。

なしていたため、打ってつけの目標とされたのだ。

「アルバニア作戦」を指揮するSISとCIAの代表者たちで構成された協同委員会には、作戦を準備するにあたって第二次世界大戦時のいまだ新鮮さを失っていない経験を生かすことが要求された。

失敗に終わった「アルバニア作戦」の経験は、後に別の状況下でSISとCIAにより利用されることになった。だがその結果は、ほとんどの場合同じような悲惨なものだった。キューバで内戦を起こさせるために数千人のキューバの反革命主義者をプラヤ・ヒロンに侵攻させた一九六一年のCIAによる冒険的行為がどんな結果に終わったかは、世に広く知られている。

SISとCIAは、東欧諸国（東独、ポーランド、ハンガリー、チェコスロヴァキア、ルーマニア）で活動させるために移民から成るエージェントの訓練を、主としてオーストリア国内の複数の秘密基地で集中的に行った。上記の国々の国内で騒乱を起こし、反政府攻撃を組織立てるために必要な武器と爆発物は、英米の諜報機関の手により非合法手段で送り込まれた。SISとCIAに訓練された破壊工作員が参加した反政府運動のうち、最も規模が大きかったのは東独、ハンガリー、ポーランドで実行されたものだった。その際さまざまな形で強調されたのは、運動が「自然発生的なものだ」ということであり、CIAとSISのお膳立てへの関与はうやむやにされた。

歴史は頑固だ。そしてその頑固さをもってすべてを適正に置き替えてくれる。ダブルスタンダードを好む者は勝手にそうすればよい。「反革命の輸出」という概念の本質を探し出そうと願う者には、よく考えてみた方がいいことがある。

◆中東における英米の介入

イランの反皇帝派モサッデク政権[※1]の打倒と、イランの親西洋的立場の再興を目的としたイランにおけるSISとCIAによる協同破壊活動は、そのすぐ前に失敗した英米諜報機関の協同作戦とは異なり効果的に遂行されたため、成功裏に終わった。

周知のごとく、第二次世界大戦後も英国の影響が色濃く残っていた中近東は、一九五〇年代になるとSISが攻撃的で無遠慮な行動をしかける場所となった。英国は当該地域に、特にイラン国内の皇帝の取り巻き、政治家、軍部、警察、商工業界の中に、自らのエージェントを配置しおえていた。イラン国内で極めて強い力を持っていたのは、支配的利権を英国が握っているAPOC（アングロ・イラニアン石油会社）だった。一九六一年[※2]のモサッデクによるAPOCの国有化の試みは、英国とイランの買弁者たち[※3]の間に猛烈な反対運動を引き起こした。SISの長官ジョン・シンクレアとCIA長官アレン・ダレスの承認を得た上で、英国政府と当該合弁会社から委任を受けたSISはモサッデク排斥計画を実施した。「アイアース」[※4]というコードネームで呼ばれたこの作戦の指揮を執ったのは、英国側はSISの副長官ジョージ・ヤング、アメリカ側はCIAの管理職で元アメリカ大統領セオドア・ルーズベルトの孫（「息子」の誤記か）、カーミット・ルーズベルトだった。アメリカ政府は（他の多くの場合と同じく）、「アイアース」作戦の資金の面倒をみた。

※1 イランの民族主義者。民主的な選挙で首相に選出され、進歩的な改革を目指した。首相だった一九五一年に石油の国有化を行い、イギリス人の専門家やアドバイザー全員を国外に追放、一九五二年には英国との国交を断絶した。

※2 モサッデクは一九五三年に政権の座を明け渡さざるを得なくなり、後任の首相が英米との関係をすべて元に戻した。ここにある一九六一年とは、恐らく著者の誤記。

※3 発展途上国において外国の資本と国内の市場の仲を取り持つ商人のこと。

※4 トロイア戦争にまつわるギリシャ神話では「神を敬わぬ不遜な」人物として描かれている。

この事件の輪郭はよく知られているから、改めて説明する必要はないだろう。ただし、強調しておきたいことが一つだけある。それは、この作戦も典型的な儀式で始まったということだ。すなわち、モサッデクが任命したイラン警察長官がSISのエージェントにより暗殺されたのだ。

モサッデクを排除したことで、英国は後年莫大な利益を生んだAPOC（後にブリティッシュ・ペトロリアムとなる）のイラン国内における立場を一定期間維持することができた。SISが「アイアース」作戦に投じた金は利息つきで補償されたし、アメリカ側も損はしなかった。当初はイランが石油で稼いだ金の分け前を受け取れたし、数年後にはイラン国内に得た地位を強固なものにできたからだ。イラン皇帝レザー・パフラヴィーは、英国の操り人形からアメリカの操り人形に身を転じた。

「アイアース」作戦の直接の結果の一つは、CIAの監督下にあるシャヴァク（SAVAK）という名称の血の臭いを発する国家保安機関が、イラン国内に創設されたことだった。これは、イランの反政府組織である共産主義系の党「トゥーデ」にとっては大打撃だった。そしてもう一つの結果はソ連の南部と国境を接する地域に電子機器を用いた情報収集のためのアメリカ諜報機関の基地が展開されたことだった。直接的とは言えない結果としてならば、イラン国内で反アメリカ、皇帝制打倒の空気が濃厚になり、反西洋を旗印とする聖職者主義[※1]が猛烈な勢いで台頭したことが挙げられる。

イランでのアメリカの動きは「冷たい戦争」に対処する西側の戦術に背くものではなかったが、英国はアメリカによりイランからいびり出されたこと、中東地域における影響力が明らかに減少したことに対する不満を隠そうとしなかった。「友情は友情、煙草は別だ」という訳だ。[※2]

※1　教会、聖職者階級など宗教関係者が社会、政治、文化の分野で首位に立っていること。
※2　どんなに親しい間柄でも、分け合えないものがあるという意味。

◆スエズ危機で表面化した英米諜報機関の対立

中近東における英米諜報機関の対立を例解するためには、最近の歴史をもう一度渉猟しなくてはならない。スエズ危機〔一九五六〜一九五七の第二次中東戦争〕の際の「戦友」同士の不和は、イランの場合よりはるかに深刻だった。なぜなら英国は、エジプトとスエズ運河をずっと以前から自分の世襲領地とみなしていたからだ。一九五二年までは英国は誰からも干渉されずに、エジプトで主人顔をしていることができた。スエズ運河も自分のものだし、カイロ、アレクサンドリア、運河地帯には軍事基地も設置してあり、エジプトの治安機関も掌中に収めていた。国王とその側近に対するイギリス人たちの影響力は絶大なものであり、エジプトの軍事力、経済力を左右できる地位を確保していた。

しかしエジプトで革命が勃発し、ナセルが政権を手に入れると、中近東全域の状況が一変した。エジプトがスエズ運河の国有化を宣言したこと、エジプトとイスラエルとの対決が先鋭化したこと、エジプトがソ連との外交関係を樹立したことにより、英国政府はナセル排除計画の検討を始めた。既に読者にはお馴染みのＳＩＳ副長官のジョージ・ヤングは、アメリカの支持をあてにしてアメリカの同僚たちに率直に宣言した。「エジプトは英国の存立を脅かしている。ナセルをただちに排除すべきだ。彼を亡き者にしなくてはならない」。ＳＩＳの計画では、エジプト軍の将校の中から英国に親近感を抱いている者を選んでＳＩＳのエージェントとして雇い、ナセル暗殺を実行させることになっていた。

ここでちょっと脇道にそれる。ＣＩＡの要請により、ＳＩＳは前述の計画に基づき対象者を殺すために用いる小型の装置をアメリカの同僚たちに紹介した。それはポートン・ダウンにあるＳＩＳの化学・細菌学研究所が製造した、煙草の束のような形をして、毒針を発射する装置で、ナセルを倒すための一つの手段として検討された。アメリカ人は「煙草の束」に興味を持った。おそらくはフィデル・カストロ暗殺に利用できると考えたからだろう。付言すると、上記の情報はすべて英国の情報源から得たものである。

スエズ運河に話を戻そう。より正確には、スエズ運河が英米の「特別な関係」の中でどんな役割を果たしたかについての話に戻る。

ナセル暗殺の件と同時にフランスとの合意に基づいて準備されていたのは、イスラエルによるエジプト侵攻開始に時を合わせて、英仏合同部隊がスエズ運河区域を占領するという件だった。しかしアメリカは、スエズ危機に関して英仏を無条件で支持することを熱望していたわけではなかった。中東で英仏両国の植民地主義が復活することは、アメリカの意図するところではまったくなかったからだ。状況の進展を注意深く見守っていたCIAカイロ支局が勧めた方針も、同様の考えで貫かれていた。

英国の情報源によれば、アメリカ政府も、アメリカ国家安全保障局の暗号解読部が解読した英国政府の電報を根拠にして、同様の結論を出した。表面化した同盟国間の不一致は、アメリカが英国諜報機関の「無能力」を批判したことによって、深まってしまった。そして、それやこれやで、英米間の関係は一時的とはいえ、深刻な冷却化に曝されることになった。

両者間の衝突は中東のみならず、他の地域にも影響を与えた。両国諜報機関同士の付き合いは大幅に減少し、ゼロになる恐れも出てきた。SISとCIAの協同作戦は事実上破綻したし、情報交換も急激に縮小された。暗号解読の分野でも、協同作業は中止された。英国の政府通信本部とアメリカ国家安全保障局との協力も、常態化した軋轢が原因で中止された。

◆エスカレートする非難合戦

「冷たい戦争」の「主敵」との戦いのもたらす利益、英国が経済的、財政的地歩を保持するのに成功した地域で得た地位を保持しようとする欲求、「アングロ・サクソンの世界」に至る道を塞ぐ敵を壊滅させる必要性――。こうしたことが原因で、英国政府はアメリカの政治の方針に従わざるを得なかったし、英国の支配層にアメリカとの「特別な関係」に忠誠を尽くすことを強いたのだ。英国はアメリカとの同盟関係を現実的に評価していたがゆえに、アメリカに従属する状態を甘受したと思われる。

アメリカの武装蜂起者たち〔アメリカの独立を目指して立ち上がった者たち〕が優位に立っていることに我慢ができず、大英帝国の今なき偉大さを懐かしんでいた以前とは異なり、アルビオンの民が落胆することはなかった。一九世紀半ばに英国の植民地主義者セシル・ローズは、本国を離れた強情な北アメリカ人たち〔北米の土地に本国から移住したイギリス人たち〕が大英帝国の懐に戻って来ることを予測した。

ワシントンに対する「怒り」は、まずはロンドンで無秩序にぶちまけられ、後にはアメリカ独立の立役者の何人かが英国の植民地政権〔英国政府が植民地であるアメリカの地に樹立した政権〕と秘めた関係を結んでいたことについての、明らかに公平性を欠いた暗示をあからさまにするという形でもその怒りは表現された。アメリカそのものおよびその歴史は、英国の文学者、社会評論家、マスコミにとってはまさに無尽蔵のテーマとなっている。チャールズ・ディケンズ、ロバート・スティーヴンソン、オスカー・ワイルド、ラドヤード・キップリング、ハーバート・ウエルズ、ジョン・ゴールズワージー、グレアム・グリーンなどの英国の古典作家たちは、アメリカ社会の欠点をテーマとして取り上げた。欠点の描写は鮮明であり、説得力があったが、批判の度が激しすぎる内容のものもあった。たとえばディケンズのアメリカ人批判は「厚かましい詐欺、放埓な無鉄砲、奴隷制の専横、新聞の下品な性格」などを強調した怒気を含んだものだった。

これに対しアメリカ人も辛辣さでは負けない答えで応酬した。「英国はヨーロッパの病人だ」と書いたのは、現代アメリカの人気雑誌『USニュース・アンド・ワールド・レポート』だった。しかしイギリス人たちには「これまでになかった屈辱的な表現」という思いは生じなかった。表現の品位に関しては、イギリス人たちの見方に変化が起きていたからだ。イギリス人たち自ら、すなわち政治家、ジャーナリスト、会社人間、退官した役人たちが、つい最近まで禁止されていたベッド・ルームの秘密暴露を恥じらいもなく行うようになっていた。たとえば、英国の女流作家サリー・ベデル・スミスは小説『パメラ・チャーチル・ハリマンの生涯』において「高潔な家族」の醜聞を暴露したのだ。その内容は「ウインストン・チャーチルの息子ランドルフの妻とルーズベルト大統領に任命されて駐英アメリカ大使となったアヴェレル・ハリマンとの関係は、ポン引き役を自ら買って出たウインストン・チャーチルが演出したものであり、その狙いは、彼がアメリカ大使を自分専用の情報提供者に仕立て上げ、第二次世界大戦中のアメリカの秘密を探り出すことにあった」というものだった。

また英米の諜報機関の間に生じたスキャンダルについては、MI5長官の助手役を務めたピーター・ライトが世に知らしめた。英国では発行禁止となったが他のヨーロッパ諸国とアメリカでは大々的に発表され、西側世界で大変なセンセーションを起こした自著『スパイキャッチャー』(注32)の中で彼は、連合国の諜報機関同士および防諜機関同士の平穏無事とはほど遠い間柄の実態を、何人かのアメリカ人パートナーたちの自分に対する「粗暴な振る舞い」を例にとって苛立ちを隠すことなく描写している。

英国の防諜機関は、アメリカによる自国の内政への干渉、および自らも嫌っている中道派のハロルド・ウィルソンが率いる労働党政権に対するアメリカの対処の仕方に、大いなる不満を抱えていた。ウィルソンの親ソ的考えは英国防諜機関をうんざりさせていたが、そもそもこれは英国だけに関わる問題であり、FBI長官のエドガー・フーヴァーがMI5に吹き込んでいる「ハロルド・ウィルソンとソ連のスパイとの関係」説についても、その真偽のほどは英国自らが明らかにすべきだというのが英国諜報機関の考えだったのだ。

怒りと羨望、いざこざとスキャンダル、政治的陰謀と仲違いは、英米の相互関係を特徴づける要素だった。メンバー国同士が、時には些細な「台所戦争※」をやるようになってしまった場合でも、「大連合」とか「心のこもった仲間づきあい」とか称するものは存続できるのだろうか？

◆互いに必要とし合う関係

結果的には、英米の「特別な関係」は何が起ころうとも破綻しなかったのだ。英国は自己の得になるアメリカとの同盟関係によって具体化される活動分野の中の「陽の当たる位置」を占めるために、必死になって闘ってきた。だからこそ、アメリカが企んだ朝鮮戦争に参戦したのであり、アメリカのベトナムでの冒険を無条件で支持し、かつては自分の植民地だったグレナダにアメリカ軍が侵攻したこと〔一九八三年〕にも寛大に対処し、ニカラグア、パナマ、リビアにおけるアメリカの諜報機関と軍隊の活動なども大目に見てきたのだ。また、だからこそ英国は、活用しないでおくのは勿体ない自己の熱意をイラクとユーゴスラヴィアに注ぎ込んだのだ。

「防衛に関しては、アメリカ人たちは私を一〇〇パーセント当てにしていい」。こう言い切ったのは、レーガン大統領の熱狂的なファンだったマーガレット・サッチャーだ。彼女の言葉を裏づけるように、英国領土内の基地から、アメリカの爆撃機がトリポリとベンガジをピンポイント爆撃の目標にして飛び立っていくようになった。「鉄の女」は全力をあげてアンクル・サム〔アメリカ合衆国〕の気に入るようにしていた。英国を襲った経済危機と闘うために、彼女にはアメリカの援助が必要だったし、それより何よりフォークランド諸島を巡るアルゼンチンとの紛争〔一九八二年〕解決のためにアメリカの支

※ 台所戦争という表現は、台所が共用になっている集合住宅では台所の使い方などを巡っての小さな争いが頻発したソ連時代を回顧して使われたのではと思われる。

持が欲しかったからだ。

フォークランド危機は、サッチャーにとっては政治的な生死が賭けられた問題だった。アメリカにさまざまなサービスを提供しつつサッチャーは、アメリカからお返しのサービスが提供されることを期待していた。そうこうしているうちに、アルゼンチン軍にすでに占領された島々における紛争の状況は、明確さを欠いたものになりつつあった。アメリカ政府は、アルゼンチンを南米および中央アメリカ地域で利用できる、かなり重要な同盟国とみなしていた。革命後のキューバにニカラグアの革命運動家たちが接近を図り、南アメリカ大陸全域で反アメリカ主義の火の手が次から次に上がり始めた状況下で、アメリカはアルゼンチンをますます手放せなくなっていた。フォークランド危機勃発の当初、アメリカは中立を保つつもりでいた。アルゼンチンが、すでに我々が知ってのとおり、レーガン指揮下の行政機関にとっては大きな意味を持っていたからだ。

しかし結局は、英国との「特別な関係」がアメリカ政府の政治的思惑の中で上位を占めたため、アルゼンチン軍の動きを監視するための偵察衛星が打ち上げられ、偵察の結果は英国に渡されることになった。アメリカ政府は、最も身近な同盟国である英国にとって軍事的な成功が何を意味するかを十分認識していたからだ。

一九九九年、英米は強情で、自分たちには都合の悪いユーゴスラヴィアに攻撃を仕掛けることで合意に達した。英米諜報機関が事前に調査したユーゴスラヴィア連合共和国内の攻撃目標は、大型の軍用車両に搭載されているパソコンに入力された。NATOは、二〇世紀から二一世紀の境界におけるアメリカと北大西洋ブロックの新しい軍事戦略となり得る方法、すなわち大量の空中発射弾道ミサイルによる攻撃をユーゴスラヴィアで行うことの許可をアメリカが申し出ると、待ってましたと言わんばかりの素早さで承諾した。

その結果となったユーゴスラヴィアの悲劇は、歴史の新たな一ページで済ませるわけにはいかないものとなった。この悲劇はアメリカ政府が新しい戦略的コンセプトの実現に向かって最初の一歩を踏み出したことを意味しており、結果として、アメリカは全世界を守る「グローバルな責任」を負っていることを自覚しており、それゆえにアメリカは世界のどの地域でも軍事介入できる用意を整えているのだということを全世界に知らしめることになった。アメリカの新しい軍事および課報活動のドクトリンは、もちろん、英国を拘束することになった。

特務機関同士の同盟は、「特別な関係」の最重要の要素となっていた。二国の課報機関、防諜機関同士が、同一の戦略というロープで固く結ばれることになった。現在、アメリカの特務機関は優位に立っているが、最初からそうだったわけではない。その傍証となるのは、アメリカの課報機関のエージェントを使っての活動の生成過程で果たした英国の役割を、それなりの正当な根拠に基づいて、誇りに思っていることだ。英国の役割を絶対視する必要はないと思うが、過小評価するのは正しくないだろう。

◆CIA誕生を巡って

第二次世界大戦が始まるまでは、エージェントを使っての課報活動を効果的に行う中央集権化された課報機関は存在しなかったことは、間違いない。軍隊所属の課報活動部門は、戦術的性格を有する実用的な課題の解決に取り組んでいる最中だった。軍隊の指揮下にある暗号解読部門は、いまだ萌芽状態にあった。特務機関の下部組織の中で最も「年かさ」だったのは、FBIだった。この組織は刑事事件と政治事件を担当する警察であると同時に、防諜機関であり、管轄権はアメリカの南部と中央部に及んでいた。

当時のアメリカは、専ら国内およびアメリカ大陸全体が直面している問題に取り組むことを強制する孤立主義政策と、「モンロー主義」の強烈極まりない影響を受けていた。

ジョージ・ブレイクの表現を借りると、CIAの誕生に際しSISは、産婆役で登場したという。CIAの揺りかごの傍らに立っていたのは、ドイツのスパイ活動と協同で闘うための作戦を練るべく一九四〇年にアメリカにやって来た英国の著名な諜報員、ウィリアム・スティーヴンソンだった。彼の公的な隠れ蓑は、在ニューヨーク英国総領事館パスポート・コントロール部職員だった。スティーヴンソンがアメリカで立ち上げた「英国情報調整センター」という気取った名称の諜報組織は、アメリカ政府と合意の上で（時には隠して）、アプヴェーアの工作員に抵抗するための積極的な作戦を実行した。

アメリカが第二次世界大戦に引き込まれた時、フランクリン・ルーズベルトは「大きなビル」（スティーヴンソン）と親しくなり、「小さなビル」（ドノヴァン）※が指揮を執る戦略諜報局（OSS）の創設を決めた（スティーヴンソンの影響がなかったとは言えない）。ウィリアム・スティーヴンソンはアメリカで最高の勲章である大統領メダルを授与された。名前を同じくするドノヴァンから「スティーヴンソンは諜報活動の技巧を我々に教えてくれた」との熱のこもった賞賛の言葉を贈られた。

しかし、つまるところ戦略諜報局創設の決断を下したのはアメリカであり、きっかけとなったのは、何と言っても枢軸国に対抗するための手段の構築が、とりわけ日本軍によるアメリカ太平洋艦隊の基地パール・ハーヴァーの急襲後、焦眉の急となったからだった。

※ ドノヴァンは高名な弁護士で、ルーズベルト大統領と親しかった。スティーヴンソンと彼の名は同じウィリアム、愛称はビル。スティーヴンソンの方が四〇歳くらい年上。

一九四七年、戦略諜報局をベースにしたCIAが創設されたが、この新しい機関の任務は「冷たい戦争」絡みで発生した、これまでとはまったく異なる問題を解決することだった。諜報活動の戦略も、その実行方法も、異なるものが要求された。「主敵」であるソ連との戦いの過程でSISが貯め込んだ多岐にわたる経験は、参考資料としてまさに時宜を得たものとなった。ただし、その経験を生かすことができたのは、CIAには優秀な人材が少なからずいたからだということも指摘しておこう。

スティーヴンソン、および彼に遅れてアメリカにやって来たジョン・ゴッドフリー指揮下の英国海軍情報局の代表者たち、そして我々には既にお馴染みのイアン・フレミング（スーパー・スパイ、ジェームズ・ボンドの生みの親）は、アメリカの同僚たちに戦時下の諜報活動実行の極意を教えると共に、第二次世界大戦中ヨーロッパで行われたレジスタンス運動の一環として実行されたスパイ活動に従事した集団を統率した時の経験を披露し、英米二国の諜報収集力を結合させることの必要性を熱心に説き続けた。

エージェントを使っての諜報活動の組織化、「積極的な施策」※実行部門、および分析部門の創設の分野で、アメリカ人の手助けをしながらイギリス人たちはアメリカの物的資源に期待し、アメリカ人の生徒たちを教えるだけでなく、コントロールすることもできる教師の地位を確保し続けることを願っていた。

※「積極的な施策（アクチヴ・メジャーズ）」とは、KGB第一総局が特定の国を相手にして実行したもので、外国の社会、あるいは影響力を持つ個々の人間に政治的影響を与える、あるいは偽情報を流して社会や個々人の判断に迷いを生じさせる、特定の個人や組織の名誉を毀損する、などの活動を行うこと。本書の著者が、こうした働きをする「積極的施策実行部門」のアメリカでの創設に英国が手を貸したと記述しているのは、このような部門はKGBの専売特許ではないという事実に基づいているからではと考えられる。

◆「師弟関係」からの変化

しかし、イギリス人たちが当初は「成り上がり者」としか呼ばなかった、才能に恵まれ、そしてまず第一に金持ちで無遠慮なアメリカ人の「生徒」たちが、ザイルパーティーで誘導される立場を卒業して「先生」たちに座るべき場所を指示するまでに要した時間は、ごく短いものだった※。

状況は前述のごとく変化したが、英国の諜報機関は切り札を持っていたのだ。第一に、長子（第一子）の権利は存続していたことだ。だから英国諜報機関が長子であることは、教師として尊敬される根拠となり得たのだ。このことは忘れ去られがちだが、歴史に永遠に伝えるべき事実として明記されている。第二に、これは第一のものよりおそらくは重要度も権威度も高いが、SISはしゃしゃり出てきた生徒よりいくつかの点でやはり優れていると自慢できることだ。いくつかの点というのは、筆者の判断では（少なくともロシアにおけるCIAとSISの活動を比較する限りにおいて）、諜報活動の方法論、特にエージェントを使う作戦の組み立て方、作戦の進行状態を分析し、見通しをつける能力だと思われる。SISの活動の多くは、時宜に適った優雅な方法で実行される点で際立っていたし、他国のものに比べ構想はより繊細で、より念入りであり、実行方法は極秘度と慎重度で勝っていた。なお前述した比較結果は、英米両国の諜報機関も認めていたということを申し添えておく。

CIAとSISの二人乗り自転車について語るにあたっては、活動のイデオロギーのような重要な構成要素を無視してはならない。英国の諜報機関は「理念」に強かった。当該機関は、二つの諜報機関による多くの協同計画、協同作戦実行に際して「補助機関車」の役割を演じる優先権を確保してい

※「～に座るべき席を示す」とは、「～に身のほどをわきまえさせる」の意味。ザイルパーティーとは、雪山登山やロッククライミングで、ザイルでつながれた仲間の意。

た。イギリス人は、ずっと以前から隠密作戦実行に必要な古典的セットに通暁していた。それは、政党や運動団体からの表に出ない資金援助、影響力を持つエージェントの活用、気に入らない体制の打倒を目的とした陰謀のお膳立て、雇い人のリクルート、外国の諜報機関への潜入方法、その他諸々であった。そして今、ＳＩＳはこれら豊富な経験をアンクル・サムに分かち与えようとしていた。狙いは、裕福なアンクル・サムの援助で、ぐらつきはじめたスパイ活動の仕事の建て直しを図ることだった。

ＣＩＡとＳＩＳが組んで行う諜報活動プログラムのいくつかについては、既に触れた。その他のものは今に至るも厳重に秘されたままであり、時たま仰々しいスキャンダルの形で突然表面化するだけだ。たとえば国際青少年・学生運動の分裂を策したＣＩＡの作戦は、スキャンダル絡みで有名になった。世界民主青年連盟と国際学生連盟に反対する右翼系の青年組織に、ＣＩＡのルートを通して巨額の資金援助がなされたことが公になったのだ。

しかしＣＩＡが音頭を取って始められた分裂の発案者は、ＣＩＡから「変節」の報酬として一〇〇万ポンドという大金を受け取っていた「欧州ユース・キャンペーン」の英国部会であったことはもう忘れ去られようとしている。この件についてのかなり面白い告白が、元ＣＩＡ高官のマイルズ・コープランドが書いた『スパイ活動の現実世界』の中に載せられている。ＳＩＳの支局はＣＩＡの支局と相似している。違いは、前者は後者より規模は小さいが隠れ蓑の質では勝っており、それゆえ配属先の大使館に後者よりすんなりと溶け込めたと言える、と。しかし、前者は後者より貧しかった。その予算額は通常、後者の三分の一程度だった。これらが原因となって、ＳＩＳの支局長の最重要課題は、後者に勝る自己の権威と技能熟練度を利用して英国側がアイデアを生成し、アメリカ側は金を出す形での英米協同の作戦実行の必要性をアメリカ側に納得させることだった。(注33)

英国諜報員達の評判が高いことは、アメリカの他の情報源も指摘していた。ずっと昔、英国とアメリカが両国の諜報機関の協同作業のメカニズムの検討を始めたことがあった。おそらく、交渉と協力についての最初の公式協定は、両国による暗号解読作業および通信の傍受と分析に基づく情報収集作業に言及していたと思われる。両国による作業実施に際しては――つまりは、ワシントン近郊のフォート・ミードに本部があるアメリカ国家安全保障局と一九五三年にチェルトナムに創設された英国の政府通信本部との協同作業に関する合意に基づき、通信利用の諜報活動を実施する際には、双方それぞれに敵の電波を傍受するための行動地域が定められることになった。しかしアメリカ人たちは、傍受用の局を英国内のメンウィズヒル〔ヨークシャー州〕とコーンウォール州に建設する権利を安く値切って手に入れてしまった。

アメリカは英国の暗号解読専門官たちの功績を認めていたが、やがて「先生」の技術を習得するのに成功した。そして戦略諜報局は次第にイギリス人たちを表舞台から追い出していった。やがてアメリカが敵とみなす国々の通信監視網は、全世界を覆うようになった。通信や信号などの傍受を行う諜報部門〔シギント〕の下部組織は、世界中に点在する多くのアメリカ大使館、アメリカ国内の軍事基地、あるいは借り受けたか占領したかの外国の領地内にある軍事基地、船舶、航空機などを舞台にして活動していた。何十、何百というアメリカの多目的スパイ衛星が天空に航跡を残しつつ飛び回っていた。しかし英国政府は、損害を蒙っていなかった。傍受した情報は、両国諜報機関が共同で使用している貯金箱に入れられ、さまざまなケースで使うことのできるデータベースに育っていったからだ。

◆諜報活動についての双方の取り決め

ＣＩＡの創設がきっかけとなって、英米両国はエージェントを使っての諜報活動についての取り決めをすることになった。アメリカ政府が、NATO全体と、公式にはそのメンバーではない数ヵ国を「抱きかかえる」諜報機関連盟のトップの地位に就いたことは、よく知られている。しかしながらSISとの関係は、CIAにとっては以前と同じく優先的な意義を持つものだった。その証拠には、CIAとSISはそれぞれロンドンとワシントンに、経験豊かで高度な技術を持つ諜報員たちが勤務する複数の代表部を開設済みであり、ワシントン支局のSISの職員たちはCIAとだけではなくFBIとも仕事上の付き合いをしていた。また、アメリカ大使館内に居を構えていたFBIロンドン支局の職員数は、他の土地に設置された支局の職員数とは比較できないほど多かったのだ。英国の情報源によれば、一九七〇～八〇年代のロンドンではアメリカ諜報機関の約七〇名の将校たちがSISとの調整を図る仕事に就いていたとのことだ。

NATOに加盟していない国においては、SISとCIAが支局を設置していた場合でも、両者間の直接の交流はなかったとされている。この事実は指摘するに価する。おそらくは危険を避けるためだったのだろう。ただし、ワシントンとロンドンで両国代表部同士が緊密な接触を保ち続け、CIAとSISの本部がそれぞれの支局と効果的かつ迅速に連絡を取っていれば充分に埋め合わせられるはずなので、特別の障害にはならなかったはずだ。

英米両国の特務機関同士の「特別な関係」は、双方がいかなる形のものであれ相手に敵対行為を行わないことを大前提にしていた。行う意義があると双方が認めた上で、どちらか一方がもう一方の国内で諜報活動を行う件については、それを規制するための特別な手続きが既に整備されていた。このような協定は、事が英連邦構成諸国の領域あるいは利害に関わる場合、アメリカの諜報機関にとっては、必要不可欠なものだった。合意事項は、一国の諜報機関による他国民のリクルートなども一般的に許されてはいたが、特別の規制が必要な、諜報活動のデリケートな領域にも適用された。

◆合意が守られなかったケース

これは英米両国の情報源が指摘していることだが、両国の諜報機関同士の協定違反は日常茶飯事となり、非難合戦が次々に勃発した。英国政府が特に不快感を示したのは、アメリカ人がかつての大英帝国の構成国の領土内で英国の「聖なる権利」を侵害することだった。特に英国が隠しきれない憤慨と共に反応したのは、ガイアナのチェディ・ジェーガン政権が打倒されたことと、アメリカによるグレナダ進攻、および英国政府が自分の勢力圏だとみなしている地域でアメリカの無遠慮な行動に対してだった。それでいて、アメリカ政府のこうした行動が政治的・戦略的目的を持っていること自体が、英国政府のまともな反対の対象になることはなかった。

ＳＩＳの首脳部全員がアメリカとの密接な協力関係を一途に求めていた、ということではまったくなかった。自分たちの諜報機関のアメリカに対する影響力の低下に不満を持っていた「古き親衛隊※」の面々は、両国特務機関同士の「特別な関係」を嫌々ながら容認していたのが実情だった。英国政府の愚痴は、当然のことながら傲慢な年上のパートナーであるアメリカをいらつかせたが、全体としては同盟国間の関係の本質には影響を与えなかった。

一方、少なからぬ回数生じた失敗と敗北は、特務機関同士の「特別な関係」を厳しい試練の場に立たせることになった。そういう場合パートナーたちは、過失と罪を目にはっきり見える形で互いに擦《なす》りつけ合った。こうした事態になるのは、たとえば、旧ソ連あるいは新生ロシアの諜報機関に、英米どちらかの特務機関に潜入することを許してしまったという形で、両国がロシアとの戦いで敗北を喫した場合だった。

※ウクライナに実際に存在したファシズム組織。メンバーは、共産主義青年同盟であるコムソモールの男女。

互いに責任を負わせようとしたケースのうち、特に目立ったのは、英米の国民が巻き込まれたいわゆる「原爆スパイ」事件だった。[※1] 英米の学者は、ソ連が第二次世界大戦終了から時を置かずして英米の原爆独占状態に穴を開けることができるようになるとは信じていなかった。信じていなかった者たちの一人が、CIA初代長官のロスコー・ヒレンケッター提督だった。[※2] 当たらなかった予測は彼には高くついた。一九五〇年に辞職に追い込まれたのだ。

◆イギリス人に対して膨らむ疑念

「ケンブリッジの五人組《ファイヴ》」の助けを借りて英国の枢要な諜報機関と外務官庁に潜入するのに成功したソ連の諜報機関の素晴らしい作戦がきっかけとなって、CIA、特にFBIの抱くイギリス人たちに対する疑惑の念は膨らんでいった。極端な反英主義者たちの中でも特に傑出していたのは、FBI長官のエドガー・フーヴァーだった。最初にマクリーンとバージェス、ついでSISの代表としてワシントン滞在中にフーヴァーと親交があったキム・フィルビーがソ連に逃亡したのを知ったFBIの長官は、怒りのあまり文字通り狂乱状態に陥り、SISとMI5職員のFBIへの出入りと、アメリカの防諜機関が得た情報を閲覧すること禁ずる命令を発するに至った。

職務上極端なまでの警戒心を要求されるエドガー・フーヴァーとFBIの要員は、反英主義に感染した。またCIAの要員の多く（高官も含め）のパートナーである、イギリス人たちとの関係についての評価は、極めて否定的なものだった。CIAの何人かの歴代の長官たちと防諜担当長官のジェーム

※1 アメリカが開発した原爆の製造に関わる秘密が、ソ連のエージェントの手に渡った事件をさす。
※2 ヒレンケッターは三代目。著者の誤認か。

ズ・アングルトン、アメリカ課報機関の「生きた伝説」ビル・ハーヴェイ（「ベルリンのトンネル」作戦の主役の一人）、そして工作本部の多くの要員たちも、イギリス人たちに敬意を表さない者たちの仲間入りをした。

ＣＩＡの長官スタンズフィールド・ターナーは、ＳＩＳとの協力関係を静かに見守っていたが、「アメリカ政府のイギリス人たちに対するへつらいは度を過ぎている」との考えは捨てずにいたため、ＣＩＡがＳＩＳに極秘情報を分け与える際に気前がよすぎると愚痴をこぼすようになった。ターナーの後任者ウィリアム・ケーシーは、年下のパートナーである英国諜報機関との協力関係については前任者と意見を異にした。彼は英国好きとして知られており、ソ連への大規模な侵攻を策した際、アメリカの友好国全部を動員することを策した彼が真っ先に候補として挙げたのは英国だったほど、彼は英国を贔屓にしていた。

◆不信感の高まり

英米諜報機関の相互関係に長年にわたり影を落としていたのは、一九六〇年代にＦＢＩの情報に基づいてイギリス人が音頭を取って始まった、ＭＩ５の中にいるソ連スパイの摘発に関わる問題だった。この英国版マッカーシズム※の高まりの犠牲になったのは、英国特務機関の多くの要員たちだった。ＭＩ５内にアメリカの「信号」をチェックする特別なグループが創設された。アメリカから送られてきた「信号」は、願ってもない場所に到着した。ＭＩ５とＳＩＳの職員の中には、自分たちの職場にはロシアのスパイたちが詰め込まれているし、英国の諜報機関、防諜機関の幹部の多くはソ連を利する

※アメリカの上院議員マッカーシーが音頭をとって一九五〇年代にアメリカ国内で行われた、反共産主義運動。

活動を行っていると確信している者が少なからずいたからだ。

その真偽を調べるために、SISと政府通信本部が動員された。MI5の長官ロジャー・ホリスは、当座は副長官であるグラハム・ミッチェルの身辺調査をすることを承諾した。この情報をホリスから受け取ったCIA長官ジョン・マコーンとFBI長官エドガー・フーヴァーが、烈火のごとく怒ったのは当然だった。いわんやこの情報が英米のパートナー間の関係の「温暖化」に寄与するはずはなかった。ホリス自身は、ソ連のスパイ探しに取り組んだ諜報機関要員たちの熱意と根気のお陰で、じきに主要な容疑者の席に座らざるを得なくなった。

つじつまが合わないように思えるかもしれないが、ソ連の国家安全保障機関が英国の政府、軍事およびその他の機関に実際に触手を延ばしていたことを明らかにするのにMI5が成功した結果、事態が予期せぬ方向に進展した。アメリカの自らのパートナーであり友人である英国に対する疑惑の念が高まり、「アメリカの利益を損なうことになった情報漏洩を防げなかった原因は、イギリス人たちが無能だからだ」と唱えるアメリカのマスコミによる大規模なキャンペーンが繰り広げられる事態になった。英国は英国で、諜報機関内部では、CIAとアメリカ国家安全保障局が英国を相手にエージェントを使っての諜報活動――特に英国の暗号の傍受と解読――を行っていることを疑うどころか、確信していたのだ。

一方、ロンドンの本部も、英国特務機関の利害に影響を与える、アメリカ側による「情報の漏洩」に対する不満を正当化できる有力な証拠を手にしていた。自分の職場と連絡を断ち、多くの仕事上の秘密を暴露した一群のアメリカ諜報機関の要員たちの名を挙げれば、漏洩の証拠として充分だろう。ソ連の諜報機関に籍を置いたままでSISのために活動していた将来性のあるエージェントの一人、オレグ・ゴルディエフスキーのエージェントとしてのキャリアは、「情報が漏洩した」ことにより断たれることとなった。彼やその他のＳＩＳのエージェントたちの失敗の直接の責任はアメリカ側にある、という説が成り立たないのは十中八九確実だが、英国政府の反応は（アメリカ政府の反応と違って）、一定の抑制が効いたものであり、責任者探しを欲していないことが感じ取れる点で際立っていた。「ジュピターには許されているものでも、牡牛には許されていないものがある」ということなのだ。[※] 責任者探しは別の場所でやらなくてはならないからだ。英国政府の反応がこのようなものになるは当然だろう。これは、苦情を言うことを許されないケースだったのだ。

※「もし何かが、ある特定の個人、グループに許されているとしても、それが全員、全グループにも必ず許されなくてはならないというわけではない」の意。

23

謎の人物「ミスターC」

本名を明かした「ミスターC」／SIS勤務と提督たちと将軍たち／「船乗りの時代」の終焉／センチュリー・ハウスとチャウシェスクの館／正体を現した透明人間／デイヴィッド・スペディングは二〇世紀最後のSIS長官か？

話は再び謎の人物、「ミスターC」に戻る。

周知のごとく、SISの長官はデミモンドの御婦人たち[※1]と同じく、透き通っていない秘密のベールで身を覆っていたために「ミスターC」と呼ばれていた。

英国の課報機関はさまざまな名で呼ばれていた。MI1cまたはSIS、あるいは単に秘密機関など。国防省と「へその緒」でつながっていたのではとか（ちなみにMIは両者の「氏族」[※2]の名であって、英語のミリタリー・インテリジェンスの略号である）、英国外務省の名簿に載っていたのではとかいう事柄は重要な意味を持たない[※3]。

「非合法活動を一貫して行っている秘密官庁であり、仕事の性格上一般人には殆ど知られておらず、それゆえに謎めいた、好奇心をそそる存在とみなされている」という当該機関の本質が変わるわけでは

※1 デミモンド（フランス語）とは、社交界で暮らす素性の知れない女性たち、および彼女らと交際する男たちで構成される社会のこと。女性たちはすなわち、高級売春婦や妾など。
※2 もともとは両者とも軍事情報を扱っていたことを意味する。
※3 SISは外務省に所属。

ないからだ。

◆SIS要員たちには「符号」が割り振られる

以前からの保守的な伝統が原因で、SISの長官の存在は社会からのみならず、「身内」からも隠されてきた。そして「上司」「ボス」「長官」など、多様な翻訳が可能な英語「チーフ(CHIEF)」という暗号名が与えられ、それを極端に切り詰めた結果、頭文字の「C」で呼ばれることになった。

SISの内部でこうした秘密主義が常に真面目に取り扱われていたのかどうかについての回答は控えたい。こうした呼び名を決める際に、おそらくはイギリス人に特有の繊細なユーモア感覚が役割を果たしたに違いない。SISの長官自身、間もなく敵のみならず友人たちにとっても秘密の存在ではなくなってしまったことを考えると、呼び名はやはりユーモア精神発露の産物とみるべきだろう。

第二次世界大戦の最盛時であった一九四〇年代初期、ナチス・ドイツの安全保障を担っていたハインリヒ・ヒムラーが、ドイツはSISの首脳陣の氏名を把握していると世界に公表した。その結果、笑い話の種になるような状況が生じたのだ。SISの内部に本物のパニックが発生し、熱心な「地下活動従事者たち」が当該機関の解体を提案するような突拍子もない騒ぎになったからだ。付言しておくが、諜報員たちが行う地下活動は、特にエージェントを使っての活動や他の非合法活動が関わっているものは突拍子もないのが当たり前なのだ。いわんや批判の対象になり得るものなど、馬鹿げた結果を生むものは別にして、あり得ないのだ。

要員たち全員には符号が与えられていた。これは秘密保持のためであると同時に、交信する際便利だからだ。秘密保持にとりわけ神経を使う必要性を考慮に入れておかなくてはならない海外支局では、符合は特に重要な役割を果たしていた。SISの中枢部には、前述の目的のためのコード化された符号の一覧表が保管されていた。表の一番目を飾っているのは、ＳＩＳの長官の符号だった。副長官たち、ＳＩＳの下部組織の首脳たち、さらに下位の部門の指揮官たち、一般の工作員たちの順番で、符号が並んでいた。

通常は、本名の略語にコード化された番号を添え字※としてつけ加えて符号を作った。これは別に驚くべきことでも異常なことでもなかった。敵や部外者に本名やその略語を知られても、ショックを受ける原因にはならなかった。本名を変えるのは大変だが、符号は簡単に変えられるからだ。

◆英国諜報機関の歴史

英国では一九〇九年、エージェントを使っての諜報活動を行う官庁が創設された。この独立機関の最初の長官は、マンスフィールド・スミス＝カミングだった（姓の中の貴族的要素がより濃厚な部分である「カミング」のみで呼ばれる場合の方が多い）。彼は長官としてＭＩ1cに一四年間君臨した。これは英国では極めて長い期間であり、彼より長く勤めたのはＳＩＳの長官ヒュー・シンクレア（二代目長官で、一六年間務めた）のみである。現在は政権交代が行われるたびに、政権党が自党の議員を、課報機関を含む各省庁のトップの座に何のためらいもなく就かせることが当たり前となっているが、当時はそうした習慣が定着していなかったため、カミングの長期留任が可能になったと思われる。こうした形で選ばれた諜報機関のトップが常に有能で優秀とは限らなかったが、選挙に勝った政党にとっては常に頼りになる者たちだったのだ。

第二次世界大戦の開戦前と戦時中、ＳＩＳ内で支配的地位に就いていたのは軍人（首脳部においても、

※ 索引を容易にするために用いられる、小さな文字や数字。

またその部下の間でも）であり、その中でも主役を務めていたのは海軍、海軍省、海軍情報局の代表者たちだった。すなわち、海軍の威光を自慢できる者たちである。反ヒトラー同盟国の首脳ルーズベルトとスターリンとの個人的な会合の際や、往復書簡の中でウインストン・チャーチルが自分のことを「老いたる船乗り」と誇らしげに称したのには、それなりの理由があったのだ。マンスフィールド・カミングは海軍士官だったし、一九二三年にＳＩＳに移ったヒュー・シンクレア提督も、それまでは英国海軍情報局のトップだった。

英国の情報筋によると、一六年の長きにわたりＳＩＳを支配したヒュー・シンクレアは諜報活動に関わる問題を検討するのは好まなかったが、ヴェルサイユ条約締結後の英国の政治の舞台を自分が本領を発揮できる場所と心得、まるで水を得た魚のようにためらうことなく渦巻きの中に飛び込んでいったそうだ。

一九三九年に彼の跡を継いだスチュアート・メンジーズは、噂によれば、エドワード七世と宮廷の女官との間に生まれた私生児だった。それはともかく、ＳＩＳの新長官は本物の廷臣ではあるが無慈悲な陰謀家だとの評判を得るような人物だった。メンジーズの下で働いたキム・フィルビーはメンジーズの能力を高くは評価しておらず、「彼は諜報活動についてのスケールの大きな構想は持っていなかった。ただし気持ちのよい人だった」(注34)という言葉を残している。

メンジーズは、英国にとって苦難の連続だった戦時中も長官の地位を保ち続けることができたが、それは政府内での彼の存在がかなりの重みを持っていたこと、高貴の出だったこと、人としての魅力、友人に恵まれたこと、陰謀家としての驚くべき能力などのお陰だった。

◆ＭＩ５出の人間が初めてＳＩＳのトップに

「冷たい戦争」の勃発と共に、実践能力のあるプロが諜報機関のトップになることを時代が要請すると、ＳＩＳ内における「船乗りの時代」は終わりを告げたようだった。

そしてポーツマス事件※で失敗したジョン・シンクレア少将が比較的短い在職期間で退職した後、それまで防諜機関ＭＩ５を率いていたディック・ゴールドスミス・ホワイトがＳＩＳの新長官に任命された。彼はソ連を相手とした防諜作戦実行面での経験が豊富だった。背が高く痩せた、マナーに凝るこの男は、紳士的な雰囲気が漂うＳＩＳの中に厳格な防諜様式を持ち込んだ。しかし実際は、時には高位の上司の顔色を窺いながら実施していたのであり、上司を気にする回数は前任者より多かった。多数の諜報員と同じく、彼も徹底的な反共主義者であり、反ソ主義者としての徹底度も前者を下回るものではなかった。

だがアンソニー・イーデン首相が防諜の担当者だった男を諜報機関のトップに据えたことを、ＳＩＳは少なからぬ侮辱として受け取っていた。この状況が、それでなくてもスムーズとは言い難い状態だったＭＩ５との関係に影響を及ぼさないはずはなかった。ＳＩＳ長官としての仕事を評価されていたにもかかわらず、英国の諜報活動関係者によってエリート集団とみなされているＳＩＳにホワイトが仲間として受け容れられることはなかった。

※ソ連政府代表団を乗せた巡洋艦「オルジョニキーゼ」号がポーツマス港に係留された際、ＳＩＳの要員ライオネル・クラブが巡洋艦の調査のために派遣されたが、任務は失敗に終わり、その責任をとって当時の長官ジョン・シンクレアが退任した件。本書１５３頁参照。

◆「秘密の存在」ではなくなりはじめたＳＩＳの長官たち

英国政府はこうした状況からしかるべき結論を引き出し、彼の後任には諜報機関の出身者のみを充てることにした。その際優先されたのは、海外支局という名の「野外」での仕事をしたことがあり、ＣＩＡと活動の調整を行った経験を有する者たちだった。

「冷たい戦争」時代、ＳＩＳの長官にはジョン・レニー、モーリス・オールドフィールド、ディック・フランクス、そして一九八〇～一九九〇年代にはコリン・フィギュアス、クリストファー・カーウェン、コリン・マコールらが名を連ねた。

コリン・マコール自身と彼以降のＳＩＳの長官たちは、公的には「透明人間」ではなくなったことは十中八九間違いないと思われる。長官の本名は、英国内のみならず世界中で解禁された。すると機智に富んだひょうきん者たちが、英国の風刺家パーキンソン※の流儀に倣って、この事実を口実にして、いかなる上役にとっても秘密は仕事の重要な要素であるとの説を公表した。それによると、「秘密は局外者にも局内の位階制度構造にも感化力を及ぼすことができるし、情報公開制という名の危険な灯りを消すこともできる。その上、組織が行っている仕事の成果を実績とは関係なく、一定のレベルに保つための手段としては最良のものなのだ。なぜなら秘密にされたものは監視の対象から外されるからだ。しかるべき秘密が保たれることが保証されるなら、巨大な官僚機構という名の歯車も無制限に空回りを続けられるというわけだ（注35）」。

かくしてＳＩＳのトップは、今や世界の注目を集めることを「運命づけられる」ことになった。

※シリル・ノースコット・パーキンソン（一九〇九～一九九三）。英国の歴史学者・経営研究者。一九五七年に刊行した『パーキンソンの法則』の作者。行政の組織と運営などについて分析した結果を、皮肉の意味で法則と名づけたもの。たとえば「役人の数は仕事に無関係に一定の率で増加する」など。

◆ジャーナリストたちに追われる存在に

しかしこのような形での情報公開は、SISを有頂天に導くものではなかった。SISの当時の長官デイヴィッド・スペディング〔在職期間一九九四～一九九九〕は、保守党によって、具体的には首相のジョン・メージャーと彼の名目上の上司である外務大臣のダグラス・ハードによって指名されたが、前任者たちとは異なり、既に謎の人物「ミスターC」ではなくなっていた。公衆の前から身を隠したり、しつこいレポーターを避けたりする必要がなくなったが、暇なジャーナリストたちは「賜った」自由を活用しようと躍起になっていた。それは、SISの長官個人についてとSISの所在地、つまり、それまで厳格なタブーの対象とされていた情報の開示だった。

ジャーナリストや報道写真家らは、諜報機関の本部があるロンドンのランベス区を包囲した。SISの新しい、間違いなく高価で堂々とした建物は、古代の階段式ピラミッドにどこか似ており、既に誰かによって「チャウシェスクの館」という巧みな洗礼名をつけられていた。この奇妙な呼び名が建築家テリー・ファレルの偉大な作品であるこの建物に貼りつけられたままでいられるのも、そう長いことではないだろう。そうなる主な原因は、この呼び名に外国人の名前が含まれているからであろうが、もしかするとその外国人の運命が原因になるかもしれない※。

デイヴィッド・スペディングには情報公開など必要なかったが、受け容れざるを得なかった。彼が任された官庁の職員数と予算額についての情報がマスコミにより公開されても、我慢しなくてはならなかった。さらには、諜報機関にとって望ましくない資料のあれこれの公開を禁止する旨の「回状D」

※ チャウシェスクは独裁者であったために単に失脚したのみならず、妻と共に殺された人物。つまり汚名まみれの人物であるから、たとえ通称であろうとも国にとって大事な仕事をしている機関が使用する建物の名としてはふさわしくないとみなされるからだ。

がマスコミのオーナーたちに配送されているにもかかわらず、今や新聞や雑誌の編集者らによって無視されることが常態化している事実までも、無抵抗で呑み込まざるをえなかった。スペディングが我慢しなくてはならないことは多かったが、そのうちの一つはジャーナリストによる攻撃だった。

だが、撃退するのが一層困難な相手が出現した。それは国会であり、諜報活動を取り扱う国会傘下の特別委員会だった。SISの長官は撃退術を学ばなくてはならなかった。諜報と安全に関する委員会は、SISの最後の長官と同年齢だった。この委員会は一九九四年に定められた法律に基づいて、SISおよびその他の英国諜報諸機関の機能と役割を定める役割を担うものとして創設された。つまりSISの長官スペディングが就任した年に創設されたのだ。

この委員会が任務として委ねられたのは、MI5、SIS、GCHQの「費用と運営と政策を監視する」ことだった。この厳格な委員会のメンバーは委員長を含めて九人、そのうちの五名は保守党政府の元大臣だった。委員長のトム・キングは元国防大臣で決断力があり、攻撃的な人物だった。彼はソ連崩壊後ロシアの課報機関が再び英国内での活動を活発化させている、と断言して憚らなかった。彼はまたダブルスタンダードをものともせず、「崇高な英国諜報機関は、ロシアを狙った破壊活動を実行することなど夢にも思っていないのに反し、ロシアはその恩を忘れて英国を狙った巧妙な陰謀を企んでいる」ことを自らに言い聞かせると同時に、他の議員たちに理解させようと奮闘していた。

◆SIS長官スペディングに求められたこととは

デイヴィッド・スペディングはオックスフォード大学を卒業後、SISで中東の専門家として働きはじめた。一九六七年、アラビア語を学ぶためにベイルート近郊のシェムランにあるアラビア語研修センターに派遣された。そして一九六〇年代の末には、SISのベイルート支局で身分を在レバノン英国大使館の二等書記官と偽って働くことになった。しかしベイルートでの壊滅的失敗〔本書14章参照〕の後、レバノンから呼び戻されチリに「隠され」、SISのサンチャゴ支局勤務となったが、時期的にはCIAが企てたアジェンデ政権の打倒と同人の非業の死と重なっていた。

SISでの一九七〇年代半ばからの彼の仕事は、SISの中東地域での活動と密接に結びついていた。彼はSISのアブダビ（アラブ首長国連邦）支局およびアンマン（ヨルダン）支局の諜報員であり、エージェントを使っての諜報活動の担当者としてイラクを支援することが合理的だと考え、大量の武器を提供している英米両国がイランを狙ってしかけた複雑な陰謀の実行者となった。英米両国は間もなくバグダッド攻撃を開始し、彼は戦いのまっただ中に身を置くことになった。イラクとの戦いでの成果により、彼は出世の階段を数段上がることが可能になる。まずは中東地区でのSISの活動の指揮を任され、ついで防諜機関MI5との活動の調整役を任されることになった。そして一九九二年からはSISの作戦管理部門のトップとなり、最後には長官の地位まで上り詰めたのだ。中東問題は彼の主要課題ではなくなった。主要となったのは、アメリカと共に新しい世界秩序を樹立することだった。英国は、アメリカが世界を統治するために用いる手綱を掴むことを英国にも許してくれると期待していた。残るのは本当に「予知できない国」ロシアだった。

「強情な国」もいくつか残っていた。テロリズムとの戦い（英米の世界では、民族・愛国運動はいかなる形のものであれテロリズムとみなされる）も残っていた。一言で言えば、デイヴィッド・スペディングの心配の種は少なからずあったのだ。そのかわり彼の願望、エネルギー、熱意もあり余るほどあった。足りないのは、相変わらず、資金だけだった。

24 比喩と現実

英国のライオンは認知症になったのか？／自慢してよいもの、しない方がよいものは？／「秘密戦」の英雄キム・フィルビーとジョージ・ブレイク／国の安全を守るソ連・ロシアの防諜要員たち

ＳＩＳは、世界最古の諜報機関の一つとして知られている。これは驚くに値しない。英国自身が古い歴史を持つ国だからだ。驚かされるのは別のこと、すなわち、人口は他のヨーロッパ諸国より少なく、天然資源にも恵まれていないこの小さな島国が世界の強国の地位に上り詰めたことだ。

◆英国の栄光と凋落の歴史

英国は一六世紀に国として世界のトップに躍り出た。他のどの国よりも早く封建制と決別し、国家権力を効果的に行使するための制度を整え、資本主義発達の道をしっかりとした足取りで進むことを可能にする産業革命を最初に実現させ、さらには、自己の国力を支えにして世界最強の植民地帝国を築き上げた。英国が大帝国になる過程で最も重要な役割を果たしたのは、英国に「海洋の支配者」の称号をもたらした海軍と商船隊だった。この過程で同じく大いに貢献したのは、時代によって異なるが外務省、植民地省、インド省などの政府官庁の内部に隠れて活動していた諜報機関だった。この組織は、ある場合には過酷さと狡猾さを武器にし、別の場合には買収と陰謀を利用して英国の国益を守ってきた。英国が成功した原因の一つは、島国だったことだ。この自然条件があったからこそ、英国

は長期にわたって「栄光ある孤立」政策を維持し、ヨーロッパと世界の各地で仲裁員の役を務めることができたのだ。しかしながらいつの時代においても「栄光ある孤立」政策は、万里の長城とは異なり、資本と商品の流れを止める障害物にはならなかった。英国に労働力、特に頭脳の流入をもたらす移民を妨害することにもならず、かえって世界で自由民主主義が最も発達した国として賞賛されるきっかけを与える結果となった。自国の民衆の怒りを買って逃げ出してきた君主や貴族たち、さらには世界を作り変えようとしている恐れを知らぬ革命家たちが、ロンドンを避難場所としていた。

広大な植民地で行った無慈悲な搾取と略奪、他に抜きん出て進歩した産業と学問、全世界を相手にした貿易、英国に隷属している諸民族、彼らの貧困と血を利用して懐を肥やすことを目的にした、当時としては先端を行っていたブルジョア民主主義※の抜け目のなさと巧みなやり方――。これらすべてが「霧に煙るアルビオン」をして地球上の莫大な富を一人占めにし、自国の民に高度の生活水準を保障することを可能ならしめたのだ。と同時に、英国の指導者層は理性的な慎重さ、複雑な手の込んだ政治の世界で障害を避けて立ち回る能力、ゴリ押しと政治的策略を混ぜ合わせる能力を身につけつつあった。

二〇世紀の到来と共に、英国が波風を立てることなく勝利を享受できた時代は過去のものとなった。かつての国力は今や色褪せ、生き残りを賭けた闘いの暗い見通しが現実のものになりつつあった。社会発展の法則の抗し難い影響、資本主義と社会主義の二つに分割された世界、植民地と従属国家における民族解放運動の急激な盛り上がり――。これらが、大英帝国が粒起《りゅうき》革《かく》〔ヤギ、ロバなどの皮からつく

※ブルジョア民主主義とは、労働者階級の全面的解放を目指すプロレタリア民主主義に対峙させて、資本主義社会における市民の政治的自由の保障を根幹とした民主的思潮と運動を概括的に表現したもの（「ブリタニカ国際大百科事典」による）。

った表面のざらざらした革〕のように縮んでしまった主な原因だった。英国連邦は自国軍と傭兵隊および特恵税率と関税で結束していた、かつての単なる同盟ではなくなっていた。自前の伝統と「陽のあたる場所」を戦い取るという抑え難い野望を抱えた、多種多様な国々からなるコングロマリット〔巨大企業集団〕に変化していたのだ。

大英帝国の葬式で葬儀委員長を務めるのを嫌がったウインストン・チャーチルだが、やはりその役から逃げることはできなかった。にっちもさっちもいかなくなった英国は、同じ場所で重苦しい足踏みをするしかなかった。素早さと巧妙さで勝る競争相手が次から次へと英国をよけて通っていった。二〇世紀にはドイツが二度にわたり（最初は皇帝に率いられ、二度目はナチ党の指揮により）英国の行く手を遮った。そのドイツは第二次世界大戦による壊滅的な打撃から立ち直り、今や英国の主たるライバル国の一つになっている。アメリカが英国を追い越したこと、そして自分だけで世界を支配しようとしていることを英国は既にずっと以前に受け容れざるを得なくなっていた。人の「褌《ふんどし》」で相撲をとるという原則に忠実な英国政府は、自分のために用意された「年下のパートナー」という身分、そして自己のかつての植民地との「特別な関係」に満足しているようだった。そして世界の再分割に際しては、おいしいケーキの一切れをもぎ取ろうとした。だが英国のライオンは歳を取り、ひどく痩せ衰えていた。握力も歯の鋭さも、往年とは違っていた。

◆大国の地位を占め続ける理由

それにもかかわらず、この恐ろしい猛獣には耳にした者を震え上がらせる咆哮の他にも、できることがいまだあった。それは、猛獣の群れの一員の持つ権利を行使して、自分より若くて元気一杯の親類が率いる群れに留まり、その若者が倒した獲物を切り裂く手伝いをすることだった。

比喩というものは寓話と同じく、客観的現実を特有な形で暗号化したものだ。ただし、現実はいかなる比喩よりも内容と表現力の点で勝っていることは言うまでもない。英国は「世界の工場」の役目をとっくの昔に手放していた。しかしながらGDPの大きさ、国民一人当たりの所得の額、経済、国民経済[※1]、文化発達の水準と質の点では、英国は世界で最も発達した資本主義国家の仲間入りをしている。

英国民は物質面の状況、および市民権行使実現の可能性から見れば「黄金の一〇億人[※2]」の中に入っている（ただしこの一〇億人の中にも一定の段階づけはある）。そして国全体の知的能力および工学技術の分野での能力も、高いとみなされている。英国の企業、たとえばロイヤル・ダッチ・シェル、ブリティッシュ・ペトロリアム（どちらも石油採掘・精製）、ユニリーバ（食品製造）、インペリアル・ケミカル・インダストリー（化学産業）、ゼネラル・エレクトリック（電気工学）、ブリティッシュ・レイランド・モーターズ（自動車製造）、ブリティッシュ・エアクラフト（航空機製造）などは、世界で最大の最も知られた国際企業の数に入っている。

保険引受組織ロイズの評判も高い。堂々たる強力な海軍、近代的な空軍、充実した装備を持ち速やかに移動できる歩兵部隊からなる英国の軍事力は、過少評価してはならない。緊急事態発生に備えて臨戦態勢をとっている複数の兵団が、西独や国外の基地に駐屯している。その上、アメリカの核の傘の補助として創設された自前の核弾頭ロケット収納用の兵器庫を持っている。

国民一人あたりの軍事費では、英国は世界のトップ四ヵ国の第四位になっていた〔一九九五年の時点

※1 国家を単位として同一の貨幣制度・金融制度・社会制度および経済政策のもとに営まれている経済活動の総体のこと（『大辞泉』による）。
※2 本書172頁の訳注「幸せな一〇億人」を参照。

で、五七五USドル)。残りの三国はアメリカ、ノルウェー(!)とフランスだった。一九九九年四月一七日付の「ソビエッカヤ・ロシア」紙の報道によると、ロシアが費やした軍事費は、英国の三分の一だった。武器の売却でも英国は主要な売人の一人であり全世界の売却量の九パーセントを占めていたが、四九パーセントを占めた年上のパートナー(アメリカ)には大きく水を開けられた。フランスは九・八パーセントだった。ロシア連邦はこの指標でも自分にとっては主たる競争相手となる国々の後塵を拝していた(『独立軍事評論』一九九九年No.44より)。

英国は国連安全保障理事会の常任理事国であり、その立場に伴う大きな権利と責任を懐にしている。そのため、国際的な威信は充分に高い。かつて大英帝国を一つにまとめていた鉄製の輪は、今や崩れてバラバラになったが、かつての帝国を構成していた国々と本家の間に存在していた政治、経済、貿易、文化の分野でのつながりが、さらに言えば親類間のつながりが一瞬のうちに消滅したわけではなかった。

国の平安無事が乱されないために、あるいは植民地の元の主人である英国の影響力を残せる可能性がある元植民地のために、英国諜報機関は守るべきは守り、監視すべきは監視してきた。その結果、英国は世界最大の国際的規模の商売人として、客に対しては取り立てが厳しい債権者の地位に座り続けることができたのだ。

◆SISの歴史は、英国の歴史そのもの

諜報機関の運命は国の運命と一体になっている。別の言葉で言えば、SISの歴史には英国の歴史の紆余曲折のすべてが反映されているのだ。だからSISは自国の偉大な業績と勝利と共に自国が味わった敗北と失敗の苦味にも通暁していたのだ。SISは世界の多くの特務機関の創設者であり、指

導者であると名乗ることを誇りにできる権利を持っていた。しかし同時に、自分のかつての教え子の一人に依存していることから生じる無念さを味わってもいた。

英国の諜報機関は、太古からの敵である旧ソ連と新生ロシアの特務機関に手痛い敗北を喫した。英国とロシアとの鋭い競り合いが、まさに十月社会主義大革命勃発後に始まったとするのは間違いだ。歴史に精通している人なら、英露の関係は始まって以降全期間にわたって、友好的な同盟国間の結びつきがむき出しの敵意と武力紛争に変化するなど、複雑な経緯をたどって形成されてきたことを、よく知っているはずだ。ロシアの大地という広大な空間に社会主義国家が出現したことにより、二国間の対立は深まり、その結果両国の諜報機関同士、防諜機関同士の闘いも激しさを増した。

ソ連崩壊後の英国政府の対ロシア政策は、本質的にはほとんど変化しなかった。英国のエリート指導者層に特徴的なロシア嫌いの性向も、ロシアに対する友好的とはお世辞にも言えない態度も、変化しなかった。両国の厳しい対決は続いており、ＳＩＳにはその戦いの中で積極的な役が割り当てられていた。

諜報機関は国家機関の固有な一部であるため、国と社会の特徴点を反映しないということはあり得ない。しかし諜報機関も仕事の特異性に起因する特徴を有しており、長所と短所も独特のものを持ち合わせている。長所と短所の多くは、本書で既に紹介したので読者は自分なりの結論を出せるはずだ。ただしその際は、英国の諜報機関を、強さと賢明さの一種の基準の地位に祭り上げるという、時折見られる過ちを犯さないようにしなくてはならない。そうかと言って、英国諜報機関を軽々しく扱ったりすれば、同程度の過ちを犯したことになるはずだ。ＳＩＳはその全盛時においても世界の運命を決める力は持っておらず、出来事の推移に及ぼす影響力は擁護者たちが言い触らすほど著しいものではなかった事例が、少なからずあった。

◆SISの長所と短所

筆者の個人的経験と英国諜報機関の活動についての至近距離からの見聞に基づいて、当該機関の主たる長所と短所を総括してみることにする。

SISの注目に値する特徴とされている、鮮明に表現された合理主義から始めるのがよいと思われる。この合理主義は課題の設定に際し、「衣服に合わせて足を伸ばせ」の原則に従うという形で適用される。また課題の解決に当たっては用いる力と流れる血の量をできるだけ少なくするよう努力するという形でも、さらには目的達成の手段の選択に際しては最適なものか否かを吟味するという形でも具体化される。こうして合理性が音頭を取るからこそ、各作戦の実行に際しては高度の職業的技能を持った諜報員を参加させている。エージェントと活動用技術手段の選択は入念になすべしという課題の遂行に重点が置かれるのだ。

ただし、SISが仕事を若い要員たちに任せた場合（特に「野戦」において）、若者たちに円熟した経験がないため、SISの長所が短所に転化してしまうと筆者には思われる。

前述した合理性追求の手段すべてが必然的に向かう先は、厳しい防諜体制が敷かれていない国においても、SIS要員たちの存在を秘密にすることであり、彼らの地下活動を危険のないものにすることなのだ。これらの措置は、諜報作戦の入念な準備、作戦の存在の隠蔽、無駄な危険の回避を見込んで講じられたものだった。SISにおける、エージェントを使っての諜報活動の専門家たちは、実質的に常時キリスト教のものに近い戒律に従っている。その戒律とは「汝、正体を現すことなかれ」であり、ＳＩＳの内部ではこれを「十一番目の戒律[※1]」と名づけていたのも理由があってのことだ。

ユーモアの精神や逆説的見解を充分に持ち合わせていた元ＳＩＳの幹部で、ソ連の傑出した諜報員でもあったキム・フィルビーは、ある時筆者に次のように語った。

「何らかの措置を講じなくても済む場合には、ＳＩＳの指導部は、おそらくはそうしたはずだ。なぜなら、正体を現すわけにはいかなくなった場合には、『可能性追求の技能を発揮する場[※2]』で思い切った冒険主義的行動に訴えるとか、仕方なく妥協するとかの小細工を弄しても非難されることはないんだ。何もしないでおいても了承してもらえるからさ」。

◆エージェント網の確立と最新技術の活用

ＳＩＳが抱いている夢は、代々継承されてきたものだ。その夢とは、特別にリクルートされたエージェントたち、あるいは当該機関が狙っている施設や組織に既に潜入しているエージェントたちで構成されるしっかり整備されたエージェント網を、当該機関の活動にとっての最重要区域に設置することだ。将来性のあるエージェントを獲得し利用するための努力と資金を、諜報機関が惜しむことはな

※1　『十一番目の戒律』は、英国の作家ジェフリー・アーチャーのサスペンス小説の題名。作品中では「汝、正体を現すなかれ」はＣＩＡの十一番目の戒律とされている。
※2　一八六七年八月にプロイセンの鉄血宰相ビスマルクが「ペテルブルク新聞」（ペテルブルクで発行されていたドイツ語の新聞）の要請に応じたインタビューの中で用いた表現を基にしたもの。彼が実際に用いた表現は「政治とは可能なものについて学ぶこと」だったが、後に「学ぶこと」の代わりに「技能」という言葉に変えられて人口に膾炙するようになった。意味するところは「政治というものは現実的なもの、達成可能な目的だけを扱うものであり、可能性の埒外にある事物を対象にするものは政治ではなく、無分別な望み、中身のない宣言と呼ばれて然るべきだ」。本文中の「可能性追求の技能を発揮する場」は、政治の場などを指すと思われる。

かった。と同時に、不必要なエージェントに対しては何がしかのチップを渡してお払い箱にしたり、燃えがらのように投げ捨てるなどしたりして、無用の長物は情け容赦なく切り捨てた。

課報作戦実行に際しては、高度の技術を用いる設備を準備するのもSISのもう一つの注目すべき特徴だった。諜報員たちにもエージェントたちにも、最新の技術の粋を集めた装備を提供すべく努力した。またSISは、盗聴や電話の傍聴の技術、通信用の高速無線機器、特殊な電子装置、信頼が置ける暗号、しっかりした暗号文、諜報活動資料保管のために用いられる念入りに準備されたカムフラージュなども広く活用していた。SISが暗号解読作業を担当するGCHQ（政府通信本部）との協同作戦を常時実施し、効果を挙げていたことも強調しておかなくてはならない。

◆情報分析の失敗例も

SISの強味は、長年の経験から生まれた能力、すなわち入手した情報を入念に、綿密に分析する能力だ。ただし、重大な手抜かりが生じたこともあった。

その例を挙げると、第一に今や大昔となった一九一六年、結果的に英国にとって失敗に終わったダーダネルス作戦の際、英国の諜報機関が予期していなかったトルコ軍の頑強な抵抗に遭ったこと、※第二には第一次世界大戦の終了間際まで英国とその連合国はカイザーが率いるドイツが崩壊の危機に瀕していたことを知らなかったこと。そしてナチス・ドイツの攻撃の矢をソ連に向けさせ、自分たちは血生臭いドラマに関わらないで済むようにするために、ナチス・ドイツと和解するというバラ色の計

※ 英国などの連合軍がオスマン帝国の首都占領を目指してダーダネルス海峡の一端で上陸を試みたが、トルコ軍の猛反撃に遭い失敗したこと。ここでは一九一六年とあるが、一九一五年四月二五日に攻撃開始と記述したものもある。

画を本気で検討したことだ。こういった見通しが外れた英国政府は、「まやかし戦争」〔本書64頁訳注参照〕に甘んじただけでなく、不思議さでは引けを取らないことをしでかしてしまった。すなわち、フランスの崩壊、ダンケルクからの英国派遣軍の逃走、ドイツ軍によるベルギー、オランダ、ルクセンブルグ、デンマーク、ノルウェーの短期間での占領などの起因となった、西部戦線でのドイツ軍の攻勢の活発化を見落としてしまったのだ。

一九四一年のドイツ軍のソ連侵攻に際し、英国諜報機関は、ソ連軍の力についての分析結果からすればソ連は二、三週間で敗北すると予測したが、これも外れた。第二次世界大戦時、英国諜報機関はドイツの暗号を解読していたが、そのことによって自国領海内でのドイツ軍潜水艦による攻撃の恐怖から逃れる助けにはならなかったし、戦争の第一期では戦いの趨勢にこれといった影響を与えることもできなかった。世界大戦終了後でさえ、英国諜報機関の予測は欠陥を有したものであり、正確なものでもなく、それどころか自分たちの望みにすぎないことを既に実現できたこととして偽っていたケースも珍しくはなかった。

時には、英国の権力者たちを喜ばせ満足させるべく美化された情報が送られることもあった。諜報の分野でのロシアの動静については、SISは幅広い関心を寄せていた。かつてジョージ・ブレイクは「悲しい必然性」という言葉を用いたが、[※]彼が意味したのは、おそらくは現実に存在したことが明白な「冷たい戦争」ではなく、英国内ではソ連の脅威など誰も考えてもいない状況下で、英国の諜報機関が意識的に行う活動だったと思われる。時は移り、今や「悲しい必然性」は、意識的活動

※ジョージ・ブレイクは英国の諜報員だったが、ソ連のスパイになった人物。本書183頁〜ほか参照。「悲しい必然性」とは、「悲しいがやらざるを得ない」という意味。

という点では同じでも、その内容はブレイクが念頭に置いていたのとは異なるものとなり、ＳＩＳにとってはお馴染みの、お気に入りの「デマで敵を惑わすこと」であり、今の言葉で言うなら「敵の名誉を傷つける材料を撒き散らす」ことになったのだ。

実際にどうやるかは、筆者が既に紹介した。この分野で近来の「傑作」と言われているのは、いわゆる『ミトローヒン文書』である。これは元ソ連諜報機関要員がＳＩＳに提出した資料であり、西側に渡るとすぐに我々にはお馴染みのクリストファー・アンドリューにより学術研究の対象にされた。※

◆成功例とされているもの

ＳＩＳは能率のよさと好結果を出す確率の高さで「悪名高い」が、センチュリー・ハウスに蟄居《ちっきょ》している首脳陣の自尊心をくすぐっていたに違いないこの悪名の起源について、一考してみたい。当該機関や英国のその他の特務機関が好結果を出していることは、もちろん否定できない。しかし戦中・戦後のＳＩＳの活動を評価するにあたっては、自制心を働かせるべきではないだろうか。

戦時中のＳＩＳの成功例とされているものの中には、単に連合軍側とドイツの戦力の差が原因だったものが少なからずあるからだ。たとえばファシズム体制下のドイツが、主力部隊を東部戦線に投入せざるを得なくなった時期にＳＩＳによって西部戦域でなされた活動が、成功とみなされたケースである。英国の特務機関が年下のパートナーとしてアメリカと組んで成し遂げた活動を本気で過小評価することなど、もちろんできはしない。

※ ＫＧＢの職員だったミトローヒンが、在職中に溜め込んだ大量の秘密文書（原本を要約したもの）をソ連崩壊後に英国の諜報機関に提出し、英国に亡命。アンドリューはケンブリッジ大学教授の歴史学者。ミトローヒンが持ち出した資料を基に彼と共著の形で書いた本を出版。本書77頁参照。

一方、英国側にもいわば自前でなし遂げた仕事もあったのだ。たとえばSISは、ソ連と英国の国民をリクルートする作業では明らかに好成績を残していたし、ソ連国内での諜報活動のいくつかは成果を出していた。また英国は裏切り者や投降者たちの避難所になっていた。それはそれとして、SISが旧ソ連および新生ロシアの国内で犯した失敗は微々たるものだった、などという暇人の無駄話のような情報（ロシアの何人かのジャーナリストも片棒を担いでいた）が、事実と合致していないことは確かなのだ。明らかな事実を考慮したくない連中と議論するのは馬鹿げていると言ってしまえばそれだけの話だが、気にはなるのも確かなので付言しておく。

SISの特徴について話を進めるならば、英国諜報機関の活動の規模も是非とも考慮すべきだと筆者には思われる。CIAは何にでも手を出したし、ソ連を狙った活動で犯した失敗や損失をほとんど気にせず、不成功を理由に活動を縮小したりもしなかった。活動の規模の点では英国の諜報機関は、かくのごとき鷹揚なCIAとは比べようのないほど小さかったのだ。かつての教え子である米国の諜報機関は、存在しているものすべてに対して好奇心を抱く雑食性嗜好の持主として知られていたが、この点でも英国が負けていたのは明々白々だった。

SISの首脳部は、モスクワ支局を含む在外の下部組織が活動する中で見落としていたことを知っていたと思われる。そしてその原因として、在外要員の駐在している国そのものと国民についての知識不足、諜報員の活動のスタイルが一定の型にはまっていること、自分たちの思い上がり、ロシアの防諜機関の過小評価を挙げていたようだ。これらの誤りすべてがSISにとって破滅的だったと言うことはできないが、英国諜報機関のイメージのよい面を見せるものではもちろんなかった。一方SISは、諜報活動に従事している紳士淑女たちが高度の技能を有するプロであり、申し分のない気高さに恵まれた人物であるとの評判を得るためさまざまな努力を重ねていた。

◆対ロシア諜報活動について

ＳＩＳの宿願は、かねてから知られていたことだが、外国の国家保安機関に潜入することだった。そしてこの優先的に取り扱うべき課題の解決策として考案されたのは、狙った機関の職員を直接リクルートするか、あるいは当該機関の首脳部の中から餌に喜んで喰いついた者とまずは「信頼関係」を結び、次第に釣り経験が豊かなイギリス人の手元に引き寄せるかのどちらかだった。外国の保安機関に英国の諜報機関が潜入するのを試みた時、共通の敵との戦いの援助を相手に執拗に申し出た場合には、ほぼ間違いなく成功した。ソ連の機関のうち、英国諜報機関が常時注意深く監視していたのは、国家保安委員会（ＫＧＢ）、ソ連軍参謀本部諜報総局（ＧＲＵ）とそれらの在外下部組織およびそれらの在外情報源だった。

ＳＩＳの活動の対象が代々、（ソ連）ロシア連邦対外諜報庁（ＳＶＲ）、（ソ連）ロシア連邦軍参謀本部諜報総局（ＧＲＵ）、（ソ連）ロシア連邦保安庁（ＦＳＢ）の三つであったことは疑う余地がない。英国諜報機関の要員たちがロシアの諜報機関の在外支局員たちにアプローチする目的は、好機をとらえて彼らをリクルートするか、あるいは彼らの名誉を傷つけるかするためだった。

他国の国家保安機関に対するこのような働きかけは、現在では一層の熱意を持って行われていることを留意しておく必要がある。英国は、ロシアの諜報機関を裏切った、現役の、あるいはずっと以前に退職した職員たちに自ら進んで隠れ場所を提供してきた。ロシアの諜報、防諜両機関の隠された一角に押し入り、心理戦実行のための新しい起爆剤を入手する絶好のチャンスだとみなしたからだ。かつて英国は、外国の特務機関に潜入した経験をパートナーであるアメリカに伝授していた。才能に恵まれた生徒であることが判明したアメリカは、教えられた技能を素早く自分のものとしていった。

そして現在では特別協定によって定められた相互協力体制の枠内で、アメリカはかつての教師に自分たちの経験を分かち与えつつ、ロシアの諜報機関の中に棲んでいる「モグラ」（敵の組織の深奥部に潜り込んだスパイをさす隠語）の候補者たちをなんとしてでも見つけ出し、リクルートするようイギリス人の尻を叩くまでになった。

◆ソ連崩壊というチャンスにつけ入る

一九八〇年代末から一九九〇年代初頭にかけて、西側にとって主敵であるロシアを弱体化させる思いもよらなかったチャンスが、ロシア内部に出現した。[※] ソ連国内の反体制派勢力を支持することは、英国自身や一般的に抽象論に走る者がしばしば利用し、また西側の動力源ともなっている「分割して統治せよ」という戦略に見事に調和した。

だが夢としか思えないような別の可能性も見えていたのだ。それは、ソ連の最も重要で強固な礎である国家保安機関を殲滅することだった。しかも、それをロシアの「第五列」（国に刃向かう内部の敵）にやらせるのだ。

ＣＩＡとＳＩＳがこのチャンスを見逃すはずはなく、ＫＧＢの組織とソ連の国家安全保障のシステム全体の崩壊を目指すプロセスに、大いなる意気込みと共に参加した。このプロセスは、いわゆる反体制派と人権擁護派たちによって始められたものであり、「改革派であり民主主義者でもある人々」およびペレストロイカの「建築家たちと現場監督たち」が積極的に活用したものだった。ロシアに対する諜報・破壊活動を展開する形で、（人権保護のためという口実の下で）行われる諜報・破壊活動は、主として西側特務機関にとって「気がかりな」ロシアの諜報・防諜機関を標的として行われた。民主主

※ バルト三国のソ連邦からの独立などを意味すると思われる。

義に酔いしれ、権力闘争を優先した当時のソ連の指導者層は「自国の特務機関、特に諜報機関と防諜機関の強化を図らぬ者は」、つまり有名な格言を借りて表現するなら「自国の軍隊を養わぬ者は[※1]」敵の鉄腕で締め上げられるということを忘れてしまったようだ。

「どんな革命であれ、それが何らかの意味を持つのはそれが自らを守ることができた時だけだ」と言ったのは、世界で最初の社会主義国家の基礎を築いた人物だ。[※2]

古典的なこの定義は、英国自身の革命、アメリカの独立戦争の勝利者たち、パリ・コミューン、蔣介石体制との戦いで勝利を収めた中国共産党にも適用できるし、適用しなければならないものだと筆者は考えている。

◆ロシア特務機関は世界最強である

ロシアで一九九五年に公表され、翌年にも発行された『ロシア特務機関の白書(注36)』は、反革命・サボタージュ取締全ロシア非常委員会、後のソ連邦閣僚会議付属国家保安委員会の活動の暗黒面を公平に指摘しながら、「両者は世界最強の特務機関の一つであった」ことを強調していた。

「ソ連の国家保安諸機関の長所として」と、白書が挙げたのは、「厳格な中央集権化がなされていること、安全確保の多くの分野を扱える包括的な構造になっていること、労働力と資金の節約がなされていること、代役が存在しないこと、閉鎖組織であること、国の国務と政務を担当する最高指導部のシステムに直接組み込まれているため『活動の政治面およびイデオロギー面での志向が明確に定まって

※1 ナポレオンが言ったとされる「自国の軍隊を養わぬ者は結果として敵の軍隊を養うことになる」を引用。
※2 一九一八年にレーニンが言った言葉。

いること』であり、その結果、国家保安諸機関の活動を目下の重大事の動向に集中させることができ、資金面、物質面での節約が可能になること」だった。アメリカや英国を含む世界をリードする国々の特務機関に比べて、ロシアの特務機関がある程度優れていたのは、前述の長所があったからだと筆者には思える。

筆者は、外国の諜報員たちがKGBの「統一がとれたメカニズム」を心から賞賛する声を耳にしたことがあるが、彼らの国で行われるソ連の諜報機関と防諜機関の活動には連帯性が欠如していると批判されたこともあった。

ロシアの敵ですら認めたKGBの別の長所も、この際挙げておこう。それは、国が運営する組織の中でKGBは汚職に最も縁のない機関であり、その職員の大多数は仕事に対する稀に見る献身度と規律重視、責任感の強さで群を抜く存在だったということだ。

反革命・サボタージュ取締全ロシア非常委員会（ソ連邦閣僚会議付属国家保安委員会）は、ソ連という国を亡き者にしようとする計画実現への路上に存在する最も厄介な障害物として、SISがその創設の日から憎しみの対象としてきた。

しかし敵がソ連の国家保安諸機関を名誉毀損と破壊の主要な的の一つに選んだのも、当該諸機関の活動が好成績をあげていたからだ。であるからこそ、当該諸機関に中傷が雨あられと浴びせられ、「ソビエト問題専門家たち」による「腹黒い、血に飢えた怪物」についての著作と、裏切り者、寝返った者による回想録が大量に出版されても不思議ではなかった。また英国の国家行政に携わる者や政治家などがこのテーマで声明を発したこと、MI5とSISと直接的・間接的関係を持っているマスコミが幅広く利用されたことも、驚くにあたらなかった。

前述した反ソ活動のすべては、我が国の国家保安機関への潜入、当該機関の職員の中からリクルートされたエージェントの活用、ロシアに出現した「第五列」による当該機関の扇動などを主宰したSISの大規模な活動に結びつくことにより、補強されていた。

◆九〇年代に行われたロシア諜報機関の組織改革の弊害

ロシアの国家保安組織は、歴史的条件および構造の改善と実効性強化の必然性に迫られて若干の改変を余儀なくされた。しかしその一方で、自国内部からの打撃〔前述の、バルト三国独立など〕により、要員たち自身と仕事の効率がひどい影響を受けるという損害も発生したのだ。

結果として、一九九〇年代に当該諸機関が巡り合った組織改変はすこぶる破壊的な性質のものであり、説明のつけようがないと言っても過言ではない代物だった。最大の損害は、ゴルバチョフの腹心でKGB最後の長官であり、仕事上の失敗により内務大臣の地位を追われたバカーチンによってもたらされた。ここで『白書』を再度引用することにする。

「バカーチンはKGBを徹底的に破壊するつもりだった。そしてソ連共産党州委員会第一書記を務めた人物に相応しいエネルギーと頭に溜め込んだ荒唐無稽さをもって、目的達成に向かって動き出した」。「この大改革者」のすべての行動は、彼自身が発した「KGBに宿る反革命・サボタージュ取締全ロシア非常委員会の魂を根絶する必要性についての仰々しい声明」によってカムフラージュされていた。

国家保安機関壊滅のプロセスはソ連邦崩壊と時を同じくして進行し、双方の破滅により終わりを告げた。

ペレストロイカがもたらした結果のうち、国家保安機関にとって悲劇的だったものの多くは本書のテーマではない。しかし筆者には尋常なものだとは思えなかった結果および正す必要があると思える結果については、一言申し述べておきたい。再び『白書』を引用する。

「事実上単一の、強力な、超特別な特務機関の代わりに出現したのは、そもそも本来は互いにつながりのない、しかも他の組織との協調とか協同作業に実質上縁のなかった国営の特殊機関をいくつか寄せ集めて作られたモノだった」

新しい組織の多くの例に漏れず、この「寄せ集め」も物的基盤の悪化と資金不足に直面した。首脳部と業務実践者との総合関係に乱れが生じ、前者が「リーダーの立場に立つ」ことになった。国家保安機関が国の安全を守るために用いてきた手馴れた手段（「秘密の助っ人制度※」を援用すること、「国民を監視するために科学技術を利用すること」）は、「民主主義を信奉する改革者たち」と人権擁護運動家たちからの苛烈な非難の嵐に曝された。

もう一つの、おそらくは一番重要な変化についても述べておきたい。それは「すべては人材次第」〔本書162頁の訳注参照〕に関わる変化だ。

「改革」と組織改変は、特務機関において高度の技能を持ち、十分な教育と訓練を受けた職員のかなりの数の解雇と流出を招いた。その結果、指導者層と経験不足の新人たちとの間に断絶が生じた。組織の命運の多くの部分は、無事に職場に残った古手職員たちの経験と鍛錬の成果、そして全職員の熱意にかかっていた。

上記の結果の修正は行われていたが、許容してしまった歪みを完全に正すためには克服しなければ

※「秘密の助っ人」とは、ソ連時代にKGBに情報を提供する人を意味した。「密告者」という言葉は品がないので「助っ人」という言葉を用い、法律で定められた「制度」ではなかったがKGBは大いに奨励したし、国民も「（ときとして）喜んで」応じたので、密告は「制度」化されたに等しくなったとのこと。ソ連国民の六人に一人は「秘密の助っ人」だったという資料もあるとのことだ。

ならない障害が存在した。それは、「改革者たち」および西側の特務機関とプロパガンダ・センターの圧力により深刻化しかねない国内の不安定な経済状態および社会の政治的状況だった。

◆ＫＧＢ第二総局の特筆すべき功績

すべてとは言わないが、多くのことが特務機関の職員たちの肩にかかっていたのは事実だ。ソ連邦内においてはＫＧＢの多くの部門が英国特務機関による諜報・破壊活動に対峙していた。しかし重要な役割を任されていたのは、いわゆる第二総局の英国課だった。この課の任務はＳＩＳのモスクワ支局と在モスクワ英国公館付武官たちの動静を監視し、大使館職員に扮している諜報員の仮面を剥ぎ、上記の支局が連絡をとっているＳＩＳ所属のエージェントを暴き出して摘発することだった。筆者は、一九七三年から一九七九年までこの課の指揮を任されていた。

この課は創設以来ずっと、献身的で建設的かつ諜報の仕事に身を捧げた、ＳＩＳと対峙することの意味を十二分に認識した、意見と思想を同じくする職員たちから成り立っていた。彼ら全員は、「古参」も「新入り」も含めてソ連と英国の関係の歴史、三国同盟によるソ連に対する軍事干渉実施に英国が果たした指導的役割について、「大使たちの陰謀」について、ソビエト政権崩壊に関わるＳＩＳのエージェントたちの活動についても熟知していた。

生き残ったナチス・ドイツ軍を自らの同盟国との戦いに差し向けたり、[※]ソ連を原爆で脅したり、環バルト海地域に武装したエージェントのグループを非合法手段で潜り込ませたり、「ベルリンのトンネ

※ ナチス・ドイツとの戦いに関しては英国とソ連は同盟国。しかるにドイツ軍がソ連に侵攻したのは、英国の差し金によるものだという意味。生き残ったドイツ軍とは、ソ連への侵攻の時点では東部戦線での戦いでドイツ軍は既に負けていたという意味。

ル」やペンコフスキー事件を画策したりなどのソ連に対するその他多くの敵対行為もすべて、まさに英国がイニシアチブを取って行った陰険なもくろみの結果だったのだ。

経験豊かな敵の行動内容を表現するのに用いられた「強力な締めつけ」という文言は、単なる芸術的比喩などではなかった。現実世界の厳しさと諜報活動の実情を表現するために用いられた文言だったのだ。

筆者は、英国課で同僚だった数名の名を既に明かした。しかし、防諜機関（他の特務機関も含めて）の仕事の非公開性と特殊性のゆえに秘された、前線でSISと戦ってきた、そして今も戦っている、本来ならば社会にその存在が認められるべき多くの人々のことを書き留める権利は、筆者に与えられていない。鋭敏な敵との戦いで発揮された勇気ある行動に対し、彼ら全員に深甚なる謝意を表する次第である。

◆第一級の諜報員フィルビーとブレイク

SISとの「秘密戦」に際し、当該機関の懐深く潜入した多くの英雄たちの名は社会に知られないままになっている。しかし彼らの足跡、栄えある業績、英雄的勲功、仕事に対する私心なき態度を、歴史が記憶しているのは間違いない。そして、遅かれ早かれ、残酷で、呵責のない時代が終わりを告げたならば、彼らの名前は必ずや明かされるはずだ。ソ連邦でも、現在のロシアでも、諜報機関の勇敢な助っ人だった外国人たちの名が隠匿されていた古文書から取り出されてきたし、現在も取り出されている。

その中の、「秘密戦」の前線で活躍した英雄として広く名が知られている二名については、特記せざるを得ない。それは、運命の成せる業と共通の目的の存在により長期にわたって筆者と関わることになった男たち、すなわち長期間ＳＩＳの内奥で活動していた、今や伝説上の人物となったキム・フィルビーとジョージ・ブレイクである。

エイドリアン・ラッセル・フィルビー（キップリングの小説の主人公の名である「キム」が、彼の子どものころからの通称だった）は、ロシアの国家保安機関での職歴が一五年以上あるソ連の課報員でもあった。彼は持ち前の卓越した能力と知性のお陰でＳＩＳの一員となることに成功し、ソ連および国際共産主義運動の闘いを担当するセクションのトップ、在イスタンブールのＳＩＳ支局長、ＣＩＡとＳＩＳの関係を管理する駐ワシントンＳＩＳ代表、駐中東地域のＳＩＳの非合法職員（ジャーナリストを装っていた）などを歴任した。ソ連課報機関の要請により、ＳＩＳに潜入できたことを大きな誇りとしていた。一九六一年以降はモスクワに住み、一九八八年に死去。モスクワ市内のトレチャコフスキー墓地に軍人に対する表敬儀式により葬られた。

ジョージ・ブレイクはまったくの若者だった頃に、オランダでナチス侵攻軍に対抗するレジスタンス運動に参加した。英国に渡ってからＳＩＳに就職し、戦後はソウルに設置された支局のトップとして働き、ついで西独にあるＳＩＳのヨーロッパ最大の下部部門とロンドンのＳＩＳ本部で働いた。彼のロシア課報機関での「職歴」も驚嘆に値する、なにしろ五〇年間勤めたのだから。この怖いもの知らずの男は禁固四二年（!!）を言い渡されて監禁されていたロンドンの牢獄からの大胆不敵な脱獄を成功させたソ連の課報員として、我が国ではよく知られていた。現在はモスクワに住み、働いている〔本書執筆時〕。

キム・フィルビーもジョージ・ブレイクも、ソ連が守り通した理想に身も心も捧げていた。二人はＳＩＳとはそもそもいかなる組織なのか、そしてどのように機能しているのかについて、筆者がある程度は理解できるよう助けてくれたが、彼らの教えはＳＩＳに敵対しているロシアの組織にとっては極めて重大な意味を持っていた。

第一級のプロとしての二人の経験を、筆者はロシアの組織の活動を評価し、その将来を予測するために活用した。

キム・フィルビーとジョージ・ブレイクについては、少なからぬ数の本と論文が書かれている。作者の中には、彼らの諜報員としての才能と献身的・英雄的な行為に対する感嘆の声を惜しまない者もいたが、「裏切り者」に対する激しい憎しみで身を震わせた者もいた。キム・フィルビーは何人かの英国およびアメリカの作者たちから、「自身が属する階級を裏切り」、英国にとって最も身近な同盟国であるアメリカの利益を敵であるソ連に売り渡した英国貴族として、特に毒のある呪いを授けられる栄に浴すことになった。彼はFBI長官エドガー・フーヴァーを逆上させたことでも知られている。友人として遇してきたフィルビーの行動がまったく理解できなかったために、フーヴァーは激怒したのだ。

キム・フィルビー作の『我が秘めたる戦い』とジョージ・ブレイク作の『選択の余地はなし』※(注37)は残念ながら小冊子だが、両名の仕事の内容をたっぷりと、明確に叙述した作品である。一九九七年モスクワのある出版社から『私は我が道を歩んできた。諜報活動および人生におけるキム・フィルビー』(注38)と題する興味深い本が出版された。フィルビーの自作『我が秘めたる戦い』や、自らが書いたソ連の諜報員たちとの出会いについての面白い話、彼の同僚たちに関する若干の資料、キムの未亡人の回想録などが収録されている。

※キム・フィルビー作『我が秘めたる戦い』は一九八〇年にモスクワで発行。元になった英語版“My Silent War”は一九六八年にロンドンで発行。ジョージ・ブレイク作『選択の余地はなし』は一九九〇年にロンドンで発行された“No Other Choice”のロシア語訳。

◆バルカン半島で暗躍したSIS

特務機関同士の「秘密戦」には、休息も息継ぎもあり得ない。ロシアを標的にしたSISの活動は止むことがなかった。その活動は一時的に下火になることはあっても、世界の地政学的状況に応じて、また英ソ両国間の関係の変転に順応して再び燃え盛るのを常とした。政治家たちは、今やソ連に敵はいない、反体制勢力も存在しない、と好きなだけ宣言することができる。しかし我が国の防諜機関の敵は存在するのだ。それは、存在することが充分に感知できる、強力で鋭敏なSISという名の敵だ。

ユーゴスラヴィアを巡るドラマと過去の経験のすべては、我々に多くのことを教えてくれる。このドラマの秘密が徐々に明らかになりつつある。しかしすでに明らかになっているものも少なくない。たとえば「テロリズムとの闘い」だとか「アルバニアの避難民の安全な暮らし」などを「論拠」にして、NATOがユーゴスラヴィアに攻撃を仕掛けた際には英国の「タカ派」が一定の役割を果たしたが、このことは当時から知られていた。また英国の特務機関がユーゴスラヴィアの防御施設、工業施設、エネルギー施設、インフラ施設にピンポイント攻撃を加えるためのデータを集めようと努めていたことも秘密ではなかった。アメリカ政府と英国政府の意志でバルカン半島での新たな軍事紛争に巻き込まれた英国軍の司令官マイケル・ジャクソン将軍が、コソボ駐屯の占領軍の指揮を任されたのには、理由があってのことだったのだ。

リチャード・トムリンソンがSISのバルカン支部の職員ニコラス・フィッシュウィックから聞いた話として紹介するところによると、一九九〇年代はじめ英国諜報機関はユーゴスラヴィアのリーダー、スロボダン・ミロシェヴィッチ殺害計画を練っていたとのことだ。トムリンソン経由のフィッシュウィックの情報によると、ミロシェヴィッチ殺害計画では反主流派内のエージェントを利用すること、SISとSAS〔特殊空挺部隊。英国陸軍の特殊部隊〕が合同で組織した特殊破壊活動グループをユーゴスラヴィアに侵入させること、そしてユーゴスラヴィア社会主義連邦共和国の指導者[※1]がスイスを訪問する際、彼の車がジュネーヴで「自動車事故」を起こすことを想定していたとされる。

英米両国の戦闘機飛行士やミサイルの射手が、ベオグラード市中とその郊外にある施設についての諜報資料を攻撃のために使用しようとどれだけ真剣に努力したかは一目瞭然だった。彼らの予測によると、それらの施設には、英米にとっては好ましくない主権国家の政治家や軍人たちが滞在していたのだ。彼らは高性能の武器で殺害されてしかるべきだったのである。

ヨーロッパの「柔らかい下腹部[※2]」という、頭にこびりついて離れない表現はウインストン・チャーチルがつくったものだが、以前と同じく英国の政治家たち（頑迷な保守党も弱腰の労働党も）を惹きつけて止まなかった。だが「ヨーロッパの」柔らかい下腹は、直に「ロシアの柔らかい下腹」に転ずる危険が迫っていた。すなわちロシアの安全が脅かされるのは、遠い先のことではなかった。

◆ユーゴスラヴィア紛争からロシアが得た教訓

国内に緊張状態を抱えているため弱体化した我が国は、アメリカと西側の戦略目標になっていた。この目標は、英国を十分に満足させるものだった。「西側は我が国を何とかして弱体化させ、我が国が存

※1　ミロシェヴィッチのことを指すものと思われるが、彼がこの職に就いていたことはなかったようなので著者の誤認か。

※2　ウインストン・チャーチルは一九四二年一一月一一日の英国国会での演説において、バルカン半島を枢軸国（ドイツとイタリア）の下腹と称し、一九四二年八月のモスクワでのスターリンとの会談ではヒトラーを鰐にたとえて「鰐の柔らかい腹を攻撃云々」と述べた。「柔らかい下腹」という表現を固定化したのは英国のジャーナリストたちだとされている。具体的にどの国、どの地域を指すかは、ケース・バイ・ケースで異なる。

在し影響力を行使することが歴史により定められている地域から、我が国をなんとかして追い出そうとしていた」とみなしたのは、GRU（ロシア軍参謀本部諜報総局）局長のラドゥイギン大将（在任期間一九九二〜一九九七）だった（雑誌『核兵器管理』一九九九年一一月〜一二月号）。

この軍人の結論を受け容れたのは、ごく小数の、明らかに西側寄りの立場に立つ者たちを除いたロシアの主要政治家の大部分であり、彼らの連帯心は党派を超えてますます熱いものになっていった。「西側は冷たい戦争を生き返らせようとしている」――。一九九九年一一月一七日付の「独立新聞」は上記の見出しをつけたアメリカ・カナダ研究所所長ローゴフの論文を公表した。問題に通暁している彼は、文中で次のように述べている。「アメリカは最後通牒に近い形で弾道弾迎撃ミサイル制限条約の根本的な見直しを要求しており、一方アメリカ上院は包括的核実験禁止条約の批准に反対票を投じた」。ローゴフの論調は控え目で穏やかなものだが、西側を徹底的に糾弾することを妨げるものではなかった。「西側は、必要だとみなした場合には武力を行使する前であろうとも、ためらうことなくヨーロッパで行われるゲームの新しいルールを押しつけてくる。実例はユーゴスラヴィア相手の戦争継続中に見られた」。

ロシア国内では、迫りくる危機が理解され、それについて語りはじめられたばかりでなく、結論が出されたようだ。「時が経てばわかる」という結論だ。

ユーゴスラヴィアを巡るドラマから学ぶべきは、第一に、必要な場合にはいかなる敵にも反撃を加えることのできる強力な軍隊の絶対的必要性を認めることである。これが何を意味するかを理解するのは難しいことではない。つまり、核兵器とそれを運搬する兵器を所有しているすべての侵略候補者たちが、それを使用すれば自分自身が傷つくのは避けられないことを、事前に明確に考慮できるようにするためには、核抑止戦略の適用が必要だという意味なのだ。この場合は（この場合に限って！）、ロシアの最高首脳部の段階では以前から（それほど長い期間ではないが）機密保持などということではまったくないのに、にもかかわらず遠慮がちに口を出さずにいた核抑止策は、世界情勢の安定化の要素として機能するはずだ。そして国の安全確保のための主要条件にもなるはずだ。

自国の安全確保のために不可欠な条件の二番目（一番目の条件※と不可分の一体を成す）は、国自体が、そして国のすべての権力機構が自国の軍産複合体の能力について常時関心を払っていることだ。すなわち、自国の社会が国の安全と防衛について問題の重要性をしかるべく理解しているかどうかに関心を払うことだ。

ユーゴスラヴィアを巡るドラマ、NATOの攻撃的な本質、NATOのヨーロッパ東部、ロシアの国境地帯への進出、ロシア全地域を北大西洋同盟の「関心領域」と宣言したこと——以上全部が合わさった結果、ロシアの首脳部をして国家保安システムを強化せしめ、特務機関と諜報機関、防諜機関の強化に努めさせることになった。現在この真実を認めていないのは、おそらく、「第五列」の代表者であることを堂々と名乗っている者たちだけだろう。

◆英国インテリジェンス戦争に終わりはない

ソ連はここ数十年来、SISの主要な努力目標だった。そして地政学的な状況に変化が生じ、ロシアの首脳部が世界の主要な国々との関係を発展させようと努力しているのにもかかわらず、英国の支配層は今もロシアを標的にした自国の特務機関の活動を止めさせようとはしない。一方で、英国政府は強力な核兵器、経済力と防衛力、特に英国にとって魅力的な莫大な量の資源と市場としての可能性

※ 核抑止力も含め、敵に反撃できる力を持った軍隊を保持すること。

を有しているロシアとの間に安定した関係を築くことの必要性を、現実的観点から理解はしているのだ。

SISは、年上のパートナーであるアメリカと自身の上司から下される指示を勤勉に実行している。当該機関の主要目的は、ロシアの政治的、経済的、社会的側面、進行中の改革の動き、国内の民族関係、国の指導層内部状況に関する諜報資料を入手することだ。ロシアの防衛力の潜在的能力と軍隊、軍備の近代化、科学と技術の現状についての英国諜報機関の関心は薄れていない。ロシア国内の予測困難な状況と、旧ソ連邦を構成していた国々と現ロシア連邦との関係も気に掛けている。こうした事態が存在するがゆえに、エージェント利用の諜報活動の活性化、敵中深く入り込んだSISのモスクワ支局の強化、ロシア国内の出来事を監視するための新しい装置と設備の創設、ロシアの権力構造内およびロシアの外交政策、内政政策に感化を及ぼし得る社会層内に「影響を与えることのできる」、新しいエージェントと手段の獲得などが要求されることになる。

SISは、今もなお活動を行っている。SISは、年上のパートナーと同じく、ロシアの力を弱める仕事を休止することはない。ロシアの防諜機関も息継ぎをしないし、することはできない。プーシキンの作中に登場するピーメンのように「私の年代記は終わる」と言うわけにはいかないのだ。

少なくとも、「最後の物語」[※]が近い将来に語られることはないであろう。

※ピーメンはプーシキン作の『ボリス・ゴドノフ』に登場する年代記作者である修道士。プーシキンの原作では、ピーメンのモノローグとして次のように書かれている。「もう一つ、最後の物語を。それで私の年代記は終わる」。

監訳者解説

佐藤優（作家・元外務省主任分析官）

ＳＩＳ（英国秘密情報部、いわゆるＭＩ６）は、もっとも秘密のベールに閉ざされた機関だ。しかし、インテリジェンス機関が、自らの活動を完全に秘匿してしまうと国民の理解を得られなくなってしまう。それだから、ジョン・ル・カレ、イアン・フレミング、グレアム・グリーンなど、元ＳＩＳの職員だった作家を通じて、スパイ活動（インテリジェンス活動のうち非合法な部分を指す）に対する国民の理解を得ようとする。そのあたりの事情については、アンソニー・マスターズ（永井淳訳）『スパイだったスパイ小説家たち』（新潮選書、一九九〇年）に詳しく書かれている。

二一世紀に入ってから、情報公開の波はＳＩＳにも及び、ＳＩＳ自身が公式の歴史を発表している。キース・ジェフリー（高山祥子訳）『ＭＩ６秘録――イギリス秘密情報部１９０９～１９４９』（上下二冊、筑摩書房、二〇一三年）だ。ただし、この本には一九五〇年以後の出来事については一切記述がない。英国が現在行っているインテリジェンス工作に影響を与える可能性があるので、時期尚早と言うことで記述から外されているのだ。

この空白を埋めるのが本書『ＭＩ６対ＫＧＢ　英露インテリジェンス抗争秘史』だ。

著者のレム・クラシリニコフ氏はKGB（ソ連国家保安委員会）第二総局で英国担当を長く務めていた。ソ連国内におけるSISの活動を観察し、監視することがクラシリニコフ氏らのチームの仕事だった。日本で知られるKGBやGRU（ソ連／ロシア軍参謀本部諜報総局）、FSB（ロシア連邦保安庁）、SVR（ロシア対外諜報庁）などの実態は、西側に亡命したソ連／ロシアのインテリジェンス・オフィサーの証言を基にしている。当然、そこには証言者の西側に対する迎合や、情報操作が含まれている。ペンコフスキーやスヴォーロフなど、西側では有名な旧ソ連のスパイについてクラシリニコフ氏が暴露する素顔の話が面白い。

ちなみに本書を読んでいて、はっとするエピソードがあった。

私が外務省国際情報局分析第一課で主任分析官を務めているときに、ロンドンの日本大使館から、「きわめて有能なロシア語の通訳官がいるので、日本に派遣するので、会って欲しい」という話があった。既に六〇歳を回り、補聴器をつけながら通訳業務を行っているということだったが、ネイティブのようなロシア語を話す。しかもクレムリン（ロシア大統領府）や議会などの要人の情報についても通暁している。私が「モスクワの英国大使館には何度勤務したのか」と尋ねると「一度だけだ。ちょっと面倒なことに巻き込まれて、その後はロシア（ソ連）の入国ビザが下りなくなった」と答えた。アメリカや英国の外交官で、国外追放になり、その後、ロシアへの入国が認められなくなる事例はときどきあったので、私は特に気にせずに話を続けた。

このビショップ氏の名前を本書で私が見たときに、外務省時代の記憶が甦ってきた。ビショップ氏は一級のインテリジェンス・オフィサーで、日本に来た目的も、日本外務省のロシア分析能力のレベルを図るとともに当時の日本政府が対露関係の改善に向ける意欲がどこまでほんものかを見極めに来たのだという仮説を立てれば、なぜ、ビショップ氏が「自然な形で」私に接触してきたかがわかる。

ところで、太平洋戦争中に、米英などの軍事捕虜を用いてアメリカに対する謀略放送「日の丸アワー」を行った池田徳眞氏（一九〇四〜一九九三年）による実践に裏づけられたインテリジェンスの優れた指南書がある。『プロパガンダ戦史』（中公文庫、二〇一五年）だ。

池田氏は、徳川一五代将軍慶喜の孫で、旧鳥取藩主池田氏第一五代当主だった。東京大学文学部を卒業した後、英国のオックスフォード大学ベリオル・カレッジで旧約聖書を研究したというユニークな履歴の人だ。外務省に雇われ、一九四一年一二月の太平洋戦争勃発時にはオーストラリアの日本公使館で勤務していた。一九四二年一〇月に交換船で帰国した。その後は、外務省ラヂオ室（ラヂオプレスの前身）に勤務し、各国の短波放送を傍受して報告書を作成した。業界用語で言うオシント（公開情報インテリジェンス）の日本における草分けだ。

池田氏は宣伝（プロパガンダ）の技法を通して、各国の宣伝の特徴を読み解く。英国は「謀略派」と位置づけられる。

「イギリスの宣伝は臨機応変で、時期・相手によってどうでも変わるのである。たとえば、議論好きのドイツ人には議論を吹きかけている。それゆえ、イギリスの宣伝を見ていると、イギリス人のように他民族の心理をよく理解している民族はいないとしみじみ思うのである。きっと彼らは、十数世紀にわたって世界各種の民族との闘争を経験したので、このような特殊の才能をもつようになったのではあるまいか。いずれにしても、他民族の宣伝態度には目もくれず、自信をもってイギリス式の道をすすんでいるところは見上げたものである。」（『プロパガンダ戦史』一二八頁）

池田氏は、謀略放送を準備するに当たって、英国のインテリジェンス機関の歴史について調べる。

そこで、ある本と出会う。

「『クルーハウスの秘密』キャンベル・ステュアート卿著 *Secret of Crewe House——The Story of a Famous Campaign* by Sir Campbell Stuart, K.B. E.,1920

この本は、第一次世界大戦の最後にドイツ軍の戦意を崩壊させるという偉業をなしとげたイギリスの対敵宣伝秘密本部のクルーハウスの委員長代理であったキャンベル・ステュアートが、彼らの活動を書いたものである。それゆえ、イギリス式宣伝の極意の書であって、内容のいたるところに対敵宣伝についてわれわれ後輩が教えられることが書かれている。その第一が、この本の最初のページに述べられている、次のような宣伝の定義である。

『宣伝とは、他人に影響をあたえるように、物事を陳述することである。What is propaganda? It is the presentation of a case in such a way that others may be influenced.』

これを読んだときに、私は目が覚める思いがした。簡単で、明解で、しかも核心を衝いたことばだからである。こういう、一見やさしいことばは、その道で苦労に苦労を重ねた人が、達人になって初めていえることばだからである。私は、その後もずっとこのことばを金科玉条にして心のなかに大切に置いている。」(同、一一三〜一一四頁)

『MI6対KGB 英露インテリジェンス抗争秘史』を読むと、長年、イギリス人と対峙してきたクラシリニコフ氏が知らず知らずのうちに英国流の宣伝技法を身につけたことがわかる。

それは、クラシリニコフ氏が、本書でとっている表現法がまさに「他人に影響をあたえるように、物事を陳述すること」だからだ。
眼光紙背に徹して本書を読めば、ＳＩＳとＫＧＢ（ＦＳＢ）のインテリジェンスの内在的論理をとらえることができる。インテリジェンスに関心を持つすべての読者にこの本を薦める。

二〇一七年三月一三日

ちろんあり得ない。諜報機関内におけるエージェントの順番の出所を同人に示すのは無意味なことであるし、そもそも秘密厳守の規則に背く行為なのだ。

（注30）アナトリー・エリザーロフ『ＦＳＢ（ロシア連邦保安庁）の防諜部対世界の先進的諜報機関』、モスクワ、ゲレオス社、1999年。Елизаров А. *Контрразведка ФСБ против ведущих разведок мира*. М., Издательский дом Гелеос, 1999.

（注31）ドナルド・マクラクラン『英国諜報機関の秘密』、モスクワ、ヴァエンイズダト社、1971年。Маклахлан Д. *Тайны английской разведки*. М., Воениздат, 1971.

（注32）Wright Peter, *Spycatcher*. N.Y. Dell Publishing, 1987.（日本語版は、久保田誠一監訳『スパイキャッチャー』上下巻、朝日文庫、1996年）

（注33）ブロック・ジョナサン・フィッツジェラルド・パトリック『英国諜報機関の秘密活動』、モスクワ、ポリトイズダト社、1987年。Блоч Д., Фицджеральд П. *Тайные операции английской разведки*. М., Политиздат, 1987.

（注34）キム・フィルビー『我が秘めたる戦い』、モスクワ、ヴァエンイズダト社、1980年。Филби К. *Моя тайная война*. М., Воениздат, 1980.

（注35）シリル・ノースコット・パーキンソン『パーキンソンの法則』、モスクワ、プログレス社、1976年（ウラジーミル・アンバルツーモフによる同書の序文を参照のこと）。Паркинсон С. Н. *Закон Паркинсона*. М., Прогресс, 1976.（日本語版は、森永晴彦訳『パーキンソンの法則』、至誠堂選書、1996年）

（注36）『ロシア特務機関白書』、モスクワ、「時事解説者」社、1995年。*Белая книга Российских спецслужб*. М., Обозреватель, 1995.

（注37）ジョージ・ブレイク『選択の余地はなし』、モスクワ、国際関係社、1991年。*Блейк Д. Иного пути не дано*. М., Международные отношения, 1991.

（注38）『私は我が道を歩んで来た。諜報活動および人生におけるキム・フィルビー』、モスクワ、国際関係社、1997年。*Я шел своим путем. Ким Филби в разведке и в жизни*. М., Международные отношения, 1997.

活動』、モスクワ、ポリトイズダト社、1987年。Блоч Дж., Фитцджеральд П. *Тайные операции английской разведки*. М., Политиздат, 1987.

（注18）Dalles Allen, *The Art of Intelligence*. Harper and Row Publishers. New York. 1965.

（注19）フィリップ・エイジー『ＣＩＡの舞台裏』、モスクワ、ヴァエンイズダト社、1979年。Эйджи Ф. *За кулисами ЦРУ*. М., Воениздат, 1979.

（注20）ジョディー・シェクター、ピョートル・デリャービン『世界を救ったスパイ――ソ連軍の大佐はいかにして「冷戦」の進路を変えたか』、モスクワ、国際関係社、1993年。Шектер Дж., Дерябин П. *Шпион, который спас мир. Как советский полковник изменил курс «холодной войны»*. М., Международные отношения, 1993.

（注21）ＳＩＳとＣＩＡの内部では、エージェントと連絡を取り、彼らの活動を指揮する要員たちをこのように呼んでいる。

（注22）Wynne Greville. *The Man from Moscow*. London, Arrow Books, 1968.

（注23）ジョディー・シェクター、ピョートル・デリャービン『世界を救ったスパイ――ソ連軍の大佐はいかにして「冷戦」の進路を変えたか』、モスクワ、国際関係社、1993年。Шектер Дж., Дерябин П. *Шпион, который спас мир. Как советский полковник изменил курс «холодной войны»*. М., Международные отношения, 1993.

（注24）Sillitoe Percy. *Cloak without Dagger*. London, Pan Books LTD, 1956.

（注25）最近ロシアで発行された著書の中において逃亡スパイは、ソ連から彼を逃亡させた英国諜報機関の秘密の内部を遮蔽するカーテンを少しばかり開けたようである。センチュリー・ハウス内でかつて生き永らえた説によると、この男はアンドリュー教授と合作した本の中で英国の外交官たちが大使館の車のトランクに彼を入れてフィンランドに連れ出したという、ほとんど探偵小説に近い話を書き綴っていた。しかし今度の彼の話は、読む者に息が止まるほどの思いをさせる細部描写で生彩を与えている。それは彼が「真実を語っていること、語っているのは真実以外の何ものでもないこと」を信じやすい読者に信じ込ませるためなのだ（オレグ・ゴルディエフスキー『次の停車駅は射殺場』モスクワ、ツェントロポリグラフ社、1999年。Гордиевский О. *Следующая остановка – расстрел*. М., Центрполиграф, 1999）。

（注26）デンマークの治安機関の名称の略語。Polities Efterrettning Tjenste (PET).

（注27）Early, Pete. *Confessions of a Spy*. New York, Putnam & Sons, 1997.

（注28）クリス・オグデン『マーガレット・サッチャー――女権力者』、モスクワ、ノーボスチ社、1992年。*Огден К. Маргарет Тэтчер – женщина у власти*. М., Новости, 1992.

（注29）1960～70年代にＳＩＳが用いていた、エージェントにつけた文字・数字のコードは一体どうなったのか？　ＣＩＡや他の国々の諜報機関がエージェントを暗号化するのに用いている響きのよい偽名を取り入れたために、文字・数字コードは使われなくなってしまったのか？　使いやすい文字・数字コードがお蔵入りにされてしまったとは、筆者には思えない。保守主義は保守的なのだ。左側通行のようなものなのだ。しかしエージェント自身に同人のコードが伝えられることは、も

していた。「モスクワ・カンパニー」の社内では、イギリス人たちによるアルハンゲリスクおよび北西部の別の土地の強奪が計画されていた（エフィーム・チェルニャク『英国の秘密外交』モスクワ、国際関係社、1975年。Черняк Е. *Секретная дипломатия Великобритании*. М., Международные отношения, 1975）。

（注9）クリストファー・アンドリュー、オレグ・ゴルディエフスキー『ＫＧＢ。レーニンからゴルバチョフに至る時代の国外活動』、モスクワ、国際関係社、1976年。Andrew Christopher, Gordievsky Oleg. *KGB. The Inside Story of It's Foreign Operations from Lenin to Gorbachev.* Harper – Collins Publishers. New York, USA. 1990.

（注10）オフラーナ。1866～1880年代に警察組織の一部として創設された機関の公式名称。帝政時代のこの保安部は、エージェントと探偵（外部の監察）を利用することによって帝政に反対する政党と団体の捜査と監視を行っていた。1917年の二月革命後、廃止された。

（注11）アリフ・サパーロフ「ある陰謀の記録」、選集『チェキストたち』より。レンイズダト社、1982年。Сапаров А. *Хроника одного заговора*. В сб.: *Чекисты*. Лениздат, 1982.

（注12）1919年１月にカンダラクシャで英国の兵士たちが反乱を起こした。同年の２月にはムルマンスクの部隊内で騒動が持ち上がった。同年の春にはアルハンゲリスク、ヘルソン、ニコラエフ、バクー駐屯の英国部隊に騒乱は波及した。1919年の夏にはバルチック海地域に展開していた英国陸軍部隊内と船上で暴動の火が燃え上がった。前線では英国軍兵士たちが赤軍兵士たちと親しくなる事例も見られるようになった。

（注13）フィリップ・ナイトリー『キム・フィルビー——ＫＧＢのスーパー・スパイ』、モスクワ、共和国社、1992年。Найтли Ф. *Ким Филби – супершпион КГБ*. М., Республика, 1992.

（注14）ピリッピカ。古代ギリシャの雄弁家でアテネの民主主義者たちのリーダーだったデモステネスがマケドニア王フィリップ二世（紀元前四世紀）を非難して述べた言葉。転義では「暴露演説」を意味する。

（注15）メトロポリタン・ヴィッカース。英国の電気工学産業界で最大のトラストに加盟していた電気工学会社である、アソシエイテッド・エレクトリスク・インダストリー。ヴィッカース・リミテッド社の軍事産業コンツェルンを支配下に置いていた。

（注16）ファシズムとの秘密戦に従事したこの勇敢な英雄については、Ｖ・ギレンソンが自作の記録小説『おばさんがよろしくと』（«Привет от тети…»）の中でおもしろおかしく語っている（ロシア連邦防諜庁・ロシア連邦保安庁の雑誌『保安機関。諜報・防諜活動ニュース』1994年No.3-4および1995年No.1-2。Журнал ФСК-ФСБ *«Служба безопасности. Новости разведки и контрразведки»* №. 3-4, 1994, и №. 1-2, 1995)。

（注17）ブロック・ジョナサン・フィッツジェラルド・パトリック『英国諜報機関の秘密

原　注

（注１）公式名称は「グレート・ブリテン及び北アイルランド連合王国」。イングランド人はこの国の国民の中で最も数が多く、スコットランド人・北アイルランド人・ウェールズ人も含めたこの国の全民族グループの「肩書き」となる民族である。イギリス（英国）という名称は、連合王国内では国全体を表す名称としては使われていない。スコットランド人およびアイルランド人が抱いている民族主義の先鋭さはよく知られている。彼らをイギリス人と呼んだ外国人は、最上の場合でも、教養のない外国人として彼らから扱われることになる。私の著作では「イギリス（英国）」、「イギリス人」「イギリス（英国）の」は、ロシアで古くから培われてきた伝統に従い、「グレート・ブリテンおよび北アイルランド連合王国」全体を意味することとしている。

（注２）ポリシネルとは、フランスの民間の人形劇の登場人物。イタリアの無邪気なペテン師であるプリチネリの仲間（ロシアのペトルーシカも入れてもよいかもしれない）。「ポリシネルの秘密」とは、「公然の秘密」を意味する。

（注３）フランシス・ウォルシンガムが率いた官庁のスパイ活動については、英国の多くの歴史研究家たちが言及している。その中には、ケンブリッジ大学教授のクリストファー・アンドリューが英国の諜報機関について論じた大作『秘密情報機関。英国情報コミュニティーの設立』も含まれている。英国の諜報機関の研究家エフィーム・チェルニャクは、英国の情報源から得た資料に基づき、ウォルシンガムの下で活動していたエージェントたちが如何にして「バビントンの陰謀」を教唆したか、そしてメアリー・スチュアートを罠に誘い込み、断頭台に導いたかを物語った（エフィーム・チェルニャク『英国の秘密外交』モスクワ、国際関係社、1975年。Черняк Е. *Секретная дипломатия Великобритании*. М., Международные отношения, 1975）。

（注４）プーシキン『エフゲニー・オネーギン』、未完の第10章。Пушкин А.С. *Евгений Онегин*. Неоконченная X глава.

（注５）ドナルド・マクラクラン『英国諜報機関の秘密』、モスクワ、ヴァエンイズダト社、1971年。Маклахлан Д. *Тайны английской разведки*. М.Воениздат, 1971.

（注６）フョードル・ヴォルコフ『ホワイトホールとダウニング街の秘密』モスクワ、思想社、1980年。Волков Ф.Д. *Тайны Уайтхолла и Даунинг-стрит*. М., Мысль., 1980.

（注７）ソ連の歴史研究者たちは「コルチャーク提督は英国の助けを借りてロシアに連れて来られた」と指摘している。シベリアで干渉軍の指揮を執っていたフランスの将軍ジャナンの証言によれば「コルチャークはイギリス人たちの支配下に完全に置かれていた」のであり、オムスクに樹立された臨時政府の陸海軍大臣だったコルチャークが最高執政者として独裁権を振るうようになった大変革も、まさにイギリス人たちが設計したものだった。

（注８）英国は、ロシアの北西部に対して既に16世紀から関心を抱いていた。ロシアの動乱時代に「モスクワ・カンパニー」の職員ジョン・メリックとウィリアム・ラッセルは、ロシアの有力な貴族層に当該地域の保護統治権を英国に渡すことを提案

Brown Anthony Cave. *«C»: The Secret Life of Sir Stewart Graham Menzies, Spymaster to Winston Churchill.* New York: Macmillan, 1987.

Butler Josephine. *Churchill's Secret Agent: Josephine Butler (Code Name «Jay Bee»).* Toronto: Methuen, 1983.

Corson William, Crowley Robert. *The New KGB. Engine of Soviet Power.* William Morrow and Company, INC New York. 1985.

Dalles Allen. *The Art of Intelligence.* Harper and Row Publishers. New York. 1965.

Deacon Richard <Donald McCorrriick> *«C»: A Biography of Sir Maurice Oldfield.* London: MacDonald, 1985.

Earley Pete. *Confessions of a Spy. The Real Story of Aldrich Ames.* G.P. Putnam and Sons. New York. 1997.

Elliott Nicholas. *Never Judge a Man by His Umbrella.* Salisbury: Michael Russell, 1991. Chatto and Windus, 1992.

Hutton J. Bernard. *Frogman Spy: The Incredible Case of Commander Crabbe.* New York: McDowell Obolensky, 1960.

Kessler Ronald. *The FBI.* Pocket Books. New York. 1993.

Lockhart Robert Bruce. *Memoirs of a British Agent.* 2d ed. London: 1934. British Agent. New York: Putnam's, 1933.

Lockhart Robert Bruce. *Reilly: Ace of Spies.* London: Quartet Books, 1992

Mangold Tom. Cold Warrior. James Jesus Angleton. *The CIA'sMaster Spy Hunter.* Simon and Schuster. New York. 1991.

Polmar Norman, Allen Thomas B. *The Encyclopedia of Espionage.* Gramercy Books. New York. 1997.

Riebling Mark. Wedge. *The Secret War Between the FBI and CIA.* Alfred A. Knopf. New York. 1994.

Sillitoe Percy. *Cloak Without Dagger.* Pan Books Ltd. London. 1956.

Summers, Anthony. *Official and Confidential. The Secret Life of J. Edgar Hoover.* G.P. Putnam's Sons. 1993.

Woodward Bob. Veil. *The Secret Wars of the CIA. 1981- 1987.* Simon and Schuster. 1987.

Wright Peter. *Spycatcher.* Dell Publishing. New York. 1987.

Wynne Greville. *The Man From Moscow.* Arrow Books. London. 1968.

1982年）
Трухановский В.Г. *Уинстон Черчилль. Политическая биография*. М., Мысль, 1977.（ウラジーミル・トゥルハノフスキー『ウィンストン・チャーチル。政治歴』、モスクワ、思想社、1977年）
Уайз Дэвид. *Охота на «кротов»*. (Пер. с англ.) М., Международные отношения, 1994.（デビッド・ワイズ『「モグラ」狩り』〈英語からの翻訳〉、モスクワ、国際関係社、1994年）
Филби Ким. *Моя тайная война*. (Пер. с англ.) М., Военное изд-во Министерства обороны СССР, 1980.（キム・フィルビー『我が秘めたる戦い』〈英語からの翻訳〉、モスクワ、ソ連邦国防省軍事書籍出版部〈ヴァエンイズダト〉、1980年）
Чекисты: Сборник. Лениздат; 1987.（『チェキストたち』：選集。レンイズダット社、1987年）
Чекисты Петрограда на страже революции: Сборник. Лениздат, 1987.（『革命を守ったペトログラードのチェキストたち』：選集。レンイズダト社、1987年）
Чекисты рассказывают: Сборник. М., Советская Россия, 1983.（『チェキストたちは語る』：選集。モスクワ、ソビエトロシア社、1983年）
Черняк Е.Б. *Секретная дипломатия Великобритании*. М., Международные отношения, 1975.（エフィーム・チェルニャク『英国の秘密外交』、モスクワ、国際関係社、1975年）
Шектер Д., Дерябин П. *Шпион, который спас мир*. В 2-х книгах. (Пер. с англ.) М., Международные отношения, 1993.（ジョディー・シェクター、ピョートル・デリャービン『世界を救ったスパイ』〈英語からの翻訳〉、全２巻、モスクワ、国際関係社、1993年）
Широнин В. *Под колпаком контрразведки*. М., Палея, 1996.（ヴィチェスラフ・シローニン『防諜機関の監視』、モスクワ、パレヤ社、1996年）
Эйджи Филипп. *За кулисами ЦРУ*. М., Военное изд-во Министерства обороны СССР, 1979.（フィリップ・エイジー『ＣＩＡの舞台裏』、モスクワ、ソ連邦国防省軍事書籍出版部〈ヴァエンイズダト〉、1979年）
Я шел своим путем. Ким Филби в разведке и в жизни. М., Международные отношения, 1997.（『私は我が道を歩んで来た。諜報活動および人生におけるキム・フィルビー』、モスクワ、国際関係社、1997年）
Яковлев Н.Н. *ЦРУ против СССР*. М., Правда, 1983.（ニコライ・ヤコブレフ『ＣＩＡ対ソ連』、モスクワ、プラウダ紙、1983年）

■英語文献

Adams James. Sellout. *Aldrich Ames and the Corruption of the CIA*. Viking Petnguin Ltd. New York. 1995.
Aldington Richard. *Lawrence of Arabia.* A Four Square Books. London. 1958.
Andrew Christopher. *Her Majesty's Secret Service: The Making of the British Intelligence Community.* London: Heinemann, 1985. New York: Viking, 1985.
Andrew Christopher, Gordievsky Oleg. *KGB. The Inside Story of It's Foreign Operations from Lenin to Gorbachev.* Harper – Collins Publishers. New York. 1990
Bower Tom. *The Perfect Englih Spy: Sir Dick White and the Secret War, 1935—1990.* London: Heinemann, 1995.

Дзелепи Э. *Секрет Черчилля*. Пер. с фр. М., Прогресс, 1975.（Dzelepy E.『チャーチルの秘密』〈仏語からの翻訳〉、モスクワ、プログレス社、1975年）

Докучаев М.С. *История помнит*. М., Соборъ, 1998.（ミハイル・ドウクチャエフ『歴史は覚えている』、モスクワ、ソーボリ社、1998年）

Елизаров А., *Контрразведка ФСБ против ведущих разведок мира*. М., Гелеос, 1999.（アナトリー・エリザーロフ『FSB（ロシア連邦保安庁）の防諜部対世界の先進的諜報機関』、モスクワ、ゲレオス社。1999年）

История Второй мировой войны. В 12-ти томах. М., Военное изд-во Министерства обороны СССР, 1978.（『第二次世界大戦史』全12巻、モスクワ、ソ連邦国防省軍事書籍出版部、1978年）

Кассмис В., Колосов Л., Михайлов М. *За кулисами диверсий*. М., Известия, 1979.（ヴァジム・カシス、レオニード・コロソフ、ミハイル・ミハイロフ『破壊工作の舞台裏』、モスクワ、イズベスチヤ紙、1979年）

Лубянка-2. М., Изд-во объединения «Мосгорархив», АО «Московские учебники и картолитография», 1999.（『ルビャンカ2』、モスクワ、モスクワ市古文書保管所・株式会社「モスクワ教科書・地図リトグラフ」の合同事業、1999年）

Люди молчаливого подвига: Сборник. В 2-х книгах. М., Изд-во политической литературы, 1987.（『知られざる救国の英雄たち』：選集。全2巻、モスクワ、政治文学社、1987年）

Маклахлан Дональд. *Тайны английской разведки*. (Пер. с англ.) М., Военное изд-во Министерства обороны СССР, 1971.（ドナルド・マクラクラン『英国諜報機関の秘密』〈英語からの翻訳〉、モスクワ、ソ連邦国防省軍事書籍出版部〈ヴァエンイズダト〉、1971年）

Медведев Р. А. *Неизвестный Андропов*. М., Права человека, 1999.(ロイ・メドヴェージェフ『知られざるアンドローポフ』、モスクワ、人権社。1999年）

Найтли Филипп. *Ким Филби – супершпион КГБ*. (Пер. с англ.) Республика, 1992.（フィリップ・ナイトリー『キム・フィルビー――ＫＧＢのスーパー・スパイ』〈英語からの翻訳〉、共和国社、1992年）

Овчинников В. *Корни дуба*. Журнал «Новый мир». 1979, № 4-6.（フセヴォロド・オフチンニコフ『樫の木の根』「新世界」誌、1979年No.4-6）

Огден Крис. *Маргарет Тэтчер – женщина у власти*. (Пер. с англ.) М., Новости, 1992 год.（クリス・オグデン『マーガレット・サッチャー――女権力者』〈英語からの翻訳〉、モスクワ、ノーボスチ社、1992年）

Осипов В. *Британия глазами русского*. М., Изд-во АПН. 1975.（ウラジーミル・オシーポフ『ロシア人の見た英国』、モスクワ、ノーボスチ通信社、1975年）

Особое задание: Сборник. Московский рабочий, 1982.（『特命』：選集。モスクワの労働者社、1982年）

Паркинсон Норткот. *Законы Паркинсона*. Предисловие В. Амбарцумова. (Пер. с англ.) М., Прогресс, 1976.（シリル・ノースコット・パーキンソン『パーキンソンの法則』ウラジーミル・アンバルツーモフ序文。〈英語からの翻訳〉、モスクワ、プログレス社、1976年）

Сапаров А. *Хроника одного заговора*: Документальная повесть. В сб.: Чекисты. Л., 1982.（アリフ・サパーロフ『ある陰謀の記録』：記録文学。選集『チェキストたち』、レニングラード、

参考文献

■ロシア語文献（邦訳と共に掲載）

Абрамов Ю. *Провал*: Документальная повесть. – В журнале Федеральной службы безопасности «Служба безопасности. Новости разведки и контрразведки». 1993, № 4-6.（ユーリー・アブラーモフ『崩壊』：記録文学。ロシア連邦保安庁〈ＦＳＢ〉発行、「保安の職責。諜報活動と防諜活動の記録」1993年No.4-6）

Армия ночи: Сборник. М., Изд-во политической литературы. 1988.（『夜の軍隊』：選集、モスクワ、政治文学社、1988年）

Белая книга российских спецслужб: Сборник материалов. М., информационно-издательское агентство «Обозреватель», 1995.（『ロシア特務機関白書』：資料選集。モスクワ、情報出版通信社「時事解説者」、1995年）

Белая книга «холодной войны»: Сборник материалов. М., Молодая гвардия, 1985.（白書「冷戦」：資料選集、モスクワ、若き親衛隊社。1985年）

Без линии фронта: Сборник. Тбилиси, Марани, 1981.（『境なき前線』：選集。トビリシ、マラニ社、1981年）

Берк Шон. *Побег агента-двойника Джорджа Блейка*. Пер. с англ. М., Криминал, 1993.（ショーン・バーク『二重エージェント　ジョージ・ブレイクの脱走』〈英語からの翻訳〉、モスクワ、クリミナル社、1991年）

Блейк Джордж. *Иного выбора не дано*. Пер. с анг. М., Международные отношения, 1991.（ジョージ・ブレイク『選択の余地はなし』〈英語からの翻訳〉、モスクワ、国際関係社、1991年）

Бобков Ф.Д. *КГБ и власть*. М., Ветеран МП, 1995.（ボブコフ・フィリップ・デニーソヴィッチ、『ＫＧＢと政権』、モスクワ、地方自治体出版社「ベテラン」、1995年）

Блоч Джонатан Фитцджеральд Патрик. *Тайные операции английской разведки*. Пер. с англ. М., Изд-во политической литературы 1987.（ブロック・ジョナサン・フィッツジェラルド・パトリック『英国諜報機関の秘密活動』〈英語からの翻訳〉、モスクワ、政治文学社〈ポリトイズダト〉、1987年）

Большаков В. *Агрессия против разума*. М., Молодая гвардия, 1984.（ウラジーミル・ボリシャコフ『理性に対する攻撃』、モスクワ、若き親衛隊社、1984年）

В схватках с врагом: Сборник. М., Московский рабочий, 1972.（『敵との戦いの最中に』：選集。モスクワ、モスクワの労働者社、1972年）

Волков Ф.Д. *Тайны Уайтхолла и Даунинг-стрит*. М., Мысль, 1980.（フョードル・ヴォルコフ『ホワイトホールとダウニング街の秘密』、モスクワ、思想社、1980年）

Всемирная история. В 10-ти томах. М., Изд-во социально-экономической литературы. 1962.（『世界史』全10巻、モスクワ、社会経済社、1962年）

Гиленсон В. *Привет от тети*... – В журнале Федеральной службы безопасности «Служба безопасности. Новости разведки и контрразведки». 1994 г., № 3-4; 1995, №1-2.（「おばさんがよろしくと」V・ギレンソン、ロシア連邦保安庁の雑誌「保安機関。諜報・防諜活動ニュース」、1994年No.3-4, 1995年No.1-2）

1986)　……295, 297, 310, 311
ハリス、ピーター（1986～1988）
バグショー、チャールズ・ケリー：政治部一等書記官（1988～1991）　……310, 311
スカーレット、ジョン・マクラウド：大使館参事官（1991～1994）……256, 259-261, 263, 304, 310, 311
マックスウィーン、ノーマン・ジェームズ：大使館参事官（1994～1998）　……310, 311
（筆者注：上記の人たちのうちの何人かはソ連およびロシアを標的にしたＳＩＳの活動が摘発されたことに伴い、ソ連・ロシアおよび諸外国のマスコミで取り上げられた。しかし彼ら全員がＳＩＳモスクワ支局の局長たちにより名指されたわけではない。モスクワ支局のトップの中には３人の女性がいたことも注目を惹く。ＳＩＳで働く「〔人類の〕素晴しき半分」〔女性のこと〕を称えようではないか！）

Ｕ２　……143-146, 178, 332

ロッキード社製の高高度偵察機。写真撮影用機材を装備。今は明らかになっているがＵ２をソ連を標的にした作戦に利用する計画は、英米の特務機関が立案したものだった。しかも英国空軍のパイロットがＵ２を操縦したこともあったのだ。ソ連以外に中華人民共和国、キューバ、ユーゴスラヴィア、中近東、さらに世界のその他の地域でもＵ２の飛行は実施された。

ユーゴスラヴィア－ベオグラード
ヨルダン－アンマン
ラオス－ヴィエンチャン
ラトヴィア－リガ
リトアニア－ヴィリュニス（組織作りの最中の可能性大）
リビア－トリポリ
ルーマニア－ブカレスト
レバノン－ベイルート
ロシア（ロシア連邦）－モスクワ

ＳＩＳの支局の局長(Chief of Station)

我が国で用いられている術語としては、外交代表部の保護下で活動しているＳＩＳの支局のリーダーを意味する。

《大使館の庇護を受けていた歴代のＳＩＳのモスクワ支局長》

ヴァン、モーリック・ヘンリー・アーネスト：大使館の二等書記官に扮して活動（1948～1950）……231
コレット・D：領事部員（1950～1951）
オブライエン＝T・テレンス・フーヴァー・ルイス：領事館三等書記官（1952～1954）……231
パーク、ダフナ：領事部二等書記官（1954～1956）……158, 231
コーツ、D・G：領事部二等書記官（1956～1957）
ラブ、フレデリック・ライモンド：二等書記官、領事館ビザセクションのチーフ（1958～1960）
チザム、ロデリック・ロナルド：領事部二等書記官（1960～1962）……158, 245, 259
カウエル、ジャーヴェイス：二等書記官（1962～1963）
チャプリン、ルート：領事館ビザセクション二等書記官（1963～1964）
ミルン、ドリン・マーガレット：ビザセクション二等書記官（1964～1965）
カザレス、ジョン：領事館三等書記官（1965～1968）
ドリスコール・M・T（1967～1968）
リビングストーン、ニコラス・ヘンリー：政治部二等書記官（1969～1972）
ブレナン、ピーター・ローレンス：政治部二等書記官、後に一等書記官（1973～1976）……253, 255, 256, 258-260, 263
スカーレット、ジョン・マクラウド：政治部二等書記官（1976）……256, 259-261, 263, 304, 310, 311
テイラー、ジョン・ローレンス：政治部一等書記官（1977～1979）
ブルックス、スチュアート・アーミテージ：政治部一等書記官（1979～1982）……304, 310, 311
ムーラス、ケイト・ワトソン：政治部一等書記官（1982～1984）
ギップス、アンドリュー・パトリック・サマセット：政治部一等書記官（1984～

日本―東京
ニュージーランド－ウェリントン（協調活動用のＳＩＳの代表部）
ノルウェー－オスロ
パキスタン－イスラマバード、カラチ
バルバドス－ブリッジタウン（おそらくは西インド諸島全域を統括するＳＩＳ地域センターとして活動している）
バーレーン－マナマ
ハンガリー－ブタペスト
バングラデシュ－ダッカ
ブラジル－ブラジリア、リオデジャネイロ
ブルネイ－バンダル・スリベガワン
ベトナム－ハノイ（サイゴン、現在のホーチーミンにあったＳＩＳの支局は南北ベトナムの統合後おそらく閉鎖された）
ベニン－ポルトノボ
ベラルーシ－ミンスク
ベルギー－ブリュッセル
フィリピン－マニラ
フィンランド－ヘルシンキ
フォークランド諸島－スタンリー
フランス－パリ
ブルガリア－ソフィア
ベネズエラ－カラカス
ペルー－リマ
ボスニア－サラエヴォ
ボツワナ－ガボローネ
ポーランド－ワルシャワ
ボリビア－ラパス
ポルトガル－リスボン
マケドニア－スコピエ（組織作りの最中の可能性有り）
マラウィ－リロングウェ
マルタ－バレッタ
マレーシア－クアラルンプール
南アフリカ共和国－プレトリア、ヨハネスブルグ、ケープタウン
ミャンマー（ビルマ）－ラングーン
メキシコ－メキシコシティー
モザンビーク－マプト
モルドバ－キシニョフ（組織作りの最中の可能性有り）
モロッコ－ラバト
モンゴル国－ウランバートル

キプロス－ニコシア（同国内の他の所または数箇所に下部組織が存在する可能性あり）
キューバ－ハバナ
ギリシャ－アテナ
グアテマラ－グアテマラ
クウェート－クウェート市
クロアチア－ザグレブ
ケニア－ナイロビ
コスタリカ－サンホセ
コロビア－ボゴタ
サウジアラビア－リャド
サルバドル－サンサルバドル
ザンビア－ルサカ
シエラレオネ－フリータウン
ジャマイカ－キングストン
ジョージア（グルジア）－トビリシ（組織作りの最中の可能性あり）
シリア－ダマスカス
シンガポール－シンガポール
ジンバブエ－ハラレ
スイス－ベルン、ジュネーブ（国際組織の本部）
スウェーデン－ストックホルム
スーダン－ハルツーム
スペイン－マドリッド
スリランカ－コロンボ
スロバキア－ブラチスラヴァ
スロベニア－リュブリャナ
タイ－バンコク
大韓民国－ソウル
タンザニア－ダルエスサラーム
チェコ－プラハ
中華人民共和国－北京、上海（何かを隠れ蓑にして香港に支局が残存している？）
チュニス－チュニス
朝鮮民主主義人民共和国－平壌
チリ－サンチャゴ
デンマーク－コペンハーゲン
ドイツ連邦共和国－ベルリン、ボン、ハンブルグ（ドイツの他の場所にもＳＩＳの下部組織が存在する可能性大）
トルコ－アンカラ、イスタンブール
ナイジェリア－ラゴス
ナミビア－ウィントフック

ジョン・サワーズ　2009~2014
アレックス・ヤンガ　2014~

ＳＩＳの海外支局(Station)……24, 36, 49, 50, 57, 59, 60, 68, 104, 147, 149-152, 155-157, 159, 162, 165, 166, 173-176, 179, 182, 184, 185, 189, 194, 196, 198, 199, 228, 229, 250, 251, 268, 355, 359

在外の英国外交代表部や公式代表部、国際組織および海外駐屯の英国軍を隠れ蓑にしているＳＩＳの諜報活動担当下部組織。ＳＩＳの下部組織が存在する国の名称を表示する〔国名－都市名。情報は本書執筆時〕。

アイルランド－ダブリン
アフガニスタン－カブール（支局が一時的に閉鎖されている可能性あり）
アメリカ合衆国－ワシントン（協調活動用のＳＩＳの代表部）
　　　　　　　　ニューヨーク（国際連合）
アラブ首長国連邦－アブダビ、ドバイ
アルジェリア－アルジェ
アルゼンチン－ブエノス・アイレス
アルバニア－チラナ
アンゴラ－ルアンダ
イエメン－サヌア、アデン
イスラエル－テル・アビブ、エルサレム
イラク－バクダット（一時的に閉鎖中の可能性あり）
イラン－テヘラン
インド－ニューデリー、ボンベイ
インドネシア－ジャカルタ
ウガンダ－カンパラ
ウズベキスタン－タシケント
ウルグアイ－モンテビデオ
エジプト－カイロ
エストニア－タリン
エチオピア－アディスアベバ
オーストラリア－キャンベラ
オーストリア－ウィーン
オマーン－マスカット
オランダ－アムステルダム
ガイアナ－ジョージタウン
カザフスタン－アルマ・アタ（組織作りの最中の可能性あり。終了後新首都に移転？）
ガーナ－アクラ
カナダ－オタワ（協調活動用のＳＩＳの代表部）
カンボジア－プノンペン

ＭＩ１c ……36, 49, 50, 54, 67, 74-76, 79-85, 89, 94, 354, 356

創立時の1909年から1930年代まで用いられた英国諜報機関の名称。

ＭＩ５……49, 50, 58-60, 104, 123, 146, 156, 193, 209, 216, 241, 244, 247, 267, 269, 270, 280, 283, 284, 323, 326, 331, 339, 350-352, 358, 361, 362, 378

英国防諜機関の名称。

ＭＩ６ ……25, 49, 56, 60, 146, 148, 182, 383

1930年代以降の英国諜報機関の名称。

「ＮＯＲＤＰＯＬ」(北極) ……126, 127

第二次世界大戦中にアプヴェーアがドイツ軍占領下のオランダにおける抵抗運動および同国に送り込まれた英国諜報機関のエージェントたちに立ち向かうために実行した諜報作戦のコードネーム。

ＰＥＴ ……275, 277

デンマークの安保機関Polities Efterrettning Tjesnsteのデンマーク語による略称。〔国の保安、防諜、王室警護などを担当する。〕

ＳＡＳ(Special Air Service、特殊空挺部隊) ……60, 140, 307, 386

英国の諜報・破壊活動機関の略称。〔諜報活動、テロ対策などに従事。〕

ＳＩＳ

英国の諜報機関であるシークレット・インテリジェンス・サービス（Secret Intelligence Service）の略称。

ＳＩＳ長官

《1909～2017年の歴代長官〔1999年以降は編集部で加筆〕》

マンスフィールド・カミング	1909~1923	……49, 80, 89, 356, 357
ヒュー・シンクレア	1923~1939	……356, 357
スチュアート・メンジーズ	1939~1952	……41, 114, 141, 204, 357
ジョン・シンクレア	1953~1956	……154, 334, 358
ディック・ホワイト	1956~1968	……358
ジョン・レニー	1968~1973	……221, 359
モーリス・オールドフィールド	1973~1978	……169, 238, 359
アーサー（ディック）・フランクス	1979~1982	……152, 359
コリン・フィギュアス	1982~1985	……359
クリストファー・カーウェン	1985~1989	……359
コリン・マコール	1989~1994	……359
デイヴィッド・スペディング	1994~1999	……359-362
リチャード・ディアラブ	1999~2004	
ジョン・スカーレット	2004~2009	

■アルファベット■

「A54」 ……127-130

チェコスロヴァキア〔ロンドン亡命政府〕諜報機関および英国諜報機関のエージェントとして「アプヴェーア」（ナチス・ドイツ軍の諜報活動機関）内で活動したポール・キュメル（またはチュメルThtimmel）のこと。同人が反ナチズムの見解を抱いていたことを知ったチェコスロヴァキア諜報機関が、金銭で釣ってエージェントにした。チェコスロヴァキア諜報機関、特にＳＩＳにとって非常に重要な情報を提供した。1945年にドイツ側により処刑された。

BND（ドイツ連邦情報局、Bundesnachrichten Dienst）

西独の諜報機関。1956年に創設された。初代の長官はアプヴェーアの幹部の一人だったラインハルト・ゲーレン。ＣＩＡと密接な関係を保っていた。「冷たい戦争」が続いていた時代にはＢＮＤの活動は専らソ連邦を標的にしたものだった。アメリカの諜報機関はソ連邦領域内でエージェントを使う活動を急ぎ組織立てていたが、ドイツ側は、ソ連の国民の中からエージェントとしてリクルートした者たちをアメリカ諜報機関に対して提供した。

ＣＩＡ ……47, 57, 137, 138, 144, 157, 158, 160, 165, 173, 183, 185, 196, 200, 202-207, 212, 224, 229, 231, 232, 234-242, 246-249, 257, 259, 278, 281, 282, 237, 290, 291, 293, 303, 307, 314, 324, 326, 329, 332-337, 343-346, 348, 350-352, 359, 362, 370, 374, 376, 383

アメリカ中央情報局（Central Intelligence Agency）の略称。

ＦＢＩ（Federal Bureau of Investigation） ……47, 57, 59, 146, 317, 326, 339, 342, 348, 350-352, 384

アメリカの連邦警察および防諜機関の二つを兼ねる組織。

GCHQ ……40, 41, 49, 57, 58, 123, 130, 148, 155, 187, 222, 280, 331, 354, 361, 371

英国の暗号解読機関。シギントも担当。英語の略称の意味は英国政府通信本部。本部の所在地はチェルトナム市。

GRU ……238, 240, 248, 282, 317, 375, 387, 391

旧ソ連邦軍（現在はロシア連邦軍）参謀本部諜報総局。ＳＩＳの主要標的の一つ。

KGB ……77, 79, 95, 239, 241, 245, 248, 249, 255, 256, 262, 267, 270, 273, 274, 277, 279, 281, 282, 284, 285, 288, 291, 293-297, 317, 323, 344, 373, 375, 376, 378-381

ソ連邦国家保安委員会の略称。1954年に創設され、ソ連邦解体と共に1991年に姿を消した。ＫＧＢは以下のセクションにより構成されている、すなわち第一総局（諜報担当）、第二総局（防諜担当）、第三総局（軍の防諜担当）、国境警備隊総局、保安（名称は変化した）総局、産業、運輸および通信システムの安全確保担当総局、一連の下部組織より成り立っていた。

「ロシアを回る人工衛星グループ」 ……153

ロンドンに設けられたＳＩＳの下部組織の中の一つの課の名称。英国国内に存在するソ連の機関およびソ連国民の処理を行った。

ロジツキー、ハリー ……232

1940～50年代にＣＩＡの幹部クラス。退職後は文学活動に従事。

ローゼンブルム、ジークムント ……80

「ライリー、シドニー」の項を参照のこと。

ロッカー、ランプソン ……94

英国外務次官。大のソビエト・ロシア嫌い。20世紀に実行された反ソビエト挑発行為の組織者。

ロックハート、ロビン・ハミルトン・ブルース ……67, 71, 73-76, 78-81, 87, 188

英国の外交官。1918年当時の在ソビエト・ロシア英国使節団の団長。ソビエト・ロシア国内でスパイが絡む陰謀を組織。反革命層と秘密の連絡を取り合った。ソビエト・ロシアから追放。英国外務省勤務を続行、ソ連を標的にした政策を立案。作家業に熱心に取り組んだ。1970年に死去。

「ロード」（閣下） ……201

ＳＩＳのウィーン（オーストリア）支局が行った諜報活動のコードネーム。

ロバートソン、ジョージ（1946～） ……330

トニー・ブレア首相の労働党内閣で国防大臣。その後ＮＡＴＯの事務総長〔1999～2004年〕。

ローレット、フランク ……202

1950年代にＣＩＡソ連担当部門のリーダー。ＣＩＡとＳＩＳが協同して行った作戦「ベルリンのトンネル」（「黄金」）の参加者。

ロレンス、トーマス・エドワード（1888～1935） ……26, 27

第一次世界大戦当時の英国の諜報要員。オスマン・トルコを標的にした諜報・破壊活動を積極的に行った。「アラビアの」というあだ名を付けられた。1935年交通事故で死去。

ロンズデール ……243

「モロドイ、コノン」を参照のこと。

■わ　行■

ワイマン、ジョン ……194

英国の諜報機関要員。1970年代にはＳＩＳのダブリン支局に勤務。

「レッドソックス」(redsocks：赤い靴下) ……137, 145, 231-233, 332
土壌のサンプル入手、空気の測定と、それに続く核物質の利用と関わりのある施設の暴露を目的としてエージェントをソ連に潜入させる米英特務機関の諜報活動に冠せられたコードネーム。

レニー、ジョン(1914〜1981) ……221, 359
1968年から1973年までのＳＩＳの長官。

レーニン(ウリヤーノフ)、ウラジーミル・イリイチ(1870〜1924) ……75, 82, 97, 102, 188, 377
20世紀の大政治家。1917年の十月大革命の組織者であり指導者。ソビエト国家の創立者、初代の首脳。ソビエト・ロシアの反革命・サボタージュ取締全ロシア非常委員会、国家政治保安部、統合国家政治保安部は彼が提唱して創設された。

連絡活動 ……85, 245,
エージェントに連絡することにより行う活動（「連絡用の指示書」を参照のこと）。

連絡用エージェント ……85
諜報機関のエージェントの中で他のエージェントとの連絡を保つことを主要任務とする者を指す。グレヴィル・ウィーンとペンコフスキーがこの例に該当する。

連絡用の指示書 ……260
諜報機関からエージェントたちに渡される連絡の条件および手段（直接会うこと、秘密の隠し場所を利用するもの、無線による連絡など）を詳細に記した文書。上記の連絡を実行する日時、場所、および必要な場合には、それぞれの連絡方法に応じて用いられる警報を伝達する手段などが記載されていた。

ロイド＝ジョージ、デイヴィッド(1863〜1945) ……63, 94, 95
英国の政治家。20世紀初頭、大臣職を歴任。1916年から1922年まで英国の首相。ソビエト・ロシアに対する三国協商の軍事干渉の組織者の一人。1945年に死去。

ロシア全軍連合 ……88
ソ連の内戦で反革命側が敗戦を喫した後、創設された君主制擁護の亡命者組織。反革命・サボタージュ取締全ロシア非常委員会と統合国家政治保安部の思い切った作戦により壊滅。

ロシア連帯主義者連合(ＮＴＳ、Narodno-trudovoi soyuz rossiiskikh solidaristov) ……229, 234-237, 267
ユーゴスラヴィアで1930年に創設された反ソビエト移民組織。第二次世界大戦中はこの組織の幹部としてエージェントを潜入させていたドイツ軍により、完全にコントロールされていた。大戦終了後はＳＩＳとＣＩＡの監督下に入った。

た。〕

リュビーモフ、ミハイル・ペトローヴィッチ(1934〜) ……272, 277, 281

元ソ連諜報要員。現在は作家、ジャーナリストとして活動。

リュンデクビスト、ウラジーミル・エリマーロヴィッチ ……84

帝政ロシア軍の元大佐。1919年にユデーニッチ軍の攻撃からペテログラードを守った赤軍第七部隊の参謀長。ポール・デュークス指揮下のエージェント網の構成員としてＳＩＳのエージェント役を務めた。

「リョテ」 ……223

ソ連と中華人民共和国間の不和を強めるためにＳＩＳが行った虚報作戦のコードネーム。敵との決戦を前にして勝つための手段として虚報と欺瞞を用いた中世フランスの元帥の名をコードネームにした。

リンドリー、フランシス ……74

ロックハートが率いた1918年当時の駐ソビエト・ロシア英国政治使節団の団長補佐。

ル・カレ、ジョン(1931〜) ……289

英国の作家ディヴィッド・コーンウェルのペンネーム。スパイ事件をテーマにした作品が好評を博している。元ＭＩ５の要員。

ルーズベルト、カーミット(1889〜1943) ……131, 334

1950年代、ＣＩＡの幹部要員。アメリカ大統領セオドア・ルーズベルトの息子。

ルーズベルト、フランクリン・デラノ(1982〜1945) ……343, 356

民主党出のアメリカ大統領。４回当選した。彼の時代にアメリカはソ連との外交関係を樹立、ソ連との協調強化の賛同者だった。

レーガン、ロナルド(1911〜2004) ……287, 290, 340, 341

1981年から1989年まで共和党出のアメリカ大統領。それ以前は映画俳優、テレビ・ラジオのコメンテーターとして活動、労働組合運動にも参加。

レズーン、ウラジーミル・ボクダノヴィッチ(1947〜) ……220, 317

ソ連軍参謀本部情報総局員としてジュネーブの支局に勤務していたが、1978年に英国に逃亡。英国諜報機関に協力、ＳＩＳのソ連を標的にした心理作戦に参加。ヴィクトル・スヴォーロフのペンネームで作家活動も行った。

「レッドスキン」(Redskin：アメリカインディアン) ……137, 145, 229

海路、陸上の国境越え、落下傘による飛行機からの降下などのさまざまなルートでソ連にエージェントを不法入国させるＣＩＡとＳＩＳの合同作戦のコードネーム。〔ソ連に合法的に入国できるビジネスマン、学生、学者、音楽家なども活用し、諜報活動を依頼。〕

ラヴェルニュ

1917～1918年ソビエト・ロシア駐在のフランス軍事使節団の団長。「ロックハートの陰謀」の熱心な参加者の一人。

ラドゥイギン、フョードル・イヴァーノヴィッチ(1937～) ……387

大将。1992年から1999年までロシア連邦軍参謀本部諜報総局（ＧＲＵ）の局長。

ラン、ピーター ……165, 183-185, 201, 202, 207

1950～60年代のＳＩＳのリーダー役。ウィーン、西ベルリン、ベイルートのＳＩＳ支局員。

ラングレー ……324

アメリカのＣＩＡの本部の通称。ワシントン郊外のラングレーにあるＣＩＡの建築物群の名にちなんだもの。

ランゴヴォイ、Ａ・Ａ ……91

国家政治保安部・統合国家政治保安部の防諜部要員。防諜作戦「トレスト」および「シンジカート」の参加者の一人。

ランプソン、マイルズ ……99

1920年代の駐北京英国大使。挑発的行為とされた1927年のソ連代表部襲撃事件の首唱者。

リッベントロップ、ヨアヒム(1893～1946) ……107, 119, 219

ドイツの主要戦争犯罪人の一人。ファシズム体制下の駐英大使、外務大臣。ニュールンベルグ裁判の結果処刑された。

リトルジョン、ケネスとケイト ……193-195

ＳＩＳのエージェントのアイルランド人兄弟。アイルランドで一連の犯罪を犯した。

リミントン、ステラ(1935～) ……59

1991年から1996年までＭＩ５の長官。英国の特務機関の一つで長官を務めた最初の女性。

リャーリン、オレグ・アドリフォヴィッチ ……267, 270, 292

1960年代末のＫＧＢロンドン支局の要員。名誉を傷つける材料（防諜員の女性との私的な関係）を利用されて英国防諜機関のエージェントにリクルートされた。英国特務機関のエージェントであることが暴露されるのを恐れて英国に政治亡命を求めた。1980年代にアメリカで死去。〔彼がＳＩＳに提供した資料には、ソ連諜報機関が準備中のヨーロッパの大都市およびワシントンでの破壊活動、ロンドンの地下鉄網を水没させるなどという情報や、あるいはヨーロッパ諸国の首都にはＫＧＢの暗殺専門官が常駐しているなどといった情報が含まれていた。また彼の提出した名簿に基づき、総計200名近くのソ連人が英国から追放され

モロドイ、コノン・トロフィーモヴィッチ ……243

ソ連の不法滞在エージェント。ゴードン・ロンズデールの名前でエージェント・グループの一員となり、英国国内で活動。1960年に逮捕され、禁固25年の刑に処せられた。1965年にソ連で実刑判決を受けたＳＩＳのエージェント、グレヴィル・ウィーンと交換された。

モロトフ、ヴィチェスラフ・ミハイロヴィッチ（1890～1986） ……219

ソ連の政治家。1939年に独ソ不可侵条約調印に至ったリッベントロップが率いたドイツの代表団との交渉の参加者。この交渉により「ミュンヘン派」のドイツの攻撃の矢をソ連に向ける計画は挫折し、ドイツ軍のソ連侵攻は延期されることになった。

■や　行■

「屋根」 ……34, 160, 228

特務機関で用いられた隠語。諜報機関の要員または諜報機関の在外支局をカムフラージュするために装う身分。例えば、外交官あるいはジャーナリストなど。

ヤング（若いの） ……238

ＳＩＳ とＣＩＡのエージェントだったペンコフスキーに付けられたコードネームの一つ。

ヤング、ジョージ（1911～1990） ……32, 202, 334, 336

ＳＩＳの重要な要員。1950~60年代にはＳＩＳの副長官。

ユデーニッチ、ニコライ・ニコラエヴィッチ（1862～1933） ……66, 83, 84, 86

ロシア帝国軍の将軍。第一次世界大戦に参加（コーカサス戦線）。1919年にペトログラードで活動した反革命派北西軍の司令官。亡命先で1933年に死去。

ヨーガ ……237, 245, 259

ＳＩＳとＣＩＡのエージェントだったペンコフスキーのコードネームの一つ。

■ら　行■

ライト、ピーター（1916～1995） ……58, 339

英国防諜機関ＭＩ５の指導的立場の要員。マッカーシズムの信奉者。ソ連諜報機関の要員が英国の国家機関に潜入することを怖れていた。主として防諜活動の技術問題を担当（参考文献を参照のこと）。

ライリー、シドニー（ローゼンブラム、ジークムント）（1874～1925） ……67, 74-76, 79-83, 87-89, 94, 188, 197

ＭＩ１ｃの要員。「ロックハートの陰謀」の参加者。1925年フィンランドとソ連の国境を不法に越えた罪でソ連の防諜機関により逮捕され、裁判の結果銃殺された。

1586年に創設した艦隊。1588年に英国艦隊に敗北を喫した上に、英国海峡で発生した暴風により大損害を蒙った。

メイ、アラン・ナン ……247

英国の原子力専門家。ソ連を利するスパイ行為のかどで1946年実刑判決を受けた。

メージャー、ジョン(1943~) ……360

英国の政治家。保守党員。〔社会保障担当閣外相、大蔵担当閣内相などを経て、1990年、サッチャー首相の後任として保守党党首に選出、首相就任。1997年、総選挙での保守党の大敗を受けて退陣、党首も辞任した。〕

メンジーズ、スチュアート(1890~1968) ……41, 114, 141, 204, 357

1939年から1952年までＳＩＳ長官。

メンジンスキー、ヴィチェスラフ・ルドリフォヴィッチ(1874~1934) ……91

1919年から反革命・サボタージュ投機取締全ロシア非常委員会で働き始めた。1926年から1934年まで統合国家政治局議長。彼が指揮を執っていた時期にソ連の防諜機関は反ソ移民組織および外国の諜報機関を標的にした活動で目覚ましい成果を挙げた。

「モグラ」 ……241, 376

特務機関員たちが用いる隠語。外国の政府機関に潜入した諜報機関員を意味する。「敵の諜報機関または防諜機関に潜入したエージェント」という意味で用いられることが多い。

モサッデク、モハンマド(1881~1967) ……334, 335

1951年から1953年までイランの首相。独立民族としてイランによる政治の実行を支持して立ち上がった。ＳＩＳとＣＩＡが組織した政変により失脚し1967年に死去。〔首相だった1951年に石油の国有化を行い、イギリス人の専門家やアドバイザー全員を国外に追放、1952年には英国との国交を断絶した。1953年に政権の座を明け渡さざるを得なくなり、後任の首相が英米との関係をすべて元に戻した。〕

モサド ……183, 188, 192

諜報活動と特務を実施するイスラエルの諜報機関の略称。各国に離散したユダヤ人たちの支援を得られるため、各国の諜報機関の中でも最も効率の高い活動ができるものの一つとされる。ＳＩＳとモサドの関係は控え目なものだが、その原因はかねてからイスラエルを仇敵視しているアラブ諸国と英国の関係によりある程度は説明できる。

モーム、ウィリアム・サマセット(1874~1965) ……37, 218

英国の作家。諜報機関での勤務経験あり。

ミッチェル、グラハム ……352

1950～60年代のＭＩ５の次官。アメリカからの情報に基づきソ連の諜報機関との関係を疑われ取り調べを受けた。その結果、ＭＩ５によりソ連諜報機関のエージェントであることが明らかにされた。退役を強いられたが、ソ連のスパイであることを示す証拠は提示されなかった。

密偵

外面の観察を行う要員を意味する古風な術語。転義では密告者、スパイ。

「ミトローヒン文書」 ……373

英国すなわち同国の特務諸機関が旧ソ連・新生ロシアを標的にして行った心理戦の新たな作戦に直面したＳＩＳは、自身の代弁者であるクリストファー・アンドリュー教授に対して1960～70年代の西欧諸国内におけるＫＧＢの活動についての所蔵資料を整理してしかるべき形にまとめるよう依頼した。その資料とは、英国側に寝返った元ソ連の諜報要員Ｖ・ミトローヒンからＳＩＳが受取ったとされているものだった。1999年の秋以降『ミトローヒン文書』と題した本の宣伝が開始されたのと共に、同書をテーマにした刊行物がマスコミに取り上げられるようになった。と同時に、ミトローヒンがモスクワ近郊の自留地〔ソ連時代に国民が副収入を得る手段として国から無料で提供された土地。無期限の使用が認められていた〕に埋めた資料が１人のＳＩＳモスクワ支局員によって秘かに掘り出されロンドンの本部に届けられたなどという内容の、ジェームズ・ボンド張りの探偵小説が創作された。

ミュンヘン ……54, 107, 108, 111, 113, 116, 117, 119-125, 127, 128, 132, 219

1938年に英チェンバレンと仏ダラディエを一方とし、独ヒトラーと伊ムッソリーニを他方とする協定が署名されたドイツの市。政治の現場における裏切り行為の象徴とされている。

ミロシェヴィッチ、スロボダン(1941～2006) ……385, 386

ユーゴスラヴィア大統領。彼の統治時代に西側からの圧力を受けて国の崩壊が進行した。1999年にはユーゴスラヴィアはアメリカと英国の軍隊が主役を務めたＮＡＴＯ軍からいわれのない攻撃を受けた。

無線交信 ……50, 190, 242, 308

無線機器を用いる連絡方法。諜報機関がエージェントと連絡をとる手段としては最も効果的なものの一つとされている。

「無線発射」 ……307

エージェントと諜報機関の相互連絡を無線送受信器で行うこと。どちらか一方が最大限の通信速度で発信する。

無敵艦隊 ……30-32

英国を征服するには自らの力を見せつけるに如くはなしと考えたスペイン王朝が

マゲリッジ、マルコム(1903～1990)
英国の作家。第二次世界大戦中ＳＩＳで働いた。

マコール、コリン(1932～) ……359
1989～1994年のＳＩＳの長官。長官の本名を口にすることが禁止されていた時代にＳＩＳ内で「ミスターＣ」と呼ばれた最初の人物。

マコーン、ジョン(1902～1991) ……352
1961年から1965年までのＣＩＡ長官。

「マジノ線」 ……129
フランスとドイツが国境を接する地帯のアルザス―ロレーヌに構築された防御要塞。1920~30年代に構築。当時のフランス陸軍大臣Ａ・マジノの苗字を名称にした。

マッカーシー、ジョセフ・レイモンド(1908～1957) ……218, 351
アメリカの上院議員。議会調査小委員会委員長。1950年代のアメリカでは進歩的勢力、労働組合、反体制的インテリの迫害を目的とした猛烈なキャンペーンが展開された。マッカーシズムはアメリカの特務機関の深奥部に根を張り、英国の諜報機関および防諜機関に浸透した。

マックスウィーン、ノーマン・ジェームズ ……310, 311
1994～1998年までＳＩＳのモスクワ支局長。

「まやかし戦争」 ……64, 124, 372
1939～1940年の間の英仏両軍がファシズム体制下のドイツ軍に対して採った軍事行動〔仏軍とドイツ軍はヨーロッパ西部で対峙しながらも、ごく小規模な戦闘や海上での戦闘を除いては陸上では戦火を交えなかった〕。この術語は戦争史文学に採り入れられたが、そもそもは英仏の指導者層が西部戦線で積極的な戦闘行為の遂行を望まなかったことにより生じた現象だったのだ。

マルソン、ウィルフリッド ……65
英国の将軍。1918年にはザカフカス地方占領軍の司令官。

マールボロー、ジョン・チャーチル(1650～1722) ……43
英国の司令官、政治家、公爵。

マーロウ、クリストファー(1564～1593) ……36
英国の劇作家。同時代人であるシェイクスピアの作品のいくつかはマーロウとの合作と推定されている。

ミスターＣ ……24, 354, 360
秘密保持のために用いられたＳＩＳ長官の名称。

ボールドウィン、スタンリー(1867~1947) ……100, 101, 118, 119

1920～30年代、英国で保守党出の首相の座を一度ならず占めた。彼の内閣は英国内でのソ連を敵視した一連の活動を組織し、1927年にはソ連邦との国交を断絶した。

ホワイト、ディック(1906~1993) ……358

1956年から1968年までＳＩＳの長官。それ以前はＭＩ５の指揮を執っていた。

ボンダレフ、ゲオルギー・ヴラジーミロヴィッチ ……248

ソ連邦ＫＧＢ第二総局のリーダー。1960年代には英国課の課長。

ポンテコルヴォ、ブルーノ・マックス(1913~1993) ……247

原子核物理学専門の大学者。民族的にはイタリア人。英国とアメリカで研究。1950年にソ連に移民。1993年に死去。

■ま　行■

マウマウ ……28

1940~50年代に英国の植民地支配者たちに対して蜂起したケニアの武装集団の蔑称。

マカーロフ、ヴィクトル ……323

ＳＩＳのエージェント。ＫＧＢの元要員。スパイ罪で1987年に裁判にかけられたが恩赦され、定住の地を英国に移した。

マギー ……289

「サッチャー、マーガレット」の項を参照のこと。

マキャヴェッリ、ニッコロ(1469~1527) ……31

イタリアの政治思想家、作家。強大な国家権力の擁護者。国家を安定化するためにはどんな手段も許されるとした。英国秘密機関のイデオロギーの代弁者だと言って差し支えない。

マクノート、ユースタス ……184

ＳＩＳで要職に就いていた職員。数多くの海外支局に勤務。

マクラクラン、ドナルド ……54, 332

参考文献参照のこと。

マクリーン、ドナルド(1913~1983) ……123, 247, 350

有名な「ケンブリッジの五人組（ファイヴ）」を構成したソ連の諜報要員の一人。長期間英国外務省で働いた。キム・フィルビーの情報に基づきソ連の諜報機関が逃亡を策したため、ＭＩ５による逮捕を免れた。1983年モスクワで死去。

アメリカの諜報要員たちとペンコフスキーの面談の内容を録音したものや、ＳＩＳとＣＩＡにおいて同人から渡された報告や若干の資料を集めて作られたものだった。

ヘンダーソン、ネヴィル(1882～1942) ……119

ミュンヘン会議進行時の駐ベルリン英国大使。ファシズム体制下のドイツと協調することおよび対ソ連の統一戦線を築くためにヒトラー主義者たちに譲歩することに賛意を呈した。

ペントン＝ヴォーグ、マーティン・エリック ……310

ＳＩＳのメンバー、1990年代にＳＩＳのモスクワ支局に勤務。

ホアー、サミュエル(1880～1959) ……119

英国のベテラン外交官。保守党内閣の大臣。活発な「ミュンヘン派」。

ボイス、アーネスト ……74, 76, 87

英国の諜報機関ＭＩ１ｃの要員。ペトログラードとモスクワの支局でリーダー役を務めた後にヘルシンキ支局に転勤。

放送劇 ……114

防諜機関が用いる術語。敵のエージェントを自己の管理下に置き、その者を通じて虚報を敵に送ること。

ホーナー、キャサリン・サラ＝ジュリア ……304, 310

ＳＩＳの要員。1980~90年代にＳＩＳのモスクワ支局に二度勤務。

ホミャコーヴァ、ニーナ・アンドレーエヴナ ……263

ソ連諜報機関の要員。1970年代にはＳＩＳのモスクワ支局を標的にした作戦に積極的に参加。

ボメリウス(1530～1579) ……32

中世英国の占星術者〔出身はドイツのウエストファリア〕。ロシアと英国の関係をより緊密なものにするために英国の諜報機関によりロシアのイワン雷帝の許に送り込まれた。ロシア皇帝に影響を与えるための一つの手段として巧妙に作られた天宮図が有効だとされていた。

ホリス、ロジャー(1905～1973) ……218, 352

1956年から1965年までのＭＩ５長官。

ホール、レジナルド(1870～1943) ……95

第一次世界大戦当時の英国海軍諜報機関のトップ。

ペトロフ、ヴィクトル・ヤーコヴレヴィッチ　……84
赤軍の中隊長。ポール・デュークスのグループに属するＳＩＳのエージェント。目論見ではペトロフのグループはペトログラード市内の重要拠点を占領する部隊として活躍することになっていた。

「ベノナ」
アメリカの国家安全保障局（英国の専門家たちも参画）により行われた、1940年代にソ連の諜報機関が使った暗号の解読を目的にした作戦のコードネーム。

ベリヤ、ラヴレンチー・パヴロヴィッチ(1899〜1953)　……90
ソ連の政治家。1921年から国家保安機関で働き始める。ソ連邦内務人民委員（大臣）。1953年ソ連邦最高裁判所により国家反逆罪を犯した罪で最高刑を科せられた。

ベルグ、ボリス　……84
ペトログラード地区に展開していた赤軍の航空班のリーダー。英国諜報機関のエージェント。ポール・デュークス指揮下のスパイ・グループの一員。

ベルジン、エドワルド・ペトローヴィッチ
ソビエト共和国政府がペトログラードからモスクワに引っ越して以来クレムリンの警備を担当した、ラトヴィア人武装警備隊の小隊長。いわゆる「ロックハートの陰謀」の粉砕に積極的に関わった者たちの一人。

ヘルドルフ、ヴォルフ・ハインリヒ・グラーフ・フォン(1896〜1944)　……113
ベルリン市警視総監。第二次世界大戦開始前の反ヒトラー運動に参加。

ベルリンゲル、エンリコ(1922〜1984)　……287
1970〜80年代のイタリア共産党書記長。国際共産主義運動に従事。

「ベルリンのトンネル」　……178, 185, 202-207, 332, 351
1954〜56年にベルリン市の地中に設置されたソ連の電話用ケーブルに傍聴用の装置を秘かに接続することを目的としてＳＩＳとＣＩＡが行った諜報作戦の名称。そのために西ベルリン市の東部地区に位置するアメリカの占領区にトンネルが掘られた。

ペンコフスキー、オレグ(1919〜1963)　……158, 224, 237-249, 252, 259, 261, 262, 267, 281, 282, 296, 307, 317, 332, 382
ソ連軍参謀本部諜報総局のメンバーでＳＩＳとＣＩＡのスパイ。「自ら志願したスパイ」。「アレクサンドル」「ヨーガ」「ヒーロー（英雄）」、「ヤング（若いの）」など、多くのコードネームで呼ばれていた。ソ連の防諜機関により摘発された。

「ペンコフスキー文書」　……223-225, 239, 240, 243
ＣＩＡとＳＩＳにより作られた本。著者はＳＩＳとＣＩＡのスパイだったオレグ・ペンコフスキーだとされた。しかし実際はロンドンとパリで行われた英国と

関を重視した。

ブレナン、ピーター ……253, 255, 256, 258-260, 263

1970年代前半に政治部二等書機関として在モスクワ英国大使館に勤務。ＳＩＳモスクワ支局のリーダー。

フレミング、イアン(1908~1964) ……37, 344

第二次世界大戦時の英国軍部の諜報要員。ジェームズ・ボンドが主人公のスパイ映画シリーズの原作者として有名。

フロイド、デイヴィット ……222

「デイリー・テレグラフ」の有名な英国人記者。ＳＩＳの依頼を受けて心理戦の活動に参加し、諜報機関から提供された資料を基に記事を執筆、自分が属する新聞紙上で発表した。

ブロッホ、ジョナサン

英国の作家、評論家。現代の英国特務諸機関の活動について研究した。

「ブロードウェイ」 ……231

第二次世界大戦後エージェントをポーランドに入国させる作戦のコードネーム。

ブロードウェイ・ビルディング

1924～1966年にＳＩＳが入居していたロンドン中心部（セント・ジェームズ公園の付近）の一群の建物。ＳＩＳ内部ではブロードウェイ・ビルディングという隠語で呼ばれていたこの建物群は、本部が置かれていたことから諜報機関の同義語となった。

ベスト、S・ペイン ……129

ＳＩＳの要員。位は大尉。第二次世界大戦前および大戦の初期にはオランダで働く英国のビジネスマンに扮して活動。ＳＩＳとドイツの軍人たちの中の反対派グループとが秘密裏に接触するのにかかわった一人。アプヴェーアが工作したエージェント絡みの策略に引っ掛かってオランダで逮捕されもう一人の諜報要員スティーヴンソンと共にドイツに連行された。両人はアプヴェーアとゲシュタポで尋問され、英国諜報機関に関する多くの情報を与えた。ドイツ国内の強制収容所に入れられ第二次世界大戦の終戦間際に解放された。

ベック、ルードヴィヒ ……113

ドイツ軍の大将。陸軍参謀総長。ヒトラーを標的にした陰謀グループの中心人物の一人。1944年の陰謀工作が失敗に終わった後自殺。

ベーデン=パウエル、ロバート ……37

英国軍の諜報要員。最終階級は少将。ボーイスカウト運動の創始者。

フランクス、アーサー(ディック)(1920~2008) ……152, 359

1979年から1982年までのＳＩＳ長官。

ブラント、アンソニー・フレデリック(1907~1983) ……123

有名な「ケンブリッジの五人組」の一人。第二次世界大戦中ソ連諜報機関から与えられた任務によりＭＩ５内部で活動。1983年死去。

ブリージ、リチャード・フィリップ ……310

ＳＩＳの要員。1980年代末にはモスクワ支局のリーダー。

プール、ウィット・ド

1918年に在ソビエト・ロシアのアメリカ総領事。

ブルガーニン、ニコライ・アレクサンドロヴィッチ(1895~1975) ……153

ソ連の政治家。大祖国戦争に参加。1956年にフルシチョフと共にソ連代表として英国を表敬訪問。その際ＭＩ５とＣＩＡはソ連代表団を入念に監視するために両人が滞在したホテルの部屋の電話を盗聴した。

フルシチョフ、ニキータ・セルゲーエヴィッチ(1894~1971) ……131, 153

ソ連の政治家、党の活動家。1956年の彼を団長とするソ連政府代表団が訪英した時、ＭＩ５とＳＩＳはフルシチョフをはじめとする代表団員が宿泊したホテルの部屋を盗聴する作業に取組んだ。

ブルック、ジェラルド ……236, 237, 261

英国の学校でロシア語を教えていたイギリス人教師。ソ連をしばしば訪問。「ロシア連帯主義者連合（ＮＴＳ）」からの依頼事項を実行した。ＳＩＳと関係を持っていたことはほぼ確実と思われる。ＣＩＡともつながりがある可能性もあった。

ブルックス、スチュアート・アーミテージ ……304, 310, 311

ＳＩＳの要員。大英帝国勲章の保持者。ＳＩＳのモスクワ支局に二度勤務（1970年代末と1990年代前半）。

ブレイク、ジョージ(1922~) ……183-185, 204, 206, 245, 343, 372, 373, 383, 384

ソ連の勇敢な諜報要員。ＳＩＳ内部で活動。懲役42年の刑を科せられたが、囚人仲間の一人のアイルランド人の助けを借りて1966年、今や伝説となったロンドンのワームウッド・スクラブズ刑務所からの脱走を敢行。モスクワに在住し勤務。

フレイザー＝ダーリング、リチャード ……196

ＳＩＳの要員。1970年代にはＳＩＳのヘルシンキ支局で勤務。

ブレジネフ、レオニード・イリイッチ(1906~1982) ……288

ソ連邦の政治家、党の活動家。第二次世界大戦に参加。1964～1982年のソ連共産党中央委員会の書記長。国家保安システムを強化する手段としての国家保安諸機

国の大使。三国協商による干渉開始と共にペトログラードから召還された。

符号 ……355, 356

符号化とは諜報機関およびその他の官庁の連絡システムを利用して伝達される情報を暗号で書くための、暗号理論に基づいた方法である。符号化に際しては単語全体、あるいは文章全体を文字または数字で表現する。暗号化の場合は文字、数字、または記号の一つひとつを何らかの標識に変える。符号と暗号の作成はそれらが解読されないようにする義務を負わされている国家機関により行われる。英国の場合は現在もＧＣＨＱが担当している。

プジツキー、セルゲイ・ヴァシーリエヴィッチ(1895～1937) ……91

国家政治保安部・統合国家政治保安部防諜部門の指導的立場の要員。「シンジカート」作戦に積極的に参加した。

フックス、クラウス(1911～1988) ……247

ドイツの反ファシズム体制派の原子力専門家〔1932年にドイツ共産党に入党、1933年英国に亡命〕。アメリカと英国で原子力兵器の開発に従事。ソ連の諜報機関に協力した罪〔ソ連の諜報員と接触し、英国の核兵器開発に関する資料を手渡す〕で、英国で有罪となる。監獄から釈放された後はドイツ民主共和国〔東独〕に住み専門分野で働いた。1988年死去。

不法滞在エージェント ……243

標的である国に不法に送り込まれ偽造書類を用いて活動する者、もしくは一般的に不法在留している者を指す。ＳＩＳとＣＩＡは1940年代、50年代に２名ないし３名または４名の諜報活動・破壊活動実行要員からなるグループの一員として不法滞在エージェントをソ連邦に送り込んだ（「レッドスキン」の項参照のこと）。たとえばシドニー・ライリーは不法滞在エージェントの役割を果たしていた。

フョードロフ、アンドレイ・パヴロヴィッチ(1888～1937) ……91

国家政治保安部・統合国家政治保安部の防諜部門の要員。「シンジカート」作戦の主要参加者。サーヴィンコフの信用を得てからロシアで「統合国家政治保安部」がでっちあげた地下組織の指揮を執ることを承諾させた。レニングラード州内務人民委員部の諜報部門のリーダー役を務めた。不法弾圧により死亡。

プライアー、マシュー(1664～1721) ……37

英国の詩人。英国の秘密機関の依頼を実行に移した。

ブラウニング、ロバート・フランシス ……276

ＳＩＳの要員。1970年代には在コペンハーゲン英国大使館の政治部勤務の一等書記官。

フラックス、G・B ……187

スエズ危機の時代に在カイロ大使館付ＳＩＳの支局要員。

ヒーロー(Hero:英雄) ……237, 245, 259

英米両国のエージェントだったペンコフスキーにＣＩＡが付けたコードネーム。

ピンチャー、チャップマン ……222

「デイリー・エクスプレス」紙の英国人記者。ＳＩＳと密かに接触していた（おそらくはエージェントだった）。心理戦のための活動に積極的に参加した。

ブイキス、ヤン・ヤーノヴィッチ(1895～1972)

チェーカー〔反革命・サボタージュ取締全ロシア非常委員会。正式名称はヴェーチェーカー〕の要員。「ロックハートの陰謀」を撲滅させるためのヴェーチェーカーの活動に積極的に参加した。

フィギュアス、コリン(1925～2006) ……359

1982年から1985年までＳＩＳの長官。

ブイコフ、アレクサンドル・ニコラーエヴィッチ ……85

ペトログラード科学技術大学の教授。1919年ペトログラードの反ソ地下組織に参加。ＳＩＳの支援を受けた当該組織はロシアの新しい政府の指揮を執ることになっていた。

フィルビー、エイドリアン・ラッセル(・キム)(1912～1988) ……55, 95, 123, 184, 185, 247, 350, 357, 370, 383, 384

ＳＩＳ内で活動した非凡なソ連の諜報要員。有名な「ケンブリッジの五人組（ケンブリッジ・ファイヴ）」の一人。参考文献も参照のこと。

フーヴァー、エドガー・ジョン(1895～1972) ……326, 339, 350-352, 384

1924～1972年の期間、アメリカ連邦捜査局（ＦＢＩ。公式には司法省の一部）の局長を務めた。アメリカで最も威力のある活動家の一人。体制に刃向かう勢力を摘発し鎮圧すること、および刑事犯罪と闘うことを目的にした効果的な懲罰システムを創設。彼をＦＢＩ長官の座から追い払おうとした数多くのアメリカ大統領（ジョン・ケネディ、ロバート・ニクソンその他）の試みを彼はうまく撃退した。

フェジャーヒン、ウラジーミル・ペトローヴィッチ ……262

ソ連防諜機関の要員。ＫＧＢ第二総局英国課に勤務。在モスクワ大使館付ＳＩＳの支局を標的にした防諜機関の活動に積極的に参加した。

「フォーティテュード」(Fortitude:不屈の精神) ……208, 210, 211

1944年の英米軍および両国の同盟諸国の部隊の行動内容と実施時期に関して、ドイツ人に誤解を与えることを目的とした、ＳＩＳとＣＩＡの協同虚報作戦のコードネーム。

ブキャナン、ジョージ(1854～1924) ……63, 66

1910～1918年にわたって帝政時代およびケレンスキーが率いた臨時政府時代の英

バンカウ、アレクサンドル ……84

ユデーニッチ将軍が率いた反革命北西軍団の攻撃からペトログラードを守った赤軍（革命軍）の第七軍団の政治部員。英国諜報機関のエージェントとしてポール・デュークス指揮下のエージェント網の一員となった。

ビショップ、アンソニー ……236, 237, 262

1960年代に在モスクワ英国大使館に二等書記官として勤務。ソ連国内で諜報・破壊活動を行う任務を託されていた人民・労働者連合の特使であるジェラルド・ブルックとの連絡役を務めていた。

秘密機関 ……27, 30, 32-34, 36, 38, 40, 44, 61, 125, 354

英国の諜報機関に付けられた数多くの呼称の一つ。「ＳＩＳ」の項を参照のこと。

秘密の会合

諜報機関または防諜機関の要員が秘密厳守に特に気を配って行うエージェントとの個別の会合を意味する術語。

秘密の隠し場所 ……256, 296, 321

諜報機関と防諜機関で用いられる術語。諜報活動用資料を海外支局からエージェントに、あるいはその逆方向で渡すためにあらかじめ定められた地域に設けられた隠し場所。

秘密保持 ……69, 70, 146, 157, 177, 238, 256, 306, 355

特務機関に要請される基本的な義務。すなわち活動内容、要員の名前、特にエージェントの人物像を秘匿すること。

ビューリック・ジョセフ ……246

ＣＩＡの幹部要員。ペンコフスキーのスパイ事件に対処したＳＩＳとＣＩＡの合同グループのアメリカ側の代表としてロンドンとパリで行われた同人との面談を仕切った。

ピリャル、ロマン・アレクサンドロヴィッチ ……91

防諜機関である国家政治保安部・統合国家政治保安部の指導的立場の要員。「トレスト」および「シンジカート」作戦に積極的に参加。内部自民委員部のサラトフ州管轄局の局長だった時に不法な弾圧を受け死亡した。

ヒル、ジョージ ……67, 76

英国の大物諜報要員。准将。シドニー・ライリーの戦友。

ヒレンケッター、ロスコー ……350

アメリカ中央情報局（ＣＩＡ）の初代長官（1947~1950）。 提督。〔三代目長官という情報もある。〕

パショリコフ、レオニード・ヴァシーリエヴィッチ ……248

ＫＧＢの重要要員。第二総局（防諜担当）次長。ＳＩＳとＣＩＡのスパイだったペンコフスキーの割り出しを目的にした防諜作戦の指揮を執った。

バトラー、ラブ(1902～1982) ……119

20世紀前半の英国の政治家。保守党党員、スタンリー・ボールドウィン内閣の大臣。いわゆる「クリブデン・グループ」の一員であり、ドイツの要求をほとんど認めたミュンヘン会談の結果を歓迎した英国の政治家たちの一人だった。

ハミルトン、エマ(1765～1815) ……37

駐両シチリア王国英国大使の妻。ホレーショ・ネルソン提督の親密な友人。イタリア国内で英国秘密機関から受けた依頼を実行した。

パリチュノフ、パーヴェル・ヴァシーリエヴィッチ ……263

ＫＧＢの下部組織。ＳＩＳのモスクワ支局と矛先を交えていた組織のリーダー。

ハリファックス、エドワード・フレデリック・ウッド(1881～1959) ……118

ネヴィル・チェンバレンが率いた保守党内閣の外務大臣。熱烈な「ミュンヘン派」。

ハリル、マフムード ……188

エジプト空軍諜報部の次長。スエズ危機の時にＳＩＳの計画を暴き出すための活動に際しては「ロックハートの陰謀」でベルジン、ブイキス、スプロギスが果たした役割と似た重要な役を担った。

ハルダー、フランツ(1884～1971/1972) ……113

ファシズム体制下のドイツ軍の大将。「バルバロッサ」作戦の考案者の一人。

「バルバロッサ」 ……130, 132

ファシズム体制下のドイツがソ連を標的にして仕掛けた戦争計画のコードネーム。２、３ヵ月の間にソ連軍を壊滅させソ連の領土のヨーロッパ地域をドイツ軍が占領するという電撃戦が想定されていた。コードネームは中世ドイツの皇帝フリードリッヒの渾名「赤ひげ」に基づいたもの。

バルフォア、アーサー・ジェームズ(1848～1930) ……63

英国の首相。1904年にフランスとの間で軍事・政治連合である「アンタンタ〔後の三国協商〕」創設条約を締結した。1907年にロシアが加わった。保守党の党員として数度大臣の座に就いた。

パワーズ、フランシス・ゲーリー(1929～1977) ……144, 145, 178

1960年にスヴェルドロフスク〔現エカテリンブルク〕郊外の上空で撃墜された高高度偵察機Ｕ２のパイロット。

■は　行■

「灰色」のプロパガンダ ……212, 215, 313

心理戦の戦法の一つ。さまざまなルート通じて敵に特定の思想を押しつけることを目的にした虚報を流すこと。

ハーヴェイ、ビル ……202, 351

1950年代のＣＩＡで責任ある地位の要員だった。ＳＩＳとＣＩＡの協同作戦「ベルリンのトンネル」の組織者であり、積極的な参加者。

バカーチン、ヴァジム・ヴィクトロヴィッチ(1937～) ……379

ソ連の政治家、党活動家。1988～1991年のソ連邦内務大臣。1991年にはゴルバチョフ・ソ連邦大統領によりＫＧＢ長官に任ぜられた。

パーキンソン、ノースコット・シリル(1909～1993) ……359, 397

英国の作家、風刺家（参考文献も参照のこと）。〔1957年に刊行した『パーキンソンの法則』の作者。行政の組織と運営などについて分析した結果を、皮肉の意味で法則と名づけたもの。たとえば「役人の数は仕事に無関係に一定の率で増加する」など。〕

「白色」のプロパガンダ ……212, 215

政府の公式ルートを使ってプロパガンダ用情報を流布する活動のこと。

バグショー、ケリー・チャールズ ……310, 311

ＳＩＳの要員。大英帝国勲章の保持者。1980年代末ＳＩＳモスクワ支局で活動。

パーク、ダフナ(1921～2010) ……158, 231

ＳＩＳの要員。1954年から1956年までＳＩＳモスクワ支局のトップ。英国の諜報機関に勤めた女性の中で最も成功した者の一人。ダフナ・パークは、彼女の同僚たちが外交官の身分を諜報活動の隠れ蓑にするために大使（駐モンゴル）を務めていたことからすると、ＳＩＳの要員たちの中でも極めて珍しい存在だった。〔彼女に与えられた重要任務の一つは、ソ連の列車時刻表を入手することだった。1956年にモスクワを去り、それ以降はアフリカ・アジアで勤務。〕

「白鳥」(Swan) ……277

いくつかの特務機関で用いられている術語で、女性を狙った工作を行う男性のエージェントを意味する。

バージェス、ガイ・デ・モンシー(1911～1963) ……123, 247, 350

ソ連諜報機関から特命を受けて英国外務省およびＭＩ６内部で活動した有名な「ケンブリッジの五人組」の一人。逮捕を恐れて友人のマクリーンと共にソ連に逃げ込んだ。1963年モスクワで死去。

し、抵抗勢力はＮＡＴＯが軍および警察の手法を用いて制圧する計画だった。

■な　行■

ナイトリー、フィリップ（1926～2016）　……95

英国の作家、時事評論家。参考文献参照のこと。

ナショナル・センター　……74, 80

1918～1919年に活動したいくつかの右寄り政党を統合して創設された反革命組織。英国を含めた西側諸外国の大使館や諜報機関と密接な関係を結び、それらと協同で、あるいはそれらから指示を受けて活動した。

ナセル、ガマール・アブドゥル（1918～1970）　……156, 186-188, 336, 337

1956年からエジプト大統領。ソ連との協調政策の支持者。1970年死去。彼の排除を準備していたＳＩＳが関心を抱く人物の中で最重要視していた者の一人。

偽の住所　……242, 321

エージェントが暗号化され、暗号文で書かれた郵便物を諜報機関の本部に送付する際の郵便の宛先。ＳＩＳは英国内でも外国内でも偽の住所を使っている。

寝返らせる　……35, 44, 114, 127, 183, 209, 256, 267, 270, 280, 378

諜報機関、防諜機関で用いられる術語。敵のエージェントを自分たちの特務機関に協力するよう仕向けること。

ネチポレンコ、グレプ・マクシーモヴィッチ　……262

ＫＧＢ第二総局英国課の要員。ＳＩＳのモスクワ支局を相手とした防諜活動に積極的に参加した。

捏造した履歴　……146

全部または一部（氏名を改変することが多い）を捏造した履歴のこと。特務機関が外国や自国で諜報活動を行うエージェントまたは自己の要員の存在をカムフラージュするために用いる。捏造した履歴を保障するためには偽造文書を用意したり、信憑性を支えるために第三者を誘引したりする。

ネルソン、ホレーショ（1758～1805）　……23, 37

英国艦隊司令官。英国の国民的英雄。ナポレオン戦争の時フランスとスペインの連合艦隊を何度か撃ち破った。1805年のトラファルガーの海戦で致命傷を負った。

ノックス、アルフレッド　……63, 67

1917年時の駐ロシア英国駐在武官。

よび英米の特務機関の支持を得たイスラム教民族主義者たちから一度ならず追撃された。

ドゥートフ、アレクサンドル・イリイッチ(1879～1921) ……66
帝政ロシア軍の少将。内戦時に武力による反ソビエト共和国運動を組織した一人。彼が加わっていたコルチャーク指揮下の部隊が全滅した後、中国に逃げ込み、1921年に同地で殺害された。

「特別な関係」 ……57, 271, 291, 326-328, 331, 337, 338, 340-342, 348, 349, 365
英国とアメリの関係の特徴を表す術語。

ドノヴァン、ウィリアム(1883～1959) ……343
アメリカの弁護士。フランクリン・ルーズベルト大統領と親しかった。第二次世界大戦中にＣＩＡの前身である戦略事務局を創設し、指揮を執った。1959年に死去。

ドムビル、ベリー
英国海軍諜報部の元指揮官。「ミュンヘン派」一員。

トムリンソン、リチャード(1963～) ……173-175, 177, 309, 310, 385
ＳＩＳの元要員。ＳＩＳの要員216人の名前をインターネットで流した。

「トムリンソンのリスト」 ……173-178, 189, 191, 196, 198, 256, 309
元英国諜報機関要員リチャード・トムリンソンが1999年にインターネットで流した、ＳＩＳの要員たちの名簿。

「トレスト」 ……76, 87, 88, 90
反革命亡命者組織を相手にしたソ連の防諜機関の作戦のコードネーム。

「トロイの木馬」 ……135
英米両国が考案したソ連を標的にした数多くの軍事計画のコードネーム。

トロツキー、レフ・ダヴィードヴィッチ(1879～1940) ……76
ロシアで起きた革命運動の実行者の一人。革命成立後ソ連政権の軍事および海事人民委員。ＳＩＳに目をつけられる。スターリンの命令により、1940年に亡命先で暗殺された。

「ドロップショット」 ……135
英米両国により準備されたソ連侵攻計画のコードネーム。当初の計画では攻撃開始は1960年の1月とされていた。その後何回も変更された。ソ連を原子爆弾で殲滅するために原子爆弾（総計で500発以上）と通常の爆弾を搭載した戦略爆撃機が使用されることになっていた。そして空爆後には海軍と250師団までのＮＡＴＯ陸上部隊が投入される予定だった。ソ連攻撃に参加するＮＡＴＯ軍将兵の総数は2000万人になるはずだった。軍事および産業の潜在能力を一掃した後は領域を占領

「ツバメ」(Swallow) ……277

一連の国々の特務機関が用いる術語で、女性のエージェントを意味する。狙った相手の評判が落ちるような状況を作り出す作戦に参加する。いわゆる「愛の罠」(Love Trap)。

ティクル(くすぐること) ……278, 283, 289, 291, 295-297

ＳＩＳのエージェントであるゴルディエフスキーにつけられた（ＣＩＡ内で)、コードネーム。

デニーキン、アントン・イヴァーノヴィッチ(1872~1947) ……66, 86

帝政ロシア軍の少将。ロシアに内戦が勃発した時ソビエト共和国を標的にした軍事行動を組織した者の一人。当初は義勇軍、後にロシア南部の軍隊を指揮した。

手の込んだ作戦の組み合わせ ……115, 164

諜報機関、防諜機関で用いられている術語。具体的な課題を解決するに当たって用いられる複雑な活動方法を意味する。

デフォー、ダニエル(1660~1731) ……37

著名なイギリス人作家。現実の潮流を散文作品に仕立てた。英国諜報機関の要員としての知名度は作家としての名声に比べれば低い。

デュークス、ポール(1889~1967) ……67, 81-85, 89, 94, 98, 230

ＭＩ１ｃの常勤職員。1919年にペトログラードでＳＩＳのスパイ・グループを指揮した。自身が指揮を執っていたエージェント網が崩壊し、ユデーニッチ軍が壊滅した後にソ連から脱出した。〔帝政時代のペテルブルクでピアニストとして行動し、その裏で何百人もの反ボリシェヴィズムの運動家たちをフィンランドに脱出させたりした。また変装の名人であり、それを利用してソ連の国家機関に潜入した。〕

デリャービン、ピョートル・セルゲーエヴィッチ(1921~1992) ……239, 240

ＫＧＢの対外諜報機関の元要員。1954年にウィーンでアメリカ側に寝返った。ＣＩＡのエージェント。ソ連を標的にした心理戦で利用された。1992年に死去。(文献目録も参照)

デルマー、セフトン ……187

1950年代にカイロの「アラビアン・ニュース・エージェンシー」に勤務していたＳＩＳの要員。

統合国家政治保安部 ……71, 76, 91, 102, 103, 104

1923年から1934年まで存在したソ連の国家保安機関の略称。1934年に内部人民委員部のメンバーとなった。

トゥーデ党 ……335

イランの共産党。国王を戴く政権、イランの防諜機関シャヴァク（ＳＡＶＡＫ）お

チェンバレン、ネヴィル(1869～1940)　……107, 115, 116, 118, 121, 122, 124

1937年から1940年まで英国の首相。ソ連を犠牲にしてヒトラー・ドイツと協定する政策を押し進めた英国の政治家の一人。1938年に恥辱的なミュンヘン協定に署名。1940年に死去。

地区センター　……36, 55, 188

ＳＩＳが諜報活動を組織立て実行することや、また近隣の地区からエージェントを指揮することを容易にするために、英国の公式代表部がないがためにＳＩＳの活動が困難をきたしている外国の地に創設した下部機関。

チザム、ロデリック(1916～1999)　……158, 243, 245, 259, 262

1960年から1962年までＳＩＳモスクワ支局長。ＳＩＳとＣＩＡのエージェントだったペンコフスキーが絡む作戦には妻ジャネット・チザムも積極的に参加。

チチェーリン、ゲオルギー・ヴァシーリエヴィッチ(1872～1936)　……93

ロシア・ソビエト連邦社会主義共和国およびソビエト連邦の外務人民委員。一連の国際会議に出席。

「チャウシェスクの館」　……360

ロンドンのテムズ川右岸に1993年に建設されたＳＩＳの新しい本部。

チャーチル、ウインストン・レオナード・スペンサー(1874～1965)　……43, 51, 53, 56, 62, 63, 81, 89, 94, 95, 108, 109, 115, 118, 120, 124, 130, 131, 140, 167, 170, 193, 216, 229, 265, 289, 327, 332, 339, 357, 365, 386

20世紀英国の政治家、治世者の中で群を抜いた存在の一人。「冷たい戦争」の創始者の一人でもある。

チャプリン、ゲオルギー(1886～1950)　……67

ロシアの元海軍将校。ＭＩ１ｃの要員。英国諜報機関の主要エージェントの地位に就いていたと思われる。

「諜報活動と保安」担当委員会

1994年に制定された法律に基づき議会により創設された。ＭＩ５、ＭＩ６〔ＳＩＳ〕、ＧＣＨＱの「出費・運営・政策」を監視する。

諜報活動と保安に関する法律　361

1994年に採択され、現在も有効な議会条例。英国の特務機関（ＳＩＳ、ＭＩ５およびＧＣＨＱ）の法的地位と機能を規定。1994年法により定められた上記の特務機関の主たる機能は、特に防衛と対外政策の分野で英国の安全を脅かす活動を行う在外の人物の監視をすることとされている。この法律との関連で、ＭＩ５、ＭＩ６〔ＳＩＳ〕、ＧＣＨＱの政策、管理、出費を監視する議会委員会が設置された。

センチュリー・ハウス ……22-24, 149, 151, 152, 250, 255, 373

ロンドンにあるＳＩＳ本部の建造物群。

戦略諜報局（ＯＳＳ） ……343, 344, 347

第二次世界大戦時のアメリカの諜報機関。ＣＩＡの前身。

ソラナ、ハビエル（1942～） ……330

ＮＡＴＯの事務総長（1999年まで）。スペインの社会党員。

■た　行■

「第五列」 ……117, 319, 376, 379, 388

自国内で裏切り活動を行う、あるいはその活動に共謀する外国人や外国特務機関のエージェント。1936年から1939年まで続いたスペイン内戦時に源を発する名称。フランコ派がマドリッドに向けて進軍中の四つの列（軍団）の他に共和派の銃後では「五番目の列（軍団）が活動をしている」と言ったことで有名になった。

ダヴェンポート、マイケル・ヘイワード ……310

ＳＩＳの要員。1990年代の半ばに英国大使館員としてモスクワに滞在していた。

ターナー、スタンズフィールド（1923～） ……351

1977年から1981年までのＣＩＡ長官。階級は提督。

ダレス、アレン（1893～1969） ……203, 204, 334

1953年から1961年までＣＩＡ長官。反革命主義のキューバ人たちにより編成された武装部隊をキューバに侵攻させようとしたアメリカ諜報機関の企てが失敗に終わったため、退任を余儀なくされた。

ダンスターヴィル、ライオネル・チャールズ（1865～1946） ……65

三国協商による武力干渉実行時にトルクメニスタンで英国の占領軍を指揮した。

チェルトナム ……57, 58, 331, 347

暗号解読機関（ＧＣＨＱ、英国政府通信本部）の本部がある英国の市。市の名称が当該機関の呼び名になっている。

チェルニャーク、エフィーム・ボリーソヴィッチ（1923～2013） ……31

ソ連・ロシアの作家。英国の政治および英国特務機関の活動の研究家（参考文献も参照）。

チェンバレン、オースティン（1863～1937） ……100, 101

ネヴィルの兄。保守党員。英国の大臣職を歴任した。1927年のソ連との外交関係断絶を熱心に工作した者の一人。

スプロギス、ヤン

反革命・サボタージュ取締全ロシア非常委員会のメンバー。ラトヴィア人。「ロックハートの陰謀」を殲滅するための作戦に積極的に参加した。

スペディング、デイヴィッド ……360-362

1994年から1999年までのＳＩＳの長官。

スミス、イアン・ダグラス(1919~2007) ……217

南ローデシアが独立してジンバブエとなるまでの間活動した、人種差別内閣のリーダー。

スンツォフ、アレクセイ・ヴァシーリエヴィッチ ……248

ソ連の防諜機関の要員。ＫＧＢ第二総局英国課に勤務。ＳＩＳとＣＩＡのスパイであったペンコフスキーの摘発を目指した防諜機関の作戦に積極的に加わった。

政府暗号学校 ……41, 57, 111

「ＧＣＨＱ」参照のこと。

責任の所在不明情報 ……155

諜報関係情報の伝達を実行する際に準備される情報の一種で、情報の具体的な出所についての言及が削除された形になっている情報のこと。

「セキュリティー・リスク」(Security risk：危険人物) ……169

英米の特務機関により採用された術語。特定の要員の頼りのなさ、または同人の特有の性格に起因する弱点により同人を将来にわたってＳＩＳで働かせることは理に適わぬとみなされる人物を指す。

「積極的な施策」(アクチヴ・メジャーズ) ……344

西側特務機関の用語集では「ソ連が行う特別プロパガンダ・キャンペーン」と説明されている。ＳＩＳが行う同様のものは政策広報と称されており、ある点では「心理戦の手段」と同義。〔ＫＧＢ第一総局が特定の国を相手にして実行したもので、外国の社会、あるいは影響力を持つ個々の人間に政治的影響を与える、あるいは偽情報を流して社会や個々人の判断に迷いを生じさせる、特定の個人や組織の名誉を毀損する、などの活動を行うこと。〕

セポイ

18世紀の中頃から1947年までの間にインドにおいて英国の植民地軍により現地の住民の中からリクルートされて傭兵となった人たち。1857年から1859年まで続いたセポイの反乱は英国の植民地主義者たちにより残酷な手口で弾圧された。

セミョーノフ、グリゴリー・ミハイロヴィッチ(1890~1946) ……66

ソ連の内戦に積極的に参加した一人。シベリア地域コサック部隊指揮官。帝国陸軍中将。中国に亡命。1945年に満州でソ連軍の捕虜となり、裁判の結果処刑された。

(Special Branch)。ＭＩ５と緊密な関係を保ちつつ活動している。

スターリン(ジュガシビリ)、ヨシフ・ヴィッサリオノヴィッチ(1879~1953) ……102, 103, 130-132, 136, 162, 219, 332, 357, 386

ソ連の政治家、党活動家。1924年から1953年までソ連の指導者。ソ連邦の創設と強化およびソ連の国の保安組織の発達の分野に重要な足跡を残した。第二次世界大戦の勝利にスターリンが果たした役割については議論の余地はない。「スターリンが受け継いだ国には鋤しかなかったが、原子爆弾を置き土産にしてその国を去って行った」というチャーチルの発言は有名である。

スティーヴンス、G・R ……129

ＳＩＳの要員としてオランダ支局に勤務。偽情報作戦の結果、ドイツにより摘発されゲシュタポの厳しい尋問を受けた。

スティーヴンソン、ウィリアム ……187

スエズ危機の時のカイロ駐在のＳＩＳ要員。

スティーヴンソン、ウィリアム ……343, 344

アメリカ大統領がルーズベルトだった時代にウインストン・チャーチルの個人的代表の役を務めた。第二次世界大戦中にはドイツのエージェントたちに対抗するための反スパイ策を協議するためにアメリカに派遣された。

ステクロフ、ニコライ・ヴァシーリエヴィッチ ……262

ソ連の防諜機関のリーダー格の要員。1970年代にはＫＧＢ第二総局英国課に勤務。在モスクワ英国大使館付属のＳＩＳ支局を精査する作戦に積極的に参加。

ステーション(Station) ……24, 36, 147, 182

「ＳＩＳの海外支局」を参照のこと。

ストィルネ、ウラジーミル・アンドレーエヴィッチ ……91

国家政治保安部・統合国家政治保安部の防諜課要員。「シンジカート」および「トレスト」作戦に積極的に参加。イヴァノヴォ産業州局長を務めている時に内務人民委員部内で起こった非合法弾圧の対象にされて死去。

「自発的協力者」 ……251-255, 257-259

旧ソ連および新生ロシアの特務機関が用いた術語で外国の諜報機関にスパイとして奉仕することを申し出る者のこと。英米では別の術語を用いている。例えば「離反者」(defector)、「志願者」(volanteer)、訪問者(caller)(こうした目的のために外国の代表部の境界内に立ち入った者について論が及んだ場合)。

スピンドラー、ガイ・デイヴィッド・セント＝ジョン・ケルソー ……310

ＳＩＳの要員。1980年代にはＳＩＳのモスクワ支局で勤務。

「シンジカート」 ……87, 88, 90

反革命・サボタージュ取締全ロシア非常委員会と統合国家政治保安部が行った作戦のコードネーム。

シンツォフ、ヴァジム ……305, 306, 320, 321, 323

ソ連のコンツェルン「特殊機械製作冶金工業」の対外経済関係部門のリーダー。外国滞在中にＳＩＳによりリクルートされた。ソ連の防諜機関により英国のエージェントとして摘発された（コードネームは「デメトリオス」）。

心理戦 ……176, 177, 187, 212, 214, 220, 221, 223, 225, 226, 235, 238, 298, 313, 375

特務機関が自己の真の目的を隠すために敵の誤解を誘い、自己にとって有利な考え方を敵に押しつけ、最終的には敵の国民の士気を喪失させることを目的として行う情報・プロパガンダ作戦。

スィロエシキン、グリゴリー・セルゲエーヴィッチ ……91

国家政治保安部・統合国家政治保安部の防諜課要員。「シンジカート」および「トレスト」事件に伴う作戦に積極的に参加。スペイン内戦の英雄。内務人民委員部内で起こった非合法弾圧の対象にされて死去。

スウィフト、ジョナサン（1667～1745） ……37

英国の作家、政治家、諜報要員。

スウィンバーン、ジェームズ ……187

スエズ危機の時カイロで活動していたアラブ通信社の代表者。緊密な関係にあったＳＩＳの要請により、アラブ世界のマスコミを通じてエジプト自体およびソ連を筆頭とする社会主義諸国との協調を掲げるナセルの政治路線を標的にした心理戦を仕掛けた。

スカーレット、ジョン〔・マクラウド〕 ……256, 257, 260, 261, 263, 304, 310, 311

ＳＩＳの要員。1991年から1994年まではモスクワ支局勤務。〔ＳＩＳのモスクワ支局に二度勤務したが、1991年初頭からの二度目の勤務期間中はゴルバチョフの統治時代だったこともあって、彼はＳＩＳの職員であることを公にした上でゴルバチョフ自身やＫＧＢの職員と交流し、テロリズムや組織犯罪について意見を交換した。ただしゴルバチョフの命運は尽きており、エリツィンが後を継ぐことになると主張して、時の駐ロ英国大使と対峙することもあった。1994年、ロシアから追放される。その原因は、彼がＫＧＢの主席公文書保管人とその家族を、同人が郊外の私宅に隠していた大量の文書と共にロシア国外へ出すことを２年前から画策していたこととされていた。〕

スコットランド・ヤード（Scotland Yard） ……23, 60, 99

ロンドンの刑事・政治警察。

スコットランド・ヤードの特殊部門 ……60

スコットランド・ヤードの下部組織の中で防諜活動を行うセクションのこと

エージェントを実地に利用するのは防諜体制が比較的弱い国々においてである。

ジョインソン=ヒックス、ウィリアム(1865~1932) ……100, 101

スタンリー・ボールドウィン率いる保守党内閣の国務大臣。1927年のロンドンで英国とソ連の国交断絶を招来することになった全ロシア協同委員会（アルコス）に対する挑発行為の組織者。

「衝突」 ……201

1950年代にＳＩＳのウィーン支局がオーストリア国内に施設されていたソ連の有線電話ラインの一つを盗聴しようとした作戦のコードネーム。

小ピット、ウィリアム(1759~1806) ……193

18世紀後半の英国保守党の政治家。ナポレオン戦争時代の英国首相。彼の時代に英国の領土の拡大と、アイルランドの残酷な植民地化が始まった。と同時に英国の北米植民地が独立を獲得し現在のアメリカが形成された。

情報源 ……69, 104, 108, 109, 112, 113, 129, 148, 155-157, 173, 212, 220, 223, 289, 307, 324, 336, 337, 347-349, 375

特務機関用語では防諜機関に情報をもたらす人物または手段を指す。ＳＩＳとＣＩＡではSource、Assetという。

情報調査局 ……221

1950~1970年代ＳＩＳと協同して心理戦の遂行、「黒色」、「灰色」のプロパガンダ作戦を実行した英国外務省を構成する下部組織。1977年に国際情報局に改組。

ジョージ三世(1738~180) ……44

ハノーヴァー朝の英国王。彼の統治期は英国がナポレオン率いるフランスと戦い、大英帝国の形成が進捗し、植民者たちの勝利に終わったアメリカ革命が勃発した時代だった。精神を病んだ状態で1820年に死去。

ジョルダニア、ノエ・ニコラーエヴィッチ(1869~1953) ……190, 191

ジョージア（グルジア）のメンシェヴィキのリーダー。1918年にはジョージアのメンシェヴィキ内閣の首相。1921年に亡命。ドイツと緊密な関係を保っていたが、亡命中は英国側に寝返り、ソ連を標的にした諜報・破壊活動に従事する人員をＳＩＳに提供した。

シリトー、パーシー ……247

1946年から1953年までのＭＩ５の長官（参考文献も参照）。

シンクレア、ジョン ……154, 334, 358

1953年から1956年までのＳＩＳの長官。少将。

シェイクスピア、ナイジェル ……304
英国海軍諜報部要員。専門はソ連邦とその後身のロシア。

シェフテリ、フョードル・オシーポヴィッチ(1859~1926) ……227
帝政ロシアおよびソ連時代の建築家。現在英国大使館が納まっているソフィア河岸通りの建物の設計者。

シェクター、ジェロルド ……239, 240, 246
アメリカの作家、社会評論家。ＣＩＡとＳＩＳと緊密な関係を維持している（参考文献も参照)。

ジェルジンスキー、フェリックス・エドムーンドヴィッチ(1877~1926) ……78, 91
反革命・サボタージュ取締全ロシア非常委員会議長。1922年からは国家政治保安部・統合国家政治保安部議長。心臓発作で1926年に死去。

「ジークフリート線」 ……64
ドイツ国内のフランスとの国境地帯に構築された防御用施設のシステム。構築は1936～40年代に行われた。古代ドイツの伝説上の英雄の名を名称にした。

「ジノーヴィエフの手紙」(「コミンテルンからの手紙」) ……99
ソ連の名誉を毀損するために英国の諜報機関が偽造したもの。

ジャーディム、マックスウェル ……303
英国の諜報要員。英国国防省職員。1990年代に英国諜報機関の創意により創設されたロシア軍将校たちのための講習所の責任者としてモスクワで活動した。

シャープ、ローズマリー ……199
1990年代に西独のＳＩＳ支局に勤務。

十一番目の戒律 ……370
「汝、捕まるなかれ」――ＳＩＳの要員たちの間で用いられた冗談半分のモットー。聖書に書かれている十戒を模したもの。

「自由・祖国擁護同盟」 ……74, 88
ソビエト政権の転覆を目的にした反革命組織。リーダーはサーヴィンコフ。1920年代にソ連の防諜機関により壊滅させられた。

主任エージェント ……67, 68, 85
エージェントたちから成るグループを統率する立場にあるエージェントのこと。すなわちエージェント・グループのリーダー。と同時に同人は諜報機関要員である自己の指導者との連絡体制を確立するよう努める。ＳＩＳの場合手本となるのはナジェージダ・ヴォリフソンとゲオルギー・チャプリンだった。ＳＩＳが主任

作戦……24, 27, 30, 36, 42, 43, 54, 56, 60, 69-71, 75, 76, 79, 80, 84-91, 101, 104, 110, 112, 115, 126, 127, 129, 130, 137, 139, 142, 144-146, 150-152, 154, 156, 158, 164, 173, 177, 178, 184, 185, 187, 189, 191, 192, 201-211, 214, 223-225, 229-233, 235, 237, 239-242, 248, 250, 252, 255, 257-259, 261, 268, 278, 282, 284, 306, 308, 309, 311, 312, 321, 325, 329, 331-335, 337, 343, 345-347, 350, 351, 358, 362, 369, 371
諜報機関または防諜機関が具体的な目的を達成するために実施する大規模な軍事行動。

作戦要員
活動の一定部分の責任を負う諜報機関員あるいは防諜機関員。英国およびアメリカの特務機関の用語集ではCase Officer（活動に関する精査を行う要員）という術語が使われている。

サーシャ ……320, 321
ＳＩＳのエージェントだったソ連国民のコードネーム。

サッチャー、マーガレット（1925～2013） ……169, 193, 271, 285-290, 340, 341
英国の政治家、英国史上初の女性首相。親しい人たちからはマギーと呼ばれた。

「砂糖」（「Sugar」） ……201
ウィーンでＳＩＳが試みたソ連の電話通信盗聴作戦のコードネーム。

サパーロフ、アリフ
参考文献を参照のこと。

「サラマンダー」 ……188
エジプトのリーダーであるナセルを亡き者にすることを狙った、ＳＩＳの作戦のコードネーム。

サーロー、ジョン（1616～1668） ……26, 27, 33, 34, 36
オリバー・クロムウェルの時代の国務相。英国諜報機関のリーダー。

産業党 ……102, 103
産業党（または技術者組織連合）。最高度の知識を持つ工学、技術部門のスタッフの組織であり、1925～30年代にソ連の産業・鉄道部門で活動した。西側諸国内のロシア人移民組織と秘かに連絡を取り合っていた。西側諜報機関はソ連国内における反体勢力として産業党を利用しようと努めた。

三国協商（アンタンタ） ……48, 51, 62, 64, 66, 71, 74, 77, 78, 80, 93
もともとはフランス語で「協定」を意味する単語だが、歴史上ではドイツが音頭を取って形成された連合に対抗するために1907年に結成された英国、フランス、帝政ロシアの三国間の軍事・政治同盟を指し〔三国協商〕、英国の指揮の下、この同盟はソ連を敵視した14ヵ国からなる軍事干渉を行うに至った。

ゴール、シャルル・ド(1890～1970) ……331

フランスの政治家。将軍。第二次世界大戦中はフランスの抵抗運動のリーダー。ヨーロッパにおいて増大の一途を辿る英国の影響力の手厳しい敵対者だった。

コルチャーク、アレクサンドル・ヴァシーリエヴィッチ(1873～1920) ……65, 66, 74, 86, 94

帝政ロシア海軍の提督。三国協商干渉軍の積極的な援助を受けて行われたソビエト共和国相手の戦いの主要組織者の一人。赤軍がコルチャーク軍に壊滅的打撃を与えた1920年にイルクーツクで処刑された。

ゴルディエフスキー、オレグ・アントーノヴィッチ(1938～) ……77, 78, 197, 270-274, 276-285, 288, 291-298, 304, 317, 322, 353

ＳＩＳのエージェント。デンマークの国家保安機関を支援していた際に1974年にコペンハーゲンでＳＩＳによりリクルートされた。

コルト、エーリック ……113

第二次世界大戦中、ＳＩＳとヒトラー体制に反対するドイツ軍人層との連絡役を務めたスイス駐在のドイツの外交官。

ゴルバチョフ、ミハイル・セルゲーエヴィッチ(1931～) ……286-290, 379

ソ連の政治家、党の活動家。ソ連邦の最初で最後の大統領。

■さ　行■

サイモン、ジョン・オールスブルック(1873～1954) ……118

英国保守党内閣で外務大臣を含む大臣職を歴任。ファシズム体制のドイツとの距離を詰める政策を支持。「ミュンヘン派」として積極的に活動。1954年に死去。

サーヴィンコフ、ボリス・ヴィクトロヴィッチ(1879～1925) ……74, 80, 87, 88, 91, 94, 97

ソ連の政治家〔ロシア社会革命党・エスエル〕。ソ連で十月革命が成立した後、反ソビエト・ロシア武力闘争実行組織を設立。ソ連防諜機関によりソ連領域内に引き込まれ、逮捕され有罪と認められた。1924年に自殺。〔ロープシンの名で小説家としても活動。作品に『蒼ざめた馬』ほか。〕

「作業予定表」 ……309

諜報機関、防諜機関で用いられる術語。一対一の面談、資料の秘密の隠し場所への収納とそこからの取り出し、無線による通信などのエージェントとの連絡が必要な活動の予定表を意味する。この予定表を受け取ったエージェントは秘密保持策に従って予定表自体に特別のカモフラージュを施して自身で保持するか、あるいは秘密の場所に保管する。この予定表はエージェントが諜報機関と連絡を取っていることの証拠としては最も重大なものの一つとされる。

ことになった。

現場在住のエージェント（Agent-in-place） ……105

通常は、いわゆる「志願者たち」の中から諜報機関が雇ったエージェントを指す。彼らは自分の職場を離れることなく要求された諜報活動を行う。ＳＩＳのために活動したペンコフスキーとシンツォフはこの類のエージェントに該当する。

「ケンブリッジの五人組（ケンブリッジ・ファイヴ）」 ……123, 350

1930～1950年代にさまざまな官庁の一員として英国内でソ連のスパイとして活動したイギリス人たちに付けられた、一風変わった団体名。５人とは、英国で最古の大学であるケンブリッジ大学の卒業生キム・フィルビー、ドナルド・マクリーン、ガイ・バージェス、アンソニー・ブラント、ジョン・ケアンクロスのこと。そのため「ケンブリッジの五人組」と名づけられた。〔暴露後、全員ソ連に亡命。〕

広報センター ……239

ソ連邦のＫＧＢとロシア連邦保安庁の下部組織で、マスコミを通じて社会との接触を保つ役割を担う。国の保安を担当する機関の活動について解説する。

「合法的な旅行者」（Legal Travellers） ……105, 137, 145, 229, 233

ＳＩＳとＣＩＡにより考案された、旅行者を装ったエージェントをソ連に送り込む諜報計画のコードネーム。1950~60年代に実行された。

「コガネムシ」

隠語で盗聴器のこと。

国際学生連盟 ……346

1948年にプラハで開催された国際学生会議において創設された。西側は強烈に反発し、いくつかの青年団体に脱退を教唆した。

ゴッドフリー、ジョン（1888～1970） ……344

1940年代の英国海軍諜報部のトップ。

コードネーム ……41, 85, 126, 127, 137, 202, 231, 278, 308, 320, 331, 332, 334

特務機関が用いるもので要員やエージェントが任務遂行のため日常使っている書類に、秘密保持を目的として記されている仮の名前。

コープランド、マイルズ（1916～1991） ……346

ＣＩＡの主要要員。1950～60年代には作家業に従事。

ゴリーツィン、アナトリー・ミハイロヴィッチ

ソ連諜報機関の元要員。1960年に勤務していた在ヘルシンキソ連大使館を抜け出してアメリカ人たちに身を託し、ＣＩＡのアドバイザーの一人となった。ＳＩＳとＭＩ５により一度ならず利用された。

クロムウェル、オリバー(1599～1658) ……26, 33, 34, 193

17世紀の英国ブルジョア革命の担い手。スコットランドとアイルランドの自由獲得運動を呵責なく弾圧した。秘密組織の強化に格別の関心を抱いていた。

ケアンクロス、ジョン(1913～1995) ……123

有名な「ケンブリッジの五人組（ケンブリッジ・ファイヴ）」の参加者の一人。

ゲイツケル、ヒュー・トッド・ネイラー(1906～1963) ……271

英国労働党党首。党内では右派に所属。労働党内閣で大臣を歴任。重病で死去。

ゲシュタポ ……129, 209, 234

ファシズム体制下のドイツの秘密警察。防諜機関の機能を担った。主要下部機関の一つとして第三帝国の国家保安官庁に所属（ドイツ帝国主要保安官庁の第六課）。

ゲッベルス、ヨーゼフ(1897～1945) ……216, 229

アドルフ・ヒトラーが率いたナチ党政権下で宣伝大臣を務めた。第三帝国の指導者の一人。第二次世界大戦終焉時に妻と幼い子どもたちを殺害してから自殺した。

ケニヤッタ、ジョモ(1893頃～1978) ……192

1963年に英国から独立したケニア共和国の初代大統領。1978年に死去。

ゲーペーウー(GPU) ……91

国家政治保安部。ロシア・ソビエト連邦社会主義共和国の内部人民委員部に所属する国政担当官庁。ヴェーチェーカーを土台にして1922年に創設。ソビエト社会主義共和国連邦形成後の1923年に統合国家政治保安部に改組された。

ゲームのルール ……72, 169, 387

諜報活動には活動の誠実さと礼儀正しさを決定づける成文化されていない規則があるとされている。「正々堂々の戦い」（Fair Play）は英米の諜報機関で用いられる術語であり、諜報機関要員たちの振る舞いを律するある種の規則だとされている。実際はこういう規則が特務機関の活動の性格と内容を決めるわけでは、もちろんない。決めるのは敵を負かしたいという強烈な欲求だ。

ケレンスキー、アレクサンドル・フョードロヴィッチ(1881～1970) ……80

1917年に成立したロシアの臨時政府の首相。彼のロシアからの不法出国には英国の諜報機関が手を貸したとする資料もある。亡命生活はアメリカで送った。1970年に死去。

剣闘士たちの乱(義和団の乱) ……28

1899～1901年に中国北部で勃発した民衆による反帝国主義動乱（「公平と合意の擁護団」）を意味する名称を持った秘密結社による動乱としても知られている。ドイツ、日本、アメリカ、英国、フランス、帝政ロシア、オーストリア・ハンガリー帝国により厳しく弾圧された。その結果中国は半ば植民地と同等の扱いを受ける

キング、トム(1933~) ……361

英国首相ジョン・メージャーが率いた英国の保守党内閣の国防大臣。1994年法に基づいて創設された諜報活動と保安に関する議会委員会の議長。

クック、ロビン(1946~2005) ……177, 216

トニー・ブレア首相率いる労働党内閣の外務大臣。

クラスノフ、ピョートル・ニコラエヴィッチ(1869~1947) ……66

帝政ロシア軍の少将。十月革命後の反革命運動の積極的組織者の一人。1919年以降ドイツに居住。第二次世界大戦中はファシズム体制下のドイツと緊密な協働関係を保った。ソ連の法廷が下した判決により死刑に処せられた。

クラツェフ、ゲンナジー ……263

1970～80年代にＫＧＢの下部組織の一つに勤務していた。

クラブ、ライオネル(1909~1956) ……153, 154, 358

英国海軍の軍人。潜水作業の名人の一人。1950年代にＳＩＳと契約し、その依頼に基づいてソ連の軍艦に関する諜報活動を行った。1956年にポーツマスで死亡（心臓発作だった可能性がある）。

グリバーノフ、オレグ・ミハイロヴィッチ(1915~1992) ……248

ソ連邦国家保安人民委員部第二総局（1960年代前半の防諜機関）の局長。

クリブデン・グループ ……117-120

ドイツの攻撃目標がソ連となるようにするためにヒトラー指揮下のドイツとの協力関係を支持した者たちが結成した政治的グループ。クリブデンの徒党とか英国内の「第五列」と呼ばれることもあった。

クリントン、ビル(ウィリアム)(1946~) ……195

アメリカ合衆国の大統領。民主党員。アメリカが指導的立場に就くことを前提にした一極化された世界という構想を熱烈に支持した。イラクおよびユーゴスラヴィアを標的にしたＮＡＴＯの攻撃的活動を組織した。

グルナール

1918年ロシア駐在のフランス総領事。「ロックハートの陰謀」参加者の一人。

クロージャー、ブライアン ……222

ＳＩＳが心理戦に関わる活動実施に際し、密使（エージェント）として利用した新聞社「タイムズ」の社員。

クロミー、フランシス ……67, 74

ペトログラード駐在の英国海軍武官。大使館にやって来たソ連非常員会のメンバーたちに発砲したため小ぜり合いとなり、射殺された。

プヴェーアの指揮を執った。反ヒトラー陰謀に参加したことにより処刑された。

カミング、マンスフィールド(・スミス)(1859～1923) ……49, 80, 89, 356, 357

ＳＩＳおよびＭＩ１ｃの初代長官。海軍大佐。1923年死去。

カレージン、アレクサンドル・マクシーモヴィッチ(1861～1918) ……66

コサック軍の将軍。内戦時にドン河流域で反革命運動の指揮を執った。反乱が粉砕された後に自殺した。

監督官 ……239

ＳＩＳの要員でエージェントと仕事をする者のこと（controller）。

キセリョフ、アレクセイ・ニキートヴィッチ ……248

1960年代にソ連邦ＫＧＢ第二総局英国課の要員だった。英国とアメリカのスパイだったペンコフスキーの暴き出し作戦の現場で活躍した。

偽造文書 ……96, 99, 100, 215, 296

諜報機関が要員やエージェントのために用意する身分証明書やその他の偽造書類。これらの書類の使命はエージェントと要員の活動を秘密なものにすること。

ギッブス、アンドリュー・パトリック・サマセット ……310, 311

ＳＩＳの要員。1980年代半ばにモスクワ支局に勤務。大英帝国勲章の保持者。

ギブソン、ハロルド ……104

ＳＩＳの要員。1930年代に英国大使館員に扮してモスクワで活動。

キュルツ、イリヤ・ロマーノヴィッチ ……84

1919年にペトログラードで活動したポール・デュークスが率いたエージェント・グループの連絡役であり、同グループのための秘密の会合場所の持ち主。

強制移住者 ……142, 230, 235

状況のしからしむるところにより（通常は自分の自由意志ではなく）、他国の領域に身を置かざるを得なくなった一国の国民。この術語は第二次世界大戦中、ファシズム体制下のドイツが外国の広大な領土を占領し、その地の大量の住民を別の国に移住させたことから生じた。ソ連から移住させられた人々は、米英特務機関がソ連に送り込むエージェントのリクルート活動の主な対象となった。

局

ＳＩＳの構造に機能面の体系を基にして組み込まれた下部組織。

虚報 ……32, 45, 64, 168, 206, 208-211, 213, 222, 226

偽造資料を特務機関の情報源およびマスコミを通じて流布することにより国外の敵を惑わせるために行う諜報作戦の手法、またはプロパガンダ作戦の方策。

■か　行■

外交政策情報局　　……223
英国外務省の下部組織として心理戦実施に際しＳＩＳとの緊密な関係を維持しつつ活動した。英国外務省の情報研究局をベースにして創設された。

外国課　　……40
外国の外交文章を奪取し、処理する仕事に従事していた英国秘密機関の一つの名称（18世紀～19世紀）。

開発
開発の対象者をリクルートすること、または対象の中から特務機関と関係を持つ者を摘発すること。対象の名誉を毀損することなども開発の目的となり得る。

カヴァー（偽装）　　……34, 159, 160
諜報機関要員やエージェント身分を隠蔽するために用いる外交官やジャーナリストなどの「屋根」（隠れ蓑）のこと。

ガーヴィン、ダイソン　　……119
ロザミア卿がオーナーの英国で有名な新聞「タイムズ」と「オブザーバー」の編集長。クリブデン・グループに属する英国「ミュンヘン派」の一員。

カーウェン、クリストファー（1929~2013）　　……359
1985~1989年のＳＩＳ長官。

隠し場所作戦　　……239, 242, 250
外国諜報機関の支局が行う保管容器の埋設、あるいは容器を隠し場所から取り出す作業。

ガーストン、G
ロックハートが率いた在ロ英国使節団の一員。「ロックハートの陰謀」の参加者の一人。

カーゾン、ジョージ・ナタニエル（1859~1925）　　……63
1919~1924年まで英国保守党内閣の外務大臣。ソビエト・ロシアおよびソ連邦に対する凄まじい敵意の持主。「カーゾンの最後通牒」「カーゾン・ライン」（三国協商により推奨されたポーランド東部の国境線）などの彼の名を付けた概念が生まれた。

カドガン、アレクサンダー（1884~1968）　　……119
英国の外務次官。保守党員。ナンシー・アスターのサロンの常連客。英国の熱心な「ミュンヘン派」の一人。

カナリス、ヴィルヘルム・フリードリッヒ（1887~1945）　　……113-115
提督。ドイツのスパイ活動のベテラン。1933~1944年にはドイツ軍の諜報機関ア

オジャラン、アブドゥッラー(1948~) ……191

トルコからの独立を目指して戦うクルド人のリーダー。トルコの諜報要員グループによりケニアで逮捕され、裁判で死刑を宣告された。資料によると、トルコ側がケニアで彼を誘拐した件にＳＩＳが関係していたとされている。

オスター、ハンス(1887~1944) ……113, 128

カナリスが長官だった時のアプヴェーアの次官。少将。ドイツ軍の中で反ヒトラー運動に最も積極的に参入した者たちの一人。1944年に処刑された〔1945年の説も〕。

オーストラリア安全情報機構(ＡＳＩＯ)(Australian Security Intelligence Organization)

主として防諜活動に従事。英米両国の特務機関と緊密な関係を結び協同作業を行っている。アジア太平洋地域において中華人民共和国（つい最近まではソ連も含まれていた）によりオーストラリアの安全が脅かされるのを防ぐことを主要任務としている。

オズワルド、モズレー(1896~1980) ……117

英国のファシスト組織のリーダー。ヒトラーの崇拝者。彼の組織はＭＩ５の監視下にあった。〔ファシストになる前は労働党幹部だった。〕

「オーバーフライト」(Overflight:上空侵犯) ……143, 145

ＣＩＡとＳＩＳが考案したソ連の領空に写真撮影による諜報活動を行う高高度偵察機Ｕ２を潜入させる作戦のコード記号。1956～1960年に実施された。フランシス・ゲーリー・パワーズによる飛行が失敗に終わったため、アイゼンハワー大統領により作戦は中止された。

「オーバーロード」(Overlord:「崇拝の的」、「神」) ……208, 210, 211

連合国側がノルウェーに部隊を降下させた、第二次世界大戦中最大規模の上陸作戦のコードネーム。

オーブホフ、プラトン・アレクセーエヴィッチ(1969~) ……307, 309-314, 320, 321, 323

元ロシア外務省員。外国滞在中にＳＩＳにリクルートされ、連絡役としてＳＩＳのモスクワ支局に派遣された。ロシアの防諜機関により英国のエージェントとして認定された。

オールドフィールド、モーリス(1915~1981) ……169, 238, 359

ＳＩＳの要員たちの中で最も優秀で、才能に恵まれた者の一人。1973年から1978年までＳＩＳの長官。同性愛者であるとの情報に接したマーガレット・サッチャーにより退任させられた。

エージェントの送達

諜報機関がエージェントを敵国に侵入させる方法としては陸路、海路を利用する、あるいは飛行機からの落下傘による降下などがある。エージェントには諜報機関が作成した偽造文書や連絡手段、然るべき武器が支給された。

エージェント網 ……34, 37, 50, 55, 81, 84, 85, 104, 105, 112, 126, 152, 185, 187, 234, 252, 257, 279, 370

諜報活動機関所属の専門家または主任エージェントを通して通達される諜報機関の在外支店の指示に基づいて外国で活動するエージェントのグループを指す。エージェントが互いの面前で身元を明かされることもあり得るが、通常は別個に行動し、エージェント同士は互いの存在を知らない。

エージェントを使っての諜報活動 ……145, 150, 325, 342, 345, 348, 352, 355, 356, 362, 369

諜報機関と防諜機関が課せられた任務を遂行するために、エージェントと作業用技術手段を利用して行う作戦。

エリオット、ニコラス(1916～1994) ……154, 165, 183-185

ＳＩＳの主要要員。1960年代には西ヨーロッパおよび中東のＳＩＳ支局でリーダーの役を務めた。

エリザベス一世(1533～1603) ……26, 30, 32, 33, 193

テューダー朝の英国女王。ヘンリー八世とアン・ブーリンの娘。エリザベス一世の治世下に君主制の確立度が著しく高まり、アイルランドの植民地化が始まり、スペインの艦隊は撃破され、秘密機関が強化されるなどした。

エロフェーエフ(ウィル・ド・ウォーリー) ……84

1919年にユデーニッチ軍に対抗してペトログラードを守った第七赤軍の政治部員。ＳＩＳの主要要員ヴォリフソン・Ｎ・Ｖの息子。後に英国諜報機関に引き込まれスパイとして協力した。

「黄金」 ……202, 204, 205, 207

ソ連が地中に施設した電話ケーブルを奪取し交信内容を盗聴することを目的にＳＩＳとＣＩＡが行った諜報作戦のコードネーム。

オグデン、クリス ……289

アメリカのジャーナリスト、作家。英国の政治活動研究家の一人（参考文献参照）。

オコロヴィッチ、グリゴーリー(1901～1980) ……234

ロシア連帯主義者連合（ＮＴＳ、Narodno-trudovoi soyuz rossiiskikh solidaristov）のリーダーの一人。エージェントを使っての諜報活動に関わる問題を扱った。

的規模の政治および軍事連合に参加しなかったことにより、英国の支配層は世界の舞台で自由に振舞うことができた。

エイジー、フィリップ(1935~2008) ……212, 213

アメリカ中央情報局の元要員。南米支局に勤務。アメリカの諜報機関とは関係を絶った（参考文献も参照のこと)。〔イデオロギーの違いと、本人がラテンアメリカ諸国でのＣＩＡの活動内容を暴露しはじめたことにより、退職。〕

エージェント ……27, 30-37, 39, 45, 49-51, 55, 56, 64, 66, 67, 69-71, 75, 77, 78, 82-85, 88, 89, 91, 94, 103-105, 112, 114, 115, 126-130, 137, 138, 142, 146, 149-152, 157, 158, 160, 161, 172, 173, 175, 177-179, 183-188, 190-194, 197, 201, 203, 207, 209, 218, 219, 222, 224, 230-238, 240-248, 250, 255, 256, 258-261, 271, 272, 274, 276-283, 285, 288, 291-294, 296, 297, 304-309, 311, 314, 315, 319-321, 323-325, 333-336, 342, 344-346, 348, 350, 352, 353, 355, 356, 362, 369-371, 379, 381, 385, 389

情報入手、または諜報・防諜活動に関わる各種の課題達成のために特務機関が秘密裏に協力させる人物のこと。諜報・防諜機関が興味を持っている情報のありどころにエージェントが個人的に接触できるのが普通である。エージェントが秘密資料を入手できるような状況や条件が同人のためにお膳立てされるケースもあり得る。特務機関が使うエージェント一人ひとりついて、同人の信頼度および同人の利用度に的を絞った資料を基にした身上調書が作成される。特務機関とエージェントが組んだ活動が、秘匿された信頼の置けるものであるようにするために、両者間の連絡は特別な条件下で実行される。英米両国の特務機関はエージェントたちの活動を区分けするために、各活動の特徴を表示した個別の名称を各エージェントに付している。例えば「情報入手用エージェント」「ダブル・エージェント」「影響力を持つエージェント」「不法滞在エージェント」「主任エージェント」「潜在的エージェント」など。アメリカ合衆国では「エージェント」という術語は秘密機関（治安機関）の要員と警察官について用いられる。

エージェントからの報告 ……112

エージェントから諜報機関に渡される資料のこと。タイプライターまたは他の技術を用いてエージェントにより作成され、エージェントから手渡しされる。秘密保持のためエージェントは通常、諜報機関から与えられたコードネームを用いて書類に署名するが、署名は一切しないこともある。

エージェント送達ルート

敵地にエージェントを送り込む道筋と方法。エージェントが侵入するための不法ルートのいくつかは知られている（陸路による国境越え、海路利用、飛行機からの落下傘降下)。さらに商人、ジャーナリスト、観光客などを装って合法的なルートで敵国領域内に入ることなど。

いたことでトルコからソ連に移送され、裁判にかけられた。

ヴォルコフ、フョードル・ドミートリエヴィッチ ……66, 108
ソ連の近代史研究家。

ウォルシンガム、フランシス(1532～1590) ……26-28, 30-33, 36, 213
エリザベス一世統治下の国務大臣、英国秘密機関の組織者。

ヴォロダルスキー、V(モイセイ、マルコヴィッチ・ゴリシュテイン)(1890～1918)
ロシアの革命運動家。十月社会主義者大革命運動に積極的に参加。第一次ソビエト政権の印刷・プロパガンダ担当内部人民委員となったが、1918年に社会革命党により殺害された。

ウランゲリ、ピョートル・ニコラエヴィッチ(1878～1928) ……86, 93
帝政ロシア軍の中将。ロシアの内戦に積極的に関わった。デニーキンの義勇軍に参加。1920年にはクリミア半島方面で反革命軍の指揮を執った。亡命後はロシア全軍連合（ＰＯＢＣ）を組織した。

ウリツキー、モイセイ・ソロモーノヴィッチ(1873～1918)
ロシアの革命運動の実行者。ペトログラード非常委員会のリーダー。社会革命党の右派により殺害された。

「ウルトラ」 ……41
英国の暗号解読部門が行ったドイツの暗号解読作戦のコードネーム。英国は電子計算機を使ったこの作戦において、「エニグマ」と名づけられた暗号化機械で作成された数多くのナチス・ドイツの秘密情報の解読に成功した。作戦はＳＩＳと協同して行われた。その際ＳＩＳの長官メンジーズは、解読された資料が真っ先に彼の元に届けられ、彼がその内容を国の首脳に報告するという流れを作らせるのに成功した。

エイガー、オーガスタス(1890～1968) ……85
ＭＩ１ｃの要員。1919年にペトログラードで活動していたポール・デュークスが率いるエージェント・グループと連絡を取っていた高速ボート隊の隊長。

影響力を持つエージェント ……161, 192, 319, 346
外国の外交政策、内政に秘かに影響を及ぼすことを目的として諜報機関が利用する人間を指す。通常この類のエージェントは該当する国の政界、経済界、マスコミまたは影響力のある社会組織とのつながりを保持している。この類のエージェントは彼らを使う諜報機関により手厚い保護を受けている。

「栄光ある孤立」 ……46, 48, 52, 163, 364
世界の政治家たちが19世紀後半の英国の外交政策を評する際に用いた表現。国際

ウィルソン、ホーレス(1882~1972) ……118

英国の首相ネヴィル・チェンバレンの主席政治顧問を務めたため「灰色の枢機卿」と呼ばれた。熱烈な反ソ主義者にして「ミュンヘン派」の一人。

ウィーン、グレヴィル(1919~1990) ……238, 242-245, 248, 261

英国の実業家。ＭＩ５（後にＳＩＳ）のエージェント。ＳＩＳおよびＣＩＡのエージェントだったペンコフスキーと秘かに連絡を取り合っていた（参考文献参照）。

ヴェーチェーカー(チェーカー) ……78, 82-85, 90

反革命・サボタージュ取締全ロシア非常委員会。十月社会主義者大革命闘争に勝利した側が反革命運動、破壊行為、サボタージュを阻止するため、および外国のスパイ行為に抵抗するために設けた特別機関。チェーカーに関する規定に基づき地方組織も形成された。1922年にはヴェーチェーカーに改組され、国政官庁となった。ヴェーチェーカーの指揮はジェルジンスキーに任された。

ウェリントン、アーサー・ウェルズリー(1769~1852) ……43

英国の元帥。スペイン国内とワーテルローの戦いでナポレオンを撃ち負かしたことで英国の英雄とされている。大臣の職を歴任した。

「ヴェルサイユ」 ……52, 53, 108, 110, 111, 357

三国協商参加国を中心とした連合国が、ドイツを中心とした同盟国に勝利した結果、世界中で制定された軍事・政治システムの総称。名称の基となったヴェルサイユは、1919年に第一次世界大戦が終了した後、敗北を喫したドイツとの間で平和条約が締結されたパリ近郊に位置する市の名前。ドイツはフランスにアルザス＝ロレーヌを、ベルギーにはオイペンとマルメディを、ポーランドにはポズナンと他の土地を、そしてチェコスロヴァキアにはシレジアの一部を返還した。ドイツは自国の領土の一部を失い、それらの地は国際連盟が統治するか、またはその運命は国民投票によって決められることになった。ドイツはすべての植民地を失った。そして莫大な額の賠償金が課せられた。武力保持には大幅に制限された。

ヴォイコフ、ピョートル・ラザレーヴィッチ(1888~1927) ……101

ロシアにおける革命運動家。ポーランド駐在のソ連全権代表。外国の諜報機関と関係していた反革命派の手先により1927年に殺害された。

ヴォリフソン、ナジェージダ・ヴラジーミロヴナ(1875~1935) ……85

ペトログラードにおけるポール・デュークスの主要エージェント。別名はマリーヤ・イヴァーノヴナ。ＭＩ１ｃのエージェント網の指揮を執っていた英国の諜報要員デュークスの主たる助手の役を務めた。

ヴォルコフ、コンスタンチン

イスタンブールのソ連総領事館のメンバーを装っていたＮＫＶＤ（内部人民委員部）の要員。祖国を裏切り英国の諜報機関のスパイとして活動する意図を持ってくのことを成し遂げた。ＫＧＢの特に重要な部門である諜報と防諜の両セクションの指揮を直接執り、ソ連を標的にした西側特務機関の諜報・破壊活動に対抗する作戦で多大な成果を挙げることに成功した。

イオノフ、ニコライ・グリゴーリエヴィッチ ……248

ソ連邦国家保安人民委員部第二総局英国課の要員。ペンコフスキーを暴き出し、摘発する作戦に従事した。

「イカルス」 ……129

ファシズム体制下のドイツが準備していたスペイン攻略作戦のコードネーム。

イーデン、アンソニー（1897～1977） ……118, 154, 187, 188, 358

英国の政治家。保守党員。大臣の職を歴任。1955~1957年は首相。1977年に死去。〔1935年以降、ボールドウィンおよびチェンバレン両内閣で外務大臣として両首相の政策に基づき、対伊・対独にとって融和的な外交活動を行った。その後は、チャーチルらと共に対独・対伊強攻策を唱えるグループを形成した。〕

インターネット ……40, 173-175, 177, 198, 309

多種多様なテーマについての情報を入力できる国際規模の情報網。家庭用およびオフィス用コンピューターを利用する加入者により世界中の国々で利用されている。

インテリジェンス・サービス ……56, 82, 84, 85, 87, 89, 92

英国の諜報機関の名称の中で最も広く普及しているもの。「ＳＩＳ」を参照。

インフォメーション

諜報機関が関心を寄せており、さまざまなルートを通じて収集できる情報を意味する術語。この術語から作られたのが「インフォーマー」であり、その意味は「情報資料を供給する人物、すなわち諜報機関の情報源、エージェント」。

ヴァンシタート、ロバート（1881～1957） ……115, 118

1930年代末の英国外務次官。保守党に所属。英国の「ミュンヘン派」の一員。

ヴィッツレーベン、エルヴィン（1981～1944）） ……113

ファシズム体制下のドイツ軍の元帥。反ヒトラー陰謀のリーダーの一人。1944年に処刑された。

ウィルソン、ハロルド（1916～1995） ……218, 271, 339

英国の政治家。労働党のリーダー（中道派と左派とも連動していた）。1960～70年代に二回首相の座に就いた。自分の前に党首だった人物に肉体的損傷を与えたことおよびソ連に秘かに協力していたことの罪を問われた。

暗号文 ……58, 236, 252, 256, 309, 371

諜報機関と防諜機関で用いられる術語。内容が秘密の文章を書く時に用いる特殊な化学物質を意味する。解読する際には別の試薬が必要になる。エージェントが仕事を行う際に当該物質を利用するプロセス自体も意味する。

アンデルセン、オレ・スティグ(1940~) ……274-277

1970年代にＳＩＳと緊密な関係を保っていたデンマークの保安/情報機関（ＰＥＴ）の長官。ソ連の機関および国民を対照にしたＳＩＳのコペンハーゲン支局の活動に積極的に参加した。

アントーノフ、ヴィチェスラフ(1962~) ……323

ロシア対外情報機関の要員。ロシア諜報機関のフィンランド支局で勤務中の1995年に英国側に寝返り、ＳＩＳのエージェントになった。

アンドリュー、クリストファー(1941~) ……77, 177, 273, 373

英国の研究者。特務機関の活動を研究対象とする。ＳＩＳと緊密な関係を維持(参考文献も参照のこと)。〔ケンブリッジ大学教授。世界中のスパイの歴史を正統派の学術的手法を用いて書いた。〕

アンドレ、ジョン(1750~1780)

英国の陸軍少佐。アメリカ独立戦争の時、クリントン将軍指揮下のニューヨーク地域担当革命軍参謀本部に勤める。英国とベネディクト・アーノルド少将（アメリカ側）との間の連絡係だった。1780年に英国軍側のスパイとして摘発され絞首刑に処せられた。英国側による救出作戦は失敗に終わる。1821年、彼の遺体は英国に運ばれ、国の英雄の一人としてロンドンのウエストミンスター寺院に埋葬された。〔著者は革命軍と戦うために本国から派遣されたヘンリー・クリントン将軍と、革命軍のジェームズ・クリントン将軍を混同している。アンドレ・ジョンが活動していたのは、英国軍のヘンリー・クリントン将軍の部隊である（著者による解説では、革命軍のジェームズ・クリントンのもとで働いた、とある)。革命軍のベネディクト・アーノルド将軍は英国側に寝返ることを策しアンドレ・ジョンの上司ヘンリー・クリントン将軍に接近する。そのことを革命軍が知ったことが、アンドレが英国のスパイとして革命軍に捕まるきっかけとなった〕

アンドローポフ、ユーリー・ヴラジーミロヴィッチ(1914~1984)

ソ連邦の政治家、党活動家。1967年から1982年までＫＧＢ（ソ連国家保安委員会）議長。並外れた知性、誠実さ、人間愛の持主だった。ジェルジンスキーのモットー「ソ連の秘密警察の職員になれるのは冷たい頭脳、熱い心、清潔な手を持つ者だけだ」の信奉者。アンドローポフがソ連の国家保安機関の指揮を執っていた時代はＫＧＢのまさに「黄金時代」だったとみなされている。15年間にわたるＫＧＢの指導者時代、彼は当該機関がソ連の国家統治システム組み込まれ、その立場が強固なものになること、その活動に従事する者たちの専門家的技量が向上すること、その活動そのものが民主主義原理に基づいたものになることに専念して多

アルチョーモフ、アレクサンドル・ニコラーエヴィッチ(1909~2002) ……234
ロシア連帯主義者連合（ＮＴＳ、Narodno-trudovoi soyuz rossiiskikh solidaristov）の指導者の一人。当該連合の代弁者。第二次世界大戦中はファシズム体制化のドイツの政府を緊密な関係を持っていた。戦後は英国とアメリカの特務機関の提灯持ちを務めた。

アルトゥーゾフ(フラウチ)、アルトゥール・フリスチアーノヴィッチ(1891~1937) ……91
十月革命と内戦に積極的に参加。反革命・サボタージュ取締全ロシア非常委員会、国家政治局（通称国家政治保安部)、統合国家政治保安部の職員を務めた。1930年当初までは国家政治保安部と統合国家政治保安部の防諜部門のリーダー。ソ連の特務機関が実施した「トレスト」「シンジカート」やその他の防諜作戦の考案者の一人。ソ連の内務人民委員部で極めて重要なポストに就いていた。違法な弾圧により死亡。

アレクセーエフ、ミハイル・ヴァシーリエヴィッチ(1857~1918)
ロシアの将軍。第一次世界大戦ではロシアとドイツが対峙した前線で積極的に活動した。十月革命の後、義勇軍の指揮を執った。1918年に死亡。

アングルトン、ジェームズ・ジェズス(1917~1987) ……351
アメリカ諜報機関勤務のベテラン。ソ連に対しては強硬路線を取るべきとする説の信奉者。1950～70年代には中央情報局の主要ポストに就いた。ＣＩＡ防諜部門のリーダー。1987年に死去。

アングロ・イラニアン石油会社(APOC) ……334, 335
ブリティッシュ・ペトロリアムの前身。1930～40年代にはこの会社は近東と中東地域およびイラン国内における英国の利益を保障する役を務めた。本質的にはイランの最高権力者だったモハンマド・モサッデクの指揮下、イランの民族主義者・国家統制主義者らによるこの石油会社の専横を押さえ込もうとした試みがあったが、英国の帝国主義者層から猛烈な反発を喰らった。ＳＩＳとＣＩＡが協力してモサッデクを失脚させ、アメリカはイギリス人たちをイランから次第に追い出すと共にイランを手中に収めていった。

暗号 ……27, 40-42, 49-51, 57, 58, 69, 96, 101, 112, 123, 150, 153, 155, 156, 177, 178, 187, 231, 233, 236, 242, 250, 252, 256, 278, 306, 309, 321, 329, 331, 337, 342, 347, 352, 354, 355, 366, 371, 372
秘密の交信に用いられる、あらかじめ決められている記号（「コード」を参照のこと)。

アプヴェーア（Abwehr） ……113-115, 127, 128, 209, 234, 343

1921~1944年に存在したドイツ軍の諜報活動機関。第二次世界大戦前および大戦継続中、軍の諜報機関は規模および活動の効果が共に大きいことで知られていた。アプヴェーアの活動が盛んになったのはナチス・ドイツがソ連に侵攻してからだった。ソ連軍とドイツ軍が対峙する前線地帯ではアプヴェーアに属する大量の下部組織が活動していた。その目的は、ドイツ軍の占領地域に設けられた捕虜収容所内のソ連の軍人たち、あるいは占領地域のソ連の住民たちの中からドイツ側の手先となるエージェントを探し出すことだった。そのためにソ連軍の前線の背後に位置する地域の奥深くにドイツの諜報・破壊活動要員が送り込まれた。アプヴェーアに対抗するために、ソ連側においてロシア語で「スメルシ」（「スパイたちに死を！」という文言の略語）と名づけられた特別防諜機関がソ連軍により創設された。アプヴェーアは1944年にヒトラーの命令により「親衛隊」に併合され、ヒムラーが指揮を執ることになった。

アミン、イディ（1925~2003） ……217

ウガンダが独立を獲得した後、アミンは自らをウガンダの終身大統領、元帥の称号を持つ国軍の最高司令官に任じた。独立以前はウガンダを植民地にしていた英国およびイスラエルに取り入った。当時、南アフリカ共和国と南ローデシアの人種差別体制を支持するために英国からアドバイザーが訪れ、ウガンダとの関係を利用していたが、アミンはそういったアドバイザーを無数に周辺に侍らせていた。1980年代に彼の権力は失墜した。

アメリカ国家安全保障局（ＮＳＡ）（National Security Agency） ……57, 326, 337, 347, 352

英国のシギント〔一般の電話、ファクシミリ、インターネットなどの回線や無線にアクセスして信号情報を傍受し分析すること〕担当機関であり、かつ暗号解読担当官庁であるＧＣＨＱ（英国政府通信本部）に類似した機関。英米両機関の間には協同作業を行い、情報を交換するのに必要な緊密な関係が樹立されている。

アーリー、ピート（1951~） ……277

アメリカのジャーナリスト（参考文献も参照のこと）。

アルコス ……100, 101

全ロシア協同委員会（All Russia Cooperative Society）。ソ連と英国の通商関係を強化するために1920年ロンドンに創設された。英国の防諜機関と警察からの攻撃を受けて破壊され、その結果ソ連と英国の外交関係は断絶した。

アルスター ……29, 60, 176, 193, 270

北アイルランド。〔アイルランド島北東部に位置する地域。英国の管轄下にあるが住民の多くはプロテスタント系であり、北アイルランド独立運動の中心地の一つ。〕

インテリジェンス基本用語集

（※）本解説で扱う事柄は、すべて著者が執筆当時のものである。
編集部による加筆部分は、〔　〕で括って示した。また、本書の内容に関連する項目については、見出し語の横に掲載ページを示した。人物については編集部で可能な限り調べて生没年を入れた。

■あ　　行■

「アイアース」（ＡＪＡＸ） ……334, 335
イラン国内におけるアングロ・イラニアン石油会社の専横に抵抗すること、およびイランの外交政策に対する西側の影響を排除することを目指していたモサッデクの反西欧主義政権を倒すためにＳＩＳとＣＩＡが協同して行った作戦のコードネーム。ＳＩＳ内部で用いられたこの作戦のコードネームはBoot。

合図の電話
諜報活動においてエージェントとの連絡システムの構成要素の一つ。あらかじめ定めておいた単語や成句を合図にする。エージェントが一定数のブザーを待ち受けるように取り決めておけば会話を交わさなくても済む。

アイゼンハワー、ドワイト（1890～1969） ……144, 145
アメリカの将軍。第二次世界大戦中は西ヨーロッパにおける連合軍最高司令官〔ノルマンディー上陸作戦を指揮〕。1953年から1961年までアメリカ大統領。

「アシカ」 ……130
ヒトラー体制下のドイツ軍部隊を英国の領域内に上陸させる計画のコードネーム。ソ連への侵攻作戦「バルバロッサ」が準備され、実行されたために撤回された。

アシュレー、ウイルフォール ……119
〔ボールドウィン内閣で1924～1929年運輸大臣を務めたアシュレー、ウイルフリッド、Wilfrid Ashley1867～1939のことと思われる〕
スタンリー・ボールドウィンが率いた内閣の大臣。英国の「ミュンヘン派」。

アスクィス、レイモンド・ベネディクト・バーソロミュー（1952～） ……295, 297, 304, 310
1980年代半ばのＳＩＳモスクワ支局次長。1990年代にはＳＩＳのキエフ支局に勤務。

アトリー、クレメント（1883～1967） ……141, 170
英国の右派労働党員。1945年から1951年まで英国の首相。「冷たい戦争」の創始者の一人。1967年に死去。

■監訳者

佐藤　優（さとう・まさる）

1960年生まれ。作家、元外務省主任分析官。同志社大学大学院神学研究科修了後、外務省に入省し、在ロシア連邦日本国大使館に勤務。その後、本省国際情報局分析第一課で、主任分析官として対ロシア外交の最前線で活躍する。2002年５月に背任と偽計業務妨害容疑で逮捕、起訴される。2009年６月有罪確定（懲役２年６ヵ月、執行猶予４年）。2013年６月に執行猶予期間を満了し、刑の言い渡しが効力を失う。

著書は『国家の罠　外務省のラスプーチンと呼ばれて』、『自壊する帝国』、『私のマルクス』、『世界インテリジェンス事件史』のほか、共著に『インテリジェンスの最強テキスト』（手嶋龍一氏との共著）、『僕らが毎日やっている最強の読み方』（池上彰氏との共著）など多数。

■著　者

レム・クラシリニコフ

1927年生まれ。陸軍少将。モスクワ国際関係大学卒業後、1949年にソ連邦国家保安委員会（KGB）に入局。捜査係助手からキャリアをスタートし、KGB第二総局第一課課長（1979～1992年）の地位まで上り詰める。主に、英米の諜報機関による対ソ連（ロシア）諜報・破壊工作に対抗しての防御活動に携わる。数々の国家勲章を受章。ソ連・ロシアの伝説的な諜報員として知られ、多くの著書がある。主なものに『新しき十字軍戦士たち：CIAとペレストロイカ』、『「モグラ」の最期』、『チャイコフスキー通りに出没する幽霊』（アメリカ特務機関のモスクワ支局について）ほか。2003年３月16日に77歳で死去。

■訳　者

松澤　一直（まつざわ・いちなお）

1939年生まれ。国際キリスト教大学（ICU）中退。外務省ロシア語研修生としてモスクワで３年間研修後、在ソ連邦日本国大使館、総領事館に勤務。退省後、ソ連貿易専門商社のモスクワ駐在員として勤務。ソ連・ロシア連邦滞在通算32年。帰国後はロシア語翻訳、通訳に専念。ロシア語映画の日本語字幕用翻訳、ロシア語学習学校講師、法廷通訳などに従事。

訳書に『大空からの手紙』、『レーニンと日本』（共訳）のほか、ロシアのジョーク集を出版。

写真提供
カバー／レム・クラシリニコフ氏肖像写真：セルゲイ・クラシリニコフ
帯／佐藤優氏写真：清瀬智行

КГБ против МИ-6
Рэм Сергеевич Красильников
Москва, 2000

MI6対KGB《エムアイシックスたいケージービー》　英露《えいろ》インテリジェンス抗争秘史《こうそうひし》

2017年4月20日　初版印刷
2017年4月30日　初版発行

著　　者　レム・クラシリニコフ
監 訳 者　佐藤　優
訳　　者　松澤　一直
発 行 者　大橋　信夫
発 行 所　株式会社 東京堂出版
〒101-0051　東京都千代田区神田神保町1-17
電　話　(03)3233-3741
振　替　00130-7-270
http://www.tokyodoshuppan.com/
装　　丁　斉藤よしのぶ
D　T　P　株式会社オノ・エーワン
印刷・製本　図書印刷株式会社

ISBN978-4-490-20963-1 C0031